你和VBA高手之间，还差一个“代码宝”

在本书的绪论部分，我们探讨了VBA学习的几个阶段，简而言之就是看懂别人的代码→修改代码为我所用→独立编写代码。同时，我们还提示了一条非常重要的技巧：

> 顶尖的编程高手通常都有自己的代码库，几乎所有的新程序都是从代码库中调取所需的模块，修改后搭建而成，而绝不是从头到尾一行一行写出来的；高手们平时很重要的一个工作就是维护好自己的代码库。

那么，现在有几个问题需要弄清楚。

VBA

一、什么时候开始创建自己的代码库呢？

答案很简单，现在。哪怕你还只是刚刚开始学习VBA，也应该开始着手建立自己的代码库，这会让你的学习更有效率，也更有成就感。

二、什么样的代码可以放进代码库呢？

首先，当然是可以正确运行的代码，这需要你亲自验证；然后，最好是经过你认真剖析理解过的代码，如有必要，为它们添加详细的代码注释；最后，如果代码是来自互联网，比如有几千万VBA讨论帖的Excel Home技术论坛，那么在整理代码的时候一定要留存原文链接，这样日后可以在必要的时候回访当时大家的讨论及具体的案例。

三、用示例文件代替代码库可以吗？

这两者并不冲突，示例文件包含原始数据、完整的VBA窗体和模块，是很好的学习素材，本书就提供了所有案例的示例文件。但是，当学习完成后，如果代码只保留在示例文件中，一来难以管理，二来不方便复用，所以，根据自己的实际需要整理到代码库仍是一项必要的工作。

四、如何建立代码库，如何把代码整理到代码库呢?

记事本、笔记软件不适合管理VBA代码，其他“高大上”的专业工具也都是为专业程序开发人员准备的。

在此，向大家隆重推荐Excel Home开发并持续维护升级的Office插件“VBA代码宝”，专为VBA用户打造自己的代码库而生。

首先，我们可以借助“VBA代码宝”方便地管理自己的常用代码。

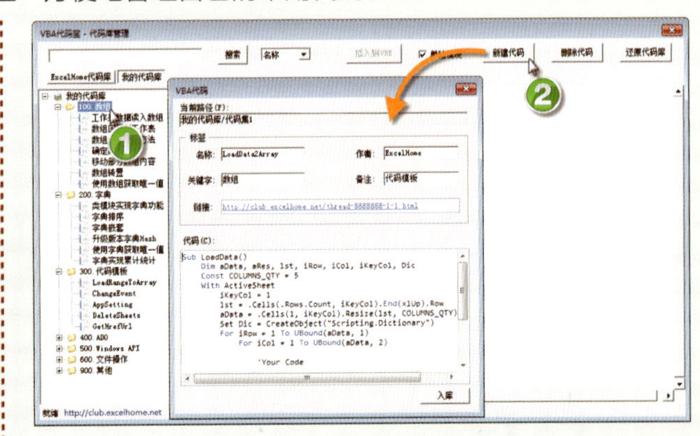

只需在代码库窗口中单击一下，或者在代码宝工具栏中单击一下，库存代码就可以自动复制到当前代码窗口中，是不是超级方便?

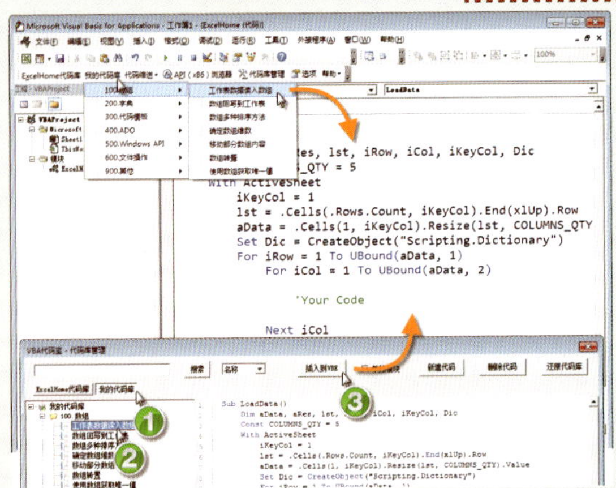

其次，可以从Excel Home提供的官方代码库中搜索可用代码。官方代码库的代码来源主要是Excel Home出版的VBA图书（包括本书），以及由各位版主从Excel Home论坛海量发帖中筛选出的精华。内容会不定时更新哦，为大家省去了很多查找、辨别的时间吧。

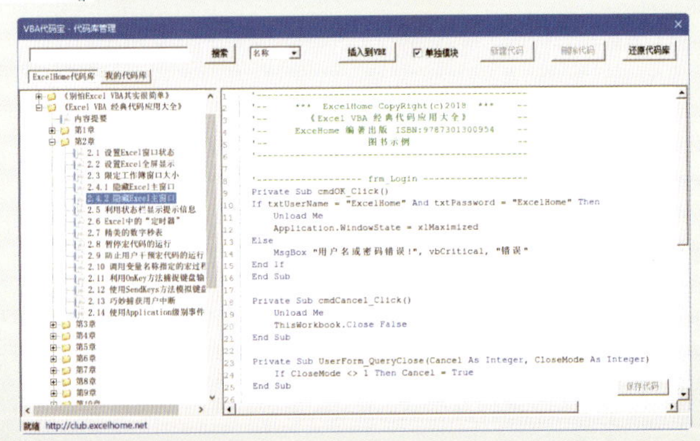

另外，还有Windows API浏览器、代码一键缩进、VBA语法关键字着色等一大波可以提高代码编写效率的实用工具，限于篇幅，这里不多讲，大家自己去探索吧。

VBA代码宝是共享软件，目前，只需关注微信公众号“VBA编程学习与实践”就可以免费获得激活码进行试用。

本书的读者将获得特别赠礼：购书后一个月内关注微信公众号“VBA编程学习与实践”，发送消息“我要代码宝”，即可获得激活有效期为12个月的特别激活码哦。嘘，读者专享，不要到处传播啦。

VBA代码宝下载地址：http://vbahelper.excelhome.net。

别怕，Excel VBA 其实很简单

第2版

Excel Home◎编著

图书在版编目(CIP)数据

别怕，Excel VBA其实很简单 / Excel Home编著. —2版. — 北京：北京大学出版社, 2016.7
ISBN 978-7-301-27202-2

Ⅰ. ①别… Ⅱ. ①E… Ⅲ. ①表处理软件 Ⅳ. ①TP391.13

中国版本图书馆CIP数据核字(2016)第122404号

内容提要

对于大部分没有编程基础的职场人士来说，在学习VBA时往往会有很大的畏难情绪。本书正是针对这样的人群，用浅显易懂的语言和生动形象的比喻，并配合大量插画，对Excel中看似复杂的概念和代码，从简单的宏录制、VBA编程环境和基础语法的介绍，到常用对象的操作与控制、执行程序的自动开关—对象的事件、设计自定义的操作界面、调试与优化编写的代码，都进行了形象的介绍。

本书适合那些希望提高工作效率的职场人士，特别是经常需要处理和分析大量数据的用户，也可作为大学本科、专科、高职高专等相关专业的教材。

书　　名　别怕，Excel VBA其实很简单（第2版）
BIE PA，Excel VBA QISHI HEN JIANDAN
著作责任者　Excel Home 编著
责 任 编 辑　尹　毅
标 准 书 号　ISBN 978-7-301-27202-2
出 版 发 行　北京大学出版社
地　　址　北京市海淀区成府路205 号　100871
网　　址　http://www. pup. cn　　新浪微博: @ 北京大学出版社
电 子 信 箱　pup7@ pup. cn
电　　话　邮购部62752015　发行部62750672　编辑部62580653
印 刷 者　北京大学印刷厂
经 销 者　新华书店
787毫米 × 1092毫米　16开本　20.75印张　487千字
2012年10月第1版
2016年7月第2版　2019年8月第14次印刷
印　　数　107001-113000册
定　　价　59.00元

序言 INTRODUCTION

VBA，让效率飞起来

当加班成为常态，改变在所难免

2005年，我第一次组织Excel Home的版主们写书时，愿望很简单——写最适合中国Excel用户的图书，写中国人自己的权威教程。经过几年的时间，随着《Excel实战技巧精粹》、《Excel应用大全》等系列图书陆续上市，并且在图书市场上广受好评，这两个愿望离最终实现已经越来越近了。

但是，在好评声中，会夹杂着这样一种声音：Excel Home的图书全是权威精品，但是我等小白学起来有点痛苦啊。

于是，我有了新的愿望——写小白也能轻松学会的图书。

第一个目标就锁定在Excel VBA，因为这是**Excel中的终极大杀器**，但同时也是让无数小白望而生畏的“大怪兽”。

写这样的书，真的是一项挑战。简单的说，以前的Excel Home图书，可以放手往厚了写，怎么详细、怎么实用就怎么写。可是这次要往薄了写，那么多知识、概念、实例要反复地取舍，要按最合理的方式组织架构，而且要用最容易懂的方式表达出来。

其实罗老师和我都不是计算机科班出身，他是祖国花朵的园丁——中学语文老师，我是学会计出身的。没想到，野把式到了这儿反倒是优势，我们太了解没有编程概念的小白了，因为我们自己当年就是小白。

经过各种修改、各种死磕，2012年10月，《别怕，Excel VBA其实很简单》顺利上市了。从上市开始就特别火，甚至引发了一股学习Excel VBA的风潮。网上的各种好评不计其数，很多读者自发地为我们做宣传——如果这还让人感觉有点虚幻的话，我好几次在咖啡店亲眼看见有人手捧小蓝书在仔细阅读，这个时候是真的有点小感动和小得意的。

持续热销中，有越来越多的读者会问，本书第1版怎么是用Excel 2003写的？因为我们觉得，除了宏的操作界面以外，VBA在各个Excel版本中的差异是非常小的，所以选择了较低版本。几年过去了，本书第1版累计销售了10万册，这个成绩在VBA图书历史上，应该可以算一个小的里程碑。但是，本书第1版很多技术已经过时，为此应广大学习者的要求，罗老师和我开始将内容和版本进行升级。

升级工作量比预想的要多很多——**如果只是简单地换个截图就算升级，那真的是既对不起读者，又对不起自己**。

如果您也写过点东西，也许会有这样的感觉：几年前写出的自我感觉良好的内容，现在看就有点看不下去，觉得我当时怎么能这样写啊？太“low”了吧。

我们也一样，经过几年时间和广大读者的交流以及自我成长，我们用当下的眼光再审视这部作品，觉得有很多地方可以优化。当然，所有的优化只有一个目标：更通俗易懂。

再次交稿时的心情，其实有点忐忑，但愿所有的努力让我们离目标更近——**愿天下小白都能很轻松地学会VBA！**

Excel Home创始人、站长　周庆麟

不知道自己要不要学习VBA？扫描二维码看站长的私房真经。

本书是《别怕，Excel VBA其实很简单》(Excel 2003版)的升级版，沿袭了原书的写作风格，并且根据诸多读者的反馈进行了大量内容的改进。

在写作时，作者以培养学习兴趣为主要目的，利用生动形象的比拟及浅显易懂的语言，深入浅出地介绍Excel VBA的基础知识，书中借助大量的实战案例来介绍VBA编程的思路和技巧，通过大量的练习题为读者提供练习和思考的空间，让读者亲自体验VBA编程的乐趣及方法。

此外，我们还尝试借助互联网将图书内容进行延伸，以节省既不环保也不经济的纸张和油墨。在书中多处，您都可以通过扫描二维码的方式，获取更多的补充知识点。

本书配套示例文件和视频教程，请到Excel Home网站(http://www.excelhome.net)获取。

读者还可以扫描封底二维码，关注“博雅读书社”微信公众账号，点击“资源下载”模块，根据提示下载示例文件。

阅读对象

如果您是“表哥”或“表妹”，长期以来被工作中的数据折磨得头昏脑胀，希望通过学习VBA找到更高效的解决方法；如果您是大中专院校在校生，有兴趣学习Excel VBA，为今后的职业生涯先锻造一把利剑；如果长期以来您一直想学VBA，却始终入门无路。那么，您就是本书最佳的阅读对象。

当然，在阅读本书之前，您得对Windows操作系统和Excel有一定的了解。

写作环境

本书以Windows 7和Excel 2013为写作环境。

但使用Excel 2007、Excel 2010、Excel 2016或其他版本的用户不必担心，因为书中涉及的知识点，绝大部分在其他版本的Excel中也同样适用。

阅读建议

尽管我们按照一定的顺序来组织本书的内容，但这并不意味您需要逐页阅读，您完全可以根据自己的需要，选择要了解的章节内容来学习。当然，如果您是一名Excel VBA的初学者，按照章节顺序阅读一遍全书，会更便于您的学习。

在书中，我们借助许多示例来学习和了解Excel VBA编程的方法和技巧。VBA编程是一门实践性很强的技能，强烈建议您在阅读和学习本书时，能配合书中的示例，亲自动手编写相应的代码，并调试实现结果，这样将会帮助您更快掌握和提升VBA编程的能力。

如果学习完本书，还想进行更深层次的学习，您可以阅读Excel Home编写的《Excel VBA实战技巧精粹》。

QQ群答疑

为了更好地服务读者，专门设置了QQ群为读者答惑解疑，同时探讨办公过程中遇到的其他问题及解决办法。

1. QQ群加入方法

方法1：通过扫描二维码添加QQ群。

如果手机上装有QQ，则登录你的手机QQ账号，点击头像右侧的“+”号，在弹出的下拉列表框中选择【扫一扫】选项，如图1所示，进入扫描二维码界面。将扫描框置于图2所示二维码位置进行扫描，就会弹出“Excel Home办公之家”入群申请对话框，点击下方的【申请加群】即可。

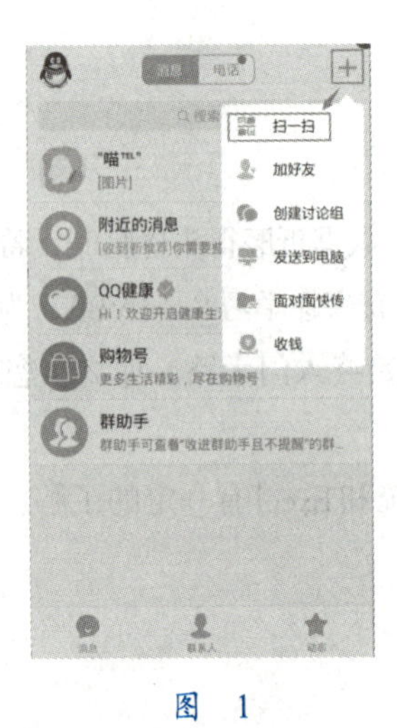

图 1

图 2

> **提示：** 如果你的QQ没有扫一扫功能，请更新QQ为最新版本。如果你手机上装有微信，利用微信的扫一扫功能，也可以加入QQ群。

方法2：通过搜索QQ群号（238190427）添加QQ群。

（1）手机QQ用户。登录QQ账号，点击头像右侧的“+”号，在弹出的下拉列表框中选择【加好友】选项，如图3所示。进入【添加】界面，选择【找群】选项卡，点击下方的文本框，输入群号“238190427”，点击【搜索】，弹出群信息界面，申请加群即可，如图4所示。

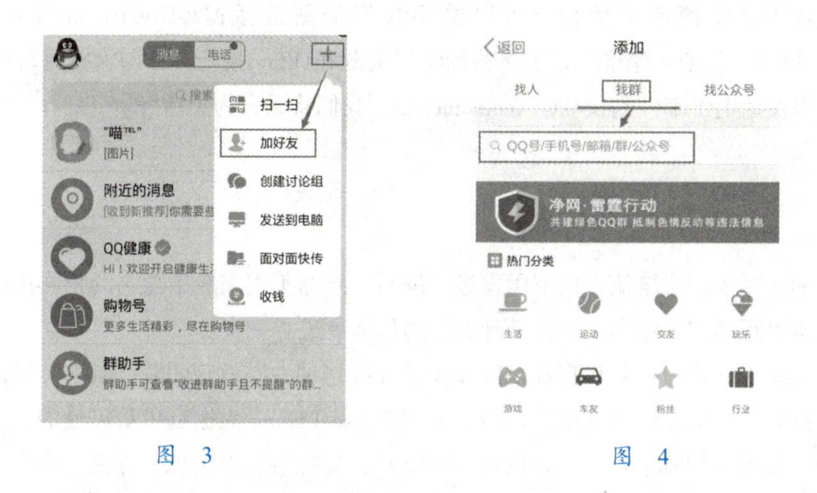

图 3　　图 4

（2）PC端QQ用户。使用计算机登录QQ账号，单击界面下方的【查找】按钮，弹出【查找】窗口，选择【找群】选项卡，在下方的文本框中输入群号“238190427”单击右侧的搜索按钮，下方会显示群信息，单击右下角的【加群】按钮，申请入群，如图5所示。

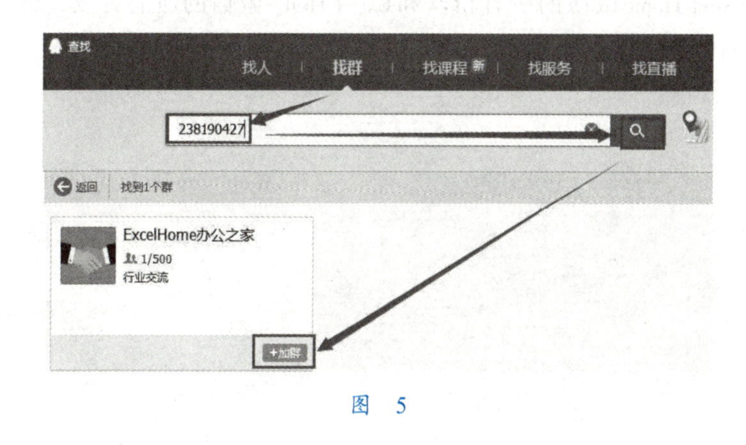

图 5

提示：申请加入QQ群会提示“请输入验证信息”，输入本书书名或书号，单击【发送】即可，管理员会在第一时间处理。

后续服务

在本书的编写过程中，尽管写作团队已经竭尽全力，但仍无法避免存在不足之处。如果您在阅读过程中有任何意见或建议，敬请您反馈给我们，我们将根据您宝贵的意见或建议进行改进，继续努力，争取做得更好。如果您在学习过程中遇到困难或疑惑，也可以和我们交流。

您可以通过以下任意一种方式和我们互动：

1. 访问http://club.excelhome.net，通过论坛和我们进行交流；

2. 访问http://t.excelhome.net，参加Excel Home免费培训班；

3. 如果您是微博或微信控，可以关注我们的新浪微博@ExcelHome或微信公众号iexcelhome。那里会长期向您推荐许多优秀的学习资源和Office技巧，并与大家进行交流。

您也可以发送电子邮件到book@excelhome.net，我们将尽力为您服务。

致谢

本书由周庆麟策划及统稿，由罗国发进行编写。感谢美编完成了全书的精彩插画，这些有趣的插画让本书距离“趣味学习，轻松理解”的目标更进了一步。

Excel Home论坛管理团队和Excel Home免费在线培训中心教管团队、微博（微信）小分队长期以来都是Excel Home图书的坚实后盾，他们是Excel Home大家庭中最可爱的人。最为广大会员所熟知的代表人物有朱尔轩、林树珊、刘晓月、吴晓平、祝洪忠、方骥、杨彬、朱明、郗金甲、黄成武、孙继红、王鑫等，在此向这些最可爱的人表示由衷的感谢。

衷心感谢Excel Home的百万会员，是他们多年来不断的支持与分享，才营造出热火朝天的学习氛围，并成就了今天的Excel Home系列图书。

衷心感谢Excel Home微博的所有粉丝和Excel Home微信的所有好友，你们的“赞”和“转”是我们不断前进的新动力。

第1章 Excel VBA，没你想的那么难

1.1　Excel 中那些重复又重复的操作　/2

1.1.1　你这样用 Excel，我要吐槽　/2

1.1.2　重复操作，Excel 中随处可见　/4

1.1.3　重复的操作，就像重复的声音　/5

1.1.4　Excel 中也有类似的“录音设备”　/6

1.2　Excel 中的重复操作可以被录制下来　/6

1.2.1　Excel 中的“录音设备”　/6

1.2.2　用宏录制器录制下在 Excel 中的操作　/7

1.2.3　让录制下的操作再现一遍　/10

1.3　录制下的操作，还能这样重现它　/11

1.3.1　追求执行速度，就用快捷键　/12

1.3.2　希望直观形象，可以用按钮　/13

1.4　录制好的宏，为什么不能执行了　/16

1.4.1　宏不能执行，是出于安全考虑　/16

1.4.2　修改宏安全性，让 Excel 允许执行所有宏　/17

1.5　Excel 用什么记录录下的操作　/17

1.5.1　宏就是一串串可以控制和操作 Excel 的代码　/17

1.5.2　学习 VBA，就是学习编写能控制和操作 Excel 的代码　/18

1.6　VBA，就是我们和 Excel 沟通的语言　/19

1.6.1　要使用 Excel，需要知道怎样和它“沟通”　/19

1.6.2　VBA，只是一种计算机编程语言的名字　/19

1.7 Excel 已能录制代码，何需再动手编写 /20

1.7.1 录制的宏，不能解决所有问题 /20

1.7.2 只需简单修改，便能让宏的威力大增 /21

1.7.3 自主编写代码，让宏的功能更加灵活 /22

认识编程工具，开始学习 VBA 的第一步

2.1 应该在哪里编写 VBA 程序 /25

2.2 了解 VBA 的编程工具——VBE /26

2.2.1 可以用哪些方法打开 VBE 窗口 /26

2.2.2 VBE 窗口中都有什么 /28

2.3 怎样在 VBE 中编写 VBA 程序 /33

2.3.1 VBA 程序就是完成一个任务所需的一组 VBA 代码 /33

2.3.2 看看 VBA 程序都长什么样 /33

2.3.3 动手编写一个 VBA 程序 /35

第3章 学习语法，了解 VBA 编程应遵循的规则

3.1 语法，就是语言表达时应遵循的规则 /40

3.1.1 不懂语法，表达就会出错 /40

3.1.2 作为一门编程语言，VBA 也有语法 /40

3.1.3 别担心，VBA 语法并不复杂 /40

3.2 VBA 中的数据及数据类型 /41

3.2.1 在 Excel 中，数据就是保存在单元格中的信息 /41

3.2.2 数据类型，就是对同一类数据的统称 /41

3.2.3 VBA 将数据分为哪些类型 /43

3.2.4 为什么要对数据进行分类 /44

3.3 VBA 中存储数据的容器：变量和常量 /45

3.3.1 程序中的数据保存在哪里 /45

3.3.2 变量，就是给数据预留的内存空间 /45

3.3.3 常量，通常用于存储某些固定的数据 /46

3.4 在程序中使用变量存储数据 /46

3.4.1 声明变量，就是指定变量的名称及可存储的数据类型 /46
3.4.2 还能用这些语句声明变量 /46
3.4.3 给变量赋值，就是把数据存储到变量中 /47
3.4.4 让变量中存储的数据参与程序计算 /48
3.4.5 关于声明变量，还应掌握这些知识 /50
3.4.6 不同的变量，作用域也可能不相同 /56
3.4.7 定义不同作用域的变量 /57

3.5 特殊的变量——数组 /59

3.5.1 数组，就是同种类型的多个变量的集合 /59
3.5.2 怎么表示数组中的某个元素 /60
3.5.3 声明数组时应声明数组的大小 /62
3.5.4 给数组赋值就是给数组的每个元素分别赋值 /63
3.5.5 数组的维数 /63
3.5.6 声明多维数组 /68
3.5.7 声明动态数组 /70
3.5.8 这种创建数组的方法更简单 /72
3.5.9 关于数组，这些运算应该掌握 /75
3.5.10 将数组中保存的数据写入单元格区域 /79

3.6 特殊数据的专用容器——常量 /80

3.6.1 常量就像一次性的纸杯 /80
3.6.2 声明常量时应同时给常量赋值 /81
3.6.3 常量也有不同的作用域 /81

3.7 对象、集合及对象的属性和方法 /81

3.7.1 对象就是用代码操作和控制的东西 /81
3.7.2 对象的层次结构 /81
3.7.3 集合就是多个同种类型的对象 /83
3.7.4 怎样表示集合中的某个对象 /84
3.7.5 属性就是对象包含的内容或具有的特征 /85
3.7.6 对象和属性是相对而言的 /85
3.7.7 方法就是在对象上执行的某个动作或操作 /86

3.8 连接数据的桥梁，VBA 中的运算符 /87

3.8.1 算术运算符 /88

3.8.2 比较运算符 /88
3.8.3 文本运算符 /90
3.8.4 逻辑运算符 /91
3.8.5 多种运算中应该先计算谁 /92

3.9 VBA 中的内置函数 /93

3.9.1 函数就是预先定义好的计算 /93
3.9.2 VBA 中有哪些函数 /94

3.10 控制程序执行的基本语句结构 /95

3.10.1 生活中无处不在的选择 /95
3.10.2 用 If 语句解决 VBA 中的选择问题 /96
3.10.3 使用 Select Case 语句解决“多选一”的问题 /100
3.10.4 用 For...Next 语句循环执行同一段代码 /103
3.10.5 用 For Each...Next 语句循环处理集合或数组中的成员 /111
3.10.6 用 Do 语句按条件控制循环 /113
3.10.7 使用 GoTo 语句，让程序转到另一条语句去执行 /117
3.10.8 With 语句，简写代码离不开它 /117

3.11 Sub 过程，基本的程序单元 /119

3.11.1 VBA 过程就是完成一个任务所需代码的组合 /119
3.11.2 Sub 过程的基本结构 /119
3.11.3 应该把 Sub 过程写在哪里 /120
3.11.4 Sub 过程的基本结构 /121
3.11.5 过程的作用域 /121
3.11.6 在过程中执行另一个过程 /123
3.11.7 向过程传递参数 /125

3.12 自定义函数，Function 过程 /127

3.12.1 Function 过程就是用 VBA 自定义的函数 /127
3.12.2 试写一个自定义函数 /128
3.12.3 使用自定义函数完成设定的计算 /129
3.12.4 用自定义函数统计指定颜色的单元格个数 /131
3.12.5 声明 Function 过程的语句结构 /135

3.13 排版和注释，让编写的代码阅读性更强 /135

3.13.1 代码排版，必不可少的习惯 /136
3.13.2 为特殊语句添加注释，让代码的意图清晰明了 /138

第4章 操作对象，解决工作中的实际问题

4.1 与 Excel 交流，需要熟悉的常用对象 /142

4.1.1 用 VBA 编程就像在厨房里烧菜 /142

4.1.2 VBA 通过操作不同的对象来控制 Excel /143

4.1.3 使用 VBA 编程，应该记住哪些对象 /143

4.2 一切从我开始，最顶层的 Application 对象 /144

4.2.1 用 ScreenUpdating 属性设置是否更新屏幕上的内容 /145

4.2.2 设置 DisplayAlerts 属性禁止显示警告对话框 /148

4.2.3 借助 WorksheetFunction 属性使用工作表函数 /150

4.2.4 设置属性，更改 Excel 的工作界面 /152

4.2.5 Application 对象的子对象 /153

4.3 管理工作簿，了解 Workbook 对象 /154

4.3.1 Workbook 对象是 Workbooks 集合中的一个成员 /154

4.3.2 访问对象的属性，获得工作簿文件的信息 /157

4.3.3 用 Add 方法创建工作簿 /158

4.3.4 用 Open 方法打开工作簿 /159

4.3.5 用 Activate 方法激活工作簿 /159

4.3.6 保存工作簿文件 /160

4.3.7 用 Close 方法关闭工作簿 /160

4.3.8 ThisWorkbook 与 ActiveWorkbook /161

4.4 操作工作表，认识 Worksheet 对象 /162

4.4.1 引用工作表的 3 种方法 /162

4.4.2 用 Add 方法新建工作表 /163

4.4.3 设置 Name 属性，更改工作表的标签名称 /164

4.4.4 用 Delete 方法删除工作表 /165

4.4.5 激活工作表的两种方法 /165

4.4.6 用 Copy 方法复制工作表 /166

4.4.7 用 Move 方法移动工作表 /167

4.4.8 设置 Visible 属性，隐藏或显示工作表 /167

4.4.9 访问 Count 属性，获得工作簿中的工作表数量 /169

4.4.10 容易混淆的 Sheets 与 Worksheets 对象 /169

4.5 操作的核心，至关重要的 Range 对象 /171

4.5.1 用 Range 属性引用单元格 /171
4.5.2 用 Cells 属性引用单元格 /173
4.5.3 引用单元格，更简短的快捷方式 /176
4.5.4 引用整行单元格 /177
4.5.5 引用整列单元格 /178
4.5.6 用 Union 方法合并多个单元格区域 /178
4.5.7 Range 对象的 Offset 属性 /180
4.5.8 Range 对象的 Resize 属性 /181
4.5.9 Worksheet 对象的 UsedRange 属性 /182
4.5.10 Range 对象的 CurrentRegion 属性 /183
4.5.11 Range 对象的 End 属性 /183
4.5.12 单元格中的内容：Value 属性 /186
4.5.13 访问 Count 属性，获得区域中包含的单元格个数 /186
4.5.14 通过 Address 属性获得单元格的地址 /186
4.5.15 用 Activate 与 Select 方法选中单元格 /187
4.5.16 选择清除单元格中的信息 /187
4.5.17 用 Copy 方法复制单元格区域 /188
4.5.18 用 Cut 方法剪切单元格 /190
4.5.19 用 Delete 方法删除指定的单元格 /191

4.6 结合例子，学习怎样操作对象 /192

4.6.1 根据需求创建工作簿 /192
4.6.2 判断某个工作簿是否已经打开 /193
4.6.3 判断文件夹中是否存在指定名称的工作簿文件 /193
4.6.4 向未打开的工作簿中输入数据 /194
4.6.5 隐藏活动工作表外的所有工作表 /194
4.6.6 批量新建指定名称的工作表 /195
4.6.7 批量对数据分类，并保存到不同的工作表中 /197
4.6.8 将多张工作表中的数据合并到一张工作表中 /198
4.6.9 将工作簿中的每张工作表都保存为单独的工作簿文件 /198
4.6.10 将多个工作簿中的数据合并到同一张工作表中 /200
4.6.11 为同一工作簿中的工作表建一个带链接的目录 /201

第5章 执行程序的自动开关——对象的事件

5.1 用事件替程序安装一个自动执行的开关 /204

5.1.1 事件就是能被对象识别的某个操作 /204

5.1.2 事件是怎样执行程序的 /204

5.1.3 让 Excel 自动响应我们的操作 /205

5.1.4 能自动运行的 Sub 过程——事件过程 /207

5.1.5 利用事件，让 Excel 在单元格中写入当前系统时间 /208

5.2 使用工作表事件 /209

5.2.1 工作表事件就是发生在 Worksheet 对象中的事件 /209

5.2.2 Worksheet 对象的 Change 事件 /210

5.2.3 禁用事件，让事件过程不再自动执行 /213

5.2.4 一举多得，巧用 Change 事件快速录入数据 /216

5.2.5 SelectionChange 事件：当选中的单元格改变时发生 /218

5.2.6 看看我该监考哪一场 /219

5.2.7 用批注记录单元格中数据的修改情况 /221

5.2.8 常用的 Worksheet 事件 /223

5.3 使用工作簿事件 /224

5.3.1 工作簿事件就是发生在 Workbook 对象中的事件 /224

5.3.2 Open 事件：当打开工作簿的时候发生 /225

5.3.3 BeforeClose 事件：在关闭工作簿之前发生 /225

5.3.4 SheetChange 事件：更改任意工作表中的单元格时发生 /226

5.3.5 常用的 Workbook 事件 /228

5.4 不是事件的事件 /229

5.4.1 Application 对象的 OnKey 方法 /229

5.4.2 Application 对象的 OnTime 方法 /232

5.4.3 让文件每隔 5 分钟自动保存一次 /234

设计自定义的操作界面

6.1 需要用什么来设计操作界面 /238

6.1.1 为什么要替程序设计操作界面 /238

6.1.2 控件，搭建操作界面必不可少的零件 /238
6.1.3 在工作表中使用表单控件 /240
6.1.4 在工作表中使用 ActiveX 控件 /242
6.1.5 表单控件和 ActiveX 控件的区别 /246

6.2 不需设置，使用现成的对话框 /246

6.2.1 用 InputBox 函数创建一个可输入数据的对话框 /246
6.2.2 用 InputBox 方法创建交互对话框 /248
6.2.3 用 MsgBox 函数创建输出对话框 /250
6.2.4 用 FindFile 方法显示【打开】对话框 /255
6.2.5 用 GetOpenFilename 方法显示【打开】对话框 /256
6.2.6 用 GetSaveAsFilename 方法显示【另存为】对话框 /263
6.2.7 用 Application 对象的 FileDialog 属性获取目录名称 /264

6.3 使用窗体对象设计交互界面 /265

6.3.1 设计界面，需要用到 UserForm 对象 /265
6.3.2 在工程中添加一个用户窗体 /266
6.3.3 设置属性，改变窗体的外观 /267
6.3.4 在窗体上添加和设置控件的功能 /268

6.4 用代码操作自己设计的窗体 /270

6.4.1 显示用户窗体 /270
6.4.2 设置窗体的显示位置 /272
6.4.3 将窗体显示为无模式窗体 /273
6.4.4 关闭或隐藏已显示的窗体 /274

6.5 用户窗体的事件应用 /276

6.5.1 借助 Initialize 事件初始化窗体 /276
6.5.2 借助 QueryClose 事件让窗体自带的【关闭】按钮失效 /278
6.5.3 窗体对象的其他事件 /280

6.6 编写代码，为窗体中的控件设置功能 /280

6.6.1 为【确定】按钮添加事件过程 /281
6.6.2 使用窗体录入数据 /282
6.6.3 给【退出】按钮添加事件过程 /282
6.6.4 给控件设置快捷键 /282
6.6.5 更改控件的 Tab 键顺序 /283

6.7 用窗体制作一个简易的登录窗体 /284

6.7.1 设计登录窗体的界面 /285

6.7.2 设置初始用户名和密码 /286
6.7.3 添加代码，为控件指定功能 /287

第7章 调试与优化编写的代码

7.1 VBA 中可能会发生的错误 /292
7.1.1 编译错误 /292
7.1.2 运行时错误 /292
7.1.3 逻辑错误 /293
7.2 VBA 程序的 3 种状态 /295
7.2.1 设计模式 /295
7.2.2 运行模式 /295
7.2.3 中断模式 /295
7.3 Excel 已经准备好的调试工具 /295
7.3.1 让程序进入中断模式 /296
7.3.2 设置断点，让程序暂停执行 /298
7.3.3 使用 Stop 语句让程序暂停执行 /300
7.3.4 在【立即窗口】中查看变量值的变化情况 /300
7.3.5 在【本地窗口】中查看变量的值及类型 /301
7.3.6 使用【监视窗口】监视程序中的变量 /302
7.4 处理运行时错误，可能会用到这些语句 /305
7.4.1 On Error GoTo 标签 /305
7.4.2 On Error Resume Next /306
7.4.3 On Error GoTo 0 /306
7.5 养成好习惯，让代码跑得更快一些 /307
7.5.1 在程序中合理使用变量 /308
7.5.2 不要用长代码多次重复引用相同的对象 /309
7.5.3 尽量使用函数完成计算 /311
7.5.4 不要让代码执行多余的操作 /311
7.5.5 合理使用数组 /312
7.5.6 如果不需要和程序互动，就关闭屏幕更新 /314

第1章 Excel VBA，没你想的那么难

在遍布各行各业的Excel使用者中，了解VBA以及能使用VBA的人数却远远赶不上使用Excel函数公式或其他功能的人数。

想一想，我们身边的同事、朋友，又有几个人能熟练地使用VBA，帮助解决工作中的疑难杂症呢？

很多人都这样认为，VBA在Excel中是一种难懂难学的功能，这也成为大家放弃学习和使用它的原因。

事实果真如此吗？其实不然。

VBA并非大家想象中的那么难，我们不需要具备任何的编程基础，甚至不需要对Excel的其他功能作过多了解，只要能熟练地操作鼠标、键盘就可以学习和使用它。

不信？那就让我们先看一看本章的内容。

1.1 Excel中那些重复又重复的操作

1.1.1 你这样用Excel，我要吐槽

接触Excel的时间长了，总会遇到一些滑稽的事。下面是我在Excel Home论坛看到的一个例子。

我老婆在制作和打印工资条时，都是这样操作的：选中工资表头→在新记录前插入行→复制、粘贴表头→选中该条记录→调出【打印】对话框→选择【打印选定区域】→执行【打印】命令，然后再重复一遍以上操作打印第2条……20多个人的信息，就弄了一个多小时。我告诉她，这个问题有更简单的解决办法，可她就是听不进去。月底了，又到发工资的时候了……

让我们先来看看这位网友的老婆要做什么工作吧。

她手上已经有一张现成的工资表，表中记录了所有人的工资信息，如图1-1所示。

	A	B	C	D	E	F	G	H
1	工号	姓名	基本工资	加班工资	应发工资	扣除	实发金额	
2	A001	罗林	4500	500	5000	180	4820	
3	A002	赵刚	4000	300	4300	150	4150	
4	A003	李凡	3500	300	3800	170	3630	
5	A004	张远	3600	288	3888	135	3753	
6	A005	冯伟	3300	450	3750	120	3630	
7	A006	杨玉真	3500	320	3820	120	3700	
8	A007	孙雯	4450	300	4750	90	4660	
9	A008	华楠燕	4150	100	4250	135	4115	
10	A009	赵红君	3800	260	4060	148	3912	
11	A010	郑楠	3750	230	3980	150	3830	
12	A011	李妙楠	3300	480	3780	120	3660	
13	A012	沈妙	3250	100	3350	160	3190	
14	A013	王惠君	4200	150	4350	130	4220	
15	A014	陈云彩	4100	300	4400	110	4290	
16	A015	吕芬花	3500	100	3600	90	3510	
17	A016	杨云	3600	120	3720	80	3640	
18	A017	严玉	3550	320	3870	150	3720	
19	A018	王五	3300	200	3500	45	3455	
20	A019	李少权	3100	120	3220	66	3154	

图 1-1 工资表

她要将这张工资表做成类似图1-2所示的工资条。

在每条工资信息记录前都添加表头，工资表就变成工资条了。

	A	B	C	D	E	F	G	H
1	工号	姓名	基本工资	加班工资	应发工资	扣除	实发金额	
2	A001	罗林	4500	500	5000	180	4820	
3								
4	工号	姓名	基本工资	加班工资	应发工资	扣除	实发金额	
5	A002	赵刚	4000	300	4300	150	4150	
6								
7	工号	姓名	基本工资	加班工资	应发工资	扣除	实发金额	
8	A003	李凡	3500	300	3800	170	3630	
9								
10	工号	姓名	基本工资	加班工资	应发工资	扣除	实发金额	
11	A004	张远	3600	288	3888	135	3753	
12								
13	工号	姓名	基本工资	加班工资	应发工资	扣除	实发金额	
14	A005	冯伟	3300	450	3750	120	3630	
15								
16	工号	姓名	基本工资	加班工资	应发工资	扣除	实发金额	
17	A006	杨玉真	3500	320	3820	120	3700	
18								
19	工号	姓名	基本工资	加班工资	应发工资	扣除	实发金额	
20	A007	孙雯	4450	300	4750	90	4660	

图 1-2　工作表中的工资条

再将工资条打印在纸上，分发到不同的人手中，如图 1–3 所示。

工号	姓名	基本工资	加班工资	应发工资	扣除	实发金额
A001	罗林	4500	500	5000	180	4820

工号	姓名	基本工资	加班工资	应发工资	扣除	实发金额
A002	赵刚	4000	300	4300	150	4150

工号	姓名	基本工资	加班工资	应发工资	扣除	实发金额
A003	李凡	3500	300	3800	170	3630

图 1-3　打印在不同纸张上的工资条

制作工资条，就是在每条工资信息的记录前插入相同的表头，不同姓名的工资记录间间隔一个空行。

制作工资条时，这位网友的老婆使用的是最简单，也是最笨拙的操作方式：手动插入行→复制、插入工资表头→设置工资条所在单元格格式→逐条打印工资条。

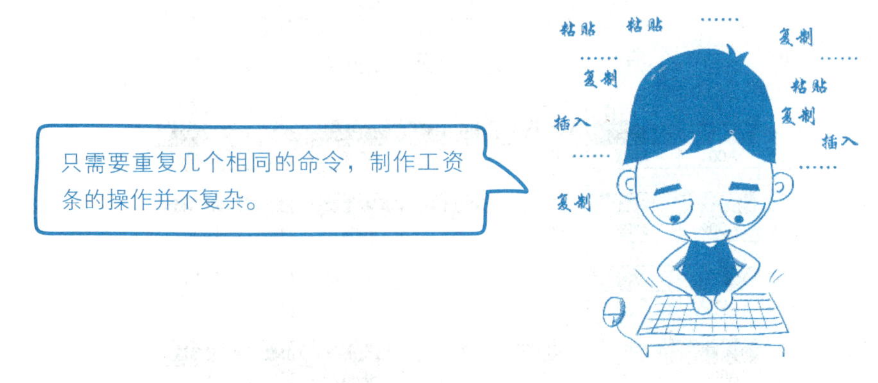

这种操作的方法虽然简单，但是效率之低简直令人发指。

如此用Excel，也难怪这位网友要忍不住吐槽一番了。

1.1.2 重复操作，Excel中随处可见

大家在使用Excel辅助工作时，类似制作工资条的重复操作应该不会少。

例如，新建一批工作表时，总是在重复“插入新工作表→更改工作表名称”的操作；汇总多个工作簿中的数据记录时，总是在重复“打开工作簿→选中数据记录→执行复制命令→切换到目标工作簿→执行粘贴命令”的操作……

不但为完成一件任务会重复多次相同的操作，而且经常每隔一段时间也可能会再重复一次相同的任务。例如，考勤管理员每周或每月都要统计和汇总一次考勤，仓库出入库管理员每隔一段时间就要整理一次出入库的数据，学校教师在每次考试后都要对学生成绩进行各种统计和分析……

相同的目的，重复的操作，无论执行这些操作是简单还是复杂，多次重复也的确浪费时间。

1.1.3　重复的操作，就像重复的声音

Excel里的这些重复操作，让我想到街边叫卖的水果商贩，这些商贩为吸引路人的注意力，整天都在重复着相同的叫卖声。

他们需要扯着嗓子，一遍又一遍地重复吆喝一句广告语，念到后来已经麻木了，完全不用走心，就是嗓子吃不消。

为解决这一问题，聪明的商贩想到一个好办法——先用录音喇叭录下叫卖的声音，然后在需要的时候，按下录音喇叭上的播放按钮，喇叭就会自动重复播放录下的语音。这样，商贩就有更多时间和精力去做其他事情了。

1.1.4 Excel 中也有类似的“录音设备”

事实上，Excel中也有类似的“录音设备”，使用该设备可以记录下我们在Excel中的操作，当需要重复相同操作时，只需像播放声音一样“播放”这段被录制下来的操作就可以了。

1.2 Excel 中的重复操作可以被录制下来

1.2.1 Excel 中的“录音设备”

在Excel中，被录制下的一串操作叫作**宏**，用来录制宏的工具叫**宏录制器**。

可以依次单击【功能区】中的【开发工具】→【录制宏】命令来启动宏录制器，如图1-4所示。

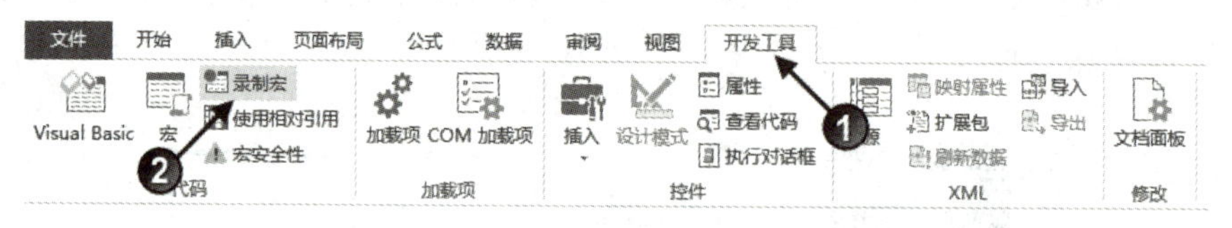

图 1-4　启动宏录制器的命令

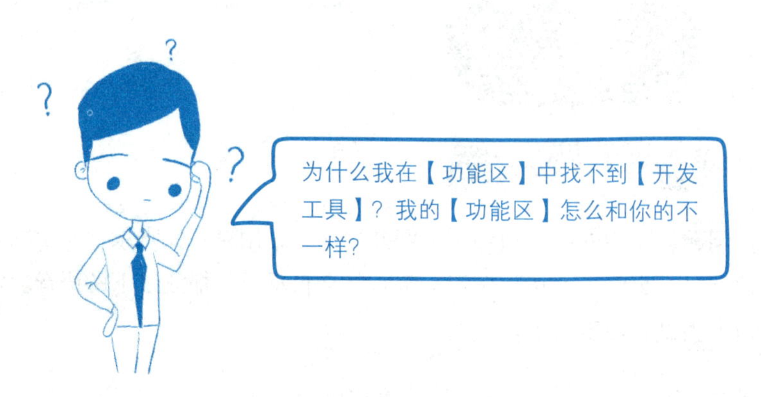

安装Excel后，默认状态下，【功能区】中没有【开发工具】选项卡，如图1-5所示。

【功能区】中默认只显示这7个选项卡，【开发工具】缺席。

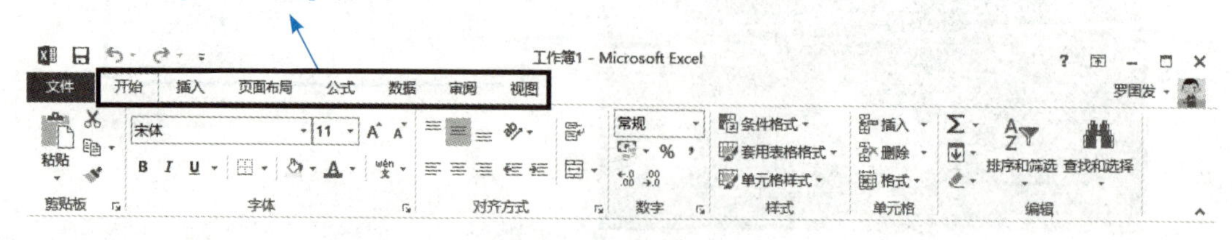

图 1-5　Excel 的【功能区】

可以使用图 1-6 所示的方法调出【开发工具】选项卡。

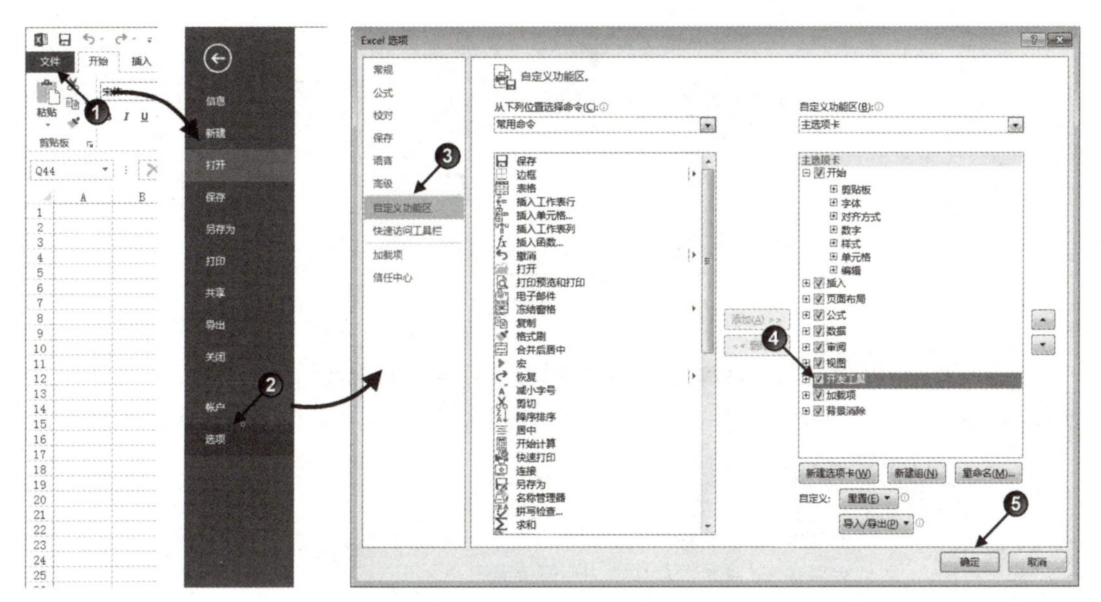

图 1-6　调出【功能区】中的【开发工具】选项卡

1.2.2　用宏录制器录制下在 Excel 中的操作

下面我们就以制作工资条为例，示范怎样将在 Excel 中的操作录制下来。

步骤❶：选中工资表的 A1 单元格，执行【开发工具】→【录制宏】命令，调出【录制宏】对话框，如图 1-7 所示。

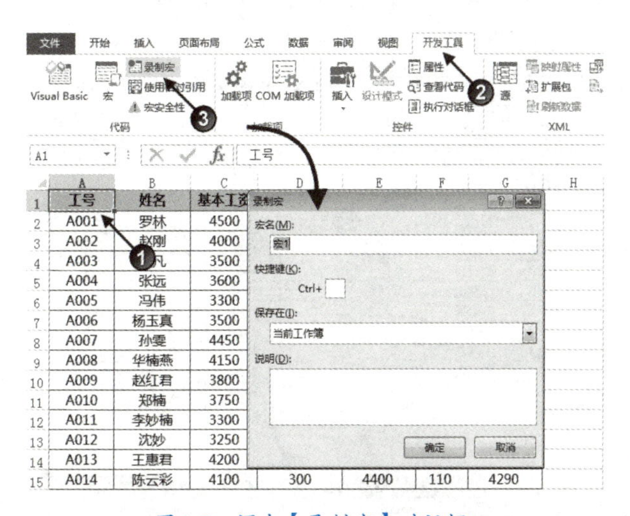

图 1-7　调出【录制宏】对话框

步骤❷：根据提示，在【录制宏】对话框中设置宏的名称，以方便后面使用它，然后单击【确定】按钮，如图 1-8 所示。

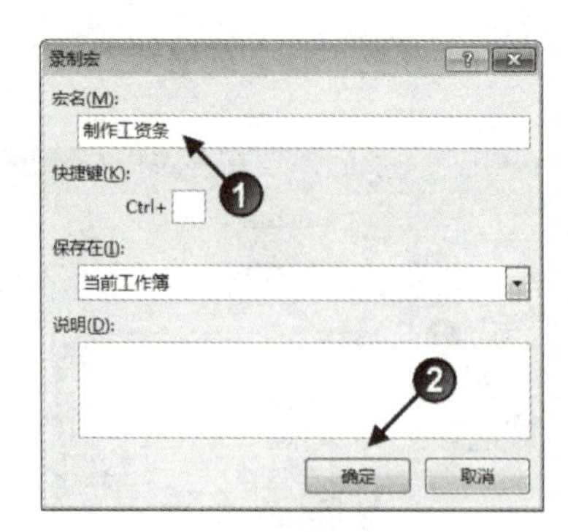

图 1-8　设置宏的名称

大家可以把“宏名”暂时理解为Excel录音的标签，详细情况我们稍后讲解。

步骤❸： 依次单击【开发工具】→【使用相对引用】命令，将引用模式切换到相对引用状态，如图1-9所示。

完成这些设置后，Excel就会像录音喇叭一样，将我们之后在Excel中的操作按先后顺序录下来。

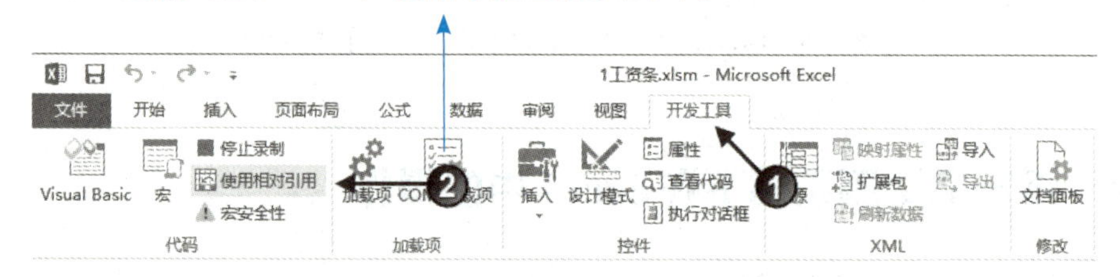

图 1-9　切换引用样式

步骤❹： 执行一遍制作工资条的步骤。

（1）在第2条工资记录前插入两行空行，如图1-10所示。

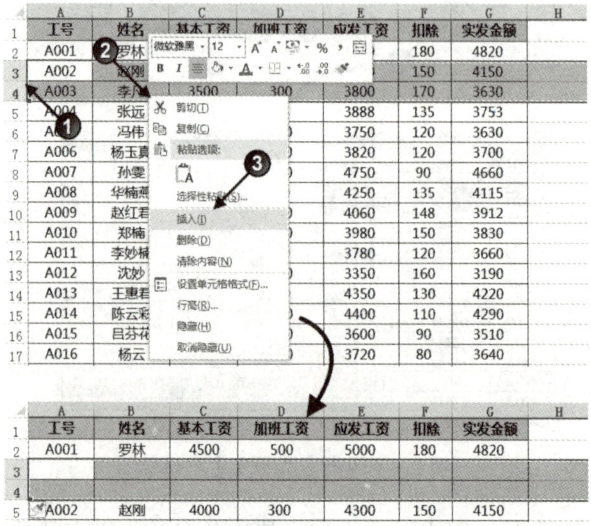

	A	B	C	D	E	F	G
1	工号	姓名	基本工资	加班工资	应发工资	扣除	实发金额
2	A001	罗林	4500	500	5000	180	4820
3							
4							
5	A002	赵刚	4000	300	4300	150	4150

图 1-10　在第 2 条工资记录前插入两行空行

（2）复制工资表的表头到第2条工资记录前的空行中，如图1–11所示。

图 1-11　复制工资表头

（3）设置两条工资条间空行的边框线格式，如图1–12所示。

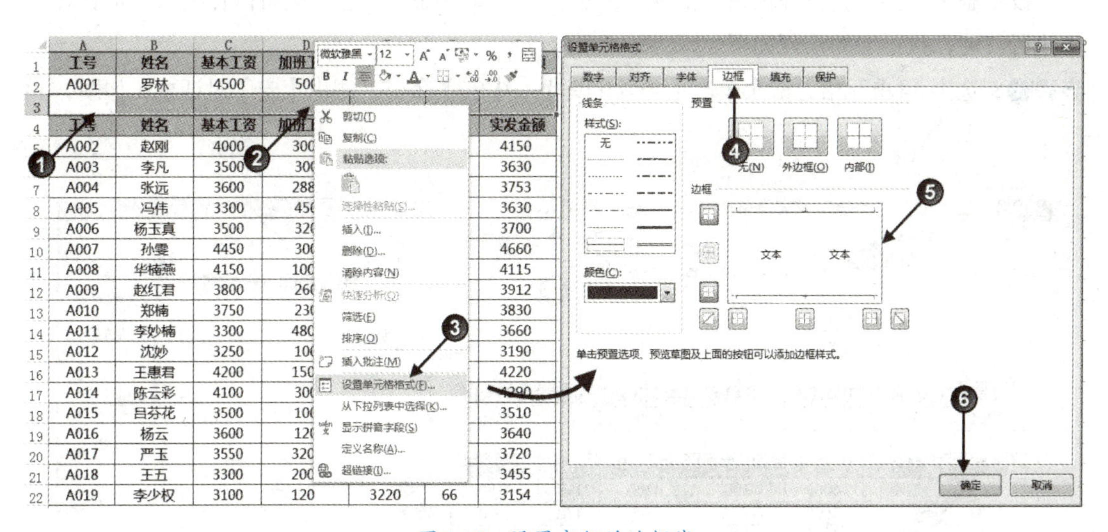

图 1-12　设置空行的边框线

步骤❺： 选中A4单元格，即工资表剩余部分表头的第1个单元格，依次单击【开发工具】→【停止录制】命令，停止录制操作，如图1–13所示。

发现了吗？【录制宏】和【停止录制】命令共用一个按钮，当Excel正在录制用户的操作时，该按钮显示的是“停止录制”，反之显示的是“录制宏”，大家可以通过该按钮的状态判断Excel是否正在录制用户的操作。

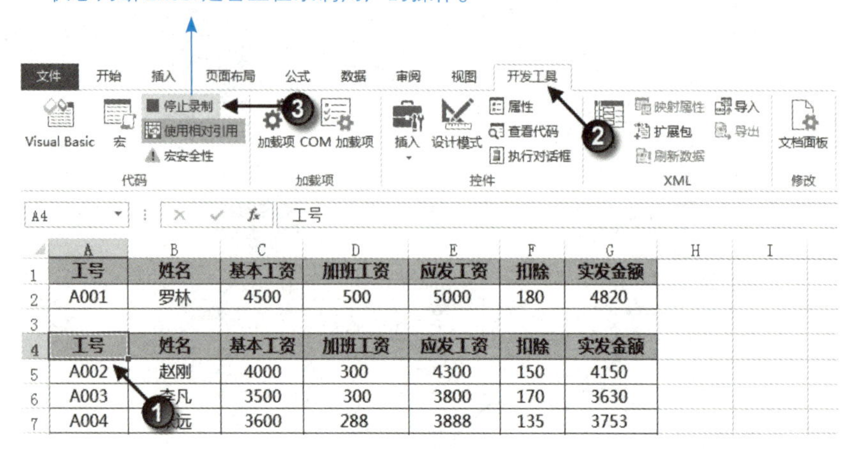

图 1-13　停止录制宏

完成以上操作后，制作工资条的操作就被Excel录制下来了。

1.2.3　让录制下的操作再现一遍

被录制下的操作，就像被录下的视频或声音，只要“播放”它，就可以让宏录下的操作自动执行一遍，执行宏的步骤如下。

步骤❶：选中A4单元格，依次单击【开发工具】→【宏】命令，调出【宏】对话框，如图1-14所示。

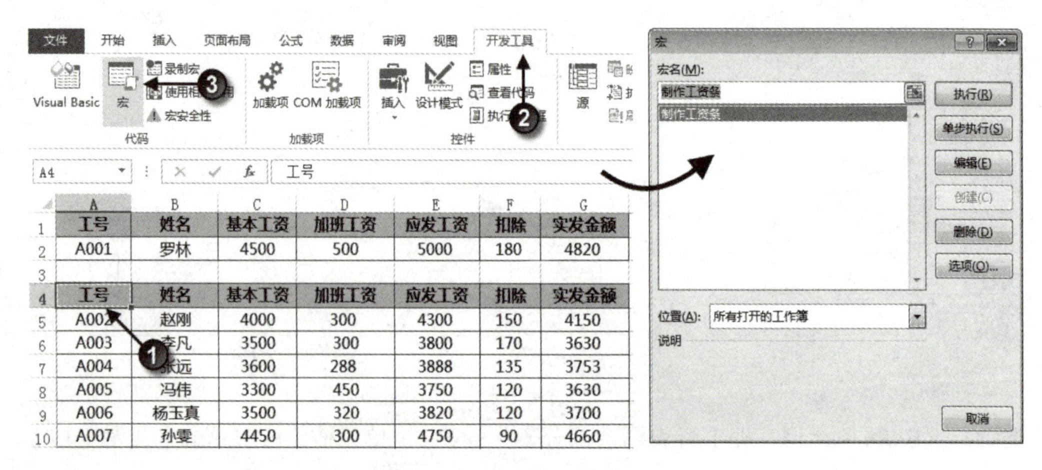

图 1-14　调出【宏】对话框

步骤❷：在该对话框的【宏名】列表中选择要执行的宏，单击【执行】按钮，就可以看到Excel执行宏所得的结果了，如图1-15所示。

执行宏后，Excel重复了一遍录制下的操作，在工资表中新制作了一条工资条。

宏
宏名(M):
制作工资条
执行(R)
单步执行(S)
编辑(E)
创建(C)
删除(D)
选项(O)...
位置(A): 所有打开的工作簿
说明
取消

	A	B	C	D	E	F	G	H
1	工号	姓名	基本工资	加班工资	应发工资	扣除	实发金额	
2	A001	罗林	4500	500	5000	180	4820	
3								
4	工号	姓名	基本工资	加班工资	应发工资	扣除	实发金额	
5	A002	赵刚	4000	300	4300	150	4150	
6								
7	工号	姓名	基本工资	加班工资	应发工资	扣除	实发金额	
8	A003	凡	3500	300	3800	170	3630	
9	A004	张	3600	288	3888	135	3753	
10	A005	冯	3300	450	3750	120	3630	
11	A006	杨玉真	3500	320	3820	120	3700	
12	A007	孙雯	4450	300	4750	90	4660	
13	A008	华楠燕	4150	100	4250	135	4115	
14	A009	赵红君	3800	260	4060	148	3912	
15	A010	郑楠	3750	230	3980	150	3830	
16	A011	李妙楠	3300	480	3780	120	3660	
17	A012	沈妙	3250	100	3350	160	3190	

图 1-15　执行宏后的结果

如果要继续插入新的工资表头，在未执行其他操作的前提下，只需按图1-15中的操作，继续执行宏就可以了。

考考你

在1.2.2小节中，在开始录制操作前，我们将引用模式切换为相对引用的状态。大家知道相对引用和绝对引用的区别吗？使用不同引用样式录制的宏，执行后得到的结果相同吗？亲自动手录制使用不同引用样式的宏，再执行它们，找一找它们之间的区别。

手机扫描二维码，可以查看我们准备的参考答案。

1.3　录制下的操作，还能这样重现它

【宏】对话框中的【执行】按钮，就像录音机上的播放按键，是“播放”指定操作集的一个开关。无论这个操作集有多少步骤，只要按一下开关，Excel就会完整地将其重现一遍。

要找到这个开关，得先执行一串命令调出【宏】对话框，虽然宏能省下许多麻烦，可这种执行宏的方法还是太复杂了。

如果需要重复多次执行一个宏，使用功能区命令的方法的确不够快捷。这时，大家可以选择使用其他方法执行宏。

1.3.1 追求执行速度，就用快捷键

如果设置了执行宏的快捷键，就可以通过快捷键来执行它。

录制宏前，可以在【录制宏】对话框中设置执行宏的快捷键，方法如图 1-16 所示。

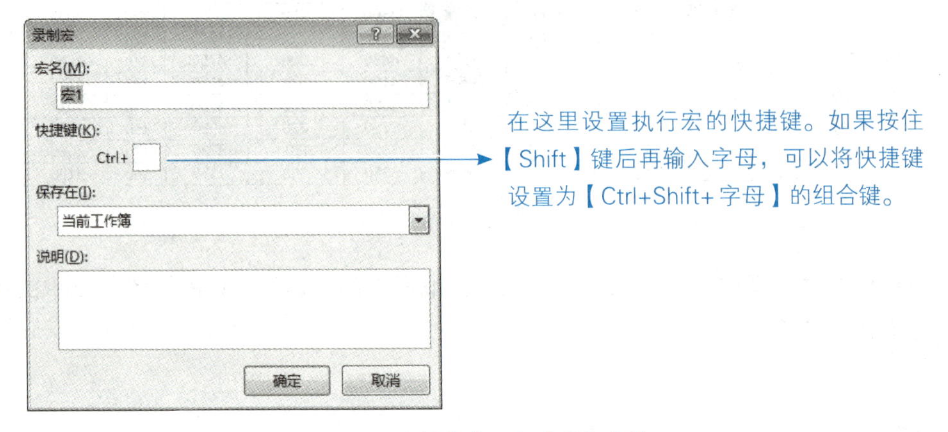

图 1-16　录制宏前给宏设置快捷键

也可以在录制宏后，调出【宏】对话框，在该对话框中进行设置，如图 1-17 所示。

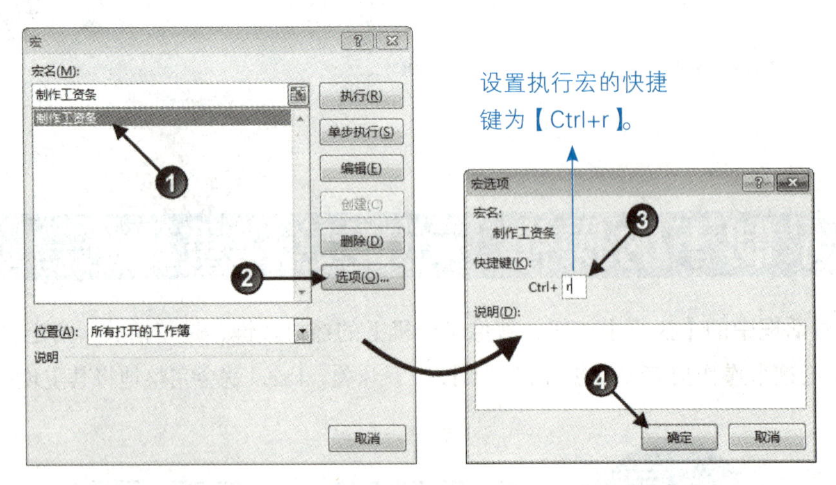

图 1-17　录制宏后给宏设置快捷键

给宏设置快捷键后，只要按下相应的快捷键就能执行这个宏了。

注意： 给宏设置的快捷键会覆盖 Excel 默认的快捷键，如将【Ctrl+C】组合键指定为执行某个宏的快捷键，那在 Excel 中按【Ctrl+C】组合键后将不再执行复制操作，而是执行指定的宏。

1.3.2　希望直观形象，可以用按钮

借助快捷键来执行宏的速度的确很快，但有些时候也不太方便。

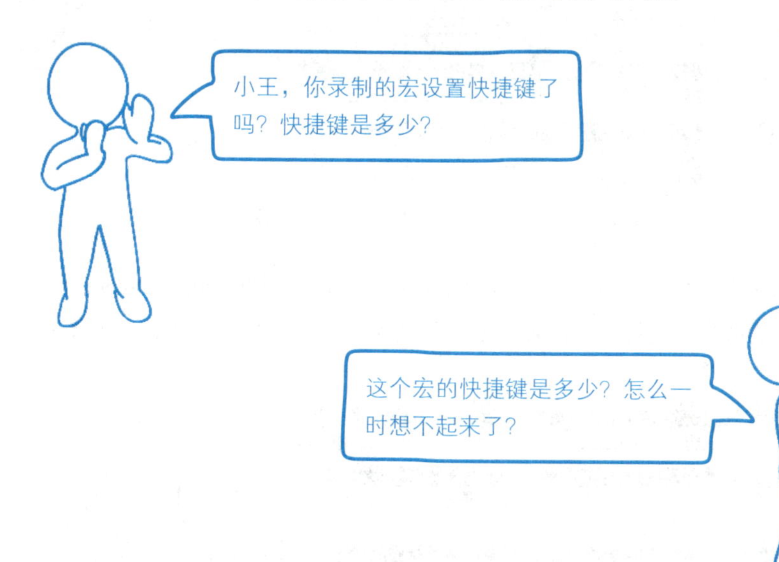

不易记忆，不易上手，更不便和其他人共用同一个宏……这些都是使用快捷键执行宏的缺点。快捷键虽快，但却不适用。

无论出于什么目的，我们都希望自己设计的表格能简单明了，让别人不费什么劲，就知道应该用什么方法来执行某个宏。

拿过电视机的遥控板，扫一眼就知道该按下哪个按钮来调节声音，该按下哪个按钮来调换频道。

我们也可以在Excel中画一个类似的，由按钮组成的遥控器，通过这些按钮来执行录制下来的宏。设置的步骤如下。

步骤❶： 依次单击【开发工具】→【插入】→【按钮（窗体控件）】按钮，选择要在工作表中插入的控件，如图1-18所示。

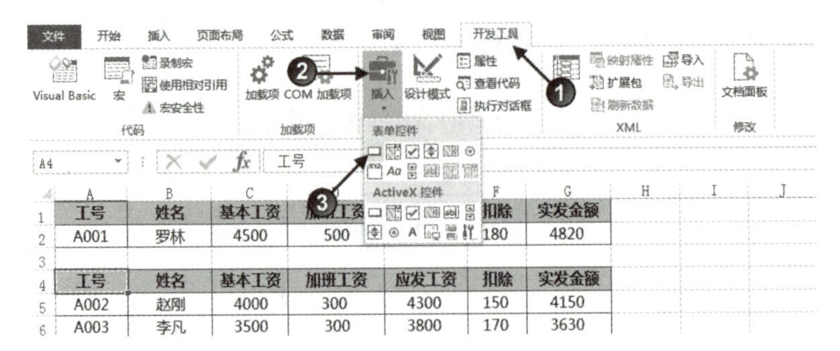

图 1-18　选择要在工作表中插入的控件

步骤❷： 使用鼠标在工作表中绘制一个按钮。完成后，在松开鼠标左键后Excel自动弹出的【指定宏】对话框中，选择单击该按钮要执行的宏，单击【确定】按钮，如图1-19所示。

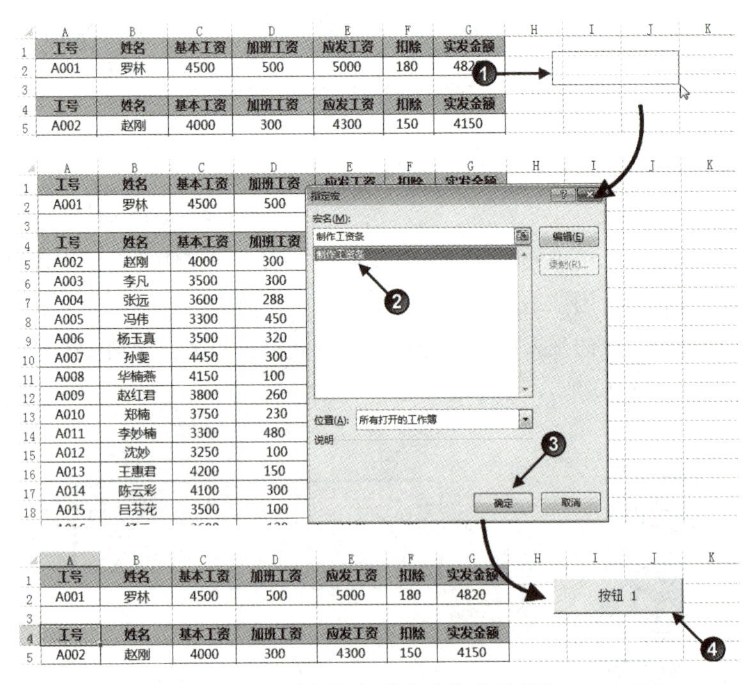

图 1-19　添加按钮并将宏指定给按钮

如果添加按钮时未给按钮指定宏，可以用鼠标右键单击按钮，在右键菜单中单击【指定宏】命令，调出【指定宏】对话框，在其中重新为按钮指定宏，如图1-20所示。

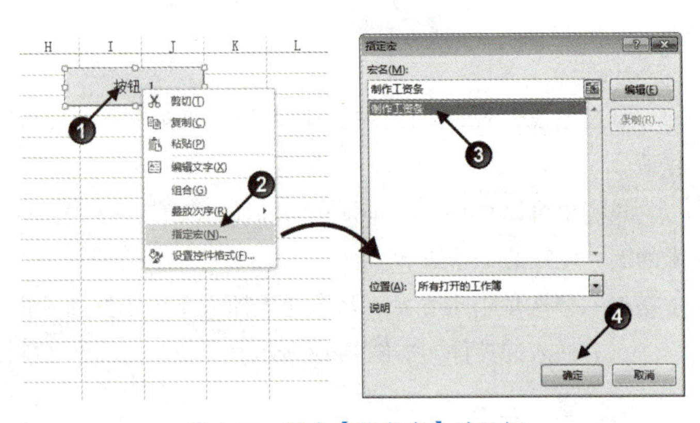

图 1-20　调出【指定宏】对话框

步骤❸：设置完成后，单击按钮即可执行指定给该按钮的宏，如图 1–21 所示。

注意：无论用什么方法执行宏，开始前都应选中工资条表头的第 1 个单元格，这一步很关键。

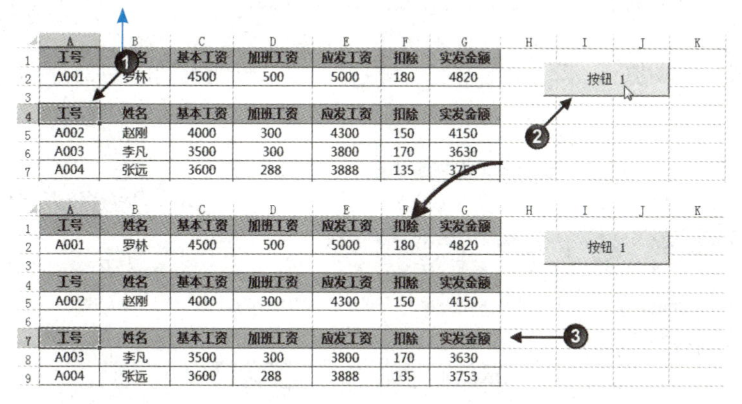

工号	姓名	基本工资	加班工资	应发工资	扣除	实发金额
A001	罗林	4500	500	5000	180	4820
工号	姓名	基本工资	加班工资	应发工资	扣除	实发金额
A002	赵刚	4000	300	4300	150	4150
A003	李凡	3500	300	3800	170	3630
A004	张远	3600	288	3888	135	3753

工号	姓名	基本工资	加班工资	应发工资	扣除	实发金额
A001	罗林	4500	500	5000	180	4820
工号	姓名	基本工资	加班工资	应发工资	扣除	实发金额
A002	赵刚	4000	300	4300	150	4150
工号	姓名	基本工资	加班工资	应发工资	扣除	实发金额
A003	李凡	3500	300	3800	170	3630
A004	张远	3600	288	3888	135	3753

图 1-21　单击按钮执行宏

为清楚地标明按钮的具体用途，可以像遥控板一样，给按钮加上标签文字，如图 1–22 所示。

用鼠标右键单击按钮，当按钮呈编辑状态时，用鼠标左键单击按钮表面，即可更改按钮上的标签文字。

工号	姓名	基本工资	加班工资	应发工资	扣除	实发金额
A001	罗林	4500	500	5000	180	4820
工号	姓名	基本工资	加班工资	应发工资	扣除	实发金额
A002	赵刚	4000	300	4300	150	4150

单击按钮制作工资条

图 1-22　更改标签后的按钮

工资条制作好了吗？这就是使用VBA在Excel中解决问题的例子，VBA不难学吧！对了，这只是最简单的应用，后面还会教大家，怎样让这个宏的功能更强大。

考考你

除了按钮，也可以用类似的方法将宏指定给图片或自选图形等，录制一个制作工资条的宏，再插入一张图片，借助图片来执行这个宏，试一试，你能完成吗？

手机扫描二维码，即可了解使用图片执行宏的方法。

1.4 录制好的宏，为什么不能执行了

1.4.1 宏不能执行，是出于安全考虑

有时，当我们试图执行一个宏时，会发现执行失败，只能看到图 1–23 所示的对话框。

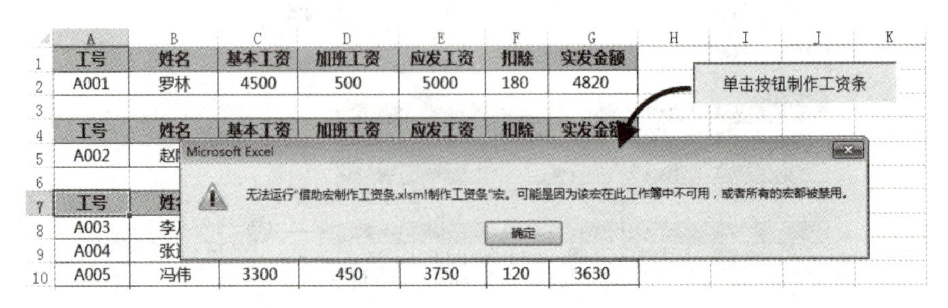

图 1-23　禁用宏的对话框

不允许执行文件中的宏，是因为Excel不知道这个宏要执行什么操作，这些操作是否恶意操作。

百度一下“宏病毒”，大家一定能看到许多关于宏病毒的“风光事迹”，这些破坏力极强的宏病毒就是用VBA编写的。

为了防止可能存在的恶意代码对计算机或文件造成损坏，Excel默认不允许执行文件中保存的宏。如果文件中包含宏，Excel会在打开文件时提示我们，如图 1–24 所示。

如果你知道文件中宏的来源，并且确认这些宏是安全的，不存在恶意代码，可以单击【启用内容】按钮，这样就可以执行文件中保存的宏了。

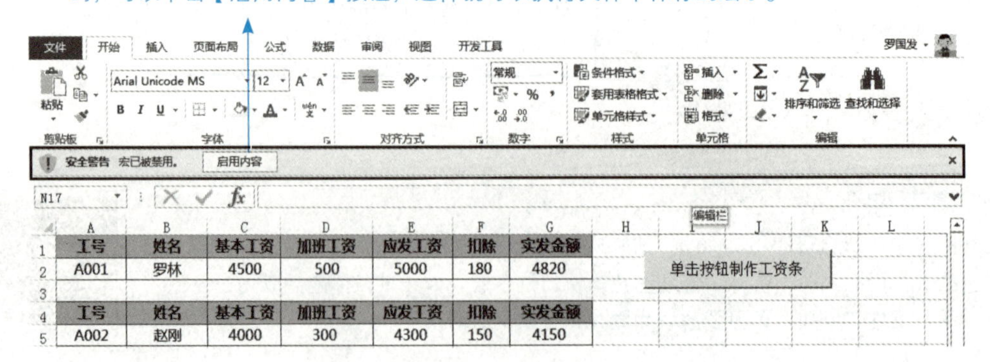

图 1-24　打开保存有宏的文件时Excel的提示

1.4.2　修改宏安全性，让Excel允许执行所有宏

如果希望打开文件时，由用户选择是否允许执行宏，或者无需选择直接允许执行文件中的所有宏，可以执行【开发工具】→【宏安全性】命令，调出【信任中心】对话框，在其中修改宏安全性，如图1-25所示。

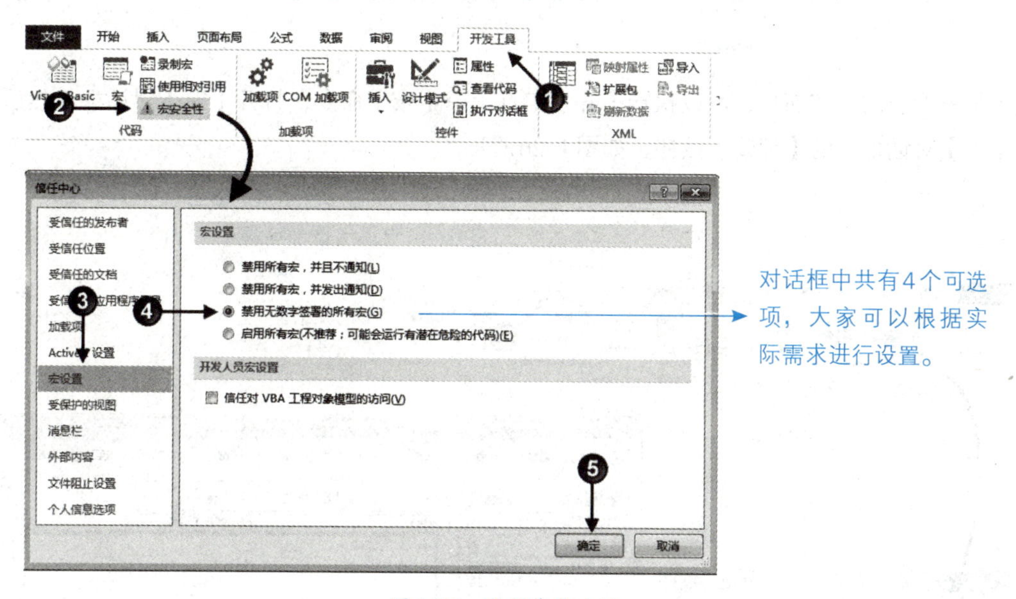

图1-25　设置宏安全性

注意：如果选择对话框中的“启用所有宏”选项，打开Excel文件时，无论文件中是否保存有宏，这些宏是否含有恶意代码，Excel都不会给出任何提示，并直接启用这些宏。但如果这些宏中含有恶意代码，这样做是非常危险的，所以建议大家不要选择该选项。

1.5　Excel用什么记录录下的操作

1.5.1　宏就是一串串可以控制和操作Excel的代码

用相机可以拍下一个场景，将其存为图片文件；用摄像机可以录下一段视频，将其存为视频文件；用录音机可以录下一段声音，将其存为音频文件……

想查看宏的真实面目，可以执行【开发工具】→【宏】命令，打开【宏】对话框，然后单击【宏】对话框中的【编辑】按钮，如图1-26所示。

这些就是“制作工资条”这个宏的内容，是Excel用来记录各种操作的代码。

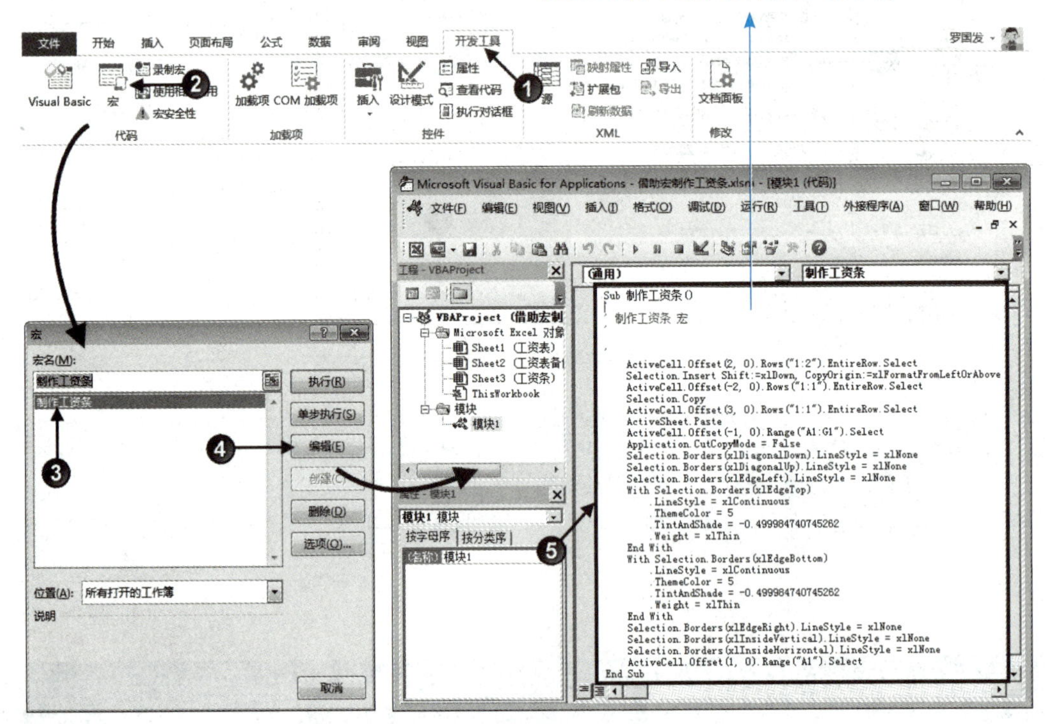

图 1-26　查看宏的内容

没错，代码。

Excel将录下的操作保存为不同的代码，宏也是通过执行这些代码来操作和控制Excel的。

1.5.2 学习VBA，就是学习编写能控制和操作Excel的代码

Excel将录下的操作保存为代码，当执行宏时，实际就是执行这些组成宏的代码。代码不同，执行的操作就不同，能完成的任务也不相同。如果修改组成宏的代码，就修改了这个宏能执行的操作。

学习编写能控制和操作Excel的代码，就是学习VBA的目的。

如果知道解决一个问题所需的代码是什么，只要将这些代码编写出来，再执行这些代码组成的宏，不就可以控制和操作Excel了吗？

1.6 VBA，就是我们和Excel沟通的语言

1.6.1 要使用Excel，需要知道怎样和它“沟通”

如果想在Sheet1工作表的A1单元格中输入一个数值“100”，通常我们是这样做的：激活Sheet1工作表→选中A1单元格→用键盘输入数值“100”→按【Enter】键。

我们通过这一连串的操作告诉Excel要做什么，要达到什么目的。Excel在收到这些操作命令后，再将这些操作翻译成计算机的“语言”告诉计算机，让计算机完成相应的计算和处理，再将结果返回给我们。

计算机同人类一样，也有自己的语言，我们可以使用它的语言和它沟通，让它替我们解决问题。

在Excel中用宏录制器录制下的宏，就是用计算机的一种语言编写的代码，执行宏，也就是将这些代码包含的信息告诉计算机，让计算机完成代码中记录的操作和计算。

对，宏就是人与计算机进行沟通交流的语言。

1.6.2 VBA，只是一种计算机编程语言的名字

同人类一样，计算机有多种语言，书写宏代码的语言，我们将其称为VBA语言。

同你的名字一样，VBA只是一个名字，一种编程语言的名字。如果要说得专业点，VBA就是Visual Basic For Applications的简称，它是微软公司开发，建立在Office中的一种应用程序开发工具。

在Excel中，可以利用VBA有效地扩展Excel的功能，设计和构建人机交互界面，打造自己的管理系统，帮助Excel用户更有效地完成一些基础操作、函数公式等很难完成或者不能完成的任务。

要熟练地用代码控制和操作Excel，首先得掌握VBA这门计算机编程语言，能将自己的意图写成VBA代码，告诉Excel。

但大家不必担心，学习VBA语言，远远没有你学习英语那么难，虽然这两种语言的文字都是字母，但大家千万不要有“字母恐惧症”。

1.7 Excel已能录制代码，何需再动手编写

1.7.1 录制的宏，不能解决所有问题

虽然宏录制器能将在Excel中的操作“翻译”成VBA代码，但如果要使用这种方式获得VBA代码，我们也必须将对应的操作在Excel中至少执行一遍。

万一所需代码对应的是一串很长很复杂的操作和计算，手动执行一遍再将其录下来岂不麻烦？

并且某些任务，单纯使用录制宏并执行宏的方式是不能完成的，如1.2.2小节中录制的宏，每执行一次，就只能制作一条工资条，但这与要完成的终极任务还相差甚远。

执行一次宏，Excel只能制作一条工资条。如果工资表中有1000条工资记录，完成全部工资条，需要单击1000次按钮，执行1000次宏吗？

更何况，宏录制器并不能将所有的操作或计算都准确地“翻译”成VBA代码，很显然，只使用录制宏，并不能解决所有的问题。

1.7.2　只需简单修改，便能让宏的威力大增

用录音机录下的声音，只要设置循环播放，便能一遍又一遍地将其重复播放出来。录制下的声音可以循环播放，在Excel中录制下的宏也可以循环执行。

想让宏能循环执行，得先对它作一点简单的修改。

如果工作表中有若干条工资记录，希望只单击一次按钮，就能完成所有工资条的制作任务，只需对录下的宏做一点修改。

步骤❶：依次执行【开发工具】→【宏】命令，调出【宏】对话框，单击对话框中的【编辑】按钮，调出保存宏代码的窗口，如图1-27所示。

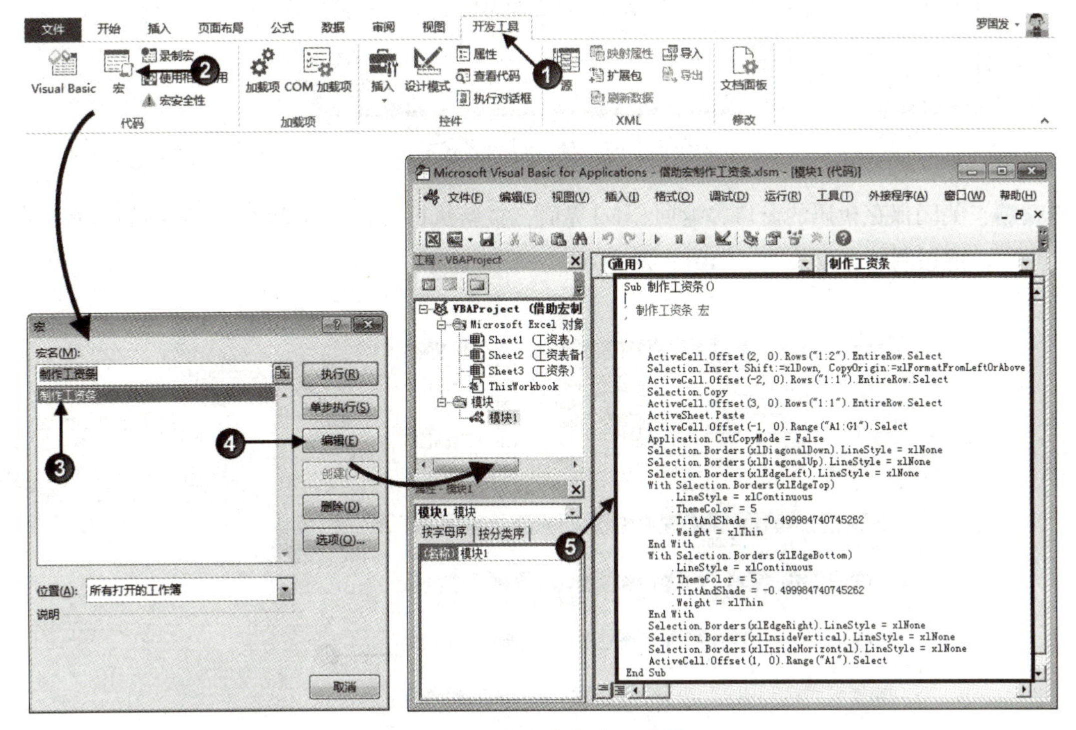

图 1-27　调出保存宏代码的窗口

步骤❷：在第1行代码“Sub 制作工资条()”的后面添加两行新代码。

```
Dim i As Long
For i = 2 To Range("A1").CurrentRegion.Rows.Count - 1
```

在最后一行代码“End Sub”的前面添加一行代码：

```
Next
```

详情如图1-28所示。

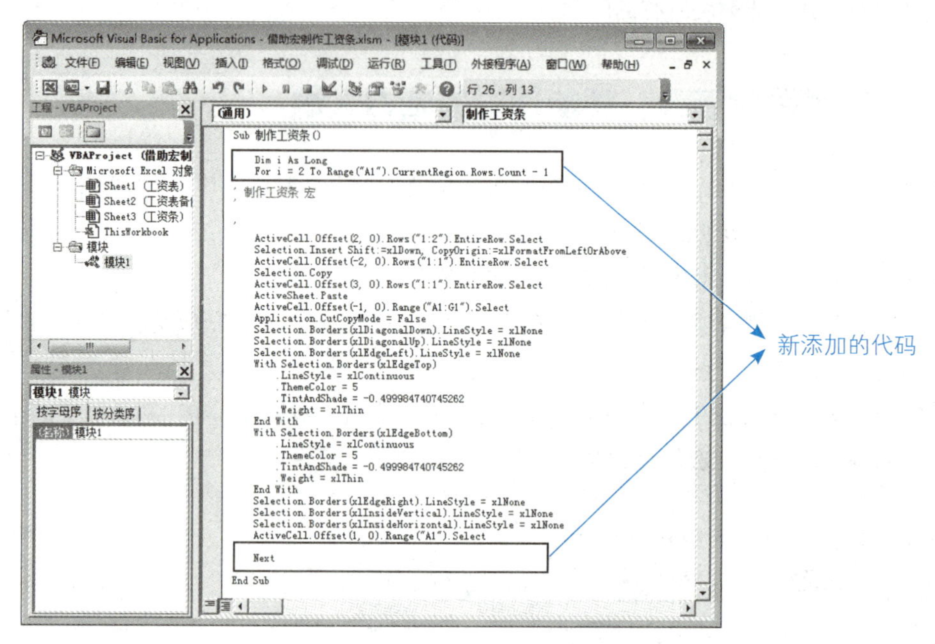

图1-28　修改后的宏代码

步骤❸： 关闭保存代码的窗口，返回Excel界面，重新执行宏，宏就能将工资表中的所有工资记录制成工资条了，如图1-29所示。

工号	姓名	基本工资	加班工资	应发工资	扣除	实发金额
A001	罗林	4500	500	5000	180	4820
A002	赵刚	4000	300	4300	150	4150
A003	李凡	3500	300	3800	170	3630
A004	张远	3600	288	3888	135	3753
A005	冯伟	3300	450	3750	120	3630
A006	杨玉真	3500	320	3820	120	3700

单击按钮制作工资条

工号	姓名	基本工资	加班工资	应发工资	扣除	实发金额
A001	罗林	4500	500	5000	180	4820
工号	姓名	基本工资	加班工资	应发工资	扣除	实发金额
A002	赵刚	4000	300	4300	150	4150
工号	姓名	基本工资	加班工资	应发工资	扣除	实发金额
A003	李凡	3500	300	3800	170	3630
工号	姓名	基本工资	加班工资	应发工资	扣除	实发金额
A004	张远	3600	288	3888	135	3753
工号	姓名	基本工资	加班工资	应发工资	扣除	实发金额
A005	冯伟	3300	450	3750	120	3630
工号	姓名	基本工资	加班工资	应发工资	扣除	实发金额
A006	杨玉真	3500	320	3820	120	3700

单击按钮制作工资条

图1-29　一次性生成所有工资条

1.7.3　自主编写代码，让宏的功能更加灵活

不管大家现在是否知道应该怎样修改和使用录制下来的宏，但从前面的例子中，应该感受

到修改前和修改后的宏在工作效率上的差别了吧。

事实上，录制宏只是VBA应用的冰山一角。

VBA是编程语言，录制的宏只是按VBA语言的规则，记录下用户操作的代码。

但录制的宏，只能完整地再现曾经的操作过程，正因为如此，录制的宏存在许多的缺陷，如无法进行判断和循环、不能显示用户窗体、不能进行人机交互……

这就意味着，要打破这些局限并让VBA程序更加自动化和智能化，仅仅掌握录制和执行宏的本领是远远不够的，还需要掌握VBA编程的方法，能根据需求自主地编写VBA程序。

认识编程工具，开始学习VBA的第一步

子曰："工欲善其事，必先利其器。"也就是说，要做好一件事情，准备工作非常重要。

学习和使用VBA当然也不例外。

应该在哪里编写VBA程序？用什么工具来编写VBA程序……为了以后能熟练地在Excel中使用VBA编写程序，认识和了解VBA的编程工具一定是必不可少的。

本章，就让我们先来认识，并学习怎样使用VBA的编程工具来编写VBA程序。

准备好了吗？那就开始吧。

2.1　应该在哪里编写VBA程序

在Excel中使用宏录制器录下的宏，其实就是一个VBA程序。

要使用VBA编程，首先得知道VBA程序保存在哪里，应该在哪里编写程序。既然宏就是VBA程序，那宏保存在哪里，就可以将VBA程序写在哪里。

想知道宏保存在哪里，还记得怎样查看宏代码，找到它保存的位置吗？

调出【宏】对话框，在【宏名】列表中选中宏的名称，单击对话框中的【编辑】按钮，即可看到录制的宏代码，如图2-1所示。

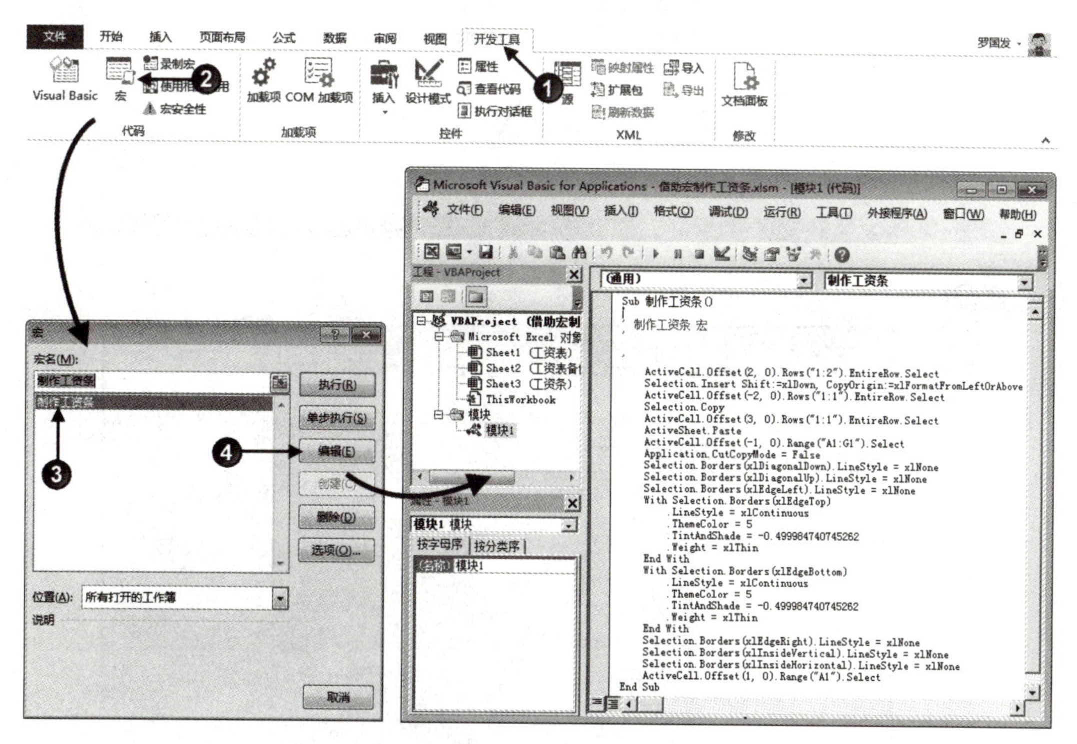

图 2-1　查看录制宏得到的代码

图2-1中调出的窗口，称为VBE窗口（VBE的全称为Visual Basic Editor），VBE就是编写VBA程序的工具，要在Excel中编写VBA程序，就得先调出这个窗口。编辑、修改、保存VBA代码，都在这个窗口中进行。

2.2 了解VBA的编程工具——VBE

2.2.1 可以用哪些方法打开 VBE 窗口

要进入VBE，首先应启动Excel程序。启动Excel后，可以使用下面的任意一种方法进入VBE。

方法一：在Excel窗口中按【Alt+F11】组合键，如图2-2所示。

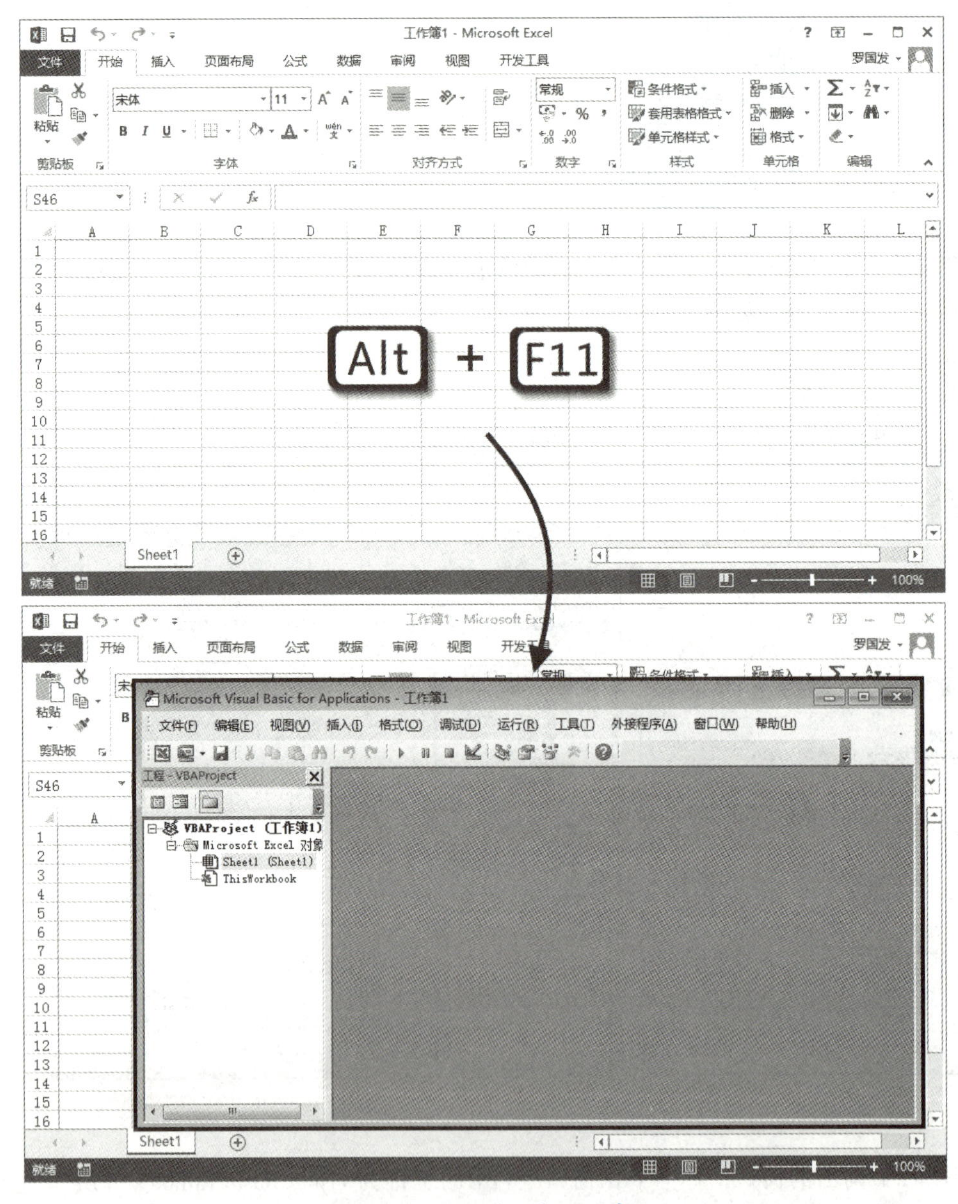

图 2-2　通过快捷键调出 VBE 窗口

方法二： 执行【开发工具】→【Visual Basic】命令，如图2–3所示。

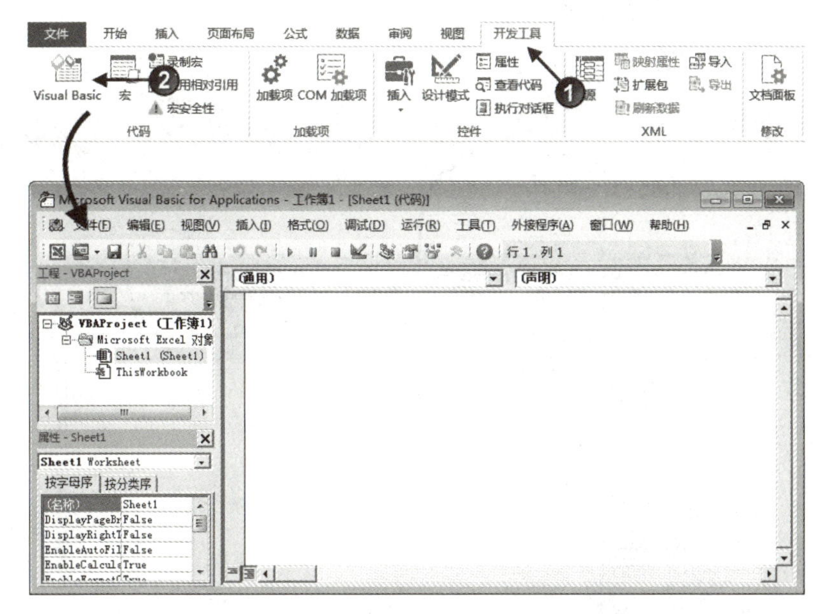

图 2-3　执行【功能区】中的命令调出 VBE 窗口（1）

方法三： 执行【开发工具】→【查看代码】命令，如图2–4所示。

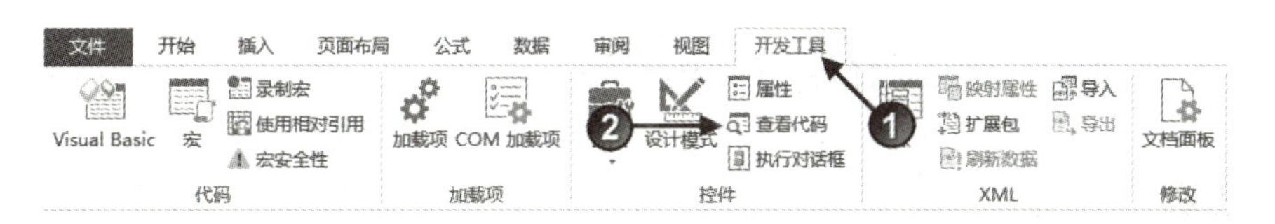

图 2-4　执行【功能区】中的命令调出 VBE 窗口（2）

方法四： 用鼠标右键单击工作表标签，执行右键菜单中的【查看代码】命令，如图2–5所示。

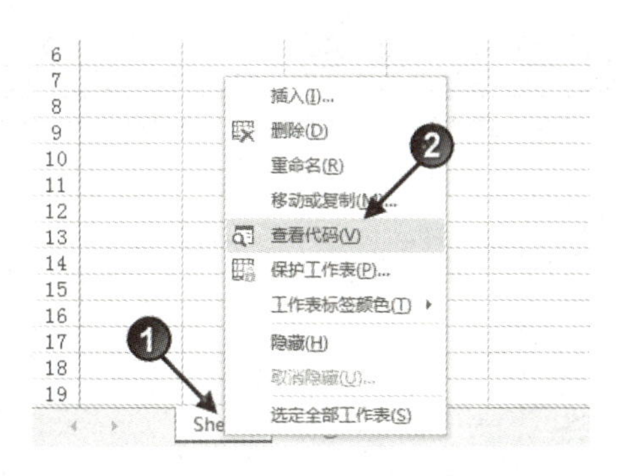

图 2-5　利用右键菜单打开 VBE 窗口

方法五： 如果工作表中包含ActiveX控件，用鼠标右键单击该控件，在右键菜单中选择【查看代码】命令（或双击该控件），如图2–6所示。

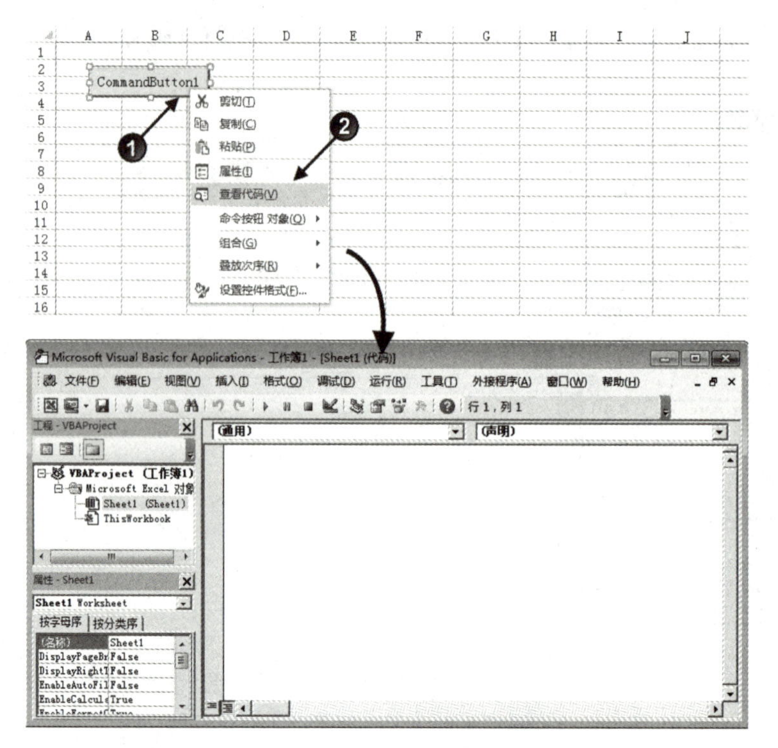

图 2-6　利用控件调出 VBE 窗口

2.2.2　VBE 窗口中都有什么

1. 主窗口

进入VBE后，首先看到的就是VBE的主窗口。默认情况下，在主窗口中能看到【工程资源管理器】（也称为【工程窗口】）【属性窗口】【代码窗口】【立即窗口】【菜单栏】和【工具栏】，如图2-7所示。

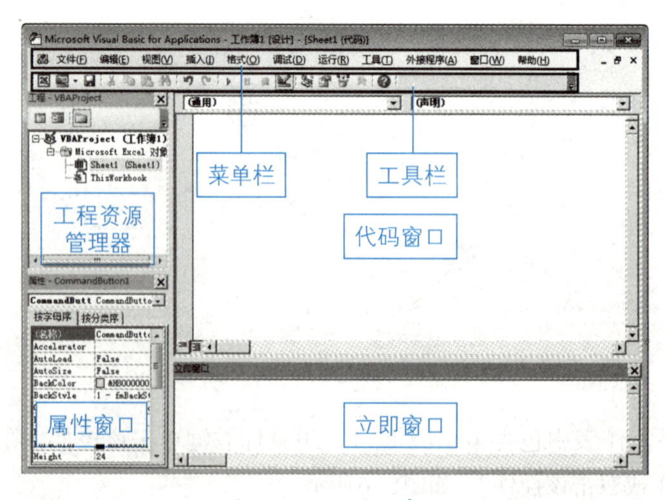

图 2-7　VBE 的主窗口

2. 菜单栏

VBE的【菜单栏】中包含了VBE的各种组件的命令，单击某个菜单名称，即可调出该菜单包含的所有命令，如图2-8所示。

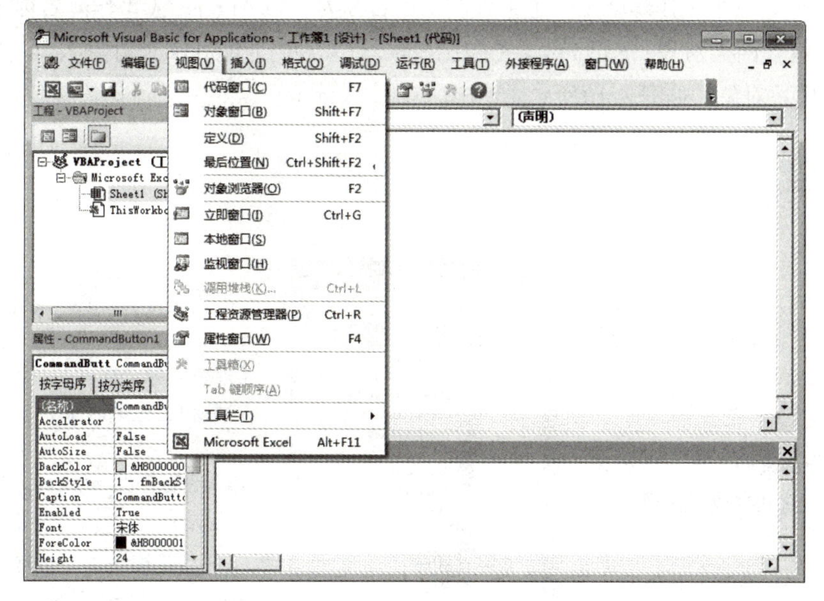

图2-8　VBE中的【视图】菜单

3. 工具栏

默认情况下，【工具栏】位于【菜单栏】的下面，可以在【视图】→【工具栏】菜单中调出或隐藏某个工具栏，如图2-9所示。

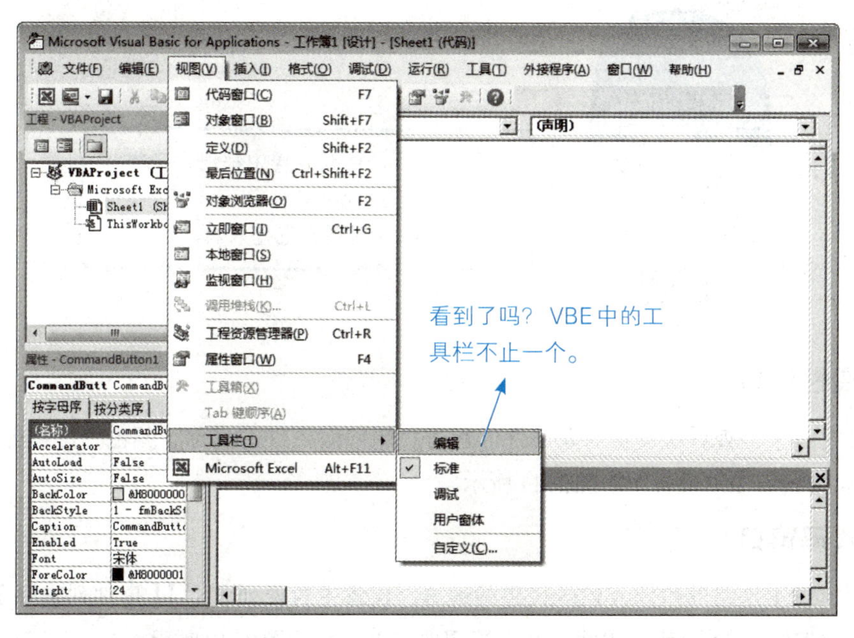

图2-9　显示或隐藏VBE的【工具栏】

4. 工程资源管理器

【工程资源管理器】就是管理工程资源的地方，在其中可以看见所有打开的Excel工作簿和加载的加载宏。

在Excel中，一个工作簿就是一个工程，工程名称为“VBAProject（工作簿名称）”，一个工程**最多可以**包含四类对象：Excel对象（包括Sheet对象和ThisWorkbook对象）、窗体对象、模块对象和类模块对象，如图2-10所示。

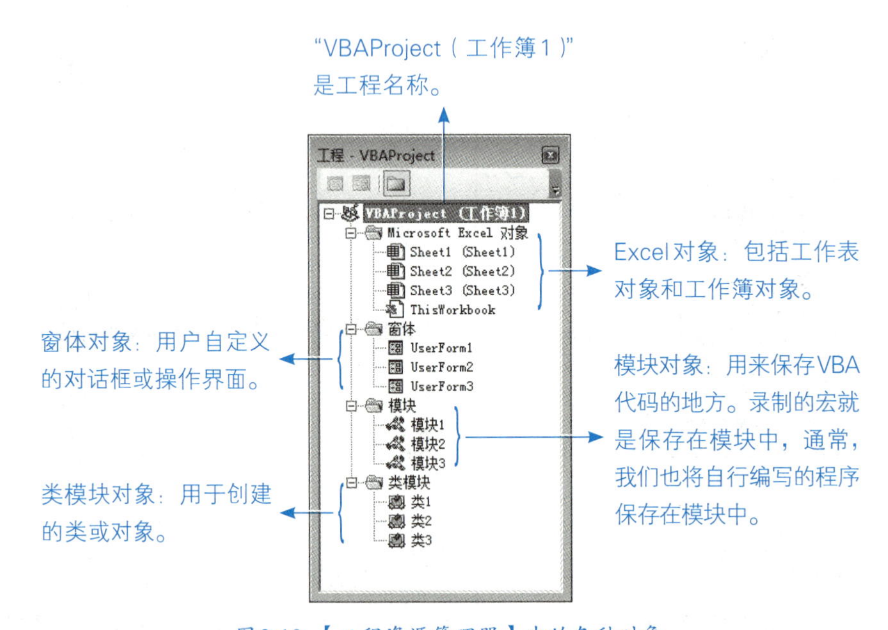

图2-10 【工程资源管理器】中的各种对象

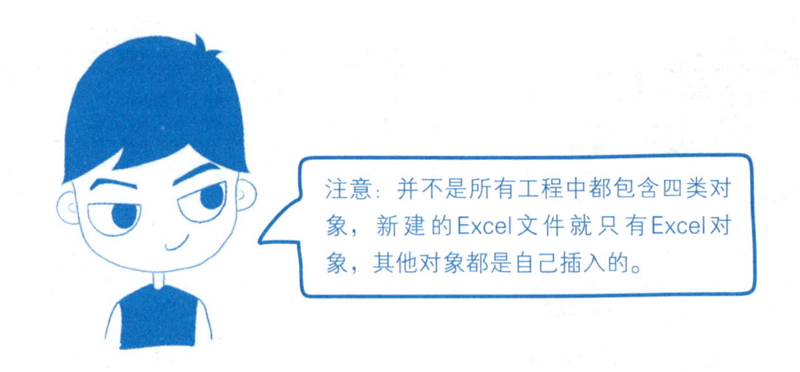

5. 属性窗口

【属性窗口】是查看或设置对象属性的地方，想修改控件的名称、颜色、位置等信息，都可以在【属性窗口】中设置，如图2-11所示。

6. 代码窗口

【代码窗口】是编辑和显示VBA代码的地方，包含【对象列表框】【事件列表框】【边界标识条】【代码编辑区】【过程分隔线】和【视图按钮】等，如图2-12所示。

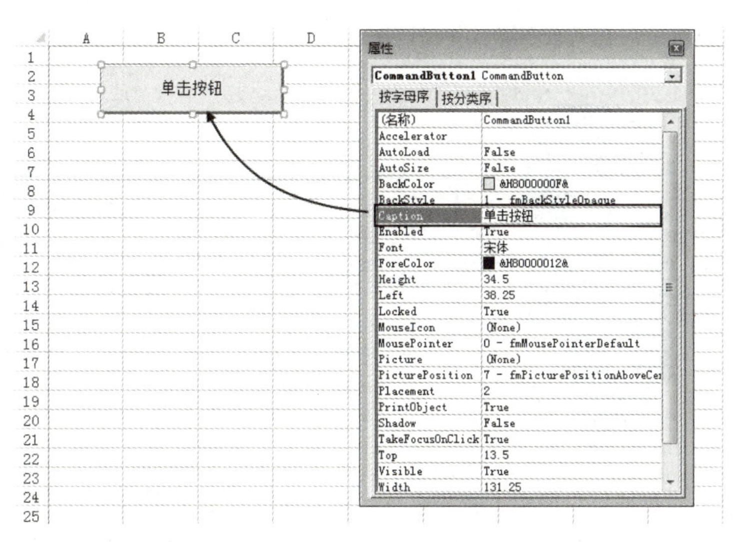

图 2-11　设置按钮上显示的文字

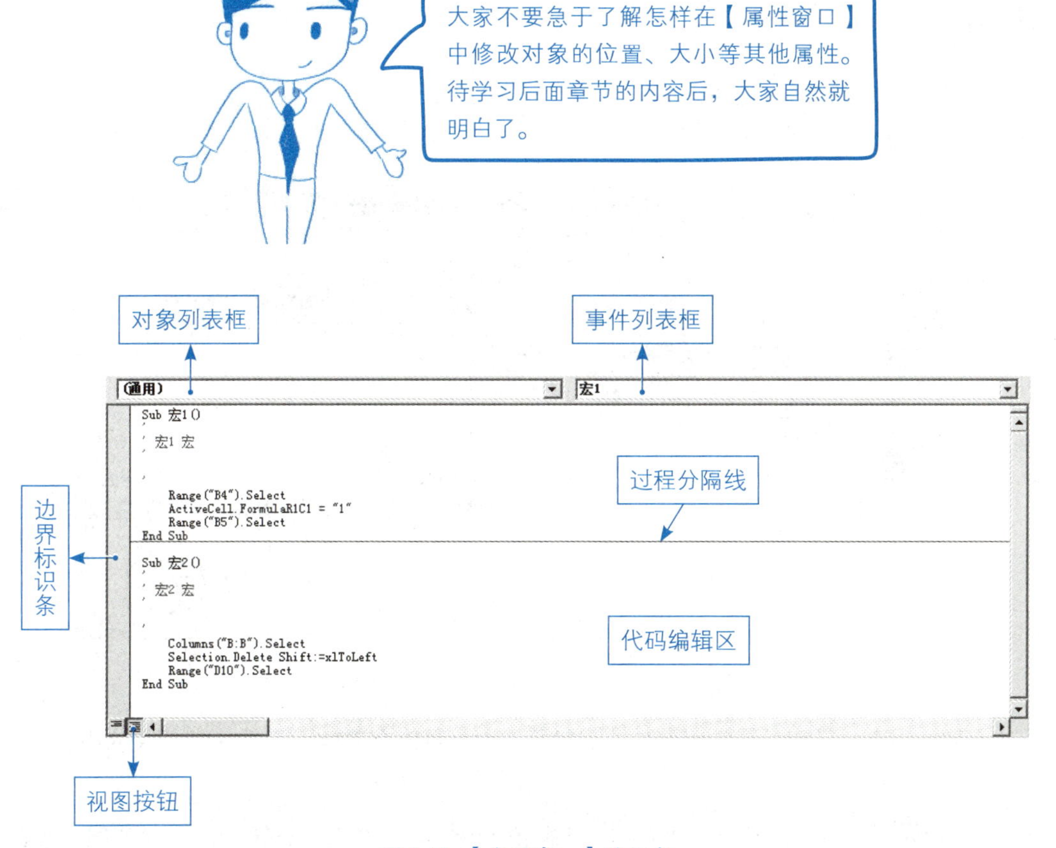

图 2-12 【代码窗口】的组成

【工程资源管理器】中的每个对象都拥有自己的【代码窗口】，也就是说，【工程资源管理器】中的每个对象都可以保存编写的VBA代码。

尽管如此，但并不是将程序保存在任意对象中都可以正常执行，不同对象能保存什么类型的VBA程序，随着后面章节的学习，大家就知道了。

如果想将程序写在某个对象中，首先在【工程资源管理器】中双击该对象，打开它的【代码窗口】，反过来，如果想查看某个对象中保存的程序，也应先调出它的【代码窗口】。

7. 立即窗口

【立即窗口】是一个可以即时执行代码的地方，就像以前的DOS操作界面。

在【立即窗口】中直接输入VBA命令，按【Enter】键后就可以看到该命令执行后的结果，如图2-13所示。

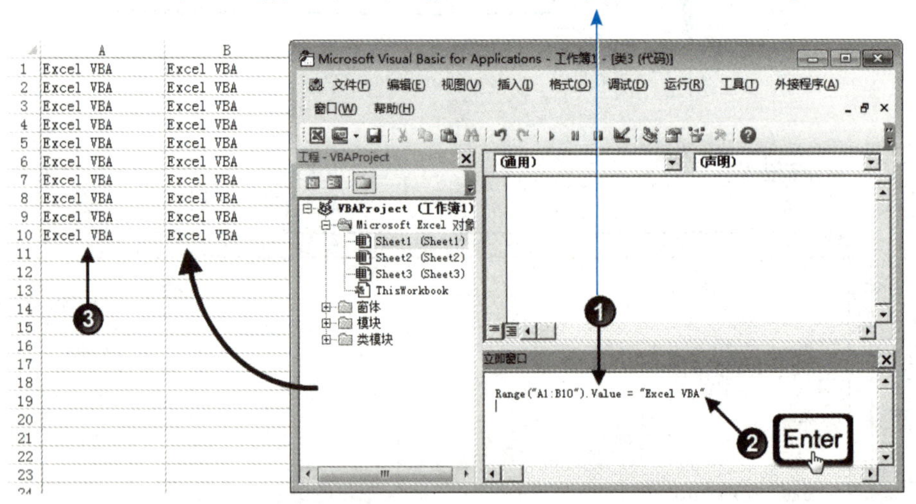

图2-13 使用【立即窗口】执行VBA命令

【立即窗口】一个很重要的用途是调试代码，大家可以在7.3.4小节中了解相关的用法。

提示：如果打开VBE后，主窗口中没有显示本节中介绍的工具栏或窗口，可以在【视图】菜单中调出它们，如图2-14所示。

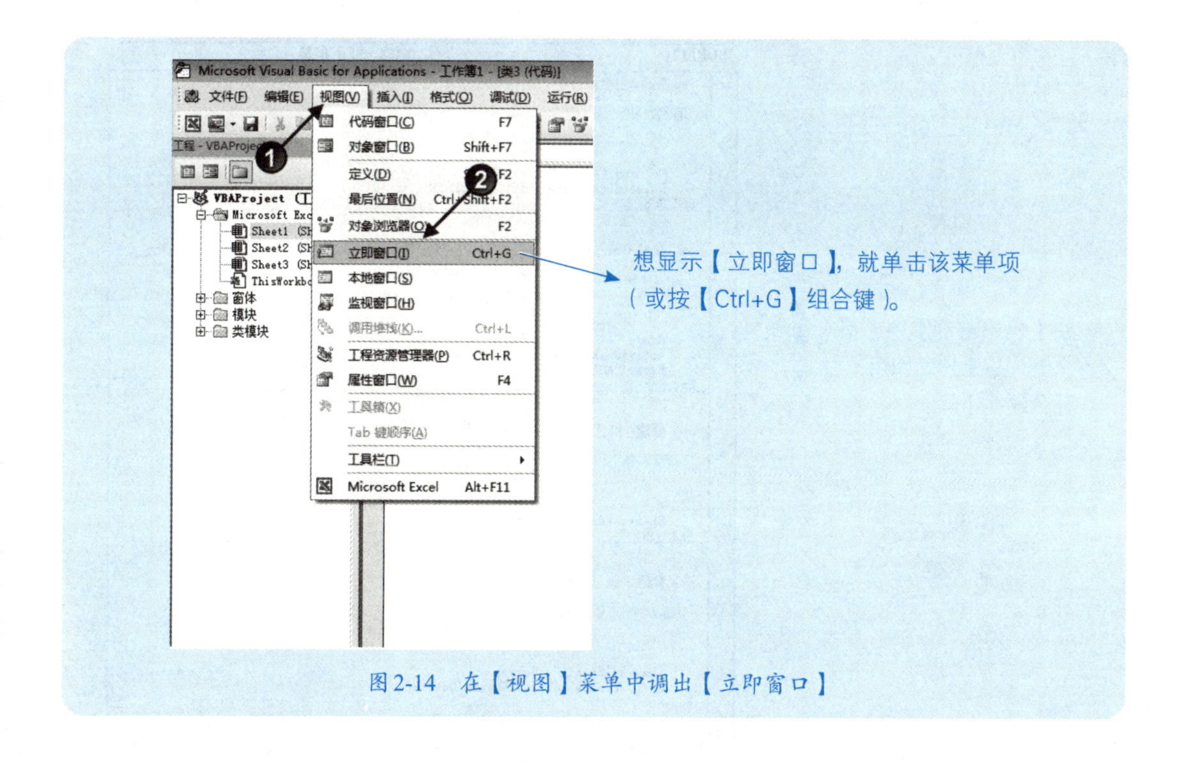

图 2-14　在【视图】菜单中调出【立即窗口】

2.3　怎样在 VBE 中编写 VBA 程序

2.3.1　VBA 程序就是完成一个任务所需的一组 VBA 代码

用VBA代码把完成一个任务所需要的操作和计算罗列出来，就得到一个VBA程序。在VBA中，将这些代码组成的程序称为**过程**。要解决的任务不同，所编写过程包含的代码也就不同。

一个VBA过程可以执行任意多的操作，可以包含任意多的代码。

在本书中，我们只介绍Sub过程和Function过程这两种VBA程序，第1章中录制的宏就是Sub过程。

2.3.2　看看 VBA 程序都长什么样

想知道怎样编写VBA程序，首先得知道VBA程序长什么样。

既然录制的宏就是一个Sub过程，那就让我们随便录几个宏，通过对比，看看它们有什么共同的地方，如图2-15所示。

发现了吗？无论宏录下的是什么操作，得到的都是以“Sub 宏名”开头，以“End Sub”结尾的一串代码。在这两行代码之间，包括绿色的说明文字及记录各种操作和计算的代码，如图2-16所示。

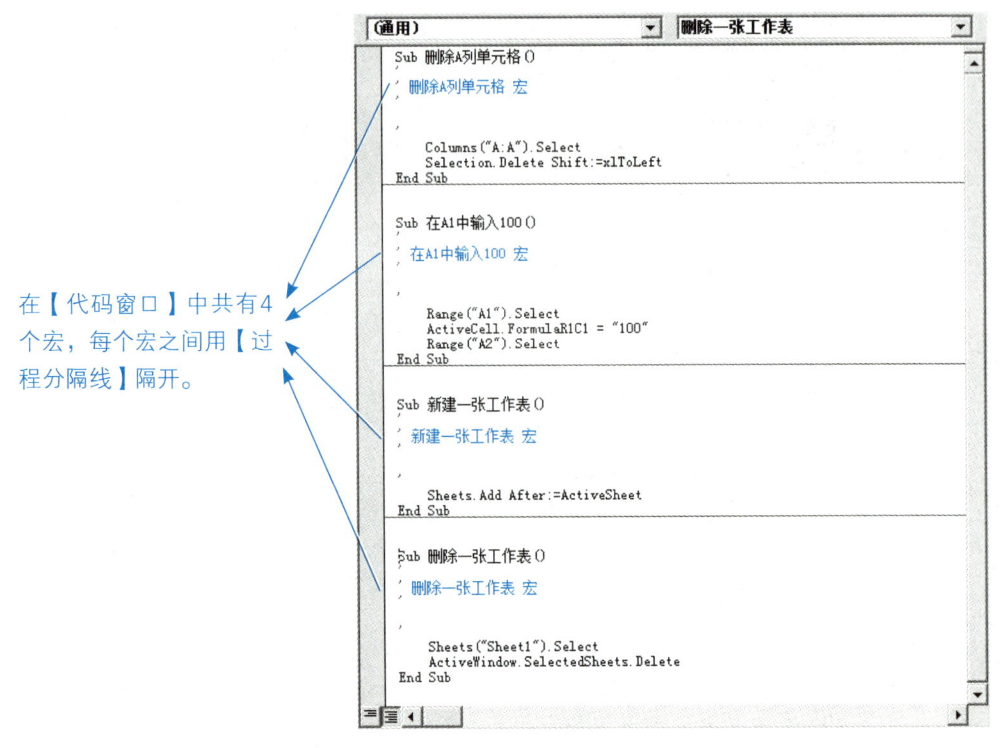

图2-15 【代码窗口】中的多个宏

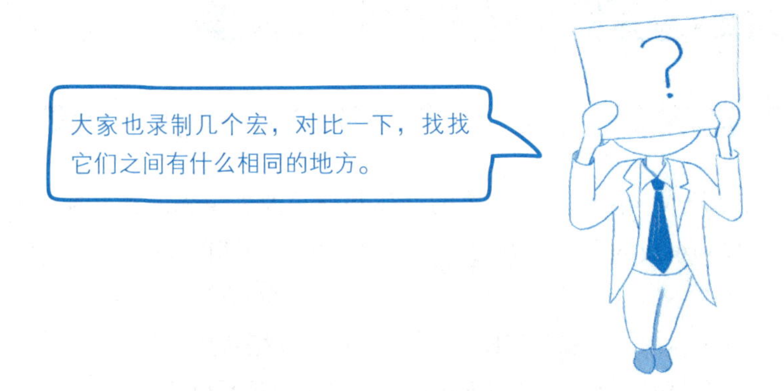

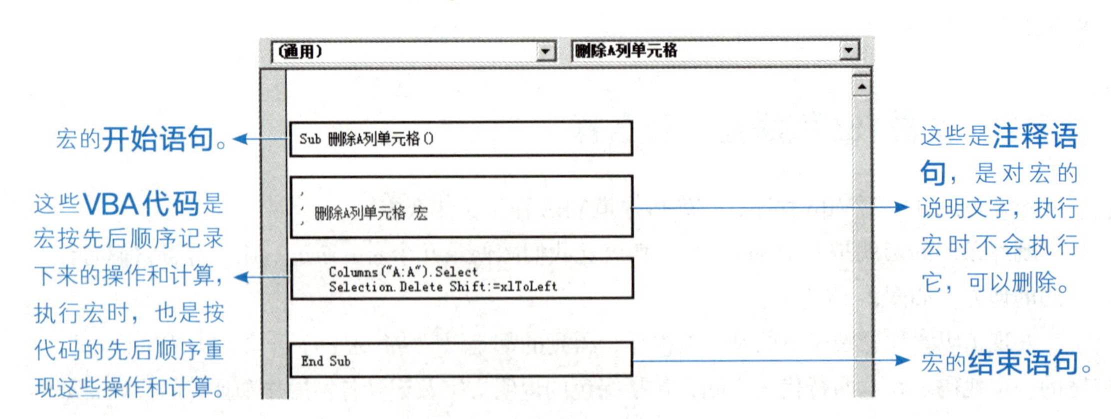

图2-16 录制宏得到的VBA程序

2.3.3　动手编写一个VBA程序

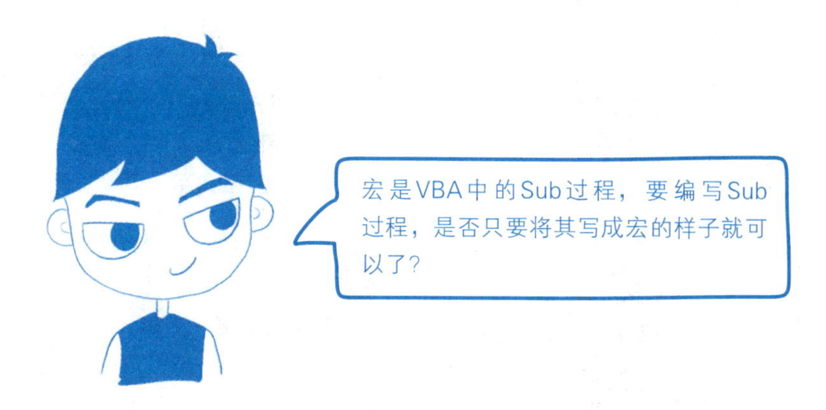

宏是VBA中的Sub过程，要编写Sub过程，是否只要将其写成宏的样子就可以了？

的确如此，要编写Sub过程，只需将希望执行的操作或计算写成VBA代码，放在开始语句“Sub 过程名称()”和结束语句“End Sub”之间即可。

下面，我们就一起来编写一个Sub过程，让程序执行后，能显示一个对话框。

1. 添加一个模块，用来保存VBA代码

通常，我们都将Sub过程保存在模块对象中，所以在编写Sub过程前，首先得插入一个模块来保存它。插入模块常用的方法有以下两种。

方法一： 在VBE窗口中依次执行【插入】→【模块】命令，即可插入一个模块对象，如图2-17所示。

如果选择执行该菜单中的【用户窗体】命令，将会插入一个窗体对象。

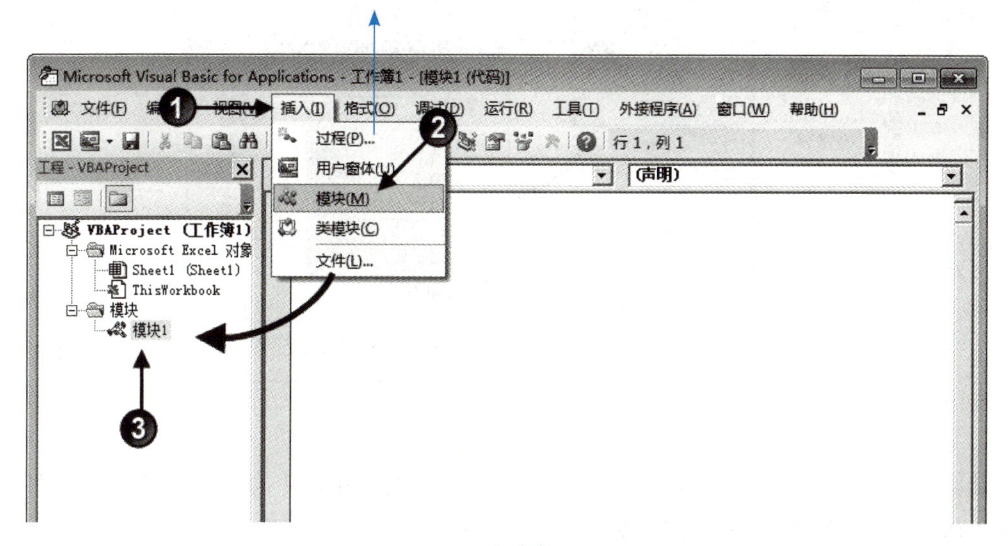

图 2-17　利用菜单命令插入模块

方法二： 在【工程资源管理器】中的空白处单击鼠标右键，依次选择【插入】→【模块】命令，即可插入一个模块对象，如图2-18所示。

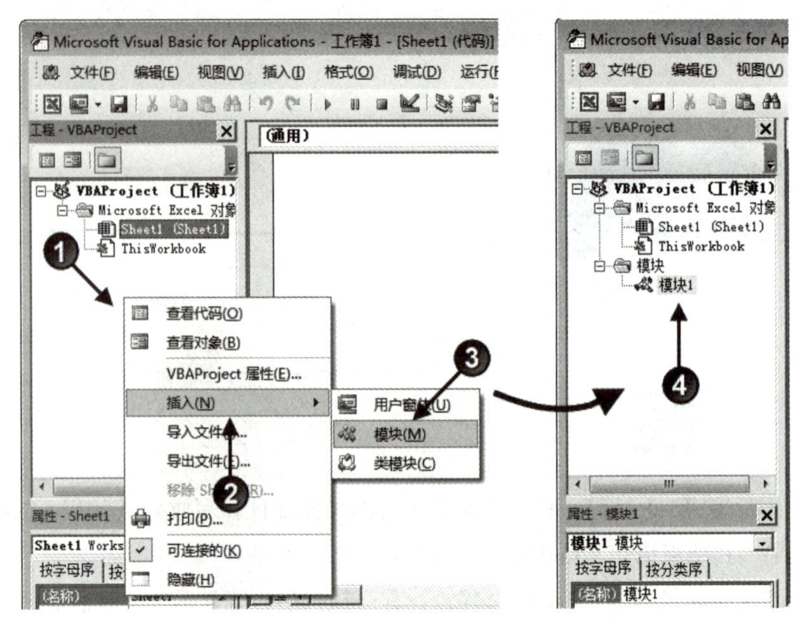

图2-18　利用右键菜单插入模块

2. 动手编写Sub过程

首先，在【工程资源管理器】中双击新插入的模块，打开该模块的【代码窗口】，然后依次执行【插入】→【过程】命令，调出【添加过程】对话框，如图2-19所示。

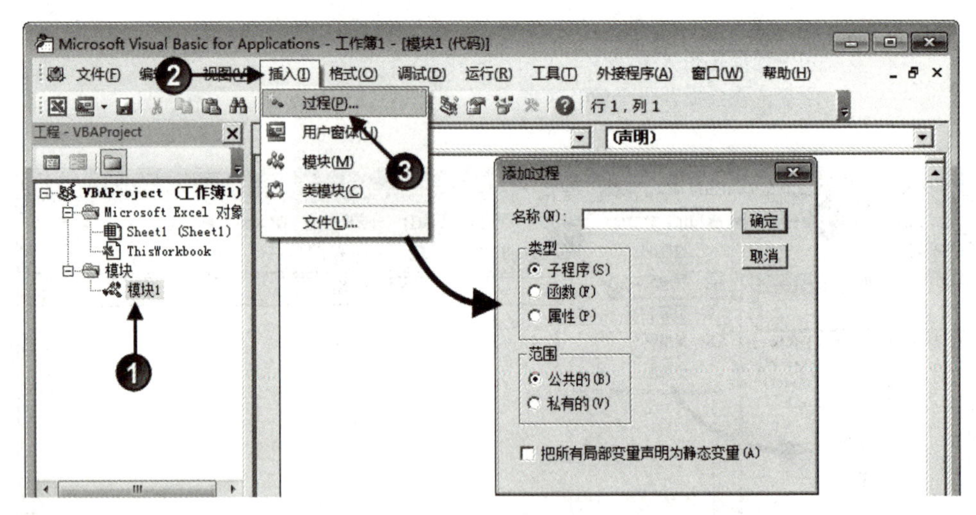

图2-19　调出【添加过程】对话框

其次，在【添加过程】对话框中设置过程名称等信息，单击【确定】按钮，在【代码窗口】中插入一个只包含开始语句和结束语句的空过程，如图2-20所示。

最后，将要执行的代码写到上面两行代码的中间，如图2-21所示。

完成以上步骤后，一个Sub过程就编写好了。

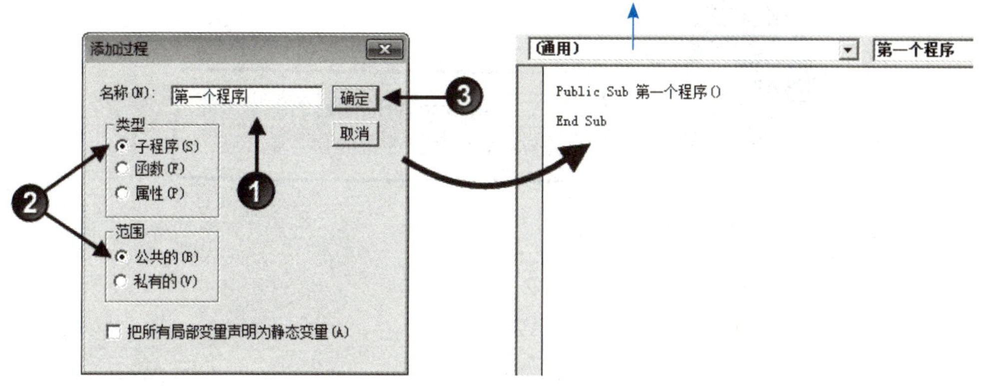

图 2-20　在【代码窗口】中插入的空过程

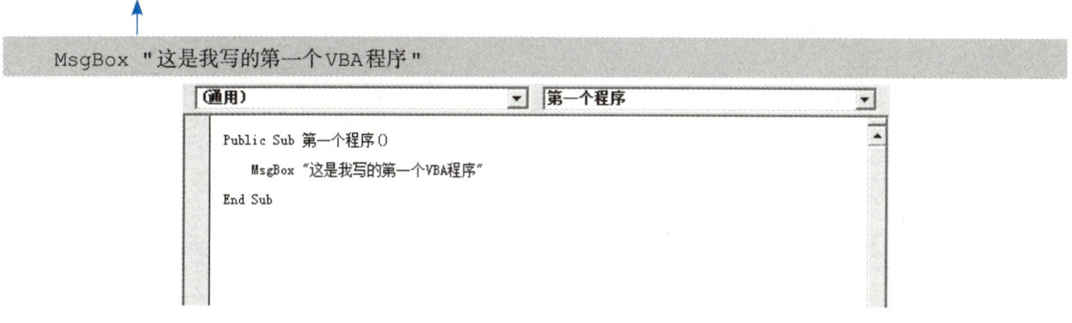

图 2-21　添加代码后的程序

3. 执行手动编写的VBA程序

Sub过程编写好了，只要将鼠标光标定位到程序中的任意位置，依次执行【运行】→【运行子过程/用户窗体】命令(或按【F5】键)即可执行它，如图2-22所示。

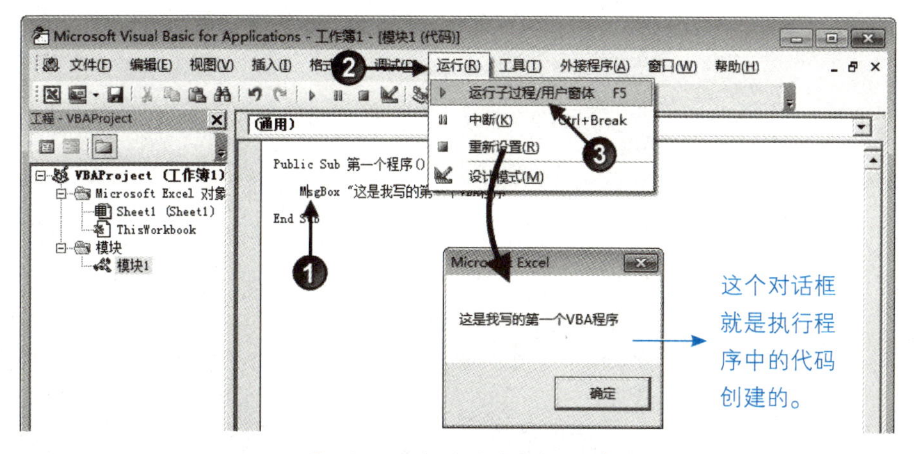

图 2-22　运行编写的 VBA 程序

当然，也可以用第1章中介绍的执行宏的方法来执行这个Sub过程。

学习语法，了解VBA编程应遵循的规则

厨师做菜有做菜的正确方法，一盘菜放一包盐肯定不行。

司机开车有应该遵守的规则，红灯亮了不停车肯定乱套。

踢足球不能用手，打篮球不能用脚。

无规矩不成方圆，做什么事都有应该遵循的法则。做菜咸了、汽车乱窜了、足球运动员开始抱着足球满球场乱跑了……这些都是不遵循规则的现象。

要想使用VBA编写程序，也应遵循VBA的语法规则。本章就让我们一起来看看，在Excel中，应该怎样使用VBA来和计算机沟通吧。

3.1 语法，就是语言表达时应遵循的规则

3.1.1 不懂语法，表达就会出错

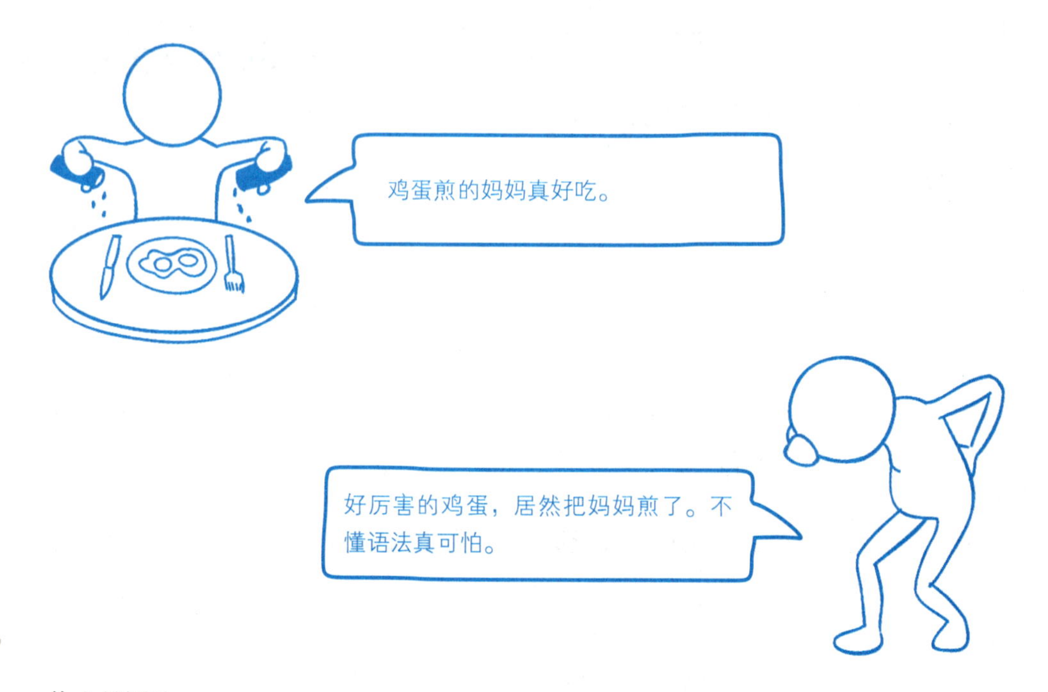

什么是语法？

语文老师说：“语法就是说话的方法，语言表达应该遵循的法则。”

语法告诉我们：妈妈可以煎鸡蛋，但鸡蛋煎不了妈妈。不会语法，不按正确的语法规则与人交流，势必会造成沟通障碍。

3.1.2 作为一门编程语言，VBA 也有语法

用VBA编写一个程序，就像写一篇作文，不遵循语法规则，计算机一定“听”不懂我们在说什么，也一定不会按我们的意图去完成各种操作和计算。

作为人类与计算机交流的一种语言，在VBA中，工作簿应该怎么称呼，工作表应该怎么表示，都是有规定的。所以，学习VBA，首先应该了解VBA语句的表达方式，只有这样，才能读懂VBA代码，并将自己的意图编写成代码，和计算机沟通交流。

3.1.3 别担心，VBA 语法并不复杂

要学习VBA，学习其语法是一个必须的过程，就像练习武功前先要日日夜夜地扎马步，练习唱歌前要天天早上吊嗓子。或许这样的过程对一部分人来说是枯燥无味的，但同时它也是必须经历的。

那么，VBA语法难学吗？

对很多一提到“语法”二字就头痛的人，这是最担心的一个问题。

但是别担心，VBA语言不同于中文、英语之类的人类语言，其语法也远远没有人类语言的语法那么复杂。只要认真了解数据类型、常量和变量、对象、运算符、常用的语句结构等知识后，就可以动手编写VBA代码了。

学习VBA语法究竟难不难，就看你是否能战胜自己对语法的恐惧心理。

3.2 VBA中的数据及数据类型

3.2.1 在Excel中，数据就是保存在单元格中的信息

我们知道，Excel是用于数据管理和数据分析的软件，但什么是数据呢？

简单地说，在Excel中，**所有保存在单元格中的信息都可以称为数据，**无论这些信息是文字、字母，还是数字，甚至一个标点符号，都是数据。

在图3-1中，你能看到的所有信息，如工号、姓名、部门、身份证号……都是数据，都是可以用Excel处理和分析的对象。

一个单元格中保存的内容，就可以看成是一个数据。

	A	B	C	D	E	F	G	H
1	工号	姓名	部门	身份证号	出生日期	联系电话	基本工资	
2	A001	李元智	研发部	520181197810017718	1978/10/1	17088530270	4800	
3	A002	张生华	经营部	520181197903234236	1979/3/23	17088530272	4300	
4	A003	孙会	研发部	520181198808201203	1988/8/20	17088530275	3900	
5	A004	韩开文	经营部	520181197206052955	1972/6/5	17088530277	5100	
6	A005	孙国健	研发部	520181198005298339	1980/5/29	17088530279	4600	
7	A006	赵芳芳	总经办	520181198505247343	1985/5/24	17088530281	4750	
8	A007	褚艺德	经营部	520181198307194850	1983/7/19	17088530283	4160	
9	A008	李春艳	总经办	520181197812135902	1978/12/13	17088530286	4450	
10								

图 3-1 Excel 中的数据

3.2.2 数据类型，就是对同一类数据的统称

提到数据，就不得不提另一个概念：数据类型。

正如前面所说，在Excel中，保存在单元格中的数据都可以称为数据。不同的工作表，保存的数据及数据量不尽相同。

保存的数据虽然多，但不同的数据之间，很多都存在一些共同的特征，如图3-2所示。

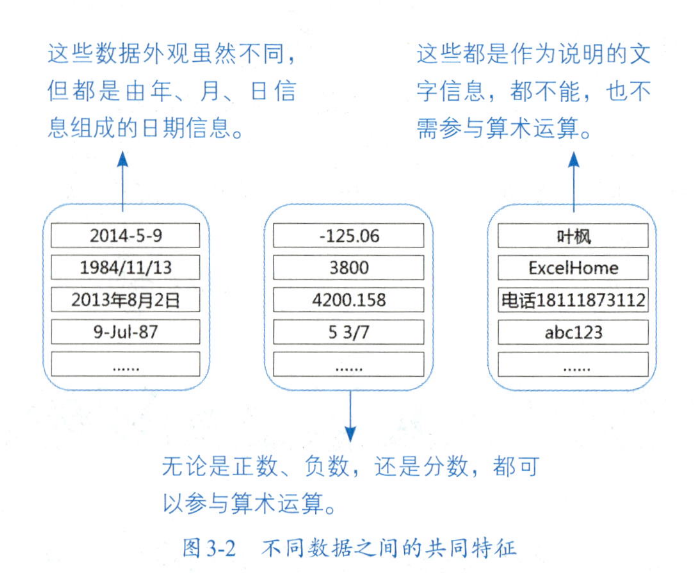

图 3-2　不同数据之间的共同特征

需要处理的数据很多，为了便于管理，Excel会根据数据之间存在的共同特征，对数据进行分类，如图3–3所示。

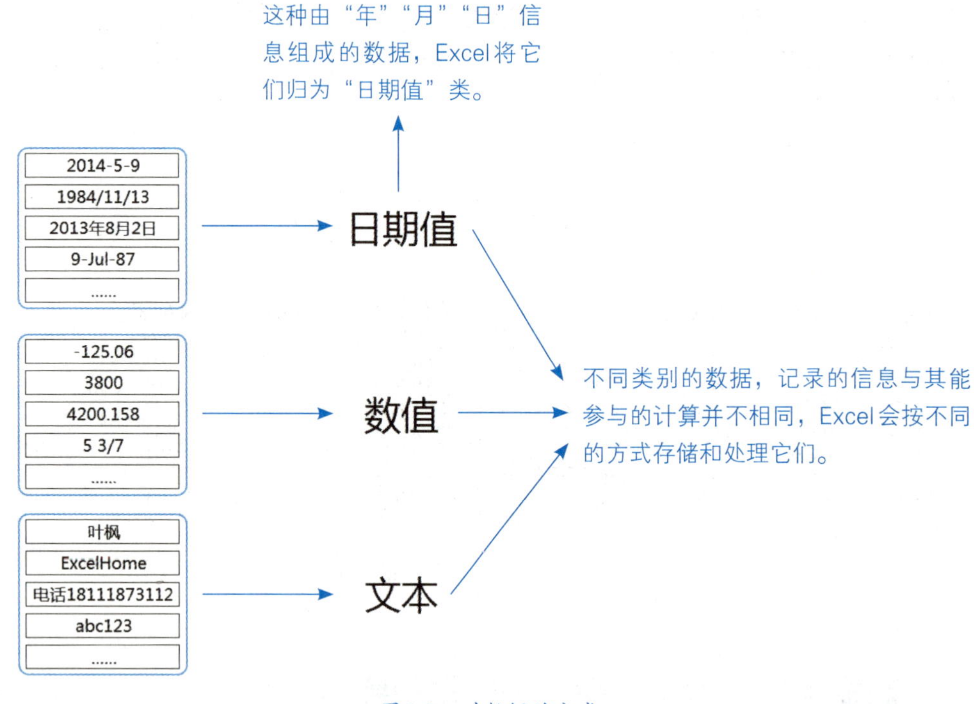

图 3-3　对数据的分类

在Excel的世界里，数据只有文本、数值、日期值、逻辑值、错误值5种类型（事实上，日期值也属于数值）。

对不同类型的数据，Excel会按不同的方式保存它们，会根据数据所属的类别，判断它能否参与某种特定的运算。所以，为了让Excel清楚地知道我们录入的是什么类型的数据，今后可能会对这些数据进行什么类型的运算和分析，在录入数据前，可以先在【设置单元格格式】

对话框中设置单元格的格式，以确定保存在其中的数据格式及显示样式，如图3–4所示。

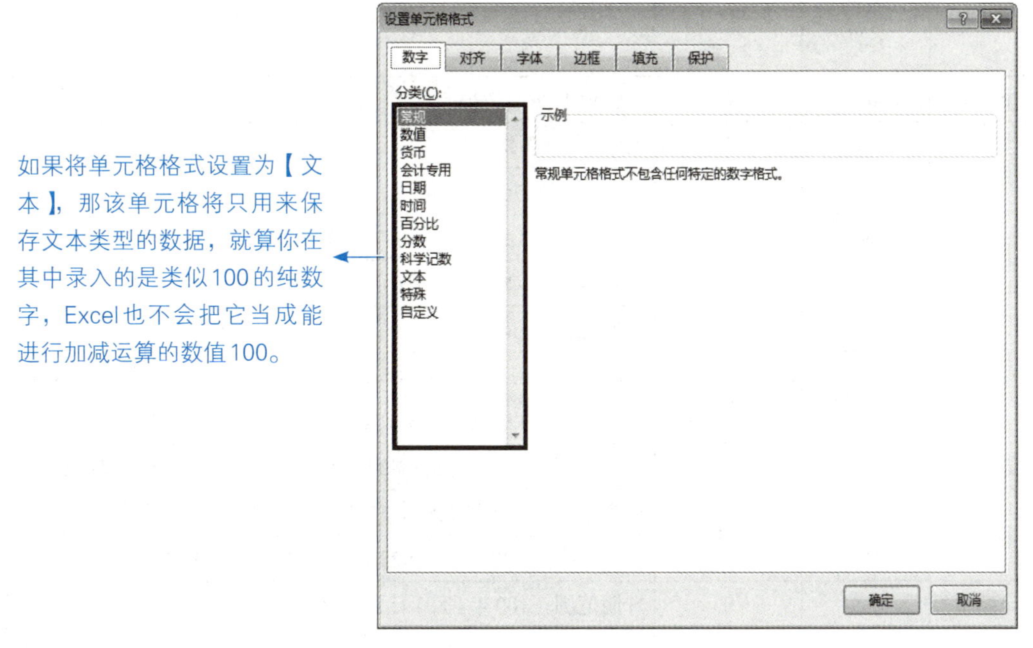

图 3-4 【设置单元格格式】对话框

3.2.3　VBA将数据分为哪些类型

使用VBA编程的目的是分析和处理各种数据。事实上，在编程的过程中，我们所做的每一件事情都是在以这样或那样的方式处理数据。

但是，VBA对数据的分类与Excel对数据的分类并不完全相同。相对Excel而言，VBA对数据的分类更细。

根据数据的特点，VBA将数据分为布尔型（Boolean）、字节型（Byte）、整数型（Integer）、长整数型（Long）、单精度浮点型（Single）、双精度浮点型（Double）、货币型（Currency）、小数型（Decimal）、字符串型（String）、日期型（Date）、对象型等，如图3–5所示。

不同的数据类型，占用的存储空间并不相同，对应的数据及范围也不相同，详情如表3–1所示。

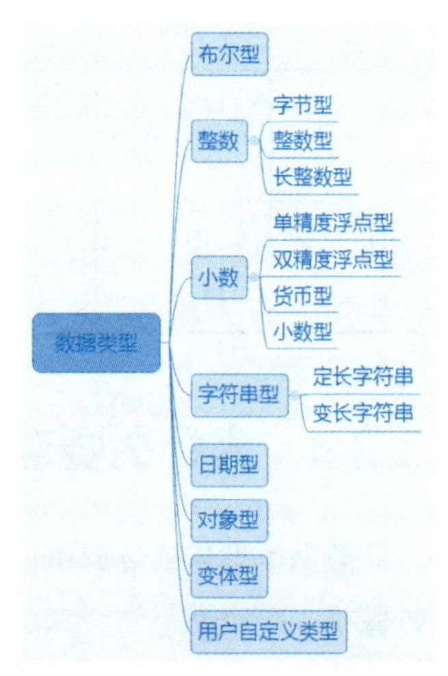

图 3-5　VBA对数据的分类

表3-1　VBA中的数据类型

类型	类型名称	占用的存储空间（字节）	包含的数据及范围
布尔型	Boolean	2	逻辑值True或False
字节型	Byte	1	0到255的整数
整数型	Integer	2	-32768到32767的整数
长整数型	Long	4	-2147483648到2147483647的整数
单精度浮点型	Single	4	负数范围：-3.402823×10^{38}到$-1.401298 \times 10^{-45}$
			正数范围：1.401298×10^{-45}到3.402823×10^{38}
双精度浮点型	Double	8	负数范围：$-1.79769313486232 \times 10^{308}$到$-4.94065645841247 \times 10^{-324}$
			正数范围：$4.94065645841247 \times 10^{-324}$到$1.79769313486232 \times 10^{308}$
货币型	Currency	8	数值范围：-922337203685477.5808到922337203685477.5807
小数型	Decimal	14	不含小数时：±79228162514264337593543950335
			包含28位小数时：±7.9228162514264337593543950335
日期型	Date	8	日期范围：100年1月1日到9999年12月31日
字符串型	String（变长字符串）	10字节+字符串长度	0到大约20亿个字符
	String（定长字符串）	字符串长度	1到大约65400个字符
变体型	Variant（数字）		保存任意数值，最大可以达Double的范围，也可以保存Empty、Error、Nothing、Null之类的特殊数值
	Variant（字符）		与变长String的范围一样，可以存储0到大约20亿个字符
对象型	Object	4	对象变量，用来引用对象
用户自定义类型	用户自定义		用来存储用户自定义的数据类型，存储范围与它本身的数据类型的范围相同

3.2.4　为什么要对数据进行分类

数据类型告诉计算机应该怎样把数据存储在内存中，在运行程序时，该数据会占用多大的计算机内存空间。

从表3-1中可知，不同类型的数据，其占用的存储空间并不相同，如Byte只占用1个字节的存储空间，Integer却要占用2个字节的存储空间。

计算机的内存空间是有限的，如果一个数据占用的内存空间越大，那剩余的可用空间就会越小，这势必会为程序处理其他数据带来影响，从而影响程序的运行速度。

一台计算机的内存空间就像一间饭馆的餐厅，能用的空间总是有限的。如果只有两个人就餐，却占用了餐厅的一半或更多的空间，可供其他人就餐的空间也就变少了，这是一种不合理的空间分配方案，如图3-6所示。

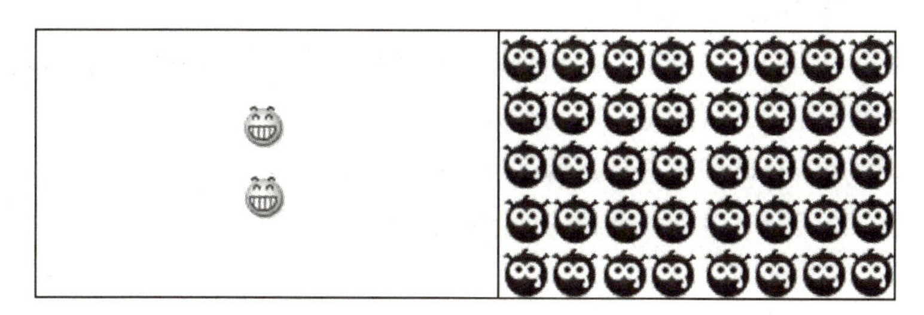

图 3-6　不合理的空间分配

为了能尽量让更多的人正常就餐，增加餐厅的可容客量，较为合理的方案是根据就餐人数分配就餐空间。如果只有2个人就餐，就不要让他们占用两张或更多的餐桌。

在程序中也一样，如果某个数据最多只会占用1个字节的存储空间，就不要把它设置为需占用2个或更多字节存储空间的数据类型。这样将能留下更多的内存空间供程序另作他用，也将更有利于提高程序的运行速度。

3.3 VBA 中存储数据的容器：变量和常量

3.3.1 程序中的数据保存在哪里

就像我们需要借助果盘盛放水果，借助瓶子盛放牛奶一样，在VBA程序中，我们也需要一个或多个容器来盛放程序运行过程中需要汇总和计算的各种数据。

在Excel中使用VBA的主要目的是帮助处理Excel中的各种数据。在VBA中，用来存储数据的容器可以是某些对象（如工作表的单元格），也可以是变量和常量。

3.3.2 变量，就是给数据预留的内存空间

变量，就像你在酒店预订的房间。

我们知道，程序在运行时，要计算和汇总的数据会占用一定的内存空间，所以，如果程序在运行时需要用到某个数据，就要考虑在程序运行时，该数据需要占用多大的内存空间。

而VBA中的变量就是给数据预留的内存空间，它就像我们外出旅游前，提前预订的酒店房间一样。

酒店房间可以每天都更换客人，存储在变量中的数据也可以随时更换，因此变量通常用来

存储在程序运行过程中需要临时保存的数据或对象。

3.3.3 常量，通常用于存储某些固定的数据

常量，也是程序给数据预留的内存空间，通常用来存储一些固定的、不会被修改的数据，如圆周率、个人所得税的税率等。

常量就像家里的房间，主卧室或儿童卧室……不同的房间住的总是固定的人，它不像酒店的房间，今天和明天住的，可能是不同的客人。

变量和常量都用于存储程序运行过程中所需的数据或对象，区别在于变量可以随时修改存储在其中的数据，而常量一旦存入数据，就不能更换。

3.4 在程序中使用变量存储数据

3.4.1 声明变量，就是指定变量的名称及可存储的数据类型

要在 VBA 中使用变量存储某个数据，首先得声明这个变量。

声明变量，其实就是指定该变量的名称及其可存储的数据类型，要在 VBA 中声明一个变量，可以用语句：

数据类型是该变量能保存的数据类型的名称，如文本
为String，其他类型名称可以在表3-1中查询。
Dim 变量名 As 数据类型
变量名必须以字母(或汉字)开头，不能包含空格、句号、
感叹号、@、&、$和#等，最长不超过255个字符。

例如：

```
Dim IntCount As Integer
```

这条语句声明了一个 Integer 类型的变量，变量的名字叫 IntCount。Interget 类型包含的数据范围是 -32768 到 32767 的整数，所以声明这个变量后，可以把该区间的任意整数存储在变量 IntCount 中，但不可以将其他数据存储在该变量中。

3.4.2 还能用这些语句声明变量

要声明一个变量，可以用 Dim 语句，例如：

```
Dim txt As String              '声明一个String类型的变量，名称为txt
```

但Dim语句并不是定义变量的唯一语句，除了它，还可以使用Static、Public、Private语句来声明变量。

Private 变量名 As 数据类型

↓

用Private定义变量，该变量将被定义为私有变量。

Public 变量名 As 数据类型

↓

用Public定义的变量是公有变量。

Static 变量名 As 数据类型

↓

如果使用Static语句声明变量，这个变量将被声明为静态变量。当程序结束后，静态变量会保持其原值不变。

如想声明一个String类型，名称为txt的变量，除了使用语句：

```
Dim txt As String
```

还可以使用这些语句：

```
Public txt As String
Private txt As String
Static txt As String
```

无论是使用Dim语句，还是这3条语句，声明的变量除了作用域不同，其余都是相同的。

虽然使用这些语句都可以定义相同名称、相同类型的变量，但使用它们定义的得到的变量却不是完全相同的，至于变量间具体的区别，我们会在3.4.7小节中再向大家介绍。

3.4.3 给变量赋值，就是把数据存储到变量中

声明变量后，就可以把数据存储到变量中了。把数据存储到变量中，称为给变量赋值。

1. 给数据类型的变量赋值

如果是要将文本（字符串）、数值、日期、时间、逻辑值等数据存储到对应类型的变量中，应该使用这个语句：

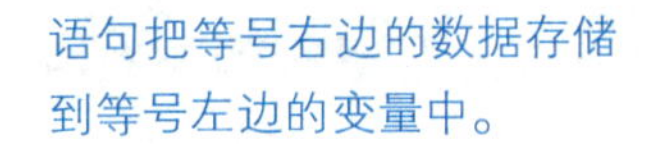

语句把等号右边的数据存储
到等号左边的变量中。

写在中括号中的关键字Let可以省略。在后面的章节中，如果一个关键字或语句被写在中括号中，表示该关键字或语句在实际应用时是可以省略的。

例如，要将数值3000存储进变量IntCount中，代码应为：

```
Dim IntCount As Integer          '定义变量
Let IntCount = 3000              '给变量赋值
```

或

```
Dim IntCount As Integer          '定义变量
IntCount = 3000                  '给变量赋值
```

通常，我们都是使用省略关键字Let的这种方法来给数据类型的变量赋值。

2. 给对象类型的变量赋值

变量不仅可以存储文本、数值、日期等数据，还能用于存储工作簿、工作表、单元格等对象，用于存储对象的变量（Object型），在赋值时，应该使用这个语句：

Set 变量名称 = 要存储的对象名称

在给对象类变量赋值时，Set关键字千万不能少。

如要将活动工作表赋给一个变量，语句为：

```
Dim sht As Worksheet        '定义一个工作表对象sht
Set sht = ActiveSheet       '将活动工作表赋给变量sht
```

3.4.4 让变量中存储的数据参与程序计算

声明变量，并给变量赋值后，当要使用这个数据时，可以直接使用变量名称代替存储在其中的数据。

例如：

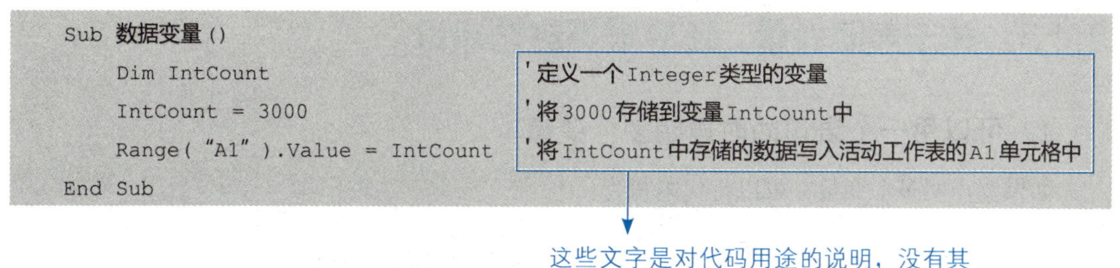

执行这串代码的过程及效果如图 3-7 所示。

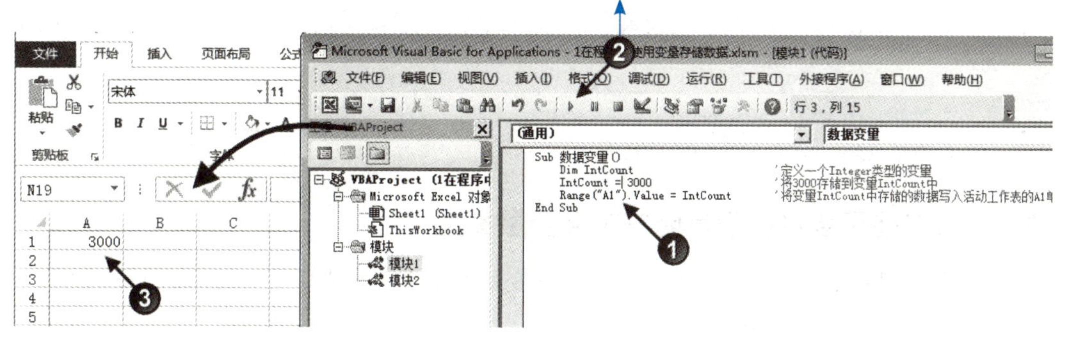

图 3-7 在程序中使用变量存储数据

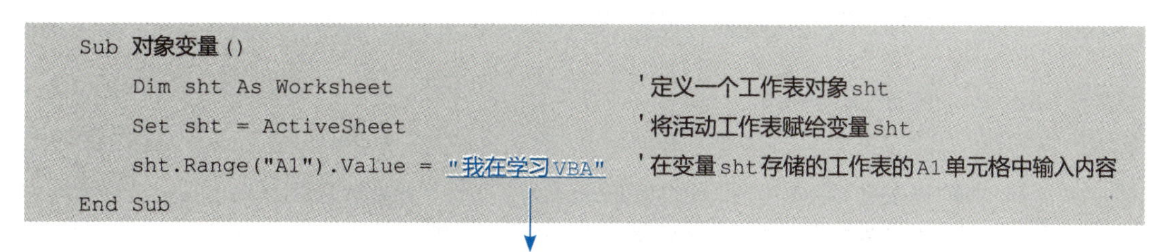

这个程序定义了一个工作表类型的变量sht，然后将活动工作表赋给变量，最后通过该变量操作其对应的工作表，执行这个程序的步骤及效果如图 3-8 所示。

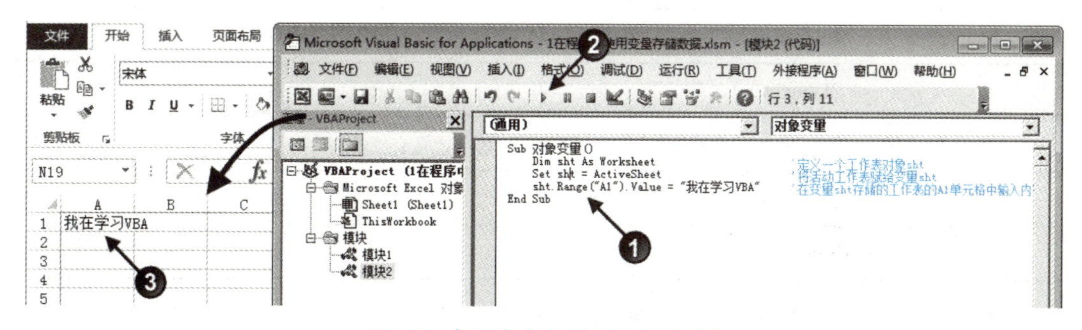

图 3-8 在程序中使用变量存储对象

3.4.5 关于声明变量，还应掌握这些知识

1. 可以用一个语句同时声明多个变量

如果要声明多个变量，可以将代码写为：

```
Dim sht As Worksheet                    '声明一个工作表类型的变量sht
Dim IntCount As Integer                 '声明一个Integer变量IntCount
```

使用不同的语句来声明变量，要声明几个变量，就需要书写几行代码。但在实际使用时，也可以只使用一个语句，一行代码声明多个变量，只要在语句中用英文逗号将不同的变量隔开即可，如前面的两行代码可以改写为：

```
Dim sht As Worksheet, IntCount As Integer
```

无论声明几个变量，这些变量的类型是否相同，都应分别为每个变量指明可存储的数据类型。

2. 可以使用变量类型声明符定义变量类型

对个别类型的变量，在声明时，可以借助变量类型声明符来定义其类型，如想声明一个String类型的变量，可以使用语句：

这行代码等同于代码：Dim Str As String

```
Dim Str$
```

“$”是变量类型声明符，代表String类型。“Str”是变量名称，“Str$”表示要声明的变量是一个String类型的变量，变量名称为Str。

直接在变量名称的后面加上类型声明符来指定变量的类型虽然方便，但只有表3-2所示的数据类型才能使用类型声明符。

表3-2 可使用类型声明符的数据类型

数据类型	类型声明字符
Integer	%
Long	&
Single	!
Double	#
Currency	@
String	$

3. 声明变量时可以不指定变量类型

在VBA中声明变量时，通常应同时指定该变量的名称和变量可以存储的数据类型，这也是规范的做法。

但如果在声明变量时，不确定会将什么类型的数据存储在变量中，可以在声明变量时，只定义变量的名称，而不定义变量的类型，例如：

```
Dim Str            '声明一个名称为Str的变量
```

如果在声明变量时，只指定变量的名称而不指定变量的数据类型，VBA默认将该变量定义为Variant类型。

4. Variant类型的变量可以存储什么数据

Variant类型也称为变体型。

之所以称为变体，是因为Variant类型的变量可以根据需要存储的数据类型变化自己的类型与之匹配。

也就是说，如果一个变量被声明为Variant类型，那就可以将任意类型的数据存储在该变量中。

5. 为什么不将所有变量都声明为Variant类型

我们可以将变量想象成奶茶店大小不同的杯子，不同容量的杯子的容量也不相同，如图3-9所示。

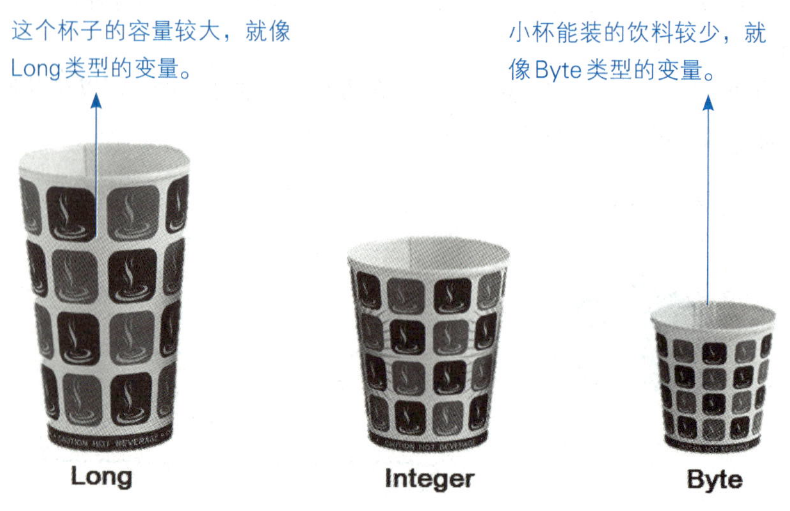

图 3-9　大小不同的饮料杯

大饮料杯的容量大，但如果你喝的饮料很少，会选择用大杯来装饮料吗？

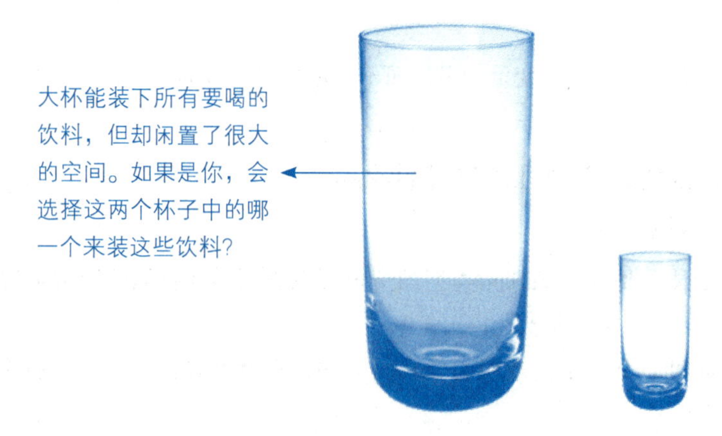

尽管盆能装下水杯中的所有水，但我想没有谁会选择使用盆来代替喝水的水杯，因为不方便，也没有必要。

不将所有变量都声明为Variant类型也是这个道理。

更何况，计算机的内存空间总量是有限的，如果只需存储Integer类型的数据，将变量声明为Integer类型，会比声明为Long类型占用的空间小，这样也可以节约更多的空间另作他用。并且，计算机在处理一个数据时，数据占用的内存空间越小，处理的速度就越快。就像在生活中，大家肯定不会觉得携带一个盆会比携带一个杯子更省时省力。

当然，如果会往变量中存储Long类型的数据，却将变量定义为Byte类型，VBA也是不允许的，试想一下，如果给你一个200ml的杯子，却让你往里面装500ml的水，会出现一种什么情况？

水多杯小，这注定是一个不可能完成的任务。

所以，无论是为了不浪费多余的空间，还是为了避免出现“将大山捧进手心的尴尬”，如果我们预先已经知道会往变量中存储什么数据，就应该将变量声明为合适的数据类型。

提前定义变量为合适的类型，这虽然不是必须的，但却是学习和使用VBA编程的一个好习惯。

考考你

如果要在VBA中定义不同的变量来存储表3-3中的信息，你能把表格中的内容补充完整，写出定义变量和给变量赋值的语句吗？

表3-3　职工的信息

字段名称	字段说明	举例	声明变量	给变量赋值
职工编号	三位数字编号	005		
职工姓名	职工的姓名	张一平		
参加工作日期	参加工作的年月日	2003-9-1		
基本工资	员工的基本工资，500到3000之间	2532.5		
交通补贴	员工的交通补贴，0到200之间	125.5		
加班天数	一个月的加班天数（整数）	8		

手机扫描二维码，可以查看我们准备的参考答案。

6. 如果怕出错，可以强制声明所有变量

先定义好变量的名称及其可存储的数据类型，这是一个好习惯。但在未养成这个习惯之前，我们总会因为一些原因，忘记声明变量。

如果大家担心自己忘记在程序中声明变量，可以通过设置强制声明程序中的所有变量。

方法一：在【工程资源管理器】中双击模块，打开模块的【代码窗口】，在【代码窗口】的第1行输入代码：

```
Option Explicit
```

如图3-10所示。

如果模块中的第1句代码是“Option Explicit”，那该模块中所有程序中用到的变量都必须在使用前进行声明。

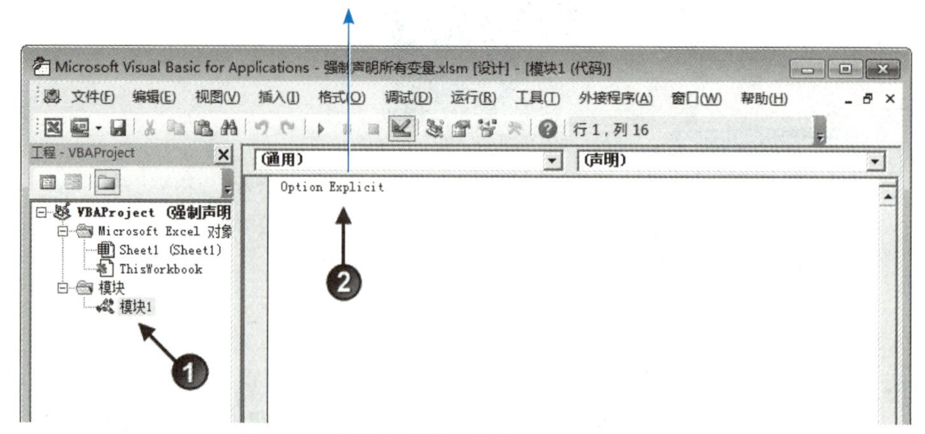

图 3-10　在模块的第一句输入 Option Explicit

方法二： 执行【工具】→【选项】命令，调出【选项】对话框，在该对话框的【编辑器】选项卡中勾选【要求变量声明】复选框，如图3-11所示。

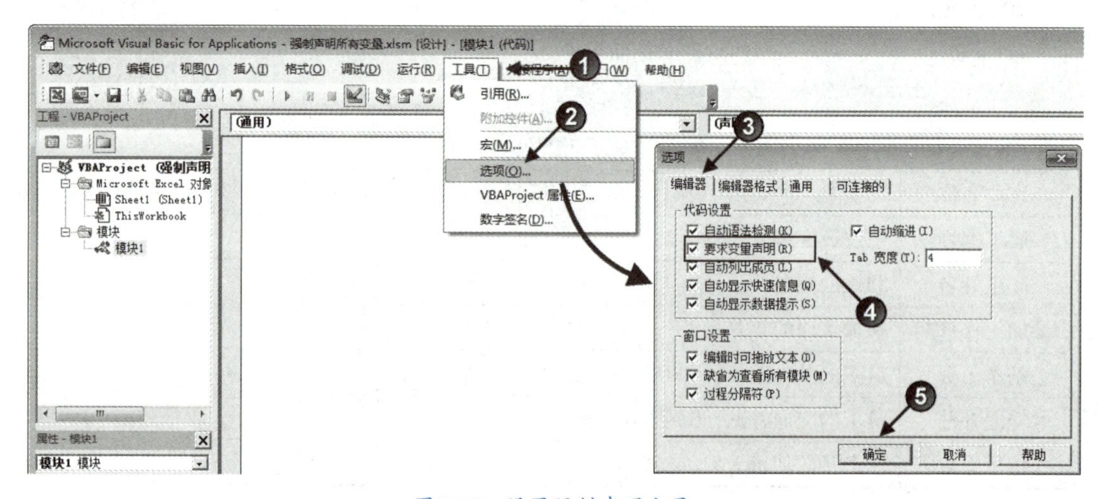

图 3-11　设置强制声明变量

设置完成后，VBE会在每个新插入的模块第1行自动写下“Option Explicit”而不再需要我们手动输入它。

设置了强制声明变量，如果程序中使用的变量没有声明，运行程序后，计算机会自动提示我们，如图3-12所示。

```
Option Explicit
Sub Test()
    a = "我是一个变量"              '给变量a赋值
    MsgBox a                       '用一个对话框显示变量a存储的内容
End Sub
```

计算机会把未定义的变量选中，告诉我们是
哪个变量未声明就被我们使用了。

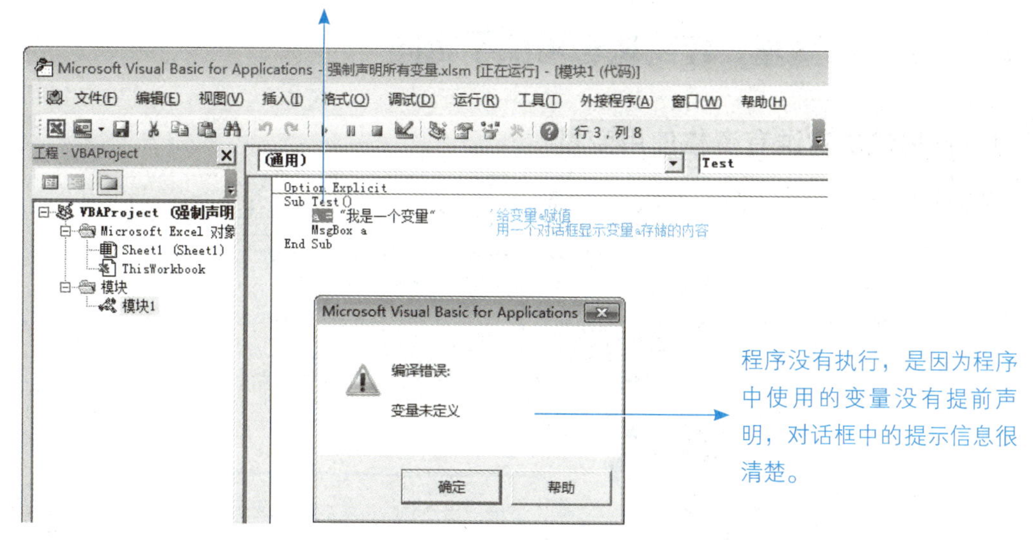

图 3-12　程序中使用的变量没有提前声明

如果变量在使用前已经声明了，执行程序就不会出现类似的错误提示，如图 3-13 所示。

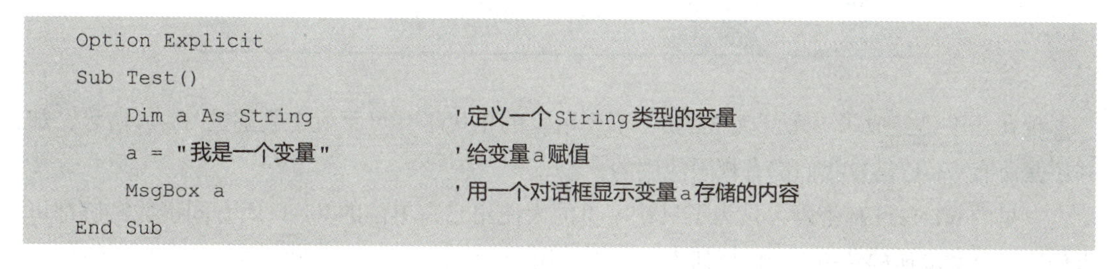

```
Option Explicit
Sub Test()
    Dim a As String              '定义一个String类型的变量
    a = "我是一个变量"            '给变量a赋值
    MsgBox a                     '用一个对话框显示变量a存储的内容
End Sub
```

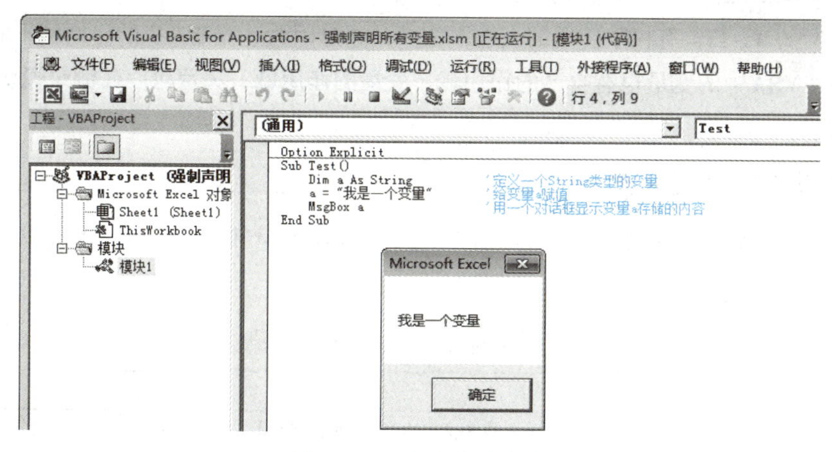

图 3-13　运行程序的结果

提示： VBA也允许直接使用未声明的变量，如图3-12中的程序，虽然在程序中使用了未声明的变量a，但如果模块的第1句没有代码“Option Explicit”，程序也能正常运行，大家可以删除这行代码再执行程序试试。

但正如前面所说，根据实际需求给变量分配一个合理的存储空间，这是很有必要的。

3.4.6 不同的变量，作用域也可能不相同

1. 作用域决定谁有资格使用变量

变量的作用域，就像人们生活中使用的Wi-Fi。

现在几乎已经成了一个“无Wi-Fi，不生活”的年代了，可手机上满满的Wi-Fi信号，却并不是所有Wi-Fi信号我们都有权限使用的。

家里的Wi-Fi设有密码，是为了只让家里的人使用它；单位的Wi-Fi所有同事凭密码都可以使用，公共场所的免费Wi-Fi任何人都可以使用……

不同场所的Wi-Fi，有权限使用的人也不相同，这是因为这些Wi-Fi的作用域不同。

类似的，VBA中的变量也有自己的作用域，**变量的作用域，决定可以在哪个模块或过程中使用该变量。**

2. 变量按作用域分类

按作用域分，VBA中的变量可分为本地变量、模块级变量和公共变量，不同作用域的变量详情如表3-4所示。

表3-4　不同作用域的变量

作用域	描述
单个过程	在一个过程中使用Dim或Static语句声明的变量，作用域为本过程，即只有声明变量的语句所在的过程可以使用它。这样的变量称为**本地变量**
单个模块	在模块的第1个过程之前使用Dim或Private语句声明的变量，作用域为声明变量的语句所在模块中的所有过程，即该模块中所有的过程都可以使用它。这样的变量称为**模块级变量**
所有模块	在一个模块的第1个过程之前使用Public语句声明的变量，作用域为所有模块，即所有模块中的过程都可以使用它。这样的变量称为**公共变量**

3.4.7　定义不同作用域的变量

1. 定义本地变量

如果在一个过程中使用Dim或Static语句声明变量，声明的变量即为本地变量，图3-14所示的程序中声明的变量都是本地变量。

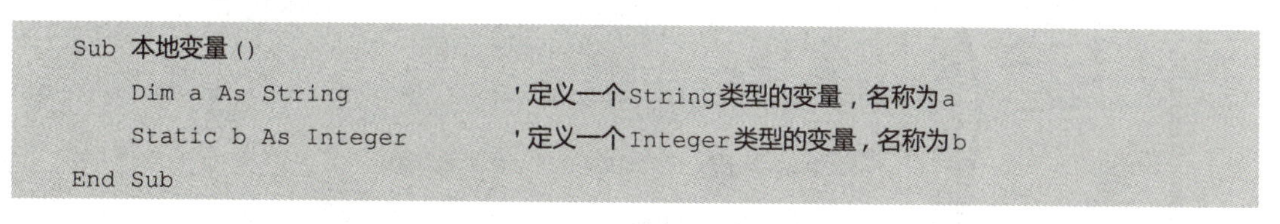

```
Sub 本地变量()
    Dim a As String            '定义一个String类型的变量，名称为a
    Static b As Integer        '定义一个Integer类型的变量，名称为b
End Sub
```

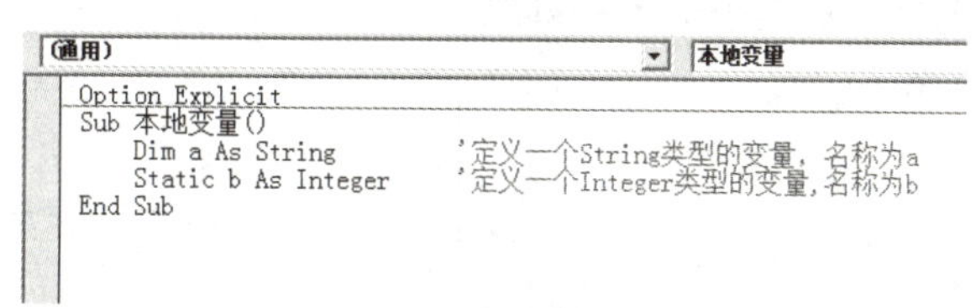

```
(通用)                                   本地变量
Option Explicit
Sub 本地变量()
    Dim a As String            '定义一个String类型的变量，名称为a
    Static b As Integer        '定义一个Integer类型的变量，名称为b
End Sub
```

图3-14　声明本地变量

如果一个变量被声明为本地变量，那该变量的作用域为本过程，只有定义变量的语句所在的过程才可以使用它。

插入一个模块，在模块中输入下面的两个程序：

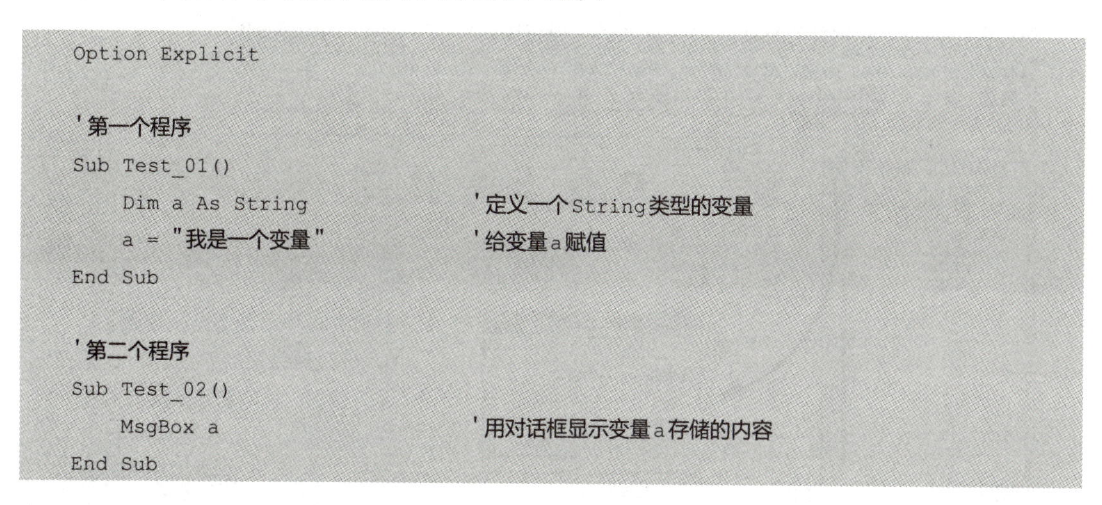

```
Option Explicit

'第一个程序
Sub Test_01()
    Dim a As String            '定义一个String类型的变量
    a = "我是一个变量"          '给变量a赋值
End Sub

'第二个程序
Sub Test_02()
    MsgBox a                   '用对话框显示变量a存储的内容
End Sub
```

执行第2个程序Test_02，看看能执行吗？如图3-15所示。

本地变量只能在定义变量的过程中使用，但如果多个过程都可能用到同一个变量中存储的数据，或者不同过程之间可能存在数据传递时，本地变量很明显就不适用了。

这时，就需要在过程中使用作用域更大的变量。

2. 定义模块级变量

如果想让同一模块中的所有过程都能使用定义的变量，可以在模块的第1个过程之前使用Dim或Private语句定义变量，这样该模块中所有的过程都可以使用定义的变量，如图3-16所示。

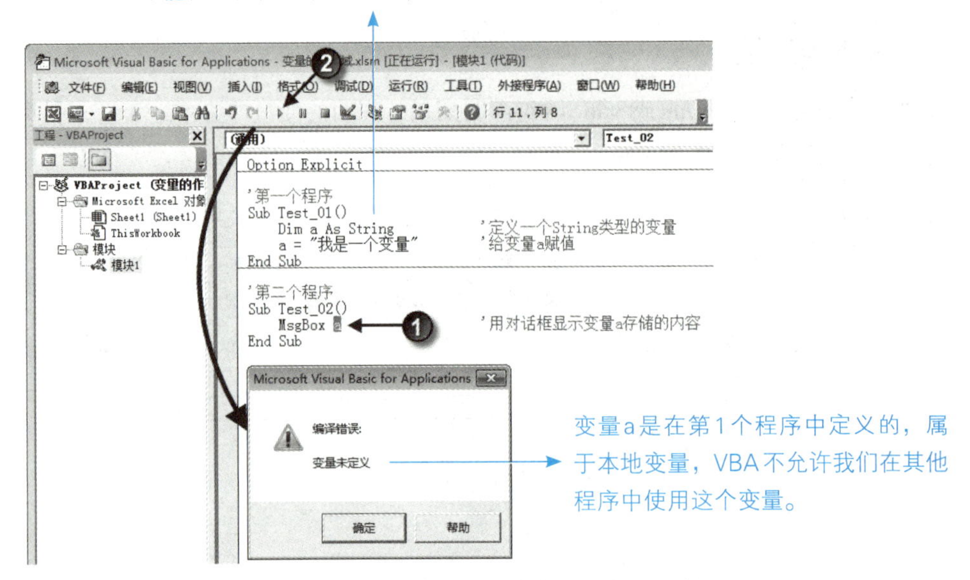

图 3-15　不能在其他程序中使用本地变量

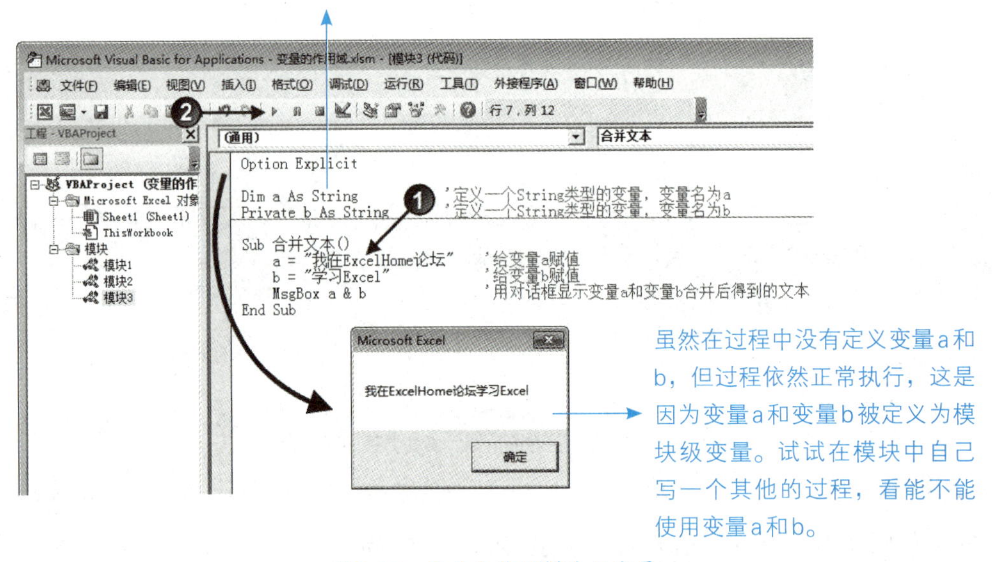

图 3-16　定义和使用模块级变量

3. 定义公共变量

声明为模块级的变量只能被同一个模块中的过程使用，如果想让不同模块中的过程都能使用声明的变量，应将该变量定义为公共变量。

如果要将变量声明为公有变量，应在模块的第1个过程之前用Public语句声明它，如图3-17所示。

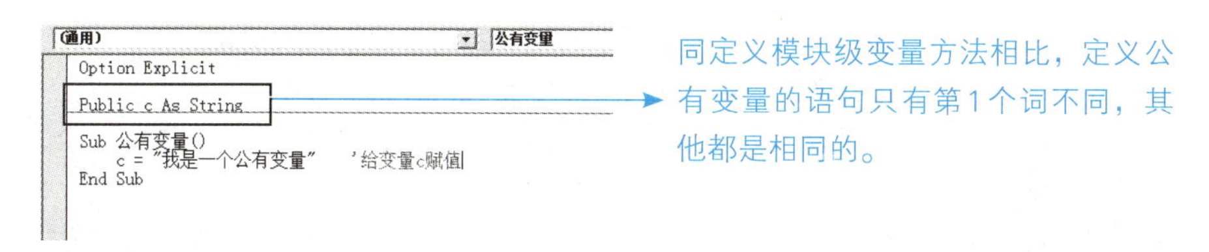

图 3-17　定义公有变量

如果一个变量被定义为公共变量，那在任意模块的任意过程中都可以使用它，大家可以动手试试，各定义一个本地变量、模块级变量和公共变量，再在不同的位置使用这些变量，看能不能使用。

注意： 公共变量必须在模块中声明，如图3-18所示。

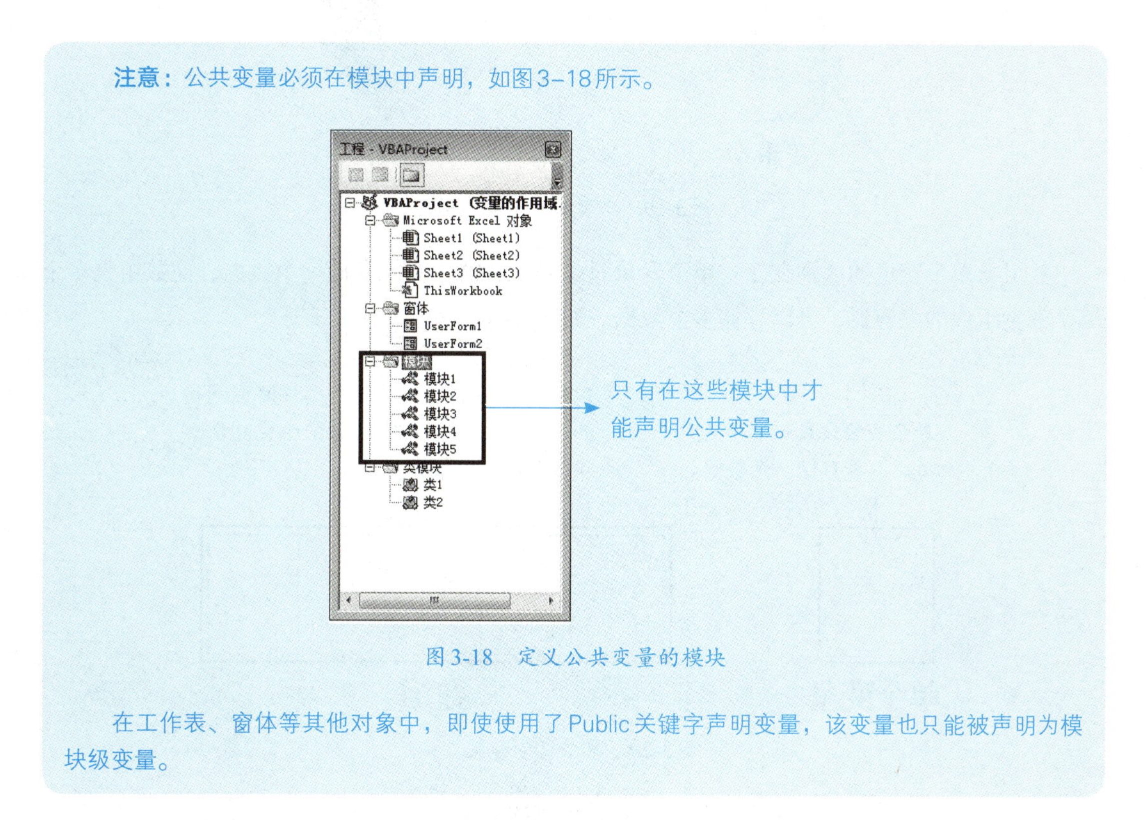

图 3-18　定义公共变量的模块

在工作表、窗体等其他对象中，即使使用了Public关键字声明变量，该变量也只能被声明为模块级变量。

3.5　特殊的变量——数组

3.5.1　数组，就是同种类型的多个变量的集合

数组其实也是变量，是同种类型的多个变量的集合。

打个比方，如果变量是一个矿泉水瓶，数组就是装矿泉水的包装箱，是一箱矿泉水瓶的集合，如图3-19所示。

一个矿泉水瓶只是一个容器，是单个的变量，只能在里面存储一个数据。

数组就是被“打包”的变量，一个数组（包装箱）可以包含多个变量（矿泉水瓶），所以一个数组能存储多个数据。

变量　　数组

图 3-19　矿泉水瓶及包装箱

数组与单个变量的区别在于：单个变量只是一个容器，只能存储一个数据，而数组是多个单个变量组成的大容器，可以存储多个数据，如图 3-20 所示。

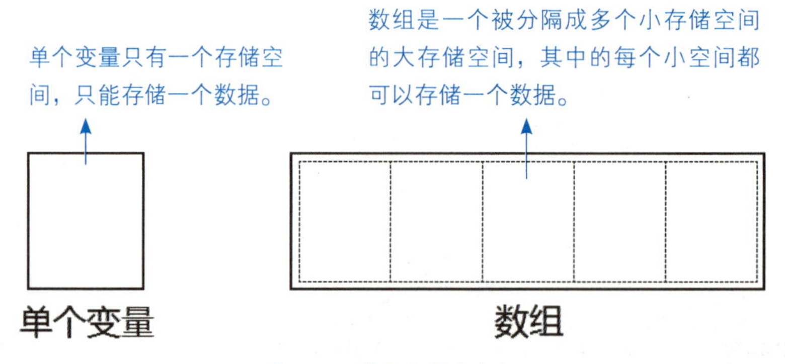

单个变量只有一个存储空间，只能存储一个数据。
数组是一个被分隔成多个小存储空间的大存储空间，其中的每个小空间都可以存储一个数据。
单个变量
数组

图 3-20　单个变量和数组

所以，可以把数组看成是由多个单个变量组成的变量，组成数组的每个单个变量，我们将其称为数组的**元素**，一个数组可以存储多少个数据，就有多少个元素。

3.5.2　怎么表示数组中的某个元素

一个数组也很像一家酒店。

一家酒店有很多房间，每个房间住着不同的客人。如果你是酒店的服务员，会怎样描述住在某个房间的客人呢？

酒店的房间很多，为了区别各个房间入住的客人，酒店为每个房间都设置了编号，如 301、302、303……然后通过房间号来区别住在不同房间里的客人。

如果把酒店当成一个数组，那酒店的每个房间都是数组的元素。想表示数组中某个元素（房间），用VBA的语言应该表示为：

用来区别房间的号码301是数组（酒店）中元素（房间）的索引号，VBA通过索引号分辨数组中不同的元素。

“酒店”是数组名称，和普通的单个变量名称没有区别。

如果想表示402房间入住的客人，就将语句写为：

只更改索引号，不改变数组的名称，就可以改变实际引用到的元素。

类似的情境还有很多，如想表示一箱饮料中的第2瓶，可以用VBA语句表示为：

```
饮料（2）
```

它是箱子里的第2瓶，所以“饮料（2）”指的就是它。

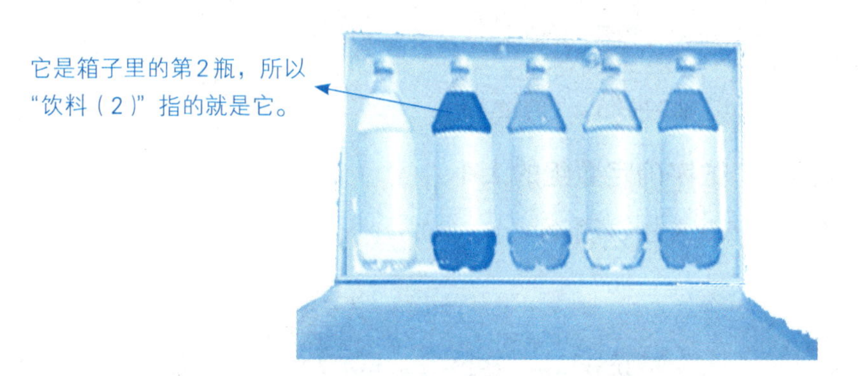

数组可以存储多个数据，不同的数据通过**索引号**区分，想引用数组中存储的某个数据，需要知道该数组的名称及该数据在数组内对应的索引号。

3.5.3 声明数组时应声明数组的大小

1. 通过起始和终止索引号定义数组的大小

数组也是变量，所以，同声明单个变量一样，声明数组时，应指明数组的名称及可存储的数据类型。同时，因为数组可以存储多个数据，所以在声明数组时，还应指定数组可存储的数据个数，即数组的大小。

Public和Dim关键字同时只能选用一个，二者声明的数组除了作用域不同，其他都是相同的。除此之外，因为数组也是变量，所以同声明变量一样，也可以使用Static、Private等语句来声明数组。

```
Public | Dim 数组名称(a To b) As 数据类型
```

a和b为整数（不能是变量），分别是数组的起始和终止索引号，用来确定该数组可保存数据的个数：(b−a+1)个。

如果想定义一个数组，用来保存1到100的自然数，代码可以为：

```
Dim arr(1 To 100) As Byte       '定义一个Byte类型的数组，名称为arr，可以存储100个数据
```

在数组名称后面的括号中定义数组的起始和终止索引号。“1 To 100”说明该数组的索引号是1到100连续的100个自然数。

这行代码定义了一个可存储100个数据的数组，可以通过不同的索引号来引用其中存储的各个数据，例如：

```
arr (1)          '数组中的第1个数据
arr (2)          '数组中的第2个数据
arr (3)          '数组中的第3个数据
......
arr (98)         '数组中的第98个数据
arr (99)         '数组中的第99个数据
arr (100)        '数组中的第100个数据
```

2. 使用一个数字确定数组的大小

只使用一个自然数来定义数组的大小，例如：

语句等同于Dim arr (0 To 99) As Byte

```
Dim arr (99) As Byte
```

如果使用一个自然数确定数组的大小，默认起始索引号为0，数组共有（99−0+1），即100个元素。

只使用一个数字来确定数组的大小，该数字将被当成数组的终止索引号，而VBA默认其起始索引号为0。但是，如果在模块的第1句写上“OPTION BASE 1”，尽管只使用一个自然数确定数组的大小，数组起始索引号也是1而不是0。

3.5.4 给数组赋值就是给数组的每个元素分别赋值

给数组赋值，就是将数据存储到数组中，方法同给单个变量赋值的方法相同，只是在赋值时应告诉VBA，我们要将数据存储到数组的哪个元素中。

如果要把数值56存储到数组arr的第20个元素中，代码为：

```
arr(20) = 56
```

给数组赋值时，要分别给数组中的每个元素赋值，如想将1到100的自然数保存到数组arr中，赋值的语句可以是：

```
arr(1) = 1
arr(2) = 2
arr(3) = 3
......
arr(98) = 98
arr(99) = 99
arr(100) = 100
```

这里我们只是举个例子，实际在给数组赋值时，通常不会选择这种使用多行代码，逐个赋值的方法，后面我们会接触到更为简单的赋值方法。

3.5.5 数组的维数

1. 借助矿泉水瓶认识什么是维数

数组有一维数组、二维数组、三维数组、四维数组……其中的一维、二维等叫数组的维数。

想弄清楚什么是“维”，先想想我们平时喝的矿泉水，如图3–21所示。

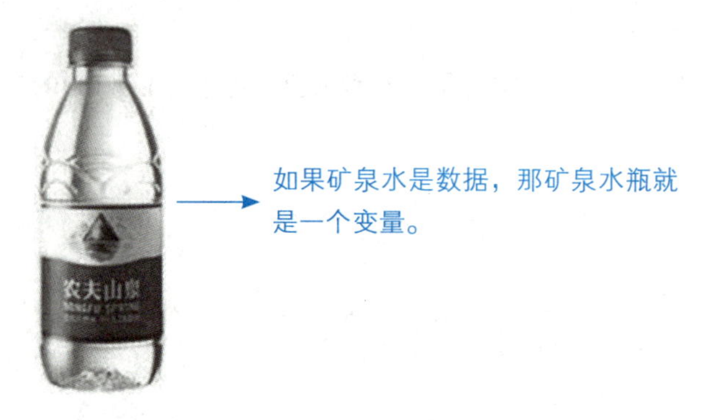

图3-21　一瓶矿泉水

如果将矿泉水装箱打包，就得到一个由多个单个变量（矿泉水瓶）组成的一维数组（装满矿泉水的纸箱），如图3–22所示。

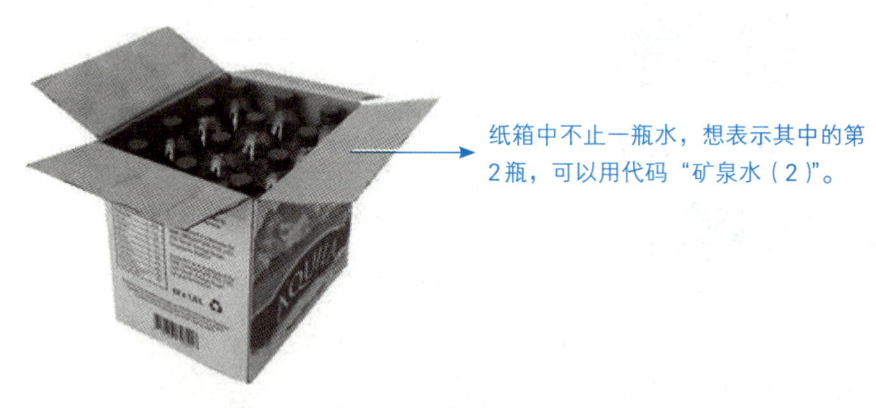

图3-22　一箱矿质泉水

纸箱相对矿泉水而言，就是一维数组，一维数组由多个单个变量组成。

想表示纸箱中的第2瓶水，我们可以使用如“第2瓶”之类的语言去描述它。

打包装箱后的矿泉水，我们可能会把它们一箱一箱地整齐堆放在仓库中的某个区域，如图3–23所示。

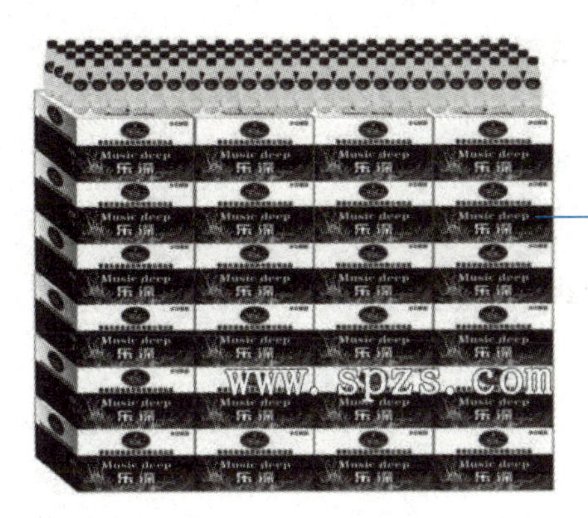

这堆矿泉水中有多个纸箱，每个纸箱中都有相同数量的多瓶矿泉水。

图 3-23　堆成一堆的矿泉水

相对于单个矿泉水瓶而言，这些由若干箱矿泉水堆成的矿泉水堆就是二维数组。在二维数组中，还能用类似“第2瓶”之类的语句来描述其中的某瓶矿泉水吗？

除了需要指明瓶子是纸箱中第几个瓶子，还应指明瓶子所在的纸箱是第几个纸箱。

“第3个纸箱中的第2瓶矿泉水”，不错，在二维数组中，我们至少需要两个数字（3和2），才能准确地引用到想要的那个数据。

“第3个纸箱中的第2瓶矿泉水”，如果用VBA的语言来描述，应写成代码：

```
矿泉水(3,2)
```

括号中是用逗号隔开的两个数字，分别是纸箱在纸箱堆里的索引号和矿泉水瓶在纸箱中的索引号。
索引号的作用是指明该元素是数组中的第几个元素。

纸箱堆由多个纸箱组成，纸箱本身同时也是由多个矿泉水瓶组成的数组，所以，二维数组其实就是数组的数组，它由多个一维数组组成。

如果仓库中分区堆放了多个相同的矿泉水纸箱堆，那仓库相对于单个的矿泉水而言，就是一个三维数组。三维数组由多个二维数组组成，如果想在三维数组中引用某个瓶子中的数据（水），需要用到3个数字，如第1堆中第3个纸箱中的第2瓶矿泉水。

翻译成VBA代码，就是：

矿泉水 (1,3,2)

发现了吗？数组是几维数组，在引用其中的数据时，就需要用到几个数字。

如果堆放矿泉水的仓库是多个，那这些仓库组成的数组相对单个矿泉水瓶而言，就是四维数组。

我想，五维、六维，甚至更多维的数组之间是什么关系，大家应该清楚了吧？如图3–24所示。

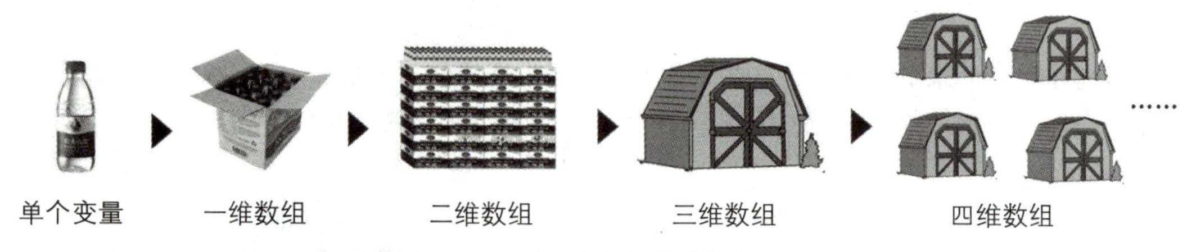

图 3-24　矿泉水瓶组成的数组

2. VBA 中的数组就是一堆看不见的矿泉水瓶

在VBA中，数组最基本的单位是变量，如果把单个变量看成是一个矿泉水瓶，那一维数组就是整齐排列成一行的多个矿泉水瓶，如图3–25所示。

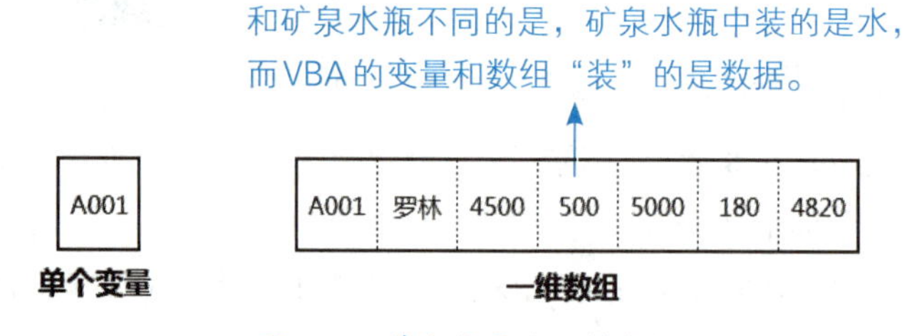

图 3-25　单个变量和一维数组

所以，一维数组就是保存在数组中的一行数据，就像被写入Excel工作表中的一行数据。

如果这个一维数组的名称是arr，想引用其中的第3个数据，可以用VBA代码：

```
arr(3)
```

如果将类似的一维数组，像堆纸箱一样层层叠放在一起，就可以得到一个二维数组，如图3–26所示。

二维数组就像Excel工作表中的一个多行多列的矩形区域。如果这个二维数组的名称是arr，要想表示这个矩形区域中第3行的第4个数据，可以用VBA代码：

```
arr(3,4)
```

再将类似的多个二维数组层层叠放，即可得到一个三维数组，如图3–27所示。

A001	罗林	4500	500	5000	180	4820
A002	赵刚	4000	300	4300	150	4150
A003	李凡	3500	300	3800	170	3630
A004	张远	3600	288	3888	135	3753
A005	冯伟	3300	450	3750	120	3630

二维数组

这个二维数组可以看成由5个大小一样的一维数组组成。

图 3-26　二维数组

A011	李妙楠	3300	480	3780	120	3660
				50	160	3190
				50	130	4220
				00	110	4290
				00	90	3510

A006	杨玉真	3500	320	3820	120	3700
				50	90	4660
				50	135	4115
				60	148	3912
				80	150	3830

A001	罗林	4500	500	5000	180	4820
A002	赵刚	4000	300	4300	150	4150
A003	李凡	3500	300	3800	170	3630
A004	张远	3600	288	3888	135	3753
A005	冯伟	3300	450	3750	120	3630

图 3-27　三维数组

三维数组，由多个行列数相等的二维数组组成，就像保存在不同工作表中的数据。如果三维数组的名称是arr，要想引用其中第2个矩形区域第3行的第4个数据，可以用VBA代码：

```
arr(2,3,4)
```

就像这样，单个变量组成一维数组（一行），多个一维数组组成二维数组（一张工作表），多个二维数组组成三维数组（一个工作簿），多个三维数组组成四维数组（保存了多个工作簿文件的一个文件夹）……

不同维数的数组间的联系如图 3–28 所示。

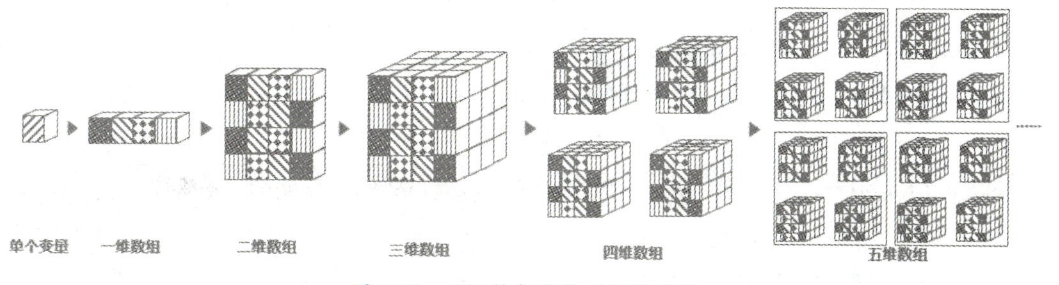

图 3-28　不同维数的数组间的联系

3.5.6 声明多维数组

在前面我们提到，声明数组可以用语句：

Public | Dim 数组名称 (a To b) As 数据类型

事实上，这个语句只能用来声明一维数组，因为数组名称后的括号中只定义了一个索引号。如果要声明二维数组，括号中就应设置两个索引号。

如果想声明一个3行5列的Integer类型的二维数组，可以用VBA代码：

1 To 3：说明定义的二维数组可以存储3行数据，各行的索引号分别是1、2、3。

```
Dim arr(1 To 3, 1 To 5) As Integer            '定义一个3行5列，类型为Integer的二维数组
```

1 To 5：说明二维数组每一行都可以存储5个数据，这5个数据的索引号分别是1、2、3、4和5。

当VBA执行这行代码后，会在内存空间中预留一个可以存储15个Integer类型数据的空间，如图3-29所示。

事实上，VBA预留的存储空间我们是看不到的，这只是模拟画出来的图，用来帮助大家理解这个二维数组的大小。

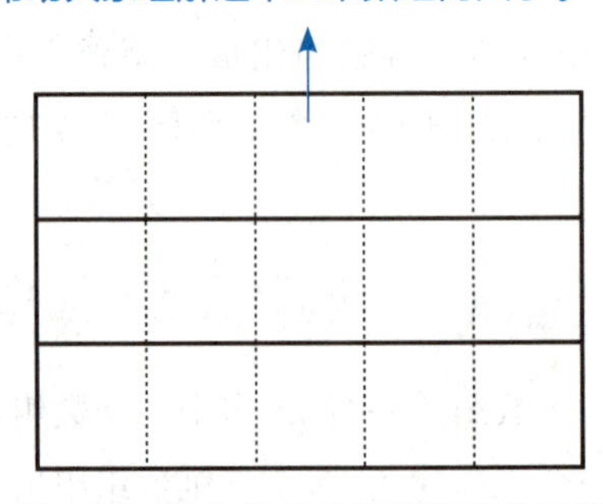

图 3-29　执行代码后预留的存储空间

同声明一维数组一样，可以只使用一个数字来定义多维数组在各个维度的索引号。如定义3行5列的二维数组（Integer类型），可以使用下面的代码：

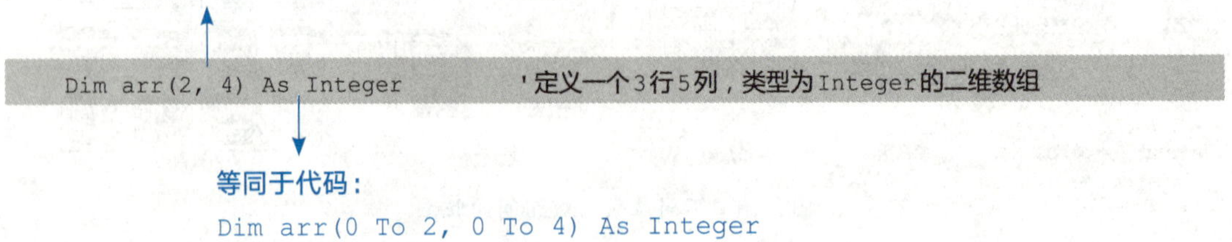

未指定起始索引号，默认起始索引号为0，此时，
无论是在一维还是二维，起始索引号都是0。
Dim arr(2, 4) As Integer
'定义一个3行5列，类型为Integer的二维数组
等同于代码：
Dim arr(0 To 2, 0 To 4) As Integer

考考你

七年级有8个班，每个班50个同学，你能声明一个名为“七年级”的二维数组，来存储这8个班同学的姓名吗？如果要把“七（7）班”第30个同学的姓名“张林”保存到数组对应的元素中，你知道该怎么写赋值语句吗？

手机扫描二维码，可以查看我们准备的答案。

声明二维数组时，需要定义两个索引号。同理，如果要声明一个三维数组，就需要定义3个索引号。

如果想声明一个类似4张3行5列的表格的数组（Integer类型），可以用VBA代码：

发现了吗？括号中总是表示最高维度的索引号在前，最低维度的索引号在后。

```
Dim arr(1 To 4, 1 To 3, 1 To 5) As Integer          '定义一个三维数组
```

执行这行代码后，VBA就会在内存中预留一个类似图3-30所示的存储空间。

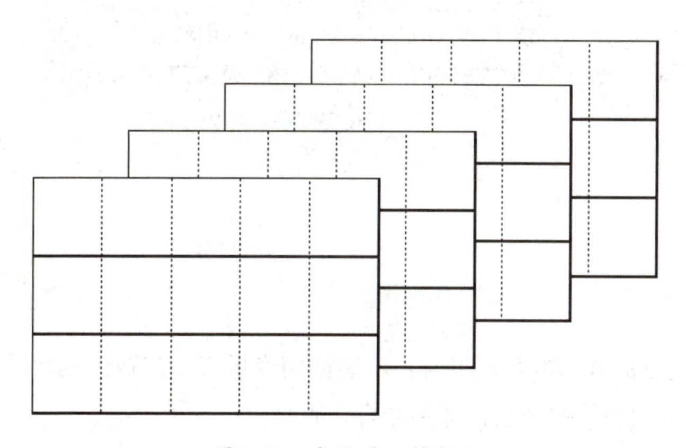

图 3-30　定义的三维数组

VBA中的数组，与打包堆放的矿泉水瓶其实是一样的，甚至你会发现，其实生活中很多地方都存在数组。

按照类似的想法，你一定能想象到VBA中的四维、五维，甚至更多维的数组是什么样，应该怎么声明了吧？

考考你

如果1个学生姓名占1个单元格，那把1个存储400个学生姓名的一维数组“七年级”写入Excel工作表的单元格中，会占多大的区域，你知道吗？

手机扫描二维码，可以查看我们准备的参考答案。

3.5.7 声明动态数组

在声明数组时，应根据实际需求定义数组的名称、大小（尺寸）和类型，即规定数组的维数及可存储的数据类型。但有时在声明数组时，我们并不能确定会往这个数组中存入多少个数据。

例如，当想把A列中保存的一些不知道具体个数的数据存储到一个数组中，在声明这个数组的大小时，就应先确定A列中保存的数据个数。

求A列中保存的数据个数，有很多方法，如可以借助工作表中的COUNTA函数。

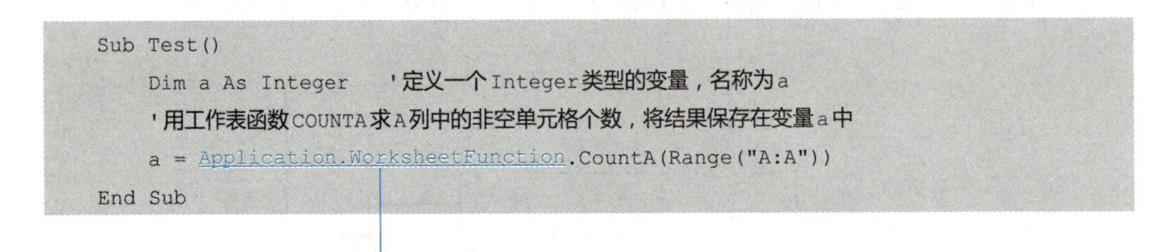

```
Sub Test()
    Dim a As Integer    '定义一个Integer类型的变量，名称为a
    '用工作表函数COUNTA求A列中的非空单元格个数，将结果保存在变量a中
    a = Application.WorksheetFunction.CountA(Range("A:A"))
End Sub
```

在VBA中使用工作表函数，需借助Application对象的WorksheetFunction属性来调用。

在使用Public或Dim语句声明数组时，不能使用变量来确定数组的尺寸，虽然借助工作表函数CountA求得了A列的数据个数，却不能将代码写为：

```
Sub Test()
    Dim a As Integer    '定义一个Integer类型的变量，名称为a
    '用工作表函数COUNTA求A列中的非空单元格个数，将结果保存在变量a中
    a = Application.WorksheetFunction.CountA(Range("A:A"))
    Dim arr(1 To a) As String      '定义数组的类型及大小
End Sub
```

通过变量a来定义数组的尺寸，这是一种错误的做法。

VBA不允许在Public或Dim语句中使用变量来指定数组的大小，也不会执行存在这类错误的过程，如图3-31所示。

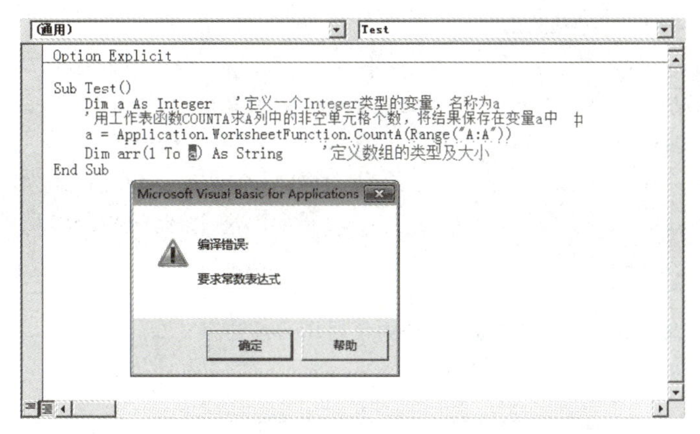

图 3-31　执行存在错误代码的 VBA 程序

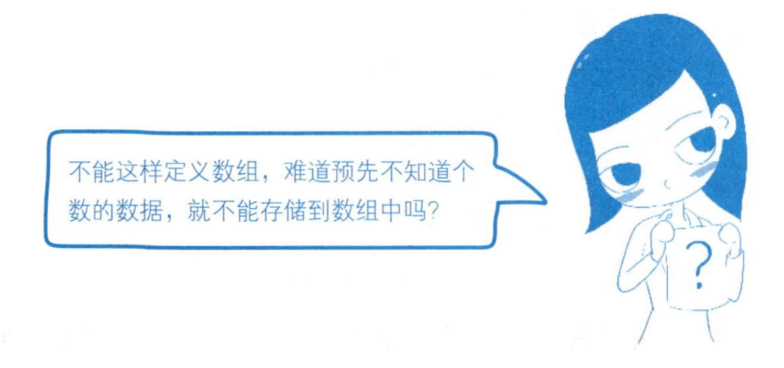

要解决这个问题，可以将数组声明为动态数组。声明数组时不定义数组的大小，只在数组名称后写一对空括号，用这样的方法声明的数组即为动态数组。

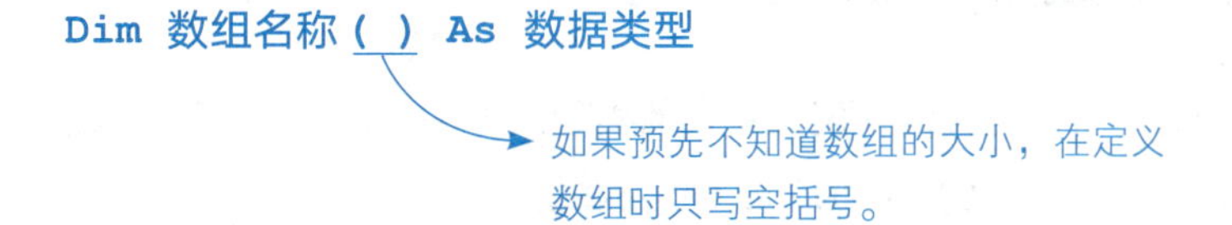

Dim 数组名称 ( ) As 数据类型
如果预先不知道数组的大小，在定义数组时只写空括号。

动态数组就是维数不确定，可存储数据个数不确定的数组。

将数组定义为动态数组后，可以使用ReDim语句重新定义它的大小。同Dim语句不同，我们可以在ReDim语句中使用变量来定义数组的大小，例如：

```
Sub Test()
    Dim a As Integer        '定义一个Integer类型的变量，名称为a
    '用工作表函数COUNTA求A列中的非空单元格个数，将结果保存在变量a中
    a = Application.WorksheetFunction.CountA(Range("A:A"))
    Dim arr() As String            '定义一个String类型的动态数组
    ReDim arr(1 To a)              '重新定义数组arr的大小
End Sub
```

有一点需要注意，使用ReDim语句可以重新定义数组的大小（包括已经定义了大小的数组），但是不能改变数组的类型，所以在首次定义数组时，就应先确定数组的类型，如图3-32所示。

```
Sub Test()
    Dim a As Integer                '定义一个Integer类型的变量，名称为a
    '用工作表函数COUNTA求A列中的非空单元格个数，将结果保存在变量a中
    a = Application.WorksheetFunction.CountA(Range("A:A"))
    Dim arr() As String                       '定义一个String类型的动态数组
    ReDim arr(1 To a) As Integer              '重新定义数组arr的大小及类型
End Sub
```

已经定义为String类型的数组，不再使用ReDim语句将其重新定义为Integer类型。

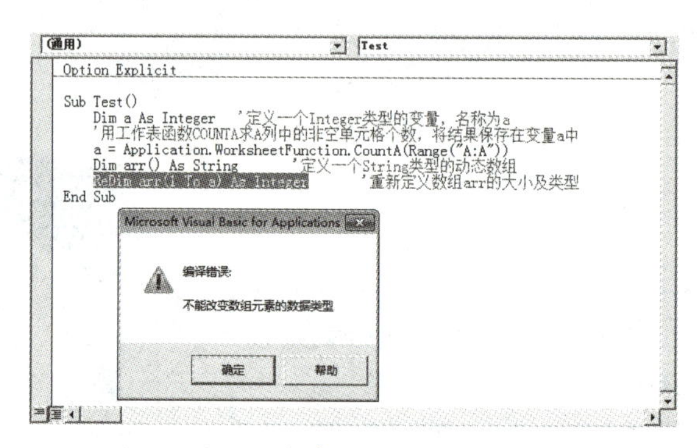

图 3-32　运行存在错误代码的 VBA 程序

如果要将A列保存的姓名逐个存储到定义的数组中，可以使用循环的方式进行赋值，想了解循环语句的用法，可以阅读3.10.4小节中的内容。

3.5.8　这种创建数组的方法更简单

通常，使用数组时，都应经历定义数组的类型及大小，再逐个对数组赋值的步骤。但在某些特殊情境中，还能使用一些简单的方法创建数组。

1. 使用 Array 函数创建数组

如果要将一组已知的数据常量存储到数组中，使用VBA中的Array函数会非常方便。

使用Array函数创建数组，该数组应声明为一个Variant类型的变量。

Array函数的参数是一个用英文逗号（,）隔开的数据列表（文本需写在英文半角双引号间），参数中有几个数据，得到的数组就有几个元素，如果不设置参数，函数返回的是一个不包含数据的空数组。

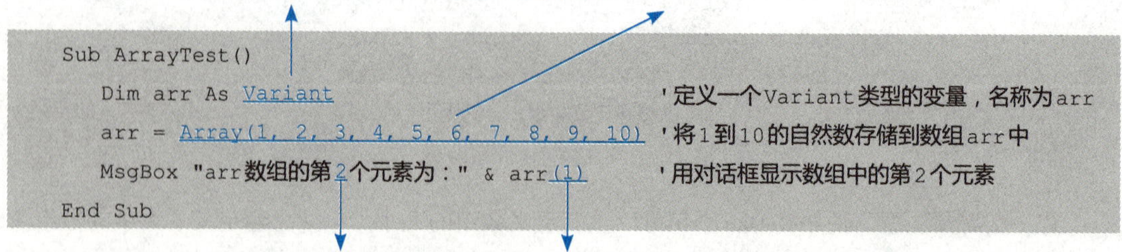

```
Sub ArrayTest()
    Dim arr As Variant                         '定义一个Variant类型的变量，名称为arr
    arr = Array(1, 2, 3, 4, 5, 6, 7, 8, 9, 10) '将1到10的自然数存储到数组arr中
    MsgBox "arr数组的第2个元素为：" & arr(1)   '用对话框显示数组中的第2个元素
End Sub
```

使用Array函数创建的数组索引号默认从0开始，除非已经在模块第1句写入了“OPTION BASE 1”语句。

运行这个程序后的效果如图3-33所示。

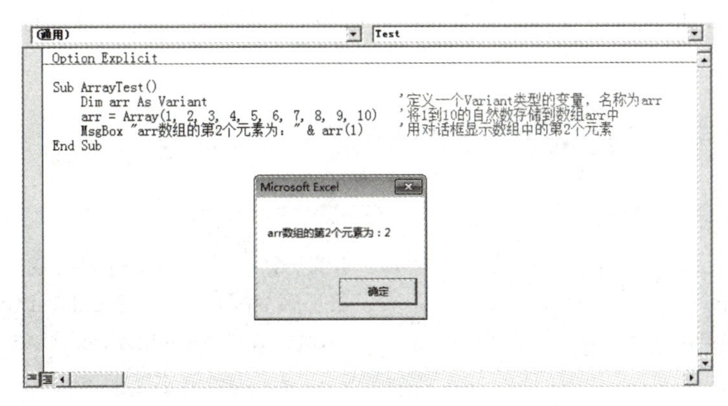

图 3-33　使用 Array 函数创建数组

2. 使用Split函数创建数组

如果要将一个字符串按指定的分隔符拆分，将各部分结果保存到一个数组中，可以使用VBA中的Split函数。

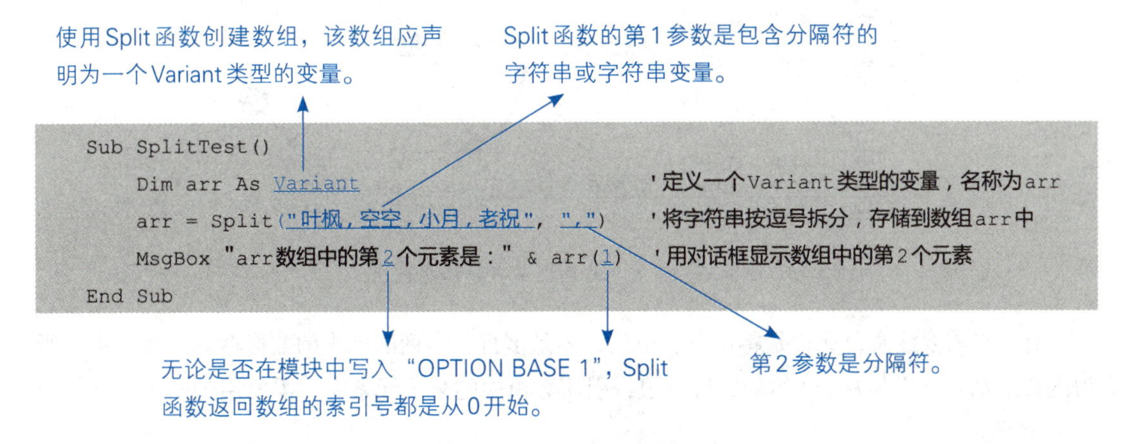

使用Split函数创建数组，该数组应声明为一个Variant类型的变量。
Split函数的第1参数是包含分隔符的字符串或字符串变量。
Sub SplitTest()
Dim arr As Variant
arr = Split("叶枫,空空,小月,老祝", ",")
MsgBox "arr数组中的第2个元素是：" & arr(1)
End Sub
'定义一个Variant类型的变量，名称为arr
'将字符串按逗号拆分，存储到数组arr中
'用对话框显示数组中的第2个元素
无论是否在模块中写入“OPTION BASE 1”，Split函数返回数组的索引号都是从0开始。
第2参数是分隔符。

Split函数返回的总是一个索引号从0开始的一维数组，如图3-34所示。

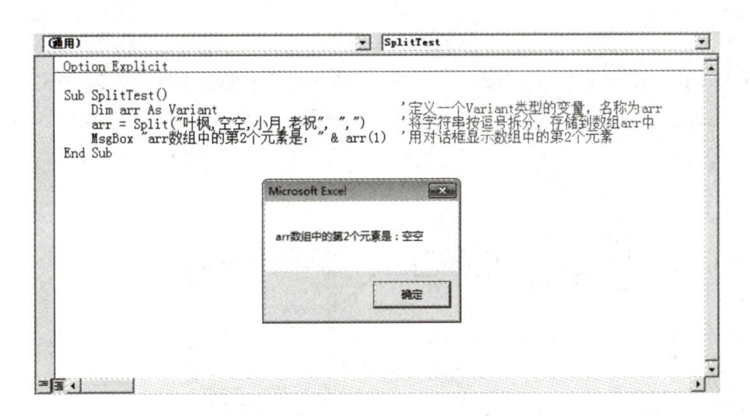

图 3-34　使用 Split 函数创建数组

3. 通过单元格区域直接创建数组

如果想把单元格区域中保存的数据直接存储到一个数组中，可以通过直接赋值的方式解决。例如：

存储数据的数组应定义成一个Variant类型的变量。

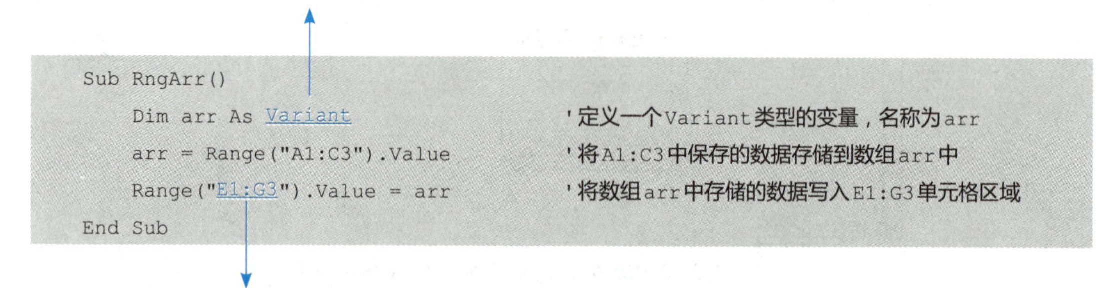

```
Sub RngArr()
    Dim arr As Variant                    '定义一个Variant类型的变量，名称为arr
    arr = Range("A1:C3").Value            '将A1:C3中保存的数据存储到数组arr中
    Range("E1:G3").Value = arr            '将数组arr中存储的数据写入E1:G3单元格区域
End Sub
```

将数组中保存的数据写入单元格区域时，单元格区域的行列数必须与数组的维数相同。

执行这个过程的效果如图3–35所示。

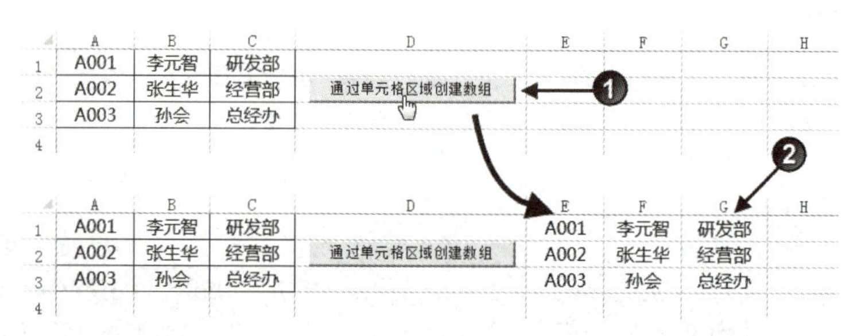

图 3-35　通过单元格区域直接创建数组

有一点需要注意，无论是将单行、单列，还是多行、多列区域中的数据存储到数组中，所得的数组都是索引号从1开始的二维数组，引用数组中的某个元素时，需要用到两个数字，如图3–36所示。

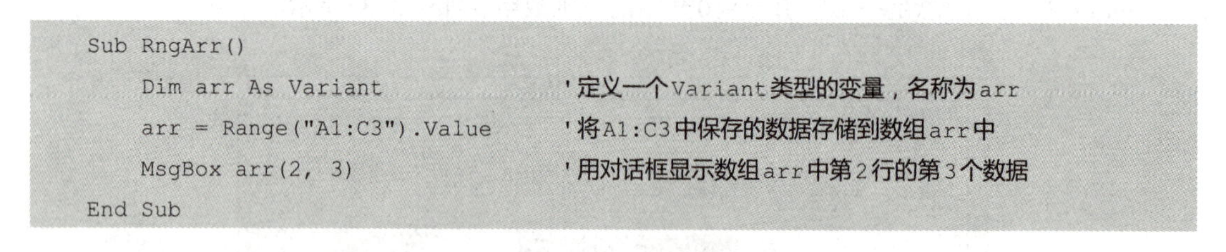

```
Sub RngArr()
    Dim arr As Variant                '定义一个Variant类型的变量，名称为arr
    arr = Range("A1:C3").Value        '将A1:C3中保存的数据存储到数组arr中
    MsgBox arr(2, 3)                  '用对话框显示数组arr中第2行的第3个数据
End Sub
```

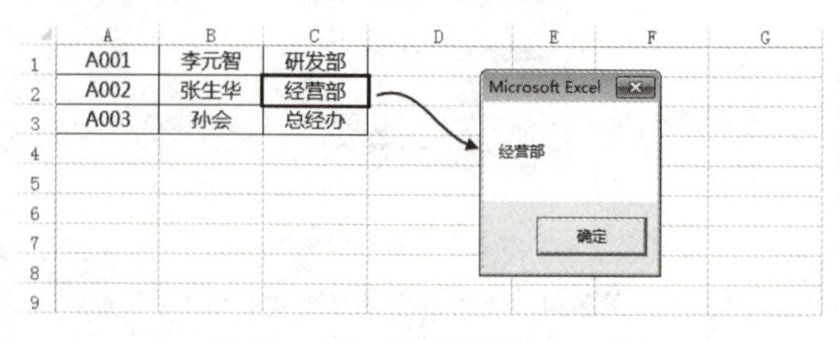

图 3-36　引用数组中的某个元素

3.5.9　关于数组，这些运算应该掌握

1. 用UBound函数求数组的最大索引号

如果想知道一个数组的最大索引号，可以使用UBoun函数，语句为：

```
UBound(数组名称)
```

例如：

```
Sub ArrayTest()
    Dim arr As Variant                                  '定义一个Variant类型的变量，名称为arr
    arr = Array(1, 2, 3, 4, 5, 6, 7, 8, 9, 10)          '将1到10的自然数存储到数组arr中
    MsgBox "数组的最大索引号是：" & UBound(arr)          '用对话框显示数组arr的最大索引号
End Sub
```

执行这个过程的效果如图3-37所示。

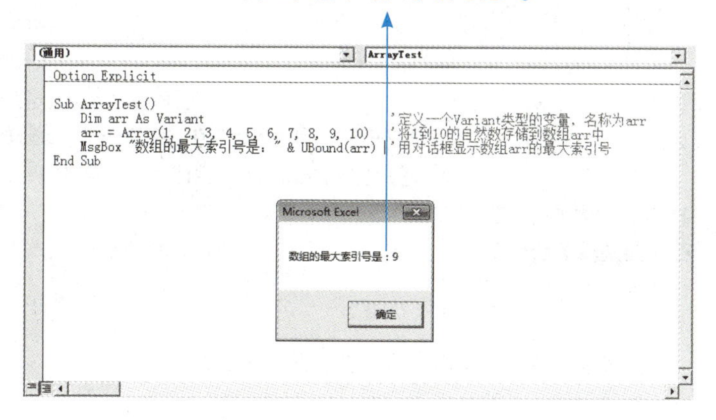

图3-37　求数组的最大索引号

2. 用LBound函数求数组的最小索引号

LBound函数用于求数组的最小索引号，其用法与UBound函数相同。

```
LBound(数组名称)
```

例如：

```
Sub ArrayTest()
    Dim arr As Variant                                  '定义一个Variant类型的变量，名称为arr
    arr = Array(1, 2, 3, 4, 5, 6, 7, 8, 9, 10)          '将1到10的自然数存储到数组arr中
    MsgBox "数组的最小索引号是：" & LBound(arr)          '用对话框显示数组arr的最小索引号
End Sub
```

运行这个过程的效果如图3-38所示。

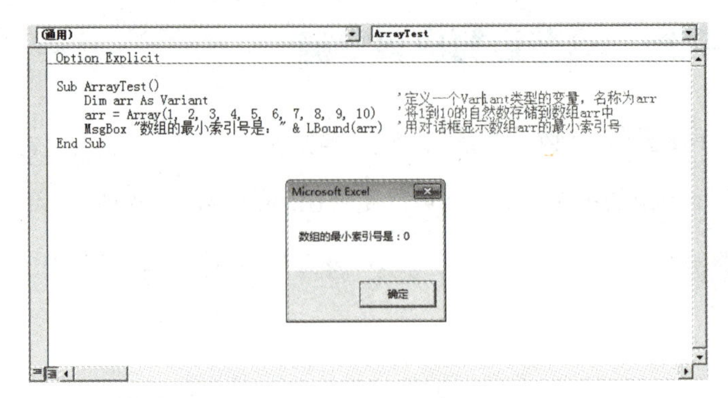

图 3-38　求数组的最小索引号

3. 求多维数组的最大和最小索引号

如果数组是多维数组，要求它在某个维度的最大或最小索引号，还应通过第2参数指定维数，例如：

UBound 函数的第 1 参数是数组名称，第 2 参数用于指定数组的维数。

Chr(13) 用于对文本进行换行，相当于在此处按了一次【Enter】键。

```
Sub dwsz()
    Dim arr(1 To 10, 1 To 100) As Integer          '定义一个Integer类型的二维数组
    Dim a As Integer, b As Integer                 '定义两个Integer类型的变量a、b
    a = UBound(arr, 1)             '求数组第一维的最大索引号，将结果存储到变量a中
    b = UBound(arr, 2)             '求数组第二维的最大索引号，将结果存储到变量b中
    MsgBox "第一维的最大索引号是：" & a & Chr(13) & _
           "第二维的最大索引号是：" & b             '用对话框显示数组各维的最大索引号
End Sub
```

&是文本运算符，使用它可以将运算符左右两边的字符串合并成一个字符串。

运行这个过程的效果如图3-39所示。

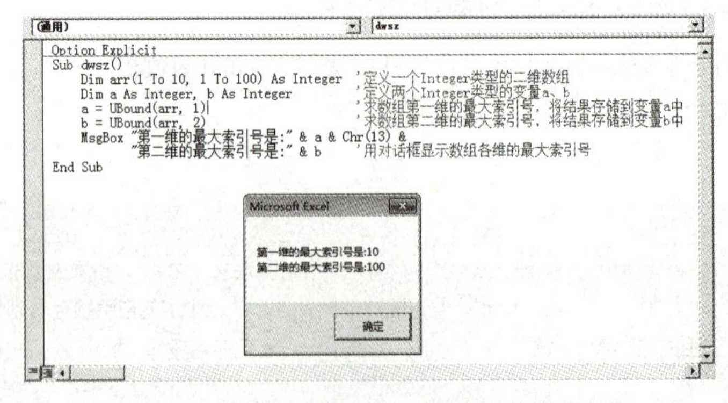

图 3-39　求二维数组各维的最大索引号

4. 求数组包含的元素个数

如果要求一维数组包含的元素个数，直接用数组的最大索引号减最小索引号即可：

```
Ubound(数组名称)- LBound(数组名称)+1
```

例如：

```
Sub ArrayTest()
    Dim arr As Variant                          '定义一个Variant类型的变量，名称为arr
    arr = Array(1, 2, 3, 4, 5, 6, 7, 8, 9, 10)  '将1到10的自然数存储到数组arr中
    Dim a As Integer, b As Integer              '定义两个Integer类型的变量a、b
    a = UBound(arr)                             '求数组的最大索引号，将结果存储到变量a中
    b = LBound(arr)                             '求数组的最小索引号，将结果存储到变量b中
    MsgBox "数组包含的元素个数是：" & a - b + 1   '用对话框显示数组包含的元素个数
End Sub
```

执行这个过程的效果如图3-40所示。

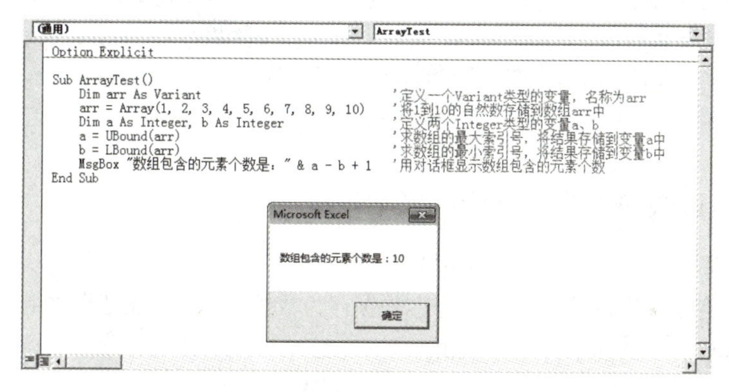

图 3-40　求一维数组包含的元素个数

二维数组可以看成是由多个一维数组组成的，类似工作表中一个多行多列的矩形区域。如果数组是二维数组，只需求得该数组的“长”和“宽”即可求得其包含的元素个数，例如：

```
Sub RngArr()
    Dim arr As Variant                 '定义一个Variant类型的变量，名称为arr
    arr = Range("A1:C3").Value         '将A1:C3中保存的数据存储到数组arr里
    Dim a As Integer, b As Integer     '定义两个Integer类型的变量a、b
    a = UBound(arr, 1)                 '求数组第一维的最大索引号，将结果存储到变量a中
    b = LBound(arr, 1)                 '求数组第一维的最小索引号，将结果存储到变量b中
    Dim c As Integer, d As Integer     '定义两个Integer类型的变量c、d
    c = UBound(arr, 2)                 '求数组第二维的最大索引号，将结果存储到变量c中
    d = LBound(arr, 2)                 '求数组第二维的最小索引号，将结果存储到变量d中
    '用对话框显示数组包含的元素个数
    MsgBox "数组包含的元素个数是：" & (a - b + 1) * (c - d + 1)
End Sub
```

资源下载码：01907

运行这个程序的效果如图 3–41 所示。

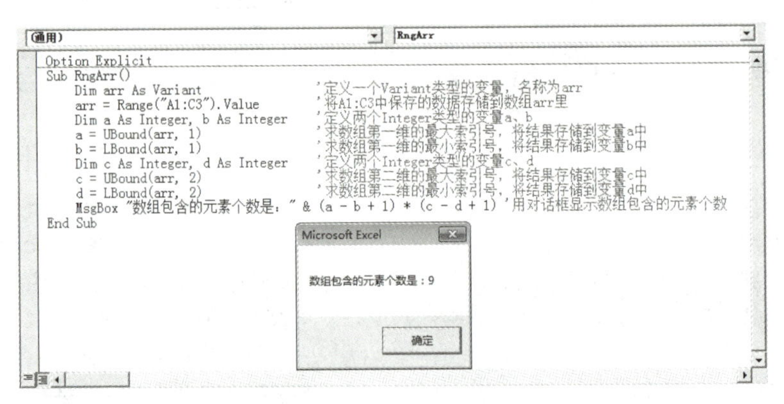

图 3-41　求二维数组包含的元素个数

考考你

三维数组可以看成是由多个行列数相同的区域组成的，只要求得其中每个矩形区域的行列数及矩形区域的个数，即可求得三维数组包含的元素个数，大家应该知道怎样编写代码了吧？那四维、五维或更多维数的数组呢？自己试一试。

手机扫描二维码，可以查看我们准备的参考答案。

5. 用 Join 函数将一维数组合并成字符串

Join 函数的作用和 Split 函数的作用相反。

Split 函数是将字符串按指定字符拆分，并保存为数组，Join 函数是将数组中的元素使用指定的分隔符连接成一个新的字符串。例如：

```
Sub JoinTest()
    Dim arr As Variant, txt As String              '定义两个变量
    '用Array函数将0到9的自然数保存为一维数组arr
    arr = Array(0, 1, 2, 3, 4, 5, 6, 7, 8, 9)
    '用Join函数以@为分隔符，合并数组arr中的元素为一个字符串，将结果保存到变量txt中
    txt = Join(arr, "@")
    MsgBox txt                                      '用对话框显示合并数组所得的字符串
End Sub
```

Join 函数的第 1 参数是要合并的数组名称（**只能是一维数组**），第 2 参数是用来分隔各元素的分隔符。其中，第 2 参数可以省略，如果省略，VBA 会使用空格作分隔符。

运行这个过程所得的结果如图 3–42 所示。

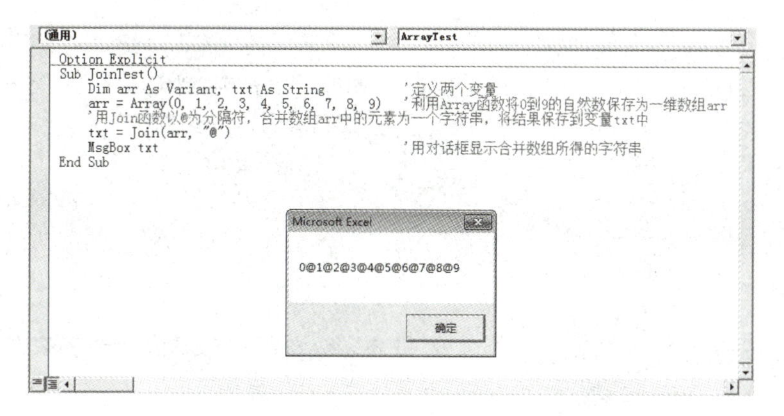

图 3-42　使用 Join 函数合并数组中的元素

3.5.10　将数组中保存的数据写入单元格区域

将数组中保存的数据写入单元格，与给变量赋值的语句一样，是一个用等号“=”连接的式子。例如：

```
Range("A1").Value=arr(2)        '将数组arr中索引号是2的元素写入活动工作表的A1单元格中
```

如果要将数组中保存的数据全部写入单元格中，可以批量操作。例如：

```
Sub ArrToRng1()
    Dim arr As Variant                    '定义一个Variant类型的变量，名称为arr
    arr = Array(1, 2, 3, 4, 5, 6, 7, 8, 9, 10)
    '将数组arr中保存的数据写入活动工作表的A1:A9中
    Range("A1:A9").Value = Application.WorksheetFunction.Transpose(arr)
End Sub
```

将一维数组写入单元格区域时，单元格区域必须在同一行。如果要写入垂直的一列单元格区域，需先用工作表中的 Transpose 函数将数组中保存的数据转置为一列。

运行这个过程后的效果如图 3-43 所示。

	A	B
1	1	
2	2	
3	3	
4	4	
5	5	
6	6	
7	7	
8	8	
9	9	
10		
11		
12		

图 3-43　将一维数组批量写入单元格区域

无论是一维数组还是二维数组，在将数组批量写入单元格区域时，单元格的行列数必须与数组的行列数一致。例如：

```
Sub ArrToRng2()
    Dim arr(1 To 2, 1 To 3) As String   '声明一个2行3列的数组
    arr(1, 1) = 1                       '给数组中的各个元素赋值
    arr(1, 2) = "叶枫"
    arr(1, 3) = "男"
    arr(2, 1) = 2
    arr(2, 2) = "小月"
    arr(2, 3) = "女"
    Range("A1:C2").Value = arr          '将数组arr保存的数据写入活动工作表的A1:C2区域中
End Sub
```

6个元素，对应6个单元格。数组包含2行3列，写入的单元格区域也应是2行3列。

运行这个过程后的效果如图3-44所示。

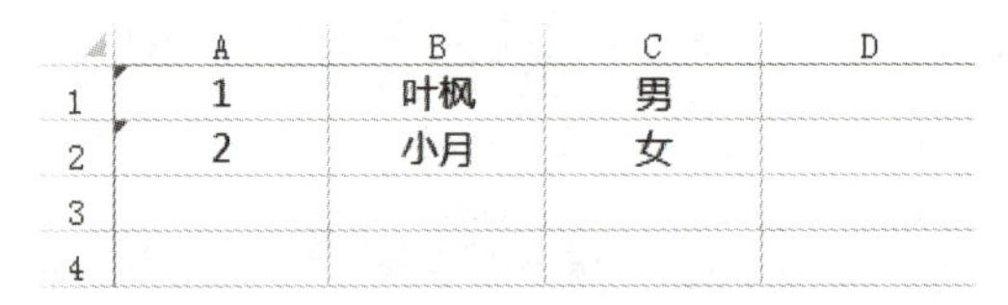

	A	B	C	D
1	1	叶枫	男	
2	2	小月	女	
3				
4				

图3-44　将二维数组写入单元格中

3.6　特殊数据的专用容器——常量

3.6.1　常量就像一次性的纸杯

同变量一样，常量也是程序给数据预留的存储空间，但它与变量并不相同。

如果把变量看作是家里的磁器餐具，那么常量就是饭馆里用来打包饭菜的打包盒。

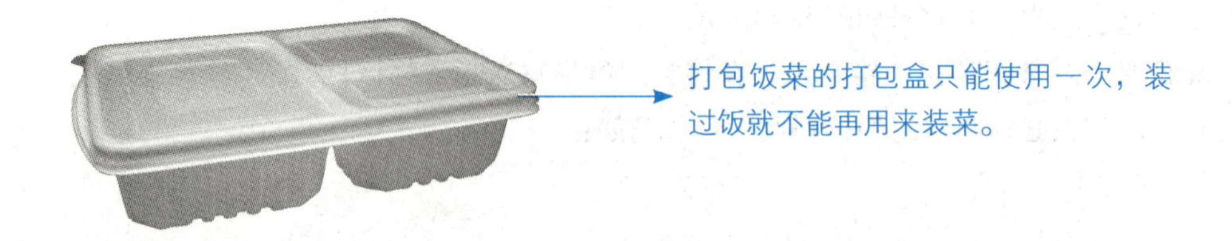

打包饭菜的打包盒只能使用一次，装过饭就不能再用来装菜。

家里的磁器餐具，使用过之后洗干净还能继续使用，但饭馆的打包盒大家见过有谁使用第二次吗？

变量可以更改存储在其中的数据，而常量不可以，这就是变量和常量最主要的区别。因

此，常量通常用来存储一些固定不变的数据，如利率、税率、圆周率等。

3.6.2　声明常量时应同时给常量赋值

声明常量时，应同时定义常量的名称、可存储的数据类型及存储在其中的数据。语句为：

Const 常量名称 As数据类型 = 存储在常量中的数据

例如：

```
Const p As Single = 3.14     '定义一个Single类型的常量，名称为p，常量存储的数据为3.14
```

3.6.3　常量也有不同的作用域

同定义变量一样，在过程内部使用Const语句声明的常量为**本地常量**，只可以在声明常量的过程中使用；如果在模块的第1个过程之前使用Const语句声明常量，该常量则被声明为**模块级常量**，该模块中的所有过程都可以使用它；如果想让声明的常量在所有模块中都能使用，应在模块的第1个过程之前使用Public语句将它声明为**公共常量**。

3.7　对象、集合及对象的属性和方法

3.7.1　对象就是用代码操作和控制的东西

对象就是东西，是用VBA代码操作和控制的东西，属于名词。

打开工作簿，工作簿就是对象；复制工作表，工作表就是对象；删除单元格，单元格就是对象……

我们在Excel中的每个操作都和对象有关，学习VBA编程，其实就是学习如何用代码操作和处理各种不同的对象。

3.7.2　对象的层次结构

在VBA中，Excel的工作簿、工作表、单元格是对象，图表、透视表、图片也是对象，甚至单元格的边框线，插入的批注也是对象……

可以说，VBA就是一个充满对象的世界。

对象很多，想弄清楚不同对象之间的关系，让我们先想一想家中的厨房。

厨房里放着冰箱，冰箱里有碗，碗里装着早餐要吃的鸡蛋。无论是厨房、冰箱、碗还是鸡蛋，都是东西，都可以看成是对象，这些不同的对象之间的层次关系如图3-45所示。

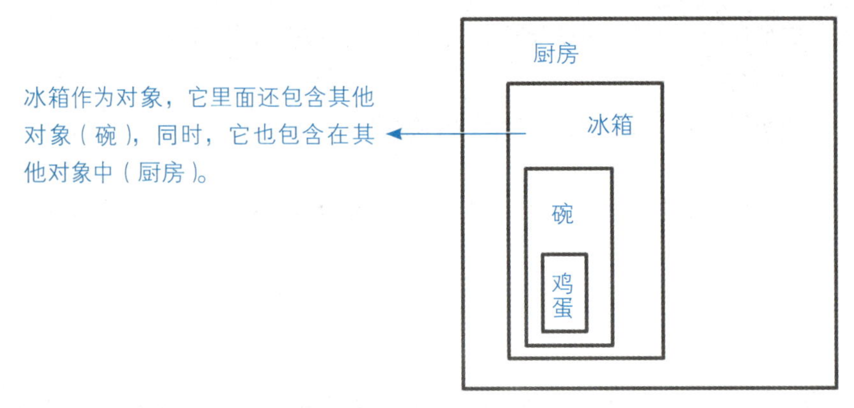

图 3-45　厨房的层次结构图

厨房作为对象，里面除了冰箱,可能还有消毒柜和电饭锅，冰箱里放着装有鸡蛋的碗，还放着装着牛奶的瓶子，如图3–46所示。

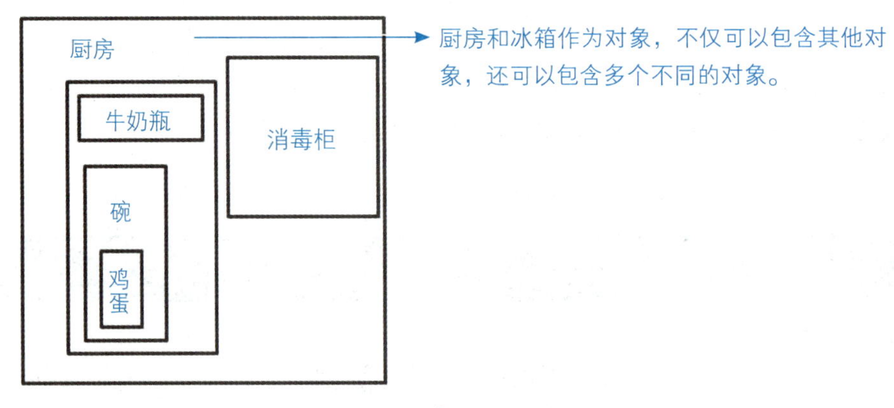

图 3-46　厨房的层次结构图

在VBA的眼中，Excel就是一间大厨房，厨房中有Excel的工作簿对象，工作簿对象中可能包含工作表对象，工作表中也包含多个单元格区域，这些不同对象的层次关系如图3–47所示。

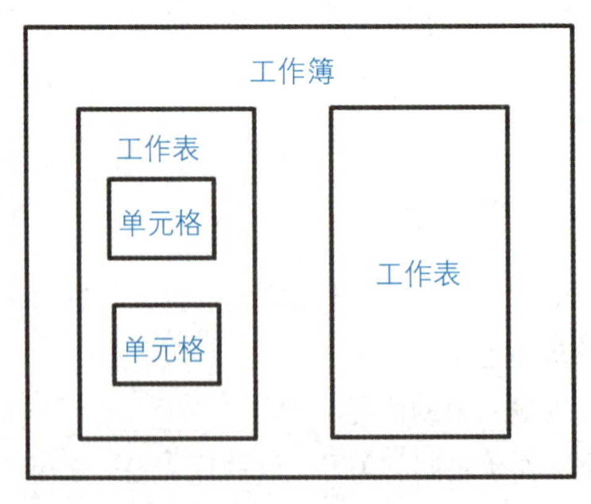

图 3-47　工作簿及工作簿中的对象

像这样，一个对象可能包含其他对象，同时又包含在另一个对象中，不同的对象总是这样有层次地排列着，就像一棵倒过来的大树，如图3-48所示。

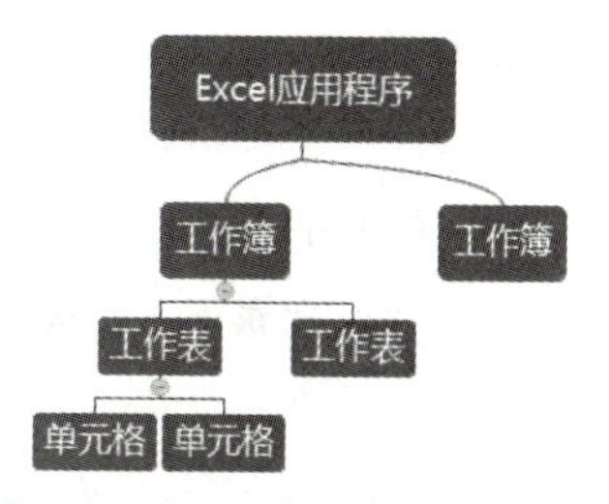

图 3-48　Excel 中对象的层次关系

当然，Excel VBA中的对象远不止这些，大家可以在Excel VBA的在线帮助中看到所有对象及各对象之间的关系，网址为“https://msdn.microsoft.com/ZH-CN/library/ff194068.aspx”，如图3-49所示。

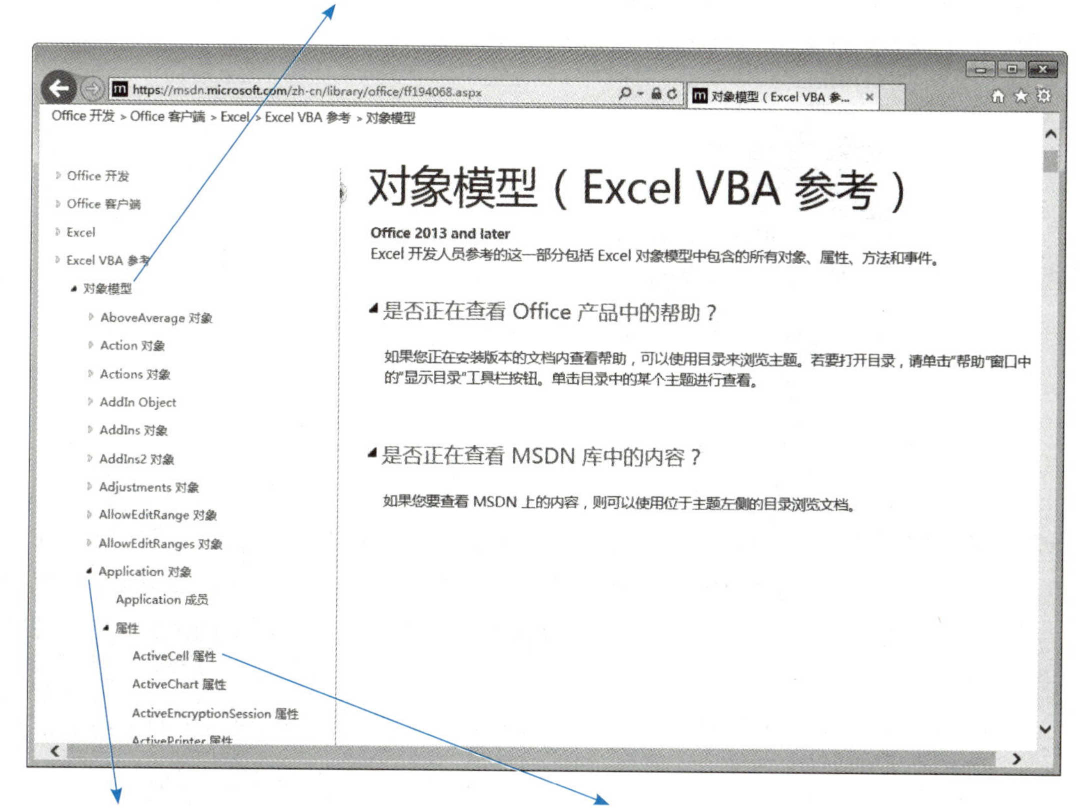

图 3-49　在Excel在线帮助中查看对象的信息

提示： 自Excel 2013起，Excel VBA使用的是在线帮助，默认在Web显示器中显示，所以，要查看VBA的帮助信息，需要先连接上Internet。

3.7.3　集合就是多个同种类型的对象

集合也是对象，它是对多个相同类型的对象的统称。

集合就像冰箱里的多个碗，无论这些碗是装着鸡蛋还是装着瘦肉，都属于同一类对象，可以统称为“碗”，这里的“碗”就是冰箱中所有碗的集合。

但是这个集合里并不包含冰箱中装牛奶的瓶子，因为瓶子不是碗，和碗不属于一类。

一个打开的工作簿，里面可能有多张工作表，无论这些工作表的名称是什么，里面保存什么数据，它们都属于工作表，用VBA代码表示为Worksheets。

3.7.4 怎样表示集合中的某个对象

工作簿中有多张工作表，一张工作表中有多个单元格，当想把某个数据输入单元格时，就需要在程序中用代码告诉VBA，我们要输入数据的是哪张工作表的哪个单元格。

所以，在学习VBA之前，得先学会怎样用VBA代码表示某个特定的对象，即引用对象。

让我们先想一想，能用什么方法取得
冰箱中那个装鸡蛋的碗。

要吃鸡蛋了，可以让儿子去取。

“去厨房，把冰箱里装着鸡蛋的碗拿来。”碗存放的地点（厨房里的冰箱里）以及碗的特征（装着鸡蛋）都要描述清楚，这样，儿子才不会去消毒柜里取，也不会取来那个装着瘦肉的碗。

引用对象也一样，只有将对象所处的位置及特征描述清楚，VBA才能让引用到正确的对象。

很多个工作簿，若干张工作表，数不清的单元格，怎样表示“Book1”工作簿的“Sheet2”工作表中的“A2”单元格？

就像取冰箱里装鸡蛋的碗一样，在哪里拿，拿什么，用VBA代码描述清楚就行了。

Book1 是工作簿的名称，用来确定要引用工作簿集合里的哪个工作簿。

Worksheets 是工作表集合，代表指定工作簿中的所有工作表。

```
Application.Workbooks("Book1").Worksheets("Sheet2").Range ("A2")
```

Application 对象代表 Excel 程序，是 Excel VBA 中对象的最顶层。

Workbooks 是工作簿集合，代表所有打开的工作簿。

不同级别的对象之间用点“.”连接。

引用对象就像引用硬盘上的文件，要按从大到小的顺序逐层引用。

但并不是每次引用对象都必须严谨地从第1层开始，如果“Book1”工作簿是活动工作簿，代码可以写为：

```
Worksheets("Sheet2").Range ("A2")
```

如果“Sheet2”工作表是活动工作表，代码甚至还可以简写为：

```
Range ("A2")
```

3.7.5　属性就是对象包含的内容或具有的特征

每个对象都有属性。对象的属性可以理解为这个对象包含的内容或具有的特征。

苹果是有颜色的，颜色就是苹果的属性。我的体重，体重就是我的属性。

与此类似，Sheet2工作表的A2单元格，A2单元格就是Sheet2工作表的属性；A2单元格的字体，字体就是A2单元格的属性；字体的颜色，颜色就是字体的属性。

在这些描述对象的句子中，“的”字后面的内容总是“的”字前面的对象的属性。

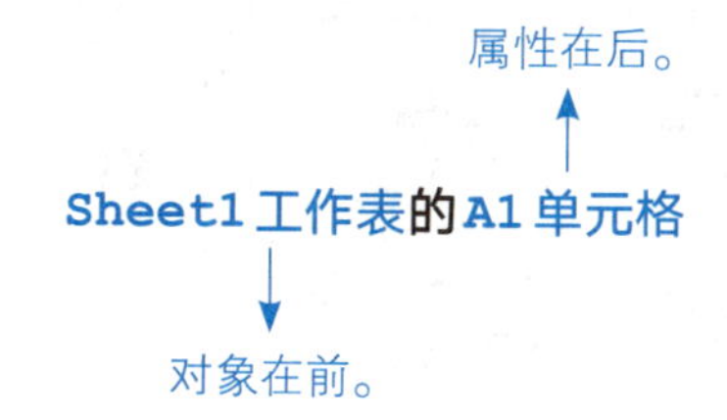

同人类的语言不同，在VBA的语言中，“的”字用点（.）代替。如“我的衣服”应写为“我.衣服”，“Sheet2工作表的A2单元格的字体的颜色”应写为：

```
Worksheets("Sheet2").Range("A2").Font.Color
```

3.7.6　对象和属性是相对而言的

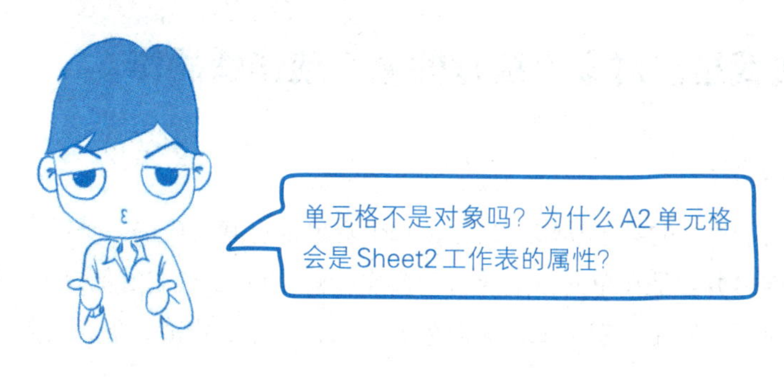

有一点需要注意，对象和属性是相对而言的。

某些对象的某些属性，返回的是另一个对象，如Sheet1工作表的Range属性，返回的是单元格对象。

但A2单元格本身也是一种对象，作为一种对象，它也有自己的属性，如字体（Font），而字体又是另一种对象，也有自己的属性，如颜色。

对象和属性是相对而言的，单元格相对于字体来说是对象，相对于工作表来说是属性。

如果想准确地知道某个关键字是不是属性，可以在【代码窗口】中将光标定位到它的中间，按【F1】键，通过VBA自带的帮助信息来辨别，如图3-50所示。

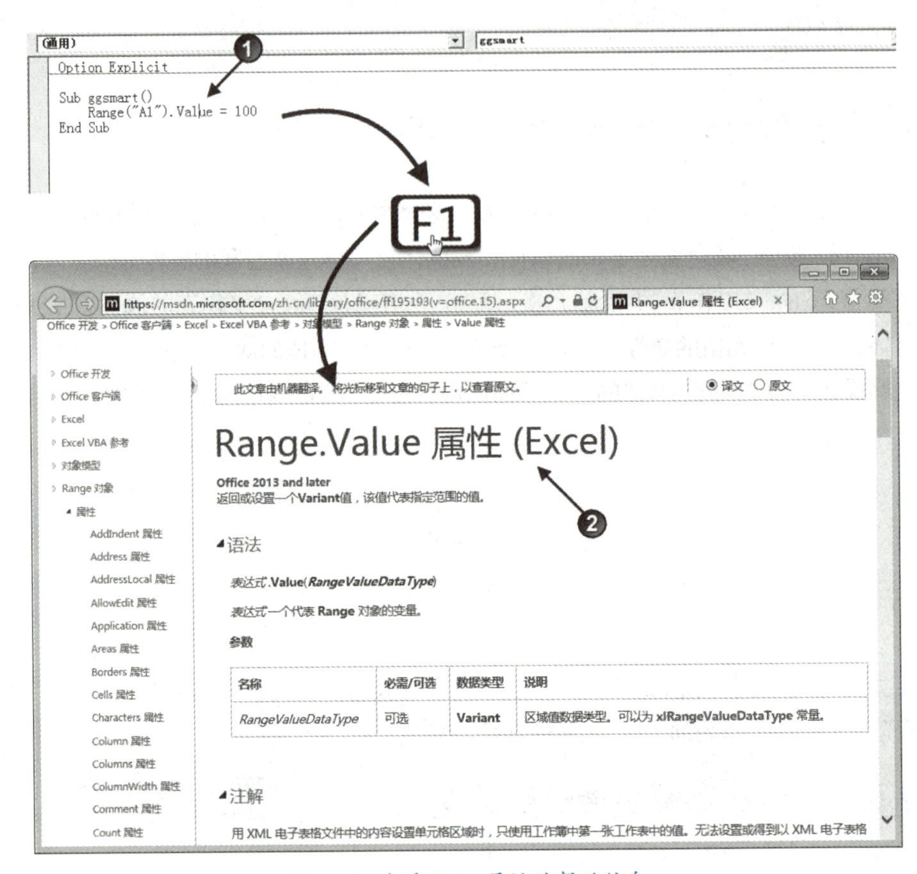

图 3-50　查看 Value 属性的帮助信息

3.7.7　方法就是在对象上执行的某个动作或操作

1. 什么是方法

方法是在对象上执行的某个动作或操作，每个对象都有其对应的一个或多个方法。

如剪切单元格，剪切是在单元格上执行的操作，就是单元格对象的方法；选中工作表，选中是在工作表上执行的操作，就是工作表对象的方法；保存工作簿，保存就是工作簿对象的方法……

对象和方法之间也用点“.”连接，如选中A1单元格，写成VBA代码为：

```
Range("A1").Select
```

2. 方法和属性的区别

属性返回对象包含的内容或具有的特点，如子对象、颜色、大小等，属于名词；方法是对对象的一种操作，如选中、激活等，属于动词。

3. 怎样辨别方法和属性

除了通过VBA帮助来分辨属性和方法外，还可以根据【属性/方法】列表中各项前面的图标颜色来分辨属性和方法。

在【代码窗口】中输入代码时，如果在某个对象的后面输入点“.”（或按【Ctrl+J】组合键），VBE就会自动显示一个【属性/方法】列表，在列表中带绿色图标的项是方法，其他的就是属性，如图3–51所示。

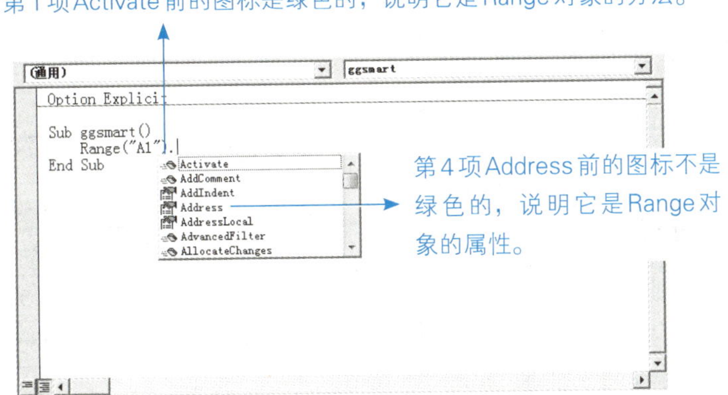

图 3-51　对象的【属性/方法】列表

如果在对象的后面输入点后没有显示【属性/方法】列表，应先在【选项】对话框的【编辑器】选项卡中勾选【自动列出成员】复选框，设置自动列出成员的操作过程如图3–52所示。

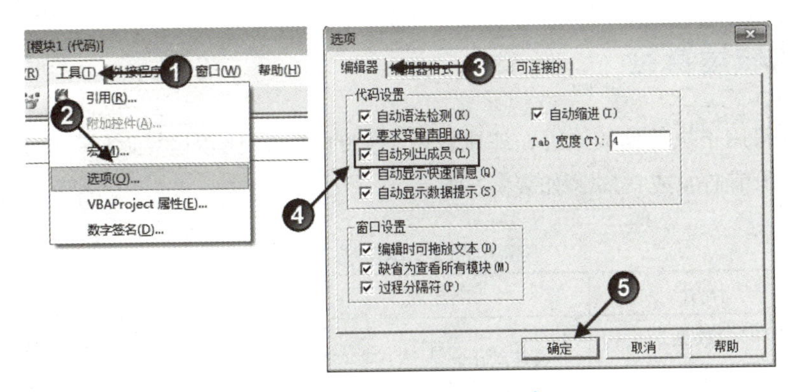

图 3-52　设置自动列出成员

尽管属性和方法是两个不同的概念，但在很多场合我们也没必要准确地区分谁是属性，谁是方法，只要能正确使用它们就行了。

3.8 连接数据的桥梁，VBA中的运算符

1+1、10–2、5×3等都是数学中的运算，其中的+、–和×就是数学里面的运算符，作为

一种编程语言，VBA也有自己的运算符。

程序执行的过程，就是对数据进行运算的过程。不同类型的数据，可以参与的运算类型也不同，所使用的运算符也不同。按不同的运算类别，VBA中的运算符可以分为算术运算符、比较运算符、文本运算符和逻辑运算符四类。

3.8.1 算术运算符

算术运算符用来执行算术运算，运算结果是数值型的数据，VBA中包含的算术运算符及具体用途如表3-5所示。

表3-5　VBA中的算术运算符及用途

运算符	作用	示例
+	求两个数的和	5+9 = 14
–	求两个数的差	8–5 = 3
	求一个数的相反数	–3 = –3
*	求两个数的积	6*5 = 30
/	求两个数的商	5/2 = 2.5
\	求两个数相除后所得商的整数	5\2=2
^	求一个数的某次方	5^3 = 5*5*5=125
Mod	求两个数相除后所得的余数	12 Mod 9=3

3.8.2 比较运算符

比较运算符用于执行比较运算，如比较两个数的大小。比较运算返回一个Boolean型的数据，只能是逻辑值True或False，如表3-6所示。

表3-6　VBA中的比较运算符及用途

运算符	作用	语法	返回结果
=	比较两个数据是否相等（等于）	表达式1 = 表达式2	当两个表达式相等时返回True，否则返回False
<>	比较两个数据是否相等（不等于）	表达式1<>表达式2	当表达式1不等于表达式2时返回True，否则返回False
<	比较两个数据的大小（小于）	表达式1<表达式2	当表达式1小于表达式2时返回True，否则返回False
>	比较两个数据的大小（大于）	表达式1>表达式2	当表达式1大于表达式2时返回True，否则返回False
<=	比较两个数据的大小（小于或等于）	表达式1<=表达式2	当表达式1小于或等于表达式2时返回True，否则返回False

续表

运算符	作用	语法	返回结果
>=	比较两个数据的大小（大于或等于）	表达式1> = 表达式2	当表达式1大于或等于表达式2时返回True，否则返回False
Is	比较两个对象的引用变量	对象1 Is 对象2	当对象1和对象2引用相同的对象时返回True，否则返回False
Like	比较两个字符串是否匹配	字符串1 Like 字符串2	当字符串1与字符串2匹配时返回True，否则返回False

如果要知道活动工作表A1单元格中的数值是否达到500，代码为：

```
Range ("A1") >= 500
```

如果活动工作表的B列保存的是人的姓名，想判断B2中的姓名是否姓李，可以用代码：

```
Range("B2") Like "李*"
```

"*" 是通配符，代替任意多个字符，"李*" 代表以 "李" 开头的任意字符串。

考考你

通配符在模糊匹配的判断问题中非常有用，参照前面的例子，如果想知道B2中的姓名是否包含 "刚" 字，你知道代码应该怎样写吗？

手机扫描二维码，可以查看我们准备的参考答案。

在VBA中，可以使用的通配符不止 "*" 一种，VBA中可以使用的通配符及其介绍如表3-7所示。

表3-7　VBA中的通配符

通配符	作用	代码举例
*	代替任意多个字符	"李家军" Like "*家*" = True
?	代替任意的单个字符	"李家军" Like "李??" = True
#	代替任意的单个数字	"商品5" Like "商品#" = True
[charlist]	代替位于charlist中的任意一个字符	"I" Like "[A-Z]" = True
[!charlist]	代替不在charlist中的任意一个字符	"I" Like "[!H-J]" = False

考考你

参照前面的例子，你能借助比较运算符及表3-7中的5种通配符，各写一个比较运算的表示式吗？试一试，然后再继续后面的内容。

表达式	代码说明
Range("B2") Like "李*"	判断活动工作表B2中的数据是否以“李”字开头

手机扫描二维码，看看你写的代码是否与我们准备的相同。

3.8.3 文本运算符

文本运算符用来连接两个字符串，VBA中的文本运算符有+和&两种，使用它们都能将运算符左右两边的字符串合并为一个字符串。

例如：

```
Sub HeBing()
    Dim a As String, b As String          '定义两个String类型的变量，名称分别为a和b
    a = "我在ExcelHome论坛"                 '给变量a赋值
    b = "学习Excel"                         '给变量b赋值
    Dim c As String, d As String          '定义两个String类型的变量，名称分别为c和d
    c = a + b                             '用+连接变量a和b，将结果保存在变量c中
    d = a & b                             '用&连接变量a和b，将结果保存在变量d中
    MsgBox "+运算符的结果是：" & c & Chr(13) & _
           "&运算符的结果是：" & d           '用对话框显示两种运算符的结果
End Sub
```

运行这个程序的效果如图3-53所示。

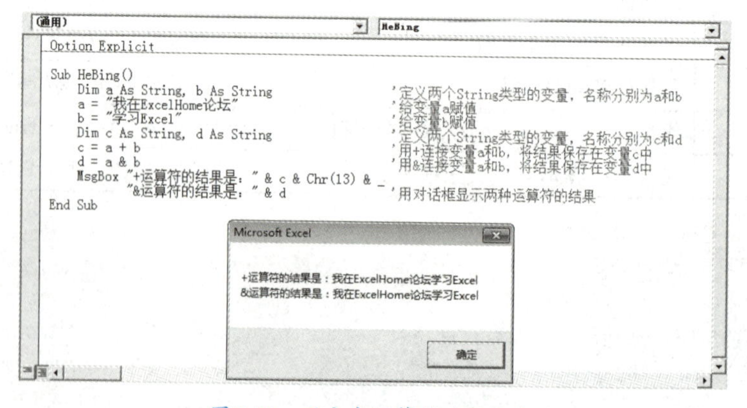

图 3-53　用文本运算符连接文本

运算符“+”和“&”都可以合并文本，且返回的结果也相同，它们的作用完全相同吗?

如果参与计算的两个数据都是文本字符串，那运算符“+”和“&”的功能完全相同，但如果参与运算的数据类型不完全相同，计算结果就不一定相同了。

考考你

参与计算的数据类型不同，文本运算符“+”和“&”返回的结果就可能不同，试一试用VBA代码完成下面的计算：

```
4+5          '运算符左右两边都是数值
4&5          '运算符左右两边都是数值
```

```
"4"+5        '运算符的一边是数值，一边是文本类型的数字
"4"&5        '运算符的一边是数值，一边是文本类型的数字
```

```
4+"a"        '运算符的一边是数值，一边是非数字的文本
4&"a"        '运算符的一边是数值，一边是非数字的文本
```

比较一下这些计算返回的结果有什么不同，从中你能发现文本运算符“+”和“&”之间的区别吗？把你的结论写下来。

手机扫描二维码，可以查看我们准备的参考答案。

3.8.4 逻辑运算符

逻辑运算符用于执行逻辑运算，参与逻辑运算的数据为逻辑型数据，运算返回的结果只能是逻辑值True或False，如表3-8所示。

表3-8　逻辑运算符及作用

运算符	作用	语句形式	计算规则
And	执行逻辑“与”运算	表达式1 And 表达式2	当表达式1和表达式2的值都为True时返回True，否则返回False
Or	执行逻辑“或”运算	表达式1 Or 表达式2	当表达式1和表达式2的其中一个表达式的值为True时返回True，否则返回False

续表

运算符	作用	语句形式	计算规则
Not	执行逻辑“非”运算	Not 表达式	当表达式的值为Ture时返回False，否则返回True
Xor	执行逻辑“异或”运算	表达式1 Xor 表达式2	当表达式1和表达式2返回的值不相同时返回True，否则返回False
Eqv	执行逻辑“等价”运算	表达式1 Eqv 表达式2	当表达式1和表达式2返回的值相同时返回True，否则返回False
Imp	执行逻辑“蕴含”运算	表达式1 Imp 表达式2	当表达式1的值为True，表达式2的值为False时返回False，否则返回True。等同于 Not 表达式1 Or 表达式2

如果想判断活动工作表C2和D2两个单元格中的数据是否有一个达到60，可以将代码写为：

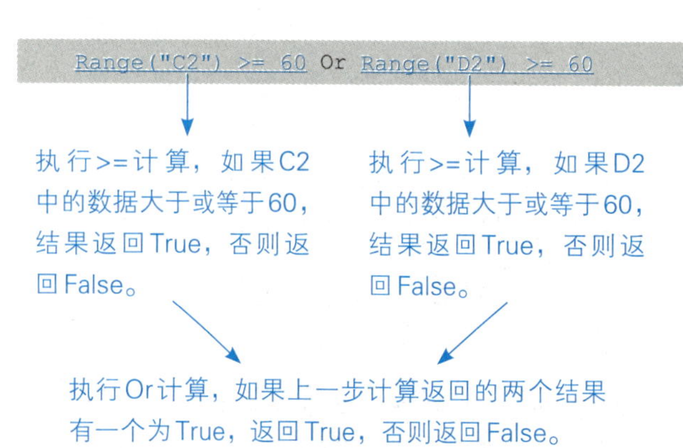

如果C2和D2单元格中保存的数据分别为85和49，则这个代码的计算过程可以用数学中的等式表示为：

```
  Range ( "C2" ) >= 60 Or Range( "D2" ) >= 60
= True Or False
= True
```

3.8.5 多种运算中应该先计算谁

在VBA中，要先处理算术运算，然后处理字符串连接运算，接着处理比较运算，最后再处理逻辑运算，但可以用括号来改变运算顺序。

运算符按运算的优先级由高到低的次序排列为：括号 → 指数运算（乘方）→ 一元减（求相反数）→ 乘法和除法 → 整除（求两个数相除后所得商的整数）→ 求模运算（求两个数相除后所得的余数）→ 加法和减法 → 字符串连接 → 比较运算 → 逻辑运算。详情如表3-9所示。

表3-9　运算符的优先级

优先级	运算名称	运算符
1	括号	( )
2	指数运算	^
3	求相反数	-
4	乘法和除法	*，/
5	整除	\
6	求模运算	Mod
7	加法和减法	+，-
8	字符串连接	&，+
9	比较运算	=，<>，<，>，<=，>=，Like，Is
10	逻辑运算	Not
11		And
12		Or
13		Xor
14		Eqv
15		Imp

同级运算按从左往右的顺序进行计算。

当有多个逻辑运算符时，先计算Not运算，然后计算And……最后计算Imp。

考考你

试一试用数学中的等式分步计算出下面表达式的结果。

```
2580 > (1000 + 4000) Or 150 < 236
```

```
"学号:" & 1006110258 Like "*258" And (125 + 120 + 140) > 400
```

手机扫描二维码，可以查看我们准备的参考答案。

3.9　VBA中的内置函数

3.9.1　函数就是预先定义好的计算

什么是函数？函数有什么用？相信使用过Excel的人，绝大部分都对函数这个概念有所了解。

IF、SUM、MATCH……这些都是Excel工作表中的函数，函数其实就是预先定义好的计算式，是一个特殊的公式。

作为一种编程语言，VBA 中也有函数。

在 VBA 中使用 VBA 的内置函数，与在工作表中使用工作表函数类似，如想知道当前的系统时间可以使用 Time 函数。

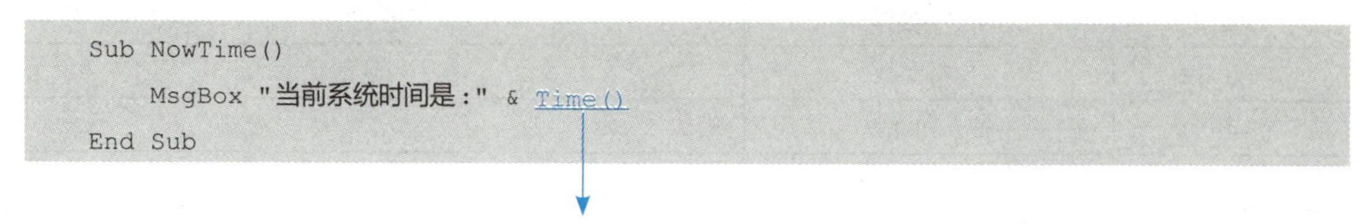

```
Sub NowTime()
    MsgBox "当前系统时间是：" & Time()
End Sub
```

Time 函数没有参数，在函数名称后输入一对空括号，当然，也可以省略括号，效果是一样的。Time 函数返回的是当前系统时间。

运行这个过程后的效果如图 3-54 所示。

VBA 为我们准备了许多内置函数，每个函数能完成的计算各不相同。根据需要，合理使用函数完成某些计算，可以有效地减少编写代码的工作量，降低编程的难度。

图 3-54　使用 Time 函数获取当前系统时间

3.9.2　VBA 中有哪些函数

VBA 中所有的函数都可以在 VBA 帮助中找到，如图 3-55 所示。

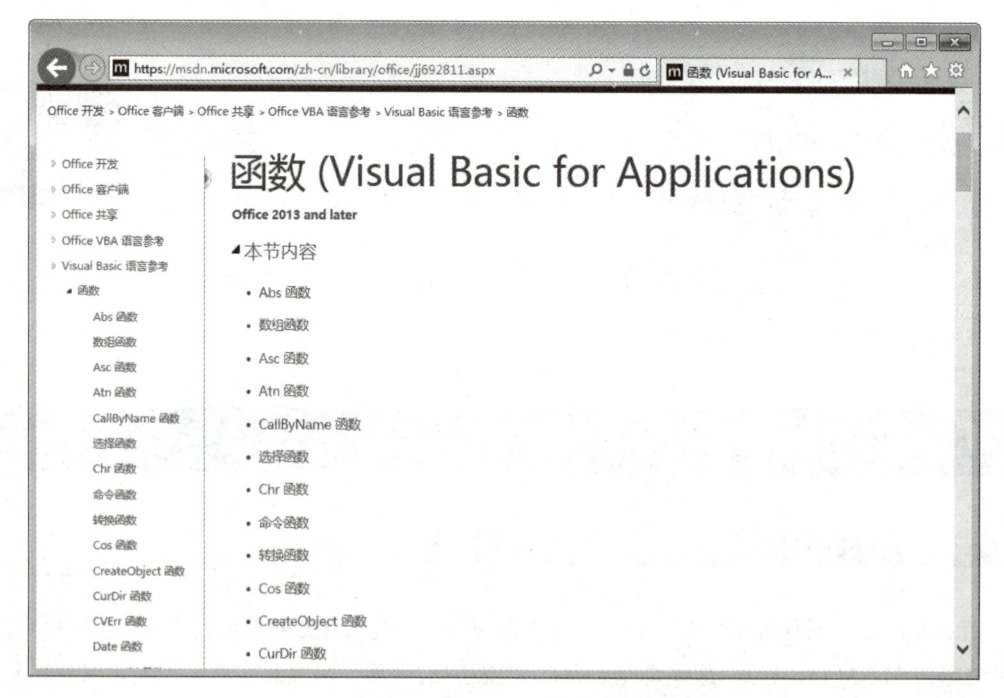

图 3-55　VBA 帮助中的函数信息

函数的帮助信息就像一本厚厚的书，不便翻阅，要怎样才能记住这些函数的信息？

函数虽然很多，但我们并不需要很精确地记住它们。

如果记得某个函数的大致拼写，在编写代码时，只要在【代码窗口】中先输入“VBA.”，就可以在系统显示的【函数列表】中选择需要使用的函数，如图 3-56 所示。

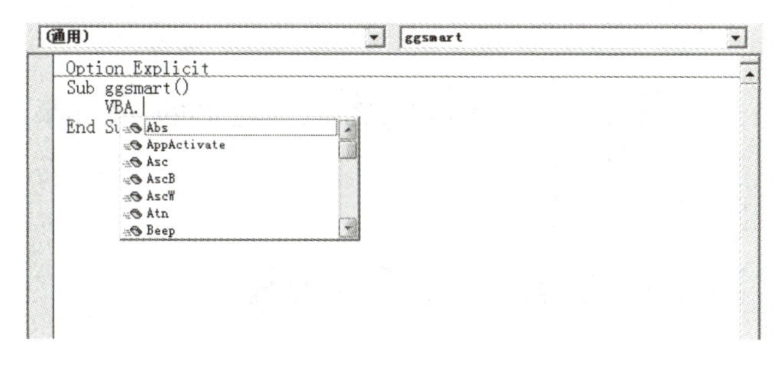

图 3-56　自动显示的【函数列表】

3.10　控制程序执行的基本语句结构

3.10.1　生活中无处不在的选择

如果周末是晴天，那么就约上小伙伴去郊游，否则就去书店看书。

周末是去郊游还是书店，由天气情况决定，天气不同，选择的结果也不同。生活中，类似的选择问题无处不在。

“如果你回家时路过水果超市，那么就给我带几斤苹果，否则就不用带了。”

“如果老板能给我加工资，那么我就继续干下去，否则就准备跳槽了。”

“如果你的月工资超过3500元，那么就需缴纳个人所得税，否则不用缴纳。”

……

类似的选择问题都可以用“如果……那么……否则……”这组关联词来描述，处理这样的选择问题，就像在岔道口选择道路一样，如图3-57所示。

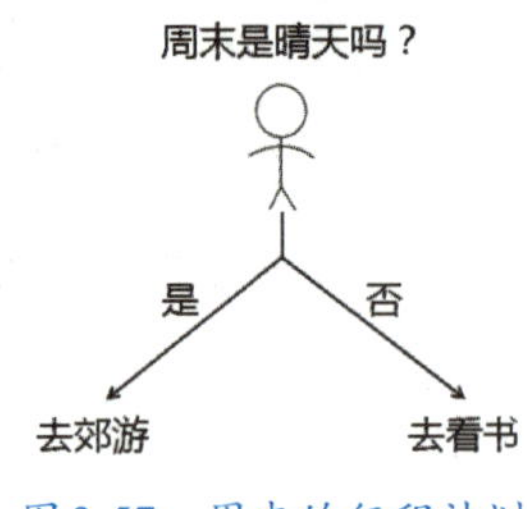

图 3-57　周末的行程计划

类似的选择问题，在Excel中也不少。

“如果B2中的数值达到60，那么在C2写入‘及格’，否则就在C2写入‘不及格’。”

“如果单元格中保存了数据，那么为该单元格添加边框线，否则就清除边框线。”

“如果工作簿中没有名称为‘汇总’的工作表，那么就新建一张名称为‘汇总’的工作表，否则不执行任何操作。”

……

类似的，根据条件，从给出的多种操作或计算中选择适合的一个结果，这样的问题我们将其称为选择问题。

3.10.2　用If语句解决VBA中的选择问题

1. “If...Then”就是VBA世界里的“如果……那么……”

VBA思考问题的方式与人类相同，只是语言规则不同而已。将“如果B2中的数值达到60，那么在C2写入‘及格’，否则就在C2写入‘不及格’”这句人类的语言，翻译成VBA语言就是：

```
If Range("B2").Value >= 60 Then Range("C2").Value = "及格" Else Range("C2").Value = "不及格"
```

其中的“If...Then...Else...”就相当于人类语言中的“如果……那么……否则……”，对照人类的语言，你能猜出这句代码中各部分的意思吗?

用VBA的语言把我们要解决的问题及规则告诉VBA，VBA就能替我们完成这些计算任务。VBA收到这串代码后，处理的方式与我们在岔道口选择道路的思路一样，先判断B2中数据是否达到60，再根据判断的结果选择要执行的操作，如图3-58所示。

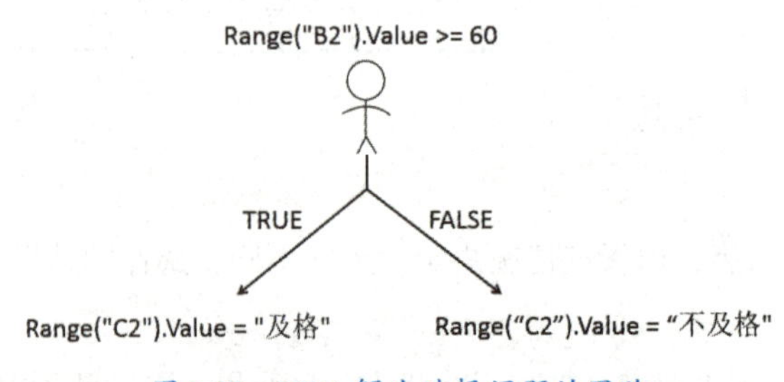

图 3-58　VBA解决选择问题的思路

让我们在B2单元格中输入不同的数值，然后在【立即窗口】中执行这行代码，看看C2单元格中会得到什么结果，如图3-59所示。

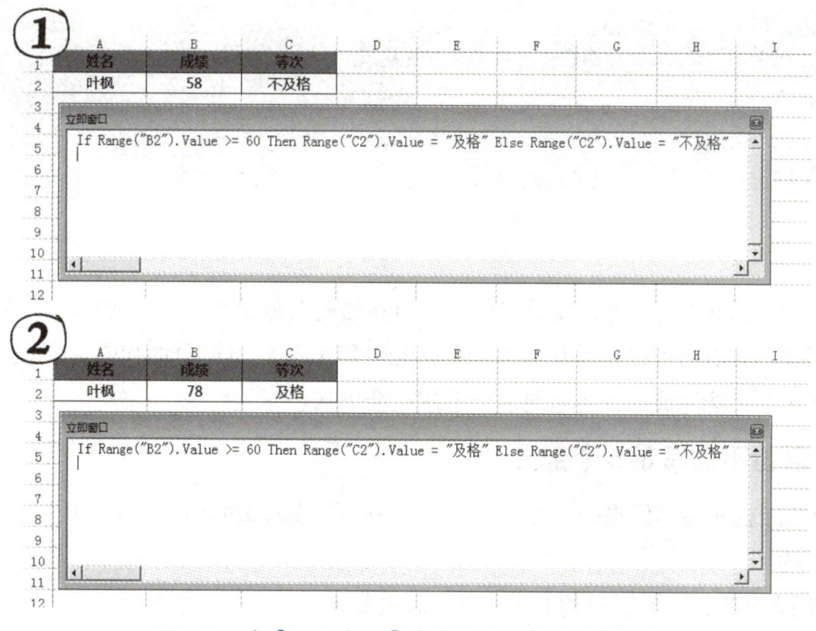

图3-59　在【立即窗口】中执行代码解决选择问题

考考你

试一试，写一个简单的小程序，执行程序后，如果活动工作表的A1单元格为空，那么用一个对话框提示“没有输入内容”，否则用对话框提示“已经输入内容”。

执行你写的程序，看自己写对了吗？

手机扫描二维码，可以查看我们准备的参考答案。

2. 通常我们将If语句写成这样

如前面介绍的那样，可以将If语句写成完整的一行代码，让其完成选择问题。但更多的时候，我们在程序中都将其写成“块”的形式。

如前面的代码可以写为：

```
If Range("B2").Value >= 60 Then
    Range("C2").Value = "及格"
Else
    Range("C2").Value = "不及格"
End If
```

发现写成“块”和写成一行的If语句有什么不同了吗？

写成“块”的If语句，实际上就是将写在一行的If语句换行写成多行，每个完整的、写成“块”的If语句都有5个部分：

条件表达式通常是一个返回结果为逻辑值True或False的比较运算式。

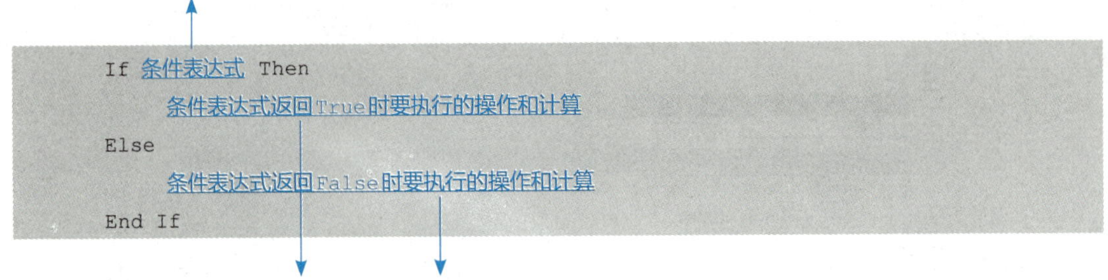

第2部分和第4部分可以包括任意多行的代码。

写成“块”的If语句虽然占用更多的行，但在结构上却比写成一行的代码要清晰得多，并且因为写成块的If语句可以包含任意多的操作和计算（第2、4部分的代码），所以比写成一行的代码功能更强，能完成的任务也更多，适用性会更强。

3. If语句不需写足5个部分

If语句实际就是用“如果……那么……否则……”连起来的句子，但有时我们说出的句子可能是这样的：

“**如果**周末是晴天，**那么**就约上小伙伴一起去郊游。”

类似的情况，在使用Excel的过程中也会遇到，例如，

“**如果** B2中的数值达到60，**那么**在C2写入‘及格’。”

也就是说，没有“那么”后的内容，如果要将类似的句子翻译成VBA代码，就应省略Else及其之后的代码，将代码写为：

```
If Range("B2").Value >= 60 Then Range("C2").Value = "及格"
```

如果要写成“块”的形式，就是：

```
If Range("B2").Value >= 60 Then
    Range("C2").Value = "及格"
End If
```

没有Else及之后的代码，那当条件表达式返回的结果是False时，执行什么操作呢?

没有将周末不是晴天的行程纳入行程计划，那当周末不是晴天时，你还会考虑应该去哪

里吗？

既然没有在If语句中设置Else及之后的代码，那当条件表达式返回False时，程序将直接跳过If语句，执行End If之后的其他代码。

4. 用If语句解决需多次选择的问题

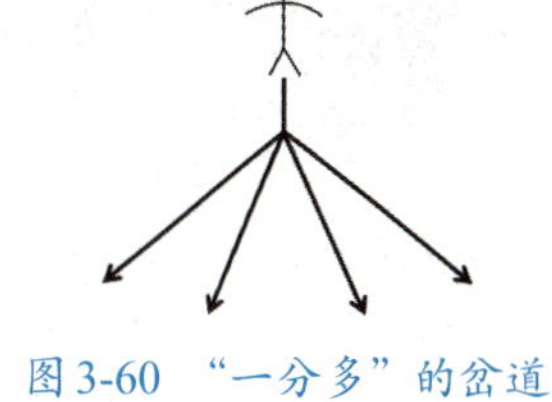

图 3-60 “一分多”的岔道

通常，我们只使用If语句来解决“二选一”的问题，但有时，我们需要从多种结果中选择其中的一个，可选项并不止两个，就像面临一条“一分多”的岔道，如图3-60所示。

不同的道路，代表VBA中不同的操作和计算。

“如果B2中的数据达到90，那么在C2中写入‘优秀’；如果B2中的数据达到80，那么在C2写入‘良好’；如果B2中的数据达到60，那么在C2中写入‘及格’；否则在C2中写入‘不及格’。”

让我们用一张图来帮助理解这个要完成的任务，如图3-61所示。

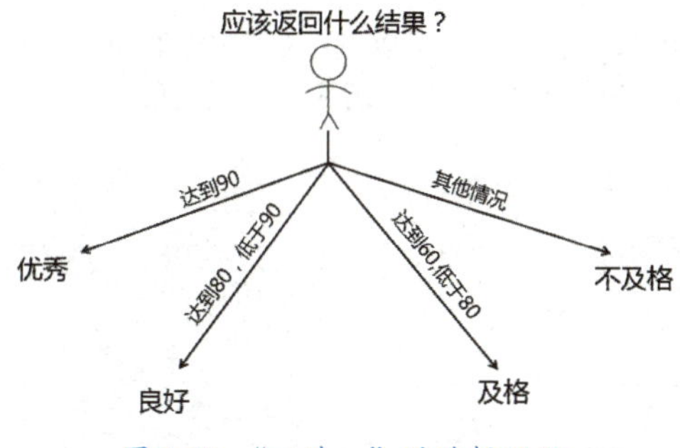

图 3-61 “四选一”的选择问题

从图3-61中可以看到，这是一个“四选一”的问题，但前面介绍的If语句只能解决“二选一”的问题。要使用If语句解决这个问题，让我们换一张图来分析这个问题，如图3-62所示。

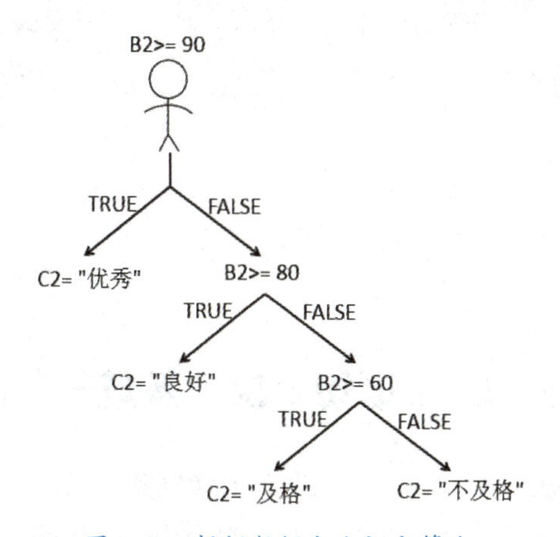

图 3-62 根据数据大小评定等次

这样，“四选一”的问题就变成了3个“二选一”的问题，使用3个If语句就可以解决了，代码为：

```
Sub Test()
  If Range("B2").Value >= 90 Then
       Range("C2").Value = "优秀"
  Else
       If Range("B2").Value >= 80 Then
          Range("C2").Value = "良好"
       Else
          If Range("B2").Value >= 60 Then
             Range("C2").Value = "及格"
          Else
             Range("C2").Value = "不及格"
          End If
       End If
  End If
End Sub
```

就像在Excel的公式中嵌套使用函数一样，可以在If语句中嵌套使用If语句，但每个If语句都应有一个End If与之配对，且不能写错位置。

事实上，一个If语句也可以完成多次判断，如本例的代码还可以写为：

```
Sub Test ()
  If Range("B2").Value >= 90 Then
    Range("C2").Value = "优秀"
  ElseIf Range( "B2" ).Value >= 80 Then
    Range("C2").Value = "良好"
  ElseIf Range( "B2" ).Value >= 60 Then
    Range("C2").Value = "及格"
  Else
    Range("C2").Value = "不及格"
  End If
End Sub
```

增加使用ElseIf子语句，就可以在If语句中增加判断的条件，If语句允许增加任意多个ElseIf子句，用来解决任意的“多选一”问题。

3.10.3 使用Select Case语句解决“多选一”的问题

尽管使用If语句可以解决“多选一”的问题，但当判断的条件过多时，使用多个ElseIf子句或多个If语句，就像一句话里用了太多的“如果”，总会为理解代码的逻辑带来或多或少的障碍。

通常，当需要在3种或更多策略中做出选择时，我们会选择使用Select Case语句来解决。如前面根据数值大小评定等次的问题，使用Select Case语句解决的代码可以为：

```
Sub Test()
 Select Case Range( "B2" ).Value
    Case Is >= 90
         Range( "C2" ).Value = "优秀"
    Case Is >= 80
         Range( "C2" ).Value = "良好"
    Case Is >= 60
         Range( "C2" ).Value = "及格"
    Case Else
         Range( "C2" ).Value = "不及格"
 End Select
End Sub
```

结合使用If语句解决的代码，你能看懂由Select Case语句编写的这些代码吗？ Select Case语句由哪几部分组成，各部分有什么用，你猜到吗？

同使用ElseIf子句的If语句一样，Select Case语句可以判断任意多个条件，可以解决任意的“多选一”问题。而Select Case语句的结构也很简单：

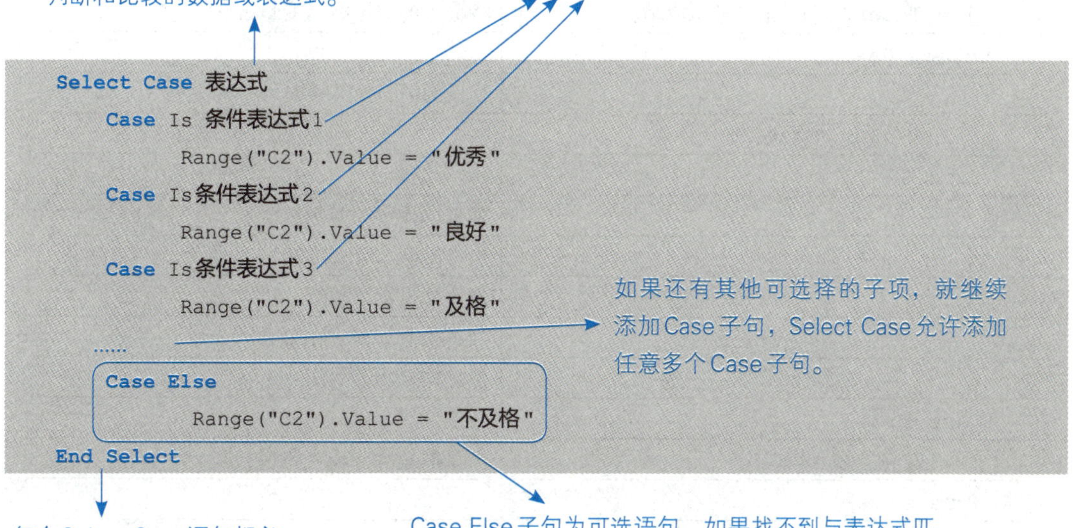

与If...Then...ElseIf语句一样，在执行时，VBA会将Select Case后面的表达式与各个Case子句后面的表达式进行对比，如果Case子句的表达式与Select Case后的表达式匹配，则执行对应的操作或计算，然后退出整个语句块，执行End Select后面的语句，否则将继续进行判断。

让我们借助本小节评定等次的代码，来理解Select Case语句的执行流程，如图3-63所示。

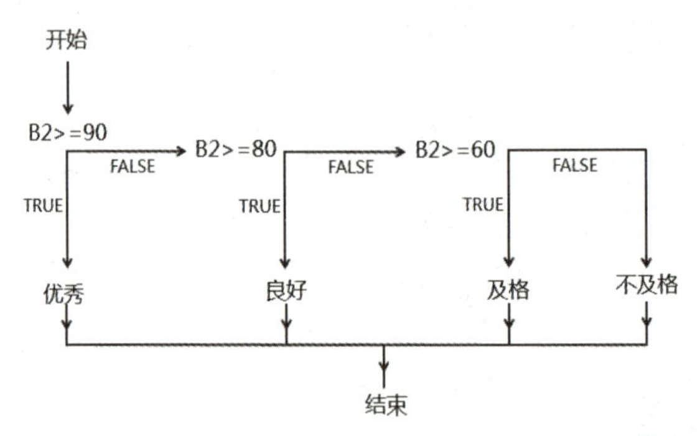

图 3-63　Select Case语句的执行流程

因为Select Case语句一旦找到匹配的值后就会跳出整个语句块，所以，为了尽量减少程序判断的次数，在设置条件时，应尽量把最有可能发生的情况写在前面。

考考你

1. 表3-10所示是一个给学生成绩评定等级的过程，其中有部分代码或代码说明没有写出来，请动手把它补充完整，然后运行过程，看自己写对了吗？

表3-10　待补充完整的代码

程序代码	代码说明
Sub dengji()	程序开始
	定义一个Variant型变量cj
cj = InputBox("输入考试成绩：")	将输入的数据赋给变量cj
Select Case cj	
	当cj的值为0到59时
MsgBox "等级：D"	
Case 60 To 69	
	消息框显示“等级：C”
	当cj的值为70到79时
	消息框显示“等级：B”
	当cj的值为80到100时
	消息框显示“等级：A”
Case Else	其他情况
MsgBox "输入错误！"	消息框显示“输入错误！”
End Select	
End Sub	程序结束

手机扫描二维码，可以看到我们准备的参考答案。

2. 图3-64所示是单位职工的考核得分表。

	A	B	C	D	E	F	G	H	I	J
1	姓名	项目1	项目2	项目3	项目4	项目5	项目6	考核得分	星级评定结果	
2	叶枫	20	15	15	39	15	0	104		
3										

图 3-64　职工考核得分表

现要根据考核得分，按图3-65所示的星级评定标准为职工评定星级。

星级评定标准

考核得分	150分及以上	130分及以上	115分及以上	100分及以上	85分及以上	85分以下
评定星级	五星级	四星级	三星级	二星级	一星级	不评级

图 3-65　星级评定标准

你能使用Select Case语句编写一个程序来解决这个评定星级的问题吗？试一试。手机扫描二维码，可以查看我们准备的参考答案。

3.10.4　用For...Next语句循环执行同一段代码

1. 有些操作或计算需要重复执行

在使用Excel的过程中，大家一定遇到过需要重复执行多次的操作或计算，如果要新建5张工作表，可以执行图3-66所示的操作5次。

依次单击【开始】→【插入】→【插入工作表】命令可以在工作簿中插入一张新工作表，也可以右击工作表标签，在弹出的快捷菜单中选择【插入】命令来插入新工作表。

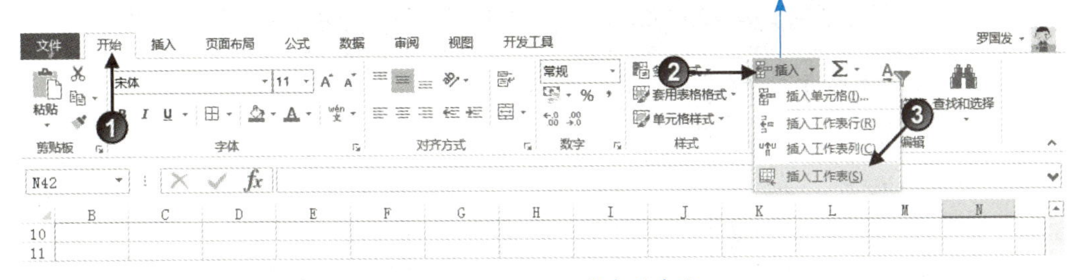

图 3-66　插入新工作表的命令

在活动工作表前插入一张新工作表的操作，如果写成VBA程序，就是：

```
Sub ShtAdd()
   Worksheets.Add            '在活动工作表前插入一张新工作表
End Sub
```

执行这个程序一次，Excel就会在活动工作表前插入一张新工作表，要插入几张工作表，就执行几次程序。

执行程序，就像播放音乐。

喜欢听的歌，设置好循环播放，想听几遍就听几遍，再也不用一遍一遍重新播放了。

程序中的代码也可以像循环播放音乐一样循环执行，For...Next语句就是控制代码循环执行的开关。

2. 让相同的代码重复执行多次

如果想让插入新工作表的代码重复执行5次，可以将程序改写为：

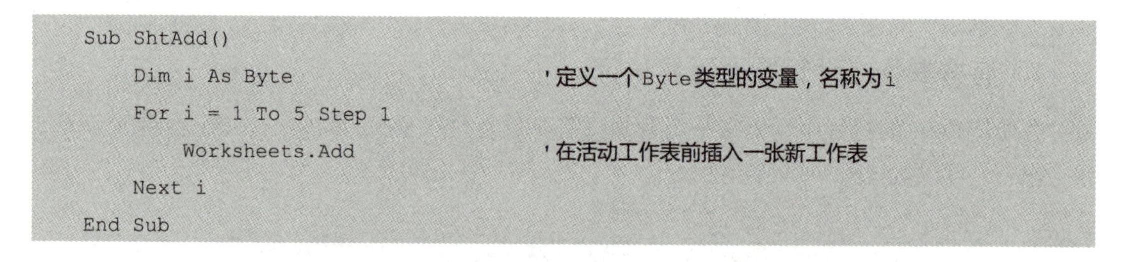

```
Sub ShtAdd()
    Dim i As Byte                    '定义一个Byte类型的变量，名称为i
    For i = 1 To 5 Step 1
        Worksheets.Add               '在活动工作表前插入一张新工作表
    Next i
End Sub
```

让我们看看执行这个程序之后，Excel做了什么操作，如图3-67所示。

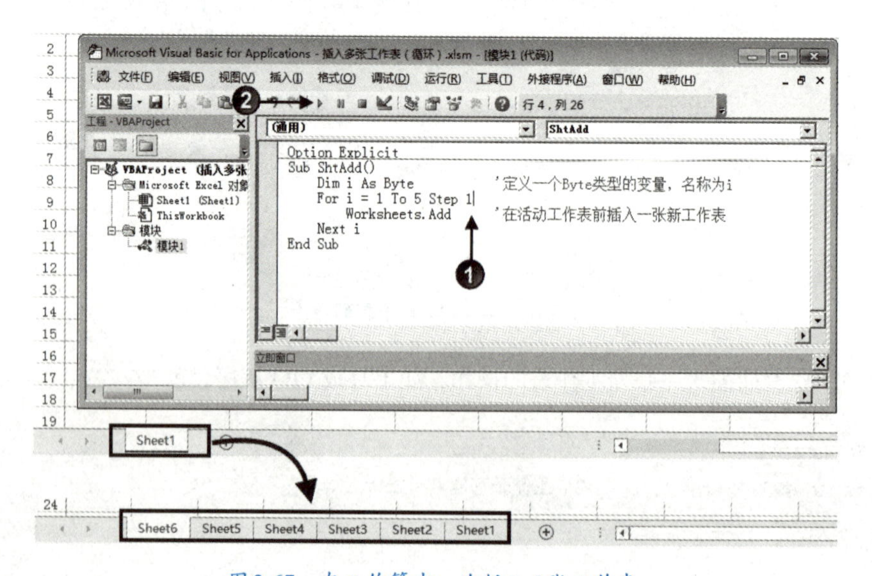

图3-67 在工作簿中一次插入5张工作表

3. For...Next语句是这样执行的

只执行一次程序，Excel就在工作簿中插入了5张新工作表，这是因为For...Next语句让插入工作表的代码Worksheets.Add重复执行了5次。

可是，For...Next语句是怎么控制程序，让相同的代码重复执行5次的？如果要让相同的代码重复执行10次、20次，程序应该怎样写？

VBA靠For i = 1 To 5 Step 1中的3个数字来确定要循环执行代码的次数。每个For...Next语句都可以写成这样的结构：

初值就是循环变量最初的数值，以后每执行一次循环体部分的代码，循环变量的值就在原来的基础上增加步长值，直到变量的值大于（或小于）终值，VBA才终止执行循环体部分的代码。

```
For 循环变量 = 初值 to 终值  Step 步长值
  循环体（要循环执行的操作或计算）
Next 循环变量名
```

每个For语句都必须以Next结尾。
For 和Next之间的代码称为循环体，是程序要循环执行的VBA代码，循环体可以包含任意多行代码，执行任意多的操作和计算。

将For语句的第一行代码编写成For i = 1 To 5 Step 1，说明在执行程序时，VBA会让循环变量i的值从1增加到5，每次增加1（增加多少，由Step后的数字确定）。因为从1增加到5需要加5次步长值，所以VBA会循环执行5次循环体部分的代码，如图3-68所示。

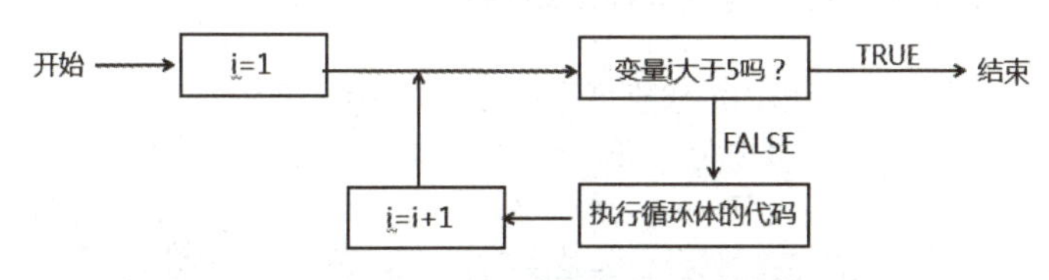

图 3-68 VBA执行For语句的过程

如果For语句的第1行是“For i = 3 To 13 Step 2”，则VBA会执行循环体部分的代码6次，具体的执行过程如图3-69所示。

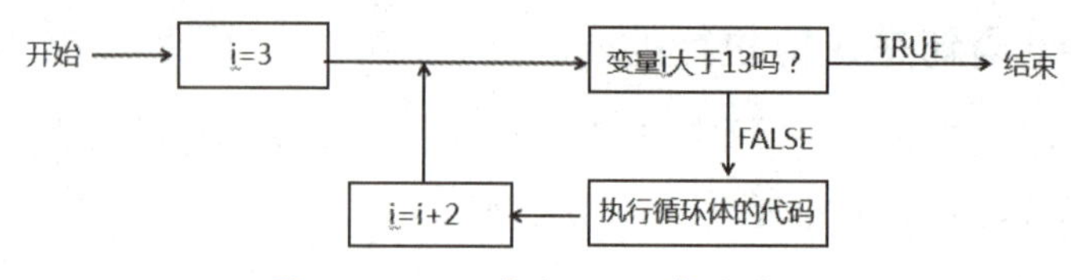

图3-69　VBA执行For语句的过程

通常我们都将循环变量的终值设置为一个大于初值的数，但也可以将终值设置为小于初值的数，例如：

```
For i = 5 To 1 Step -1
```

如果终值是小于初值的一个数，那Step后的步长值应设置为一个负整数。

面对这样的代码，VBA每执行一次循环体，变量i就增加步长值-1，直到变量i的值小于终值1，VBA才终止执行For语句，退出循环，具体的执行过程如图3-70所示。

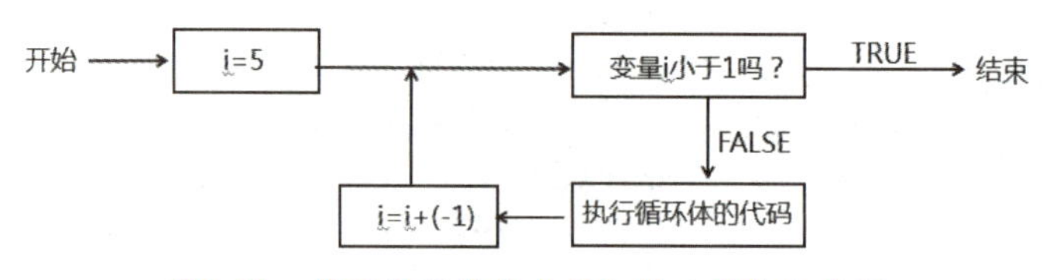

图3-70　循环变量终值小于初值时的执行过程

注意：当循环变量的终值大于初值时，步长值应设置为正整数，当循环变量的终值小于初值时，步长值应设置为负整数，否则，程序不会执行。

4. 使用Exit For终止For循环

For...Next语句通过循环变量的初值、终值和步长值3个数据确定执行循环体的次数，但可以在循环体中任意位置加入Exit For来终止循环。

无论For...Next语句设置循环执行多少次，当执行Exit For语句后，VBA都会退出For循环，执行Next语句之后的代码，如图3-71所示。

实际上，For...Next语句总可以写成这样的结构：

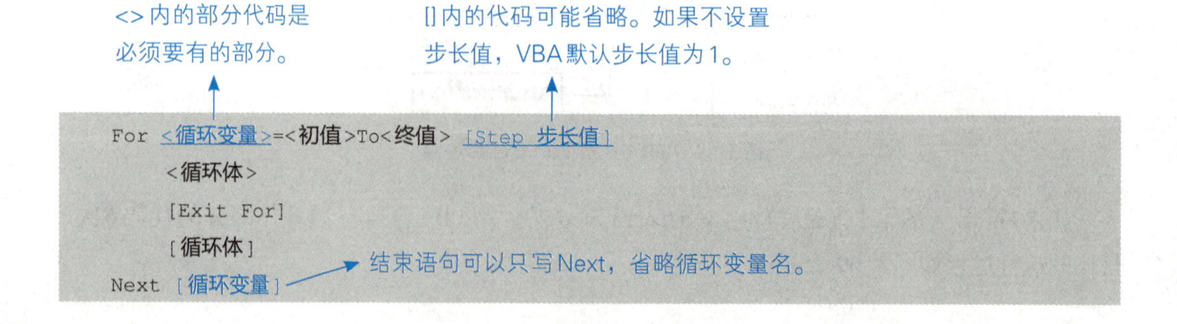

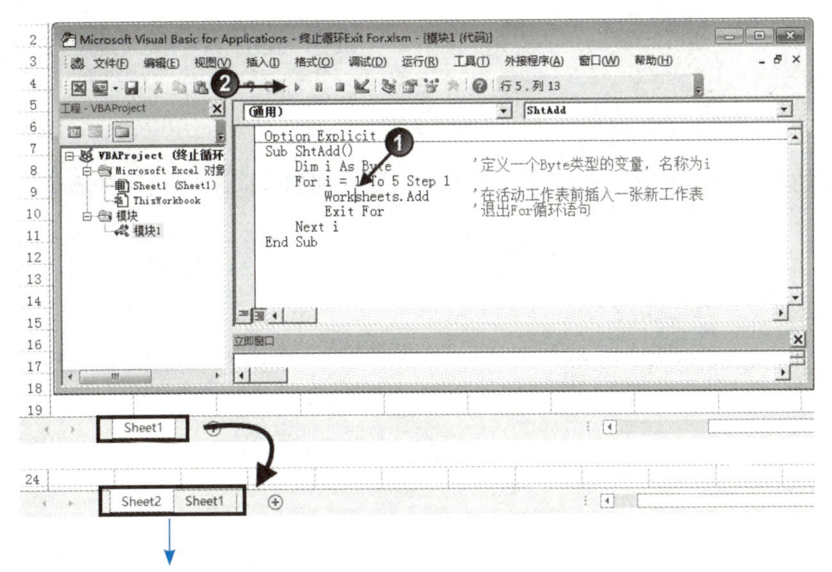

虽然For...Next设置了循环执行循环体5次，但因为循环体中包含代码Exit For，所以VBA在执行第1次循环体的代码时，就退出For语句，因此，Excel只插入了一张新工作表。

图3-71　执行Exit For语句终止For循环

5. 利用循环，为多个成绩评定等次

还记得怎样为图3-72所示的成绩评定等次吗？

成绩保存在B列，等次写在C列。怎样用VBA代码根据B列的成绩求得对应的等次，并将其写入同行C列的单元格中？

姓名	成绩	等次
叶枫	88	?

评定等次的标准	
成绩分数	等次
成绩<60	不及格
60≤成绩<80	及格
80≤成绩<90	良好
成绩≥90	优秀

图3-72　为成绩评定等次

如果要评定等次的成绩只有一个，那使用If语句或Select Case语句写一个小程序就可以了，例如：

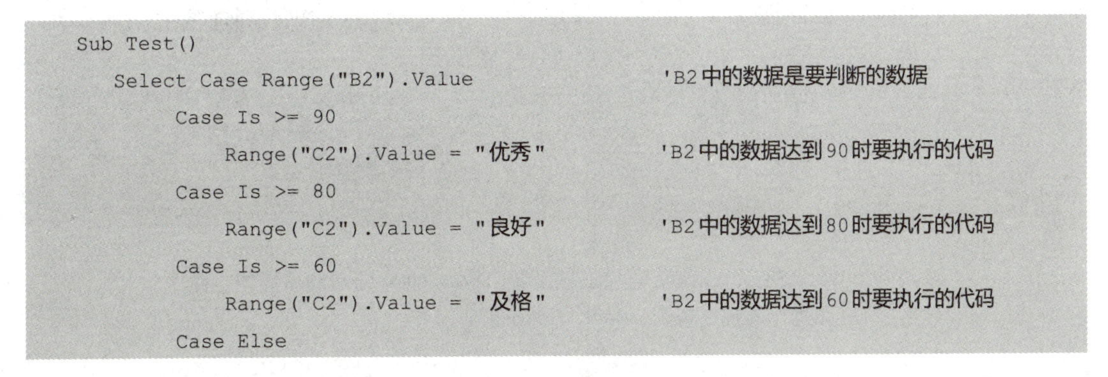

```
Sub Test()
    Select Case Range("B2").Value                    'B2中的数据是要判断的数据
        Case Is >= 90
            Range("C2").Value = "优秀"               'B2中的数据达到90时要执行的代码
        Case Is >= 80
            Range("C2").Value = "良好"               'B2中的数据达到80时要执行的代码
        Case Is >= 60
            Range("C2").Value = "及格"               'B2中的数据达到60时要执行的代码
        Case Else
```

```
            Range("C2").Value = "不及格"          'B2中的数据是其他情况时要执行的代码
    End Select
End Sub
```

可是，这样的程序只能处理一条记录，如果我们要处理的是图3-73所示的数据，应该怎么办呢？

	A	B	C	D
1	姓名	成绩	等次	
2	叶枫	88		
3	小月	97		
4	老祝	92		
5	空空	76		
6	大刚	35		
7	马林	86		
8	王才	66		
9	张华	45		
10	李小丽	70		
11	邓先	82		
12				

工作表中有多条记录，有多个成绩需要评定等次，可是执行一次程序只能为一条成绩评定等次。

图3-73　保存多条记录的成绩表

参照新建工作表的例子，将评定等次的代码设置为For语句的循环体，记录有几条，就循环执行几次，不就可以了吗？

让我们看看直接将评定等次的代码循环执行10次能得到什么结果，如图3-74所示。

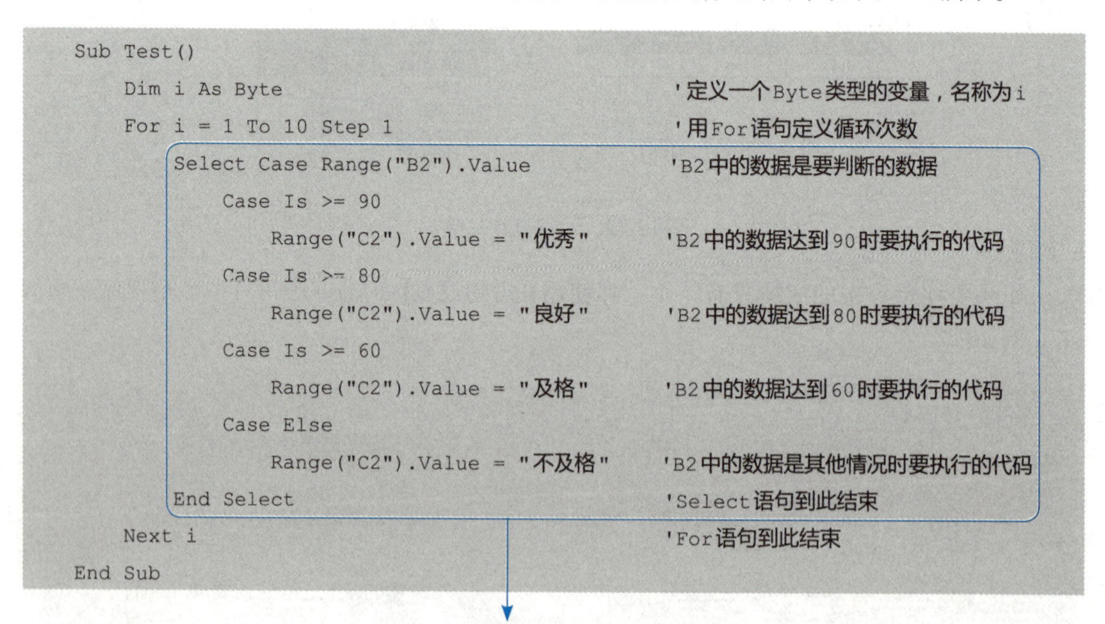

```
Sub Test()
    Dim i As Byte                                  '定义一个Byte类型的变量，名称为i
    For i = 1 To 10 Step 1                         '用For语句定义循环次数
        Select Case Range("B2").Value              'B2中的数据是要判断的数据
            Case Is >= 90
                Range("C2").Value = "优秀"         'B2中的数据达到90时要执行的代码
            Case Is >= 80
                Range("C2").Value = "良好"         'B2中的数据达到80时要执行的代码
            Case Is >= 60
                Range("C2").Value = "及格"         'B2中的数据达到60时要执行的代码
            Case Else
                Range("C2").Value = "不及格"       'B2中的数据是其他情况时要执行的代码
        End Select                                 'Select语句到此结束
    Next i                                         'For语句到此结束
End Sub
```

整个Select...Case语句都被设置为For...Next语句的循环体，循环执行的就是整个Select...Case语句。

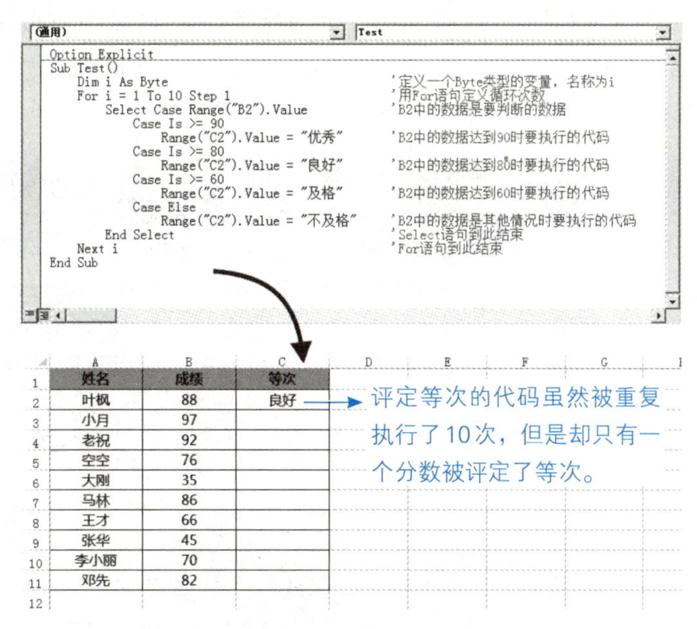

```
Option Explicit
Sub Test()
    Dim i As Byte                          '定义一个Byte类型的变量，名称为i
    For i = 1 To 10 Step 1                 '用For语句定义循环次数
        Select Case Range("B2").Value      'B2中的数据是要判断的数据
            Case Is >= 90
                Range("C2").Value = "优秀"    'B2中的数据达到90时要执行的代码
            Case Is >= 80
                Range("C2").Value = "良好"    'B2中的数据达到80时要执行的代码
            Case Is >= 60
                Range("C2").Value = "及格"    'B2中的数据达到60时要执行的代码
            Case Else
                Range("C2").Value = "不及格"  'B2中的数据是其他情况时要执行的代码
        End Select                         'Select语句到此结束
    Next i                                 'For语句到此结束
End Sub
```

姓名	成绩	等次
叶枫	88	良好
小月	97	
老祝	92	
空空	76	
大刚	35	
马林	86	
王才	66	
张华	45	
李小丽	70	
邓先	82	

图 3-74　执行程序后未得到期望的结果

评定等次的Select...Case语句虽然执行了10次，但这10次都是处理同一条记录，所以只为一个分数评定了等次。

让我们看看Select...Case语句中用来对比的成绩和写入等次的单元格，大家就会明白了。

看到了吗？用来评定等次的是B2中的成绩，写入等次的是C2单元格。无论执行多少次Select...Case语句，都是B2和C2这两个单元格在参与代码运算。

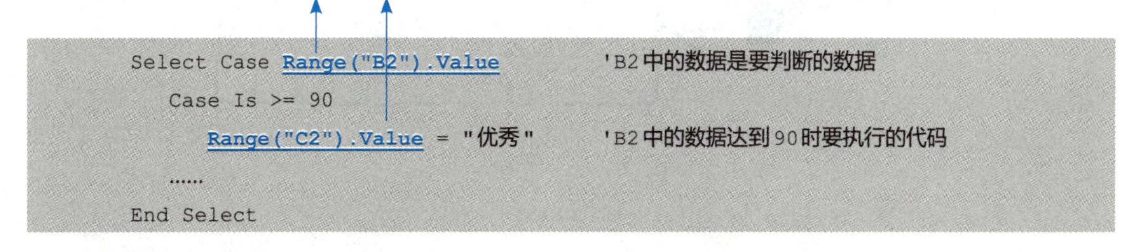

```
Select Case Range("B2").Value          'B2中的数据是要判断的数据
    Case Is >= 90
        Range("C2").Value = "优秀"       'B2中的数据达到90时要执行的代码
    ......
End Select
```

要解决这个问题，不仅要让Select...Case语句重复执行10次，还要让每次执行时，参与计算的单元格都不是固定的单元格。执行第1次，参与计算的是B2和C2单元格，执行第2次，参与计算的是B3和C3单元格……执行第10次，参与计算的是B11和C11单元格。

要解决这一问题，只要用一个变量去代替Range("B2")和Range("C2")中的数字2，让这个变量每执行一次就在原来的基础上增加1就可以了，示例代码如下。

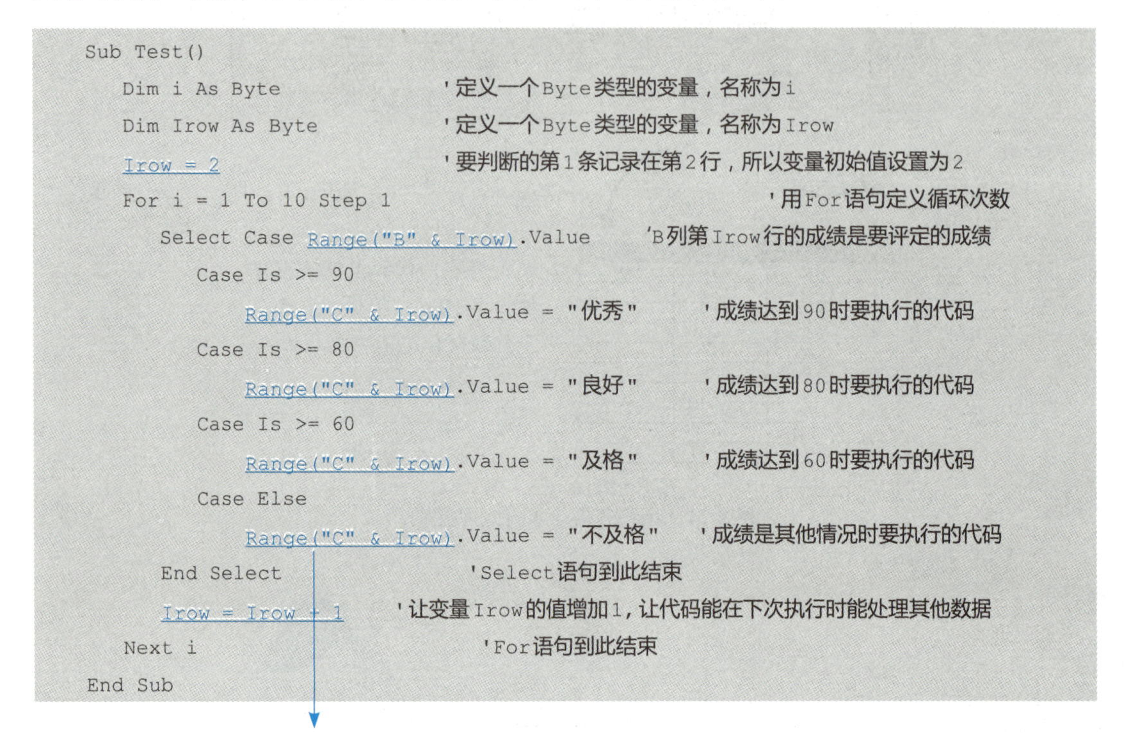

```
Sub Test()
    Dim i As Byte                        '定义一个Byte类型的变量，名称为i
    Dim Irow As Byte                     '定义一个Byte类型的变量，名称为Irow
    Irow = 2                             '要判断的第1条记录在第2行，所以变量初始值设置为2
    For i = 1 To 10 Step 1                                   '用For语句定义循环次数
        Select Case Range("B" & Irow).Value       'B列第Irow行的成绩是要评定的成绩
            Case Is >= 90
                Range("C" & Irow).Value = "优秀"        '成绩达到90时要执行的代码
            Case Is >= 80
                Range("C" & Irow).Value = "良好"        '成绩达到80时要执行的代码
            Case Is >= 60
                Range("C" & Irow).Value = "及格"        '成绩达到60时要执行的代码
            Case Else
                Range("C" & Irow).Value = "不及格"      '成绩是其他情况时要执行的代码
        End Select                       'Select语句到此结束
        Irow = Irow + 1          '让变量Irow的值增加1，让代码能在下次执行时能处理其他数据
    Next i                               'For语句到此结束
End Sub
```

用"C" & Irow的运算结果代替原来代码中的“C2”。

修改代码后，让我们再次执行程序，看看得到什么结果，如图3-75所示。

评定成绩等次的Select...Case语句能重复执行10次，每次都能处理不同单元格中的数据，变量在其中起了至关重要的作用。

	A	B	C	D
1	姓名	成绩	等次	
2	叶枫	88	良好	
3	小月	97	优秀	
4	老祝	92	优秀	
5	空空	76	及格	
6	大刚	35	不及格	
7	马林	86	良好	
8	王才	66	及格	
9	张华	45	不及格	
10	李小丽	70	及格	
11	邓先	82	良好	
12				

图3-75　为所有成绩评定等次

现在大家应该感受到变量在程序中的用途了吧？

在这个程序中，我们共使用了两个变量，一个用来控制重复执行Select...Case语句的次数，一个用来控制代码要处理的单元格，我们也可以用同一个变量来完成这两个任务，将代码写为：

```
Sub Test()
    Dim i As Byte                        '定义一个Byte类型的变量，名称为i
    For i = 2 To 11 Step 1                          '用For语句定义循环次数
        Select Case Range("B" & i).Value            'B列第i行的成绩是要评定等次的成绩
            Case Is >= 90
                Range("C" & i).Value = "优秀"          '成绩达到90时要执行的代码
            Case Is >= 80
                Range("C" & i).Value = "良好"          '成绩达到80时要执行的代码
            Case Is >= 60
                Range("C" & i).Value = "及格"          '成绩达到60时要执行的代码
            Case Else
                Range("C" & i).Value = "不及格"        '成绩是其他情况时要执行的代码
        End Select                       'Select语句到此结束
    Next i                               'For语句到此结束
End Sub
```

如果一个变量能在程序中扮演多个不同的“角色”，通常我们不会为每个“角色”设置不同的变量，而直接让一个变量同时完成多个任务。这样，可以让编写的代码更清楚、简洁。

考考你

1. 根据代码说明，把表3-11中的程序补充完整，让程序运行后，能把100以内的正奇数按1、3、5、7……的顺序写进A列的单元格中。

表3-11　　将100以内的正奇数写入A列单元格

代码	代码说明
Sub jishu()	定义过程名称，程序开始
	声明程序中需要的变量
xrow = 1	第1个奇数写在A1，所以将表示行号的变量xrow初始值设置为1
For	设置循环变量的初值、终值及步长值
	在单元格中写入奇数
xrow = xrow + 1	让表示行号的变量xrow在原值的基础上增加1
	循环变量 = 循环变量 + 步长
End Sub	程序结束

2. 你还能用同样的方法找出100以内能被3整除的数，并按顺序写入A列的单元格吗？试一试。

如果你暂时找不到思路，可以用手机扫描二维码，查看我们准备的参考答案。

3.10.5　用For Each...Next语句循环处理集合或数组中的成员

当需要循环处理一个数组中的每个元素或集合中的每个成员时，使用For Each...Next语句会更方便。

1. 将工作簿中所有工作表名写入单元格中

如果想把一个工作簿中每张工作表的名称都写入单元格中，如图3–76所示。实际就是将Worksheets这个集合中的每个成员都操作一遍（获取它们的名称，并写入单元格）。

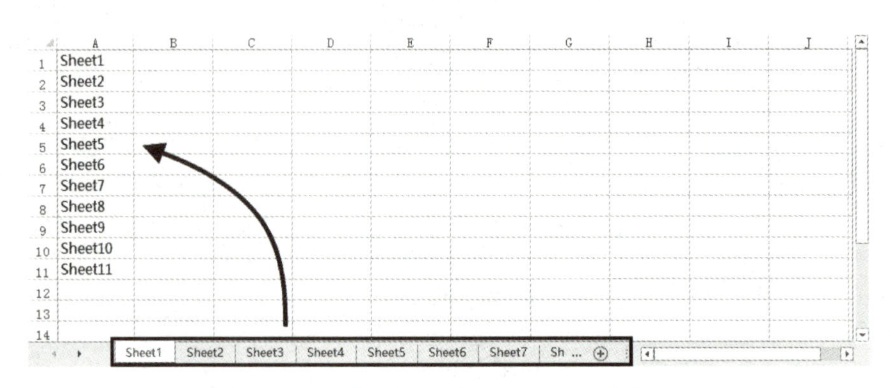

图3-76　将所有工作表名称写入活动工作表A列

让我们来看看For Each...Next语句解决这个问题的代码是什么样的?

变量sht是循环变量，因为是在工作表集合（Worksheets）中循环，所以变量类型必须定义为与之对应的Worksheet类型。

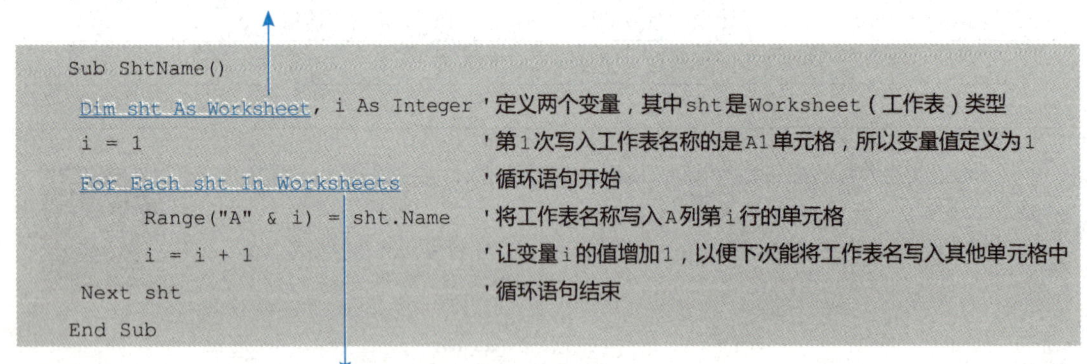

```
Sub ShtName()
 Dim sht As Worksheet, i As Integer '定义两个变量，其中sht是Worksheet（工作表）类型
 i = 1                              '第1次写入工作表名称的是A1单元格，所以变量值定义为1
 For Each sht In Worksheets         '循环语句开始
     Range("A" & i) = sht.Name      '将工作表名称写入A列第i行的单元格
     i = i + 1                      '让变量i的值增加1，以便下次能将工作表名写入其他单元格中
 Next sht                           '循环语句结束
End Sub
```

Worksheets中包含多少张工作表，程序就执行几次循环体（For和Next之间的代码）。

Worksheets代表活动工作簿中所有的工作表，工作簿中有多少张工作表，程序就执行循环体几次。每次执行循环体时，变量sht都引用集合中不同的工作表，执行第1次，sht引用第1张工作表，执行第2次，sht引用第2张工作表……执行最后一次，sht引用最后一张工作表。

所以，不管工作簿中包含多少张工作表，执行程序后，VBA都会把所有工作表的标签名称依次写入活动工作表的A列单元格。

使用For Each...Next语句定义循环条件时，不像For...Next那样复杂，所以使用起来会更简单、更方便。但For Each...Next语句只能在一个集合中的所有对象或一个数组的所有元素中进行循环。

2. For Each..Next语句的形式

For Each...Next语句总可以写成这样的结构：

如果是在集合中循环，变量应定义为相应的对象类型；
如果是在数组中循环，变量应定义为Variant类型。

```
For Each 变量 In 集合名称或数组名称
      语句块1
      [Exit For]
      [语句块2]
Next [元素变量]
```

For Each...Next语句通过变量来遍历集合或数组中的每个元素，无论集合或数组中有多少个元素，它总是从第1个元素开始，直到最后一个元素，然后退出循环。

注意：当在一个数组中循环时，不能对数组元素进行赋值（或修改元素的值），对于已经赋值的对象数组，也只能修改它的属性。

考考你

你能用For Each...Next语句编写一个程序，在A1:A100单元格区域中输入1到100的自然数吗?

手机扫描二维码，可以查看我们准备的参考答案。

3.10.6 用Do语句按条件控制循环

如果不是在对象集合或数组中循环，也不方便通过循环变量的初值和终值来确定循环次数，可以试试使用Do语句来设置循环语句。

VBA中的Do语句分为两种：Do While语句和Do Until语句，它们的功能及使用方法相似。

1. 使用Do While语句执行重复操作

如果想在活动工作簿中插入5张新工作表，让我们来看看Do While语句的解决方法：

i<=5是设置的循环条件。循环条件通常是一个比较运算式或返回结果是True或False的表达式，只有该条件返回结果为False时，VBA才会终止循环，执行Loop之后的代码。

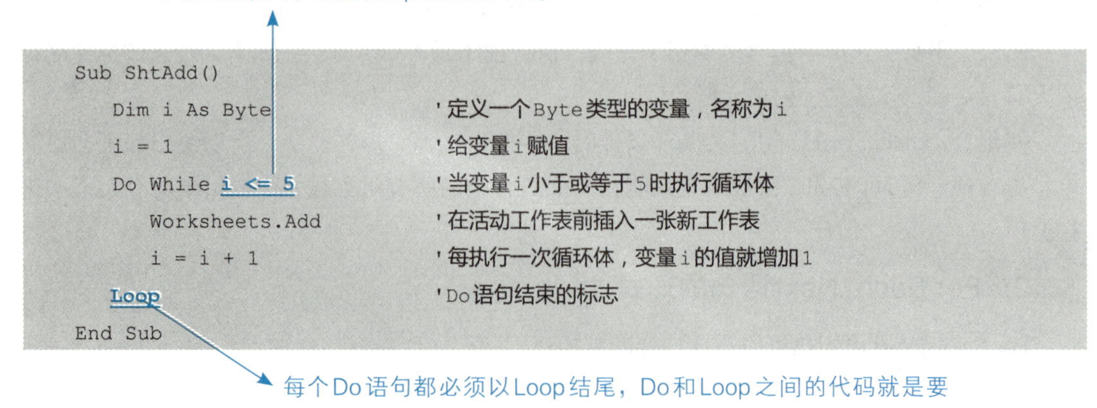

```
Sub ShtAdd()
    Dim i As Byte                 '定义一个Byte类型的变量，名称为i
    i = 1                         '给变量i赋值
    Do While i <= 5               '当变量i小于或等于5时执行循环体
        Worksheets.Add            '在活动工作表前插入一张新工作表
        i = i + 1                 '每执行一次循环体，变量i的值就增加1
    Loop                          'Do语句结束的标志
End Sub
```

每个Do语句都必须以Loop结尾，Do和Loop之间的代码就是要重复执行的代码（循环体）。

这个程序执行的思路如图3-77所示。

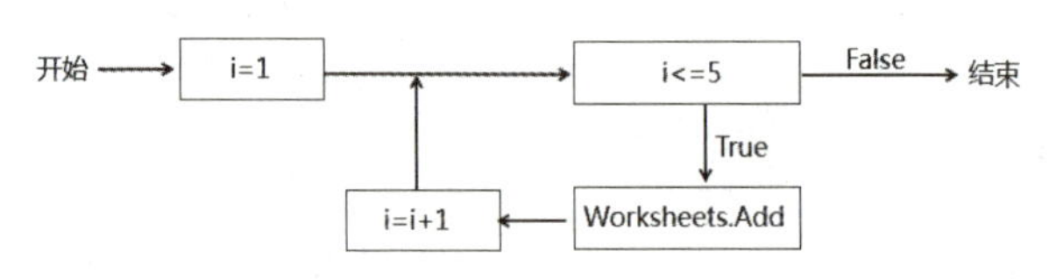

图3-77　Do While语句执行的思路

2. 在Do语句结尾处设置循环条件

还可以在Do语句的结尾处设置循环条件，将程序写为：

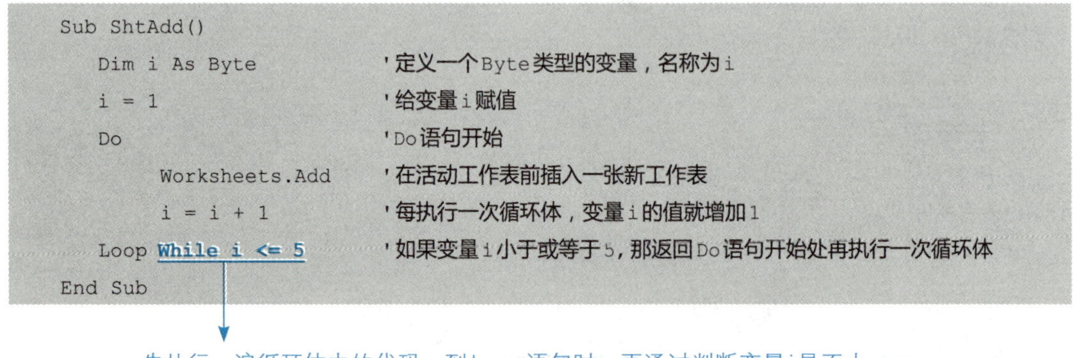

```
Sub ShtAdd()
    Dim i As Byte                 '定义一个Byte类型的变量，名称为i
    i = 1                         '给变量i赋值
    Do                            'Do语句开始
        Worksheets.Add            '在活动工作表前插入一张新工作表
        i = i + 1                 '每执行一次循环体，变量i的值就增加1
    Loop While i <= 5             '如果变量i小于或等于5，那返回Do语句开始处再执行一次循环体
End Sub
```

先执行一遍循环体中的代码，到Loop语句时，再通过判断变量i是否小于5，来确定是否返回Do语句开始处并再次执行循环体中的代码。

如果将循环条件设置在Do语句的末尾，VBA会按图3-78所示的思路执行程序。

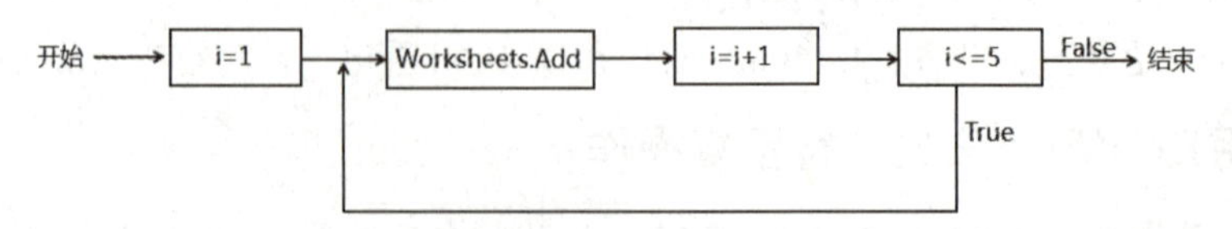

图3-78　结尾判断式的Do While语句的执行流程

3. Do While语句可以分为两种

按设置循环条件的位置区分，可以将Do While语句分为开头判断式和结尾判断式，其语句结构如下。

（1）开头判断式：

当设置循环条件的表达式返回True时，执行Do和Loop之间的循环体，否则执行Loop后的语句。可以不设置循环条件，在其他地方使用Exit Do语句退出循环。

```
Do [While 循环条件]
    <循环体>
    [Exit Do]
    [循环体]
Loop
```

每个Do语句都必须以Loop结尾，当VBA执行到Loop处时，会返回Do语句处，重新判断循环条件，再确定是否继续执行循环体。

如果在循环体中存在Exit Do语句，VBA执行该语句后，将跳出循环，执行Loop后的语句。

（2）结尾判断式：

```
Do
   <循环体>
   [Exit Do]
   [循环体]
Loop [While 循环条件]
```

当循环条件返回True时，程序返回Do语句开始处，再执行一次循环体中的代码，否则终止循环，执行Loop语句之后的代码。

有一点需要注意，如果把循环条件设置在Do While语句的结尾处，无论循环条件一开始返回的结果是True还是False，VBA都会先执行一次循环体的代码后，再对循环条件进行判断。所以，当循环条件一开始就为False时，使用结尾判断式的Do While语句会比开头判断式的语句要多执行一次循环体，其他时候执行次数相同。

考考你

你能使用Do While语句代替For语句，解决图3-75中为成绩评定等次的问题吗？试一试，看自己能想出几种解决方法。

手机扫描二维码，可以查看我们准备的参考答案。

4. 在循环体中设置退出循环的条件

无论是什么循环语句，都可以在循环体中通过其他代码，来控制程序是否继续执行循环体，示例代码如下。

```
Sub ShtAdd()
    Dim i As Byte                    '定义一个Byte类型的变量，名称为i
    i = 1                            '给变量i赋值
    Do                               'Do语句开始
        If i > 5 Then Exit Do        '如果变量i的值大于5，那么终止循环
        Worksheets.Add               '在活动工作表前插入一张新工作表
        i = i + 1                    '每执行一次循环体，变量i的值就增加1
    Loop                             'Do语句结束的标志
End Sub
```

5. 使用Do Until语句执行重复的操作

Do Untile语句同Do While语句的语法几乎完全相同，并且Do Until语句也有开头判断和结尾判断两种语句形式。

（1）开头判断式：

循环条件通常是一个返回结果是True或False的表达式，只有该条件返回True时，VBA才会终止循环，执行Loop之后的代码。可以不设置循环条件，在其他地方使用Exit Do语句退出循环。

```
Do [Until 循环条件]
    <循环体>
    [Exit Do]
    [循环体]
Loop
```

（2）结尾判断式：

```
Do
   <循环体>
   [Exit Do]
   [循环体]
Loop [Until 循环条件]
```

执行一次循环体后，再判断循环条件是否为False，只有循环条件是False时，VBA才会返回Do语句开始处，再次执行一次循环体，否则执行Loop后的语句。

Do Until语句与Do While语句的用法基本相同，不同的是Do While语句是当循环条件为False时退出循环，而Do Until语句是当循环条件为True时退出循环。

考考你

试试使用Do Until语句改写在活动工作表前新建5张工作表的程序，看自己能有几种改写方法。

手机扫描二维码，可以看到我们准备的参考答案。

3.10.7　使用GoTo语句，让程序转到另一条语句去执行

通常，VBA在执行一个过程时，总是按第1行、第2行、第3行……最后一行的顺序依次执行过程包含的代码。

如果想打乱这种执行顺序，就得在程序中使用一些特殊的语句，而GoTo语句正是打乱这种运算顺序的语句之一。

GoTo，译成中文就是“去到……”。

如果想让VBA执行完第5行的代码后，跳转到第3行继续执行，可以在第5行的末尾给它下一个类似“GoTo　第3行”的命令。

“第3行”是要让程序跳转到的目标地址，是人类的语言。在VBA中，要让GoTo语句清楚地知道要转向的目标语句，可以在目标语句之前加上一个**带冒号的文本字符串**或**不带冒号的数字**标签，然后在GoTo的后面写上标签名。让我们来看一个求100以内自然数和的程序。

标签就像你家的门牌号，让邮递员知道该把信送到哪里。如果是文本标签，一定要在后面加上冒号。

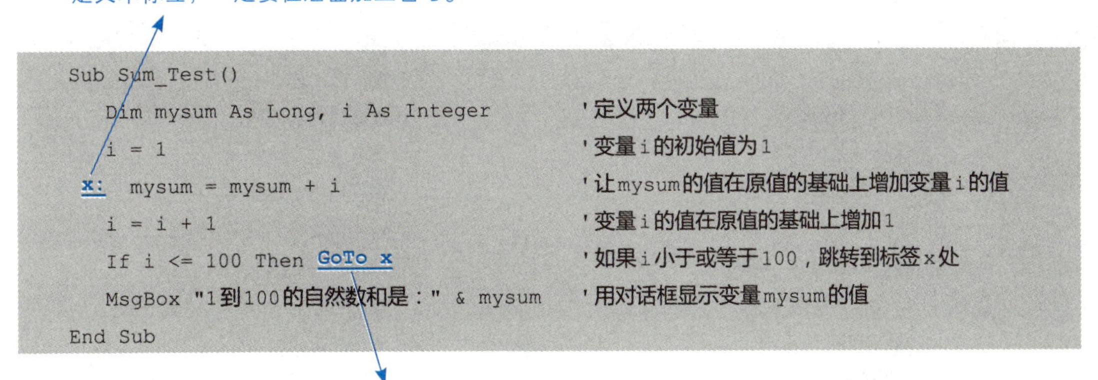

```
Sub Sum_Test()
   Dim mysum As Long, i As Integer          '定义两个变量
   i = 1                                    '变量i的初始值为1
 x:  mysum = mysum + i                      '让mysum的值在原值的基础上增加变量i的值
   i = i + 1                                '变量i的值在原值的基础上增加1
   If i <= 100 Then GoTo x                  '如果i小于或等于100，跳转到标签x处
   MsgBox "1到100的自然数和是：" & mysum     '用对话框显示变量mysum的值
End Sub
```

不管是文本标签还是数字标签，GoTo后面的标签名都不加引号。

GoTo语句通常用来处理程序错误（具体用法可以阅读7.4.1小节中的内容），因为它会影响程序的结构，增加程序阅读和调试的难度，所以，编写程序时，应尽量避免使用GoTo语句。

3.10.8　With语句，简写代码离不开它

当需要对相同的对象进行多次操作时，往往会编写一些重复的代码。示例代码如下。

```
Sub FontSet()
    Worksheets("Sheet1").Range("A1").Font.Name = "仿宋"    '设置A1单元格的字体为仿宋
    Worksheets("Sheet1").Range("A1").Font.Size = 12        '设置A1单元格的字号为12
    Worksheets("Sheet1").Range("A1").Font.Bold = True      '设置A1单元格的字体为加粗
    Worksheets("Sheet1").Range("A1").Font.ColorIndex = 3   '设置字体颜色为红色
End Sub
```

程序中4句代码的前半部分都是相同的。

相同的代码，一遍一遍地重复录入，
相信谁都会觉得麻烦。

这是一个设置单元格字体的程序，因为是对同一个对象的多个属性进行设置，所以4行代码的前半部分都是相同的。

如果你不想多次重复录入相同的语句，可以用With语句简化它，将程序写为：

With 语句必须以“With”开头，其后跟的是要操作的对象，即原来程序中各行代码中的相同部分。

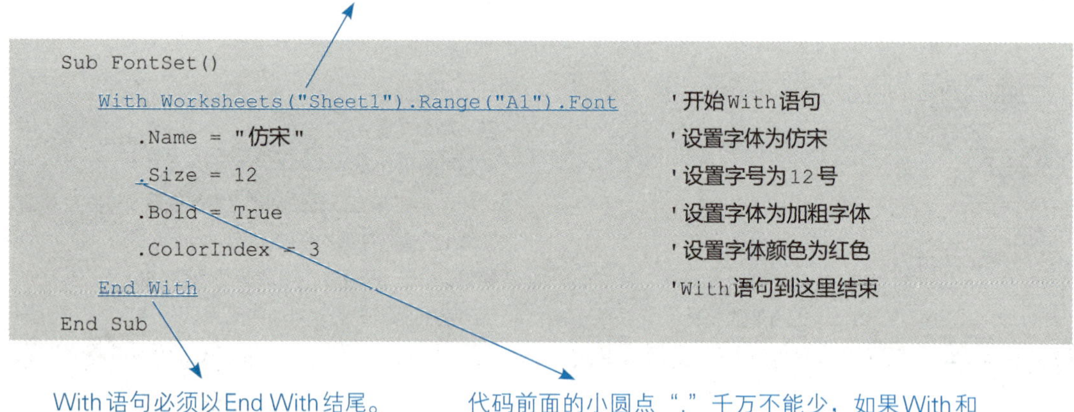

```
Sub FontSet()
  With Worksheets("Sheet1").Range("A1").Font    '开始With语句
     .Name = "仿宋"                              '设置字体为仿宋
     .Size = 12                                  '设置字号为12号
     .Bold = True                                '设置字体为加粗字体
     .ColorIndex = 3                             '设置字体颜色为红色
  End With                                       'With语句到这里结束
End Sub
```

With 语句必须以End With结尾。

代码前面的小圆点“.”千万不能少，如果With和End With之间的某行代码以小圆点开头，说明这行代码是对With后的对象进行操作或设置。

合理使用With语句，不仅可以减少录入重复代码，还可以减少代码中的点“.”运算，从而提高程序的运行效率。因此，当需要在程序中反复引用某个对象时，使用With语句简化代码是一种更常用的做法。

3.11 Sub过程，基本的程序单元

做什么事都有一个过程。

烧水、倒水、拿毛巾……倒水，这是洗脸的过程；买菜、洗菜、切菜、炒菜、盛菜，这是做菜的过程。打开工作簿、输入数据、保存工作簿、退出Excel程序，这是数据录入的过程。

过程就是做一件事情的经过，由不同的操作按先后顺序排列、组合起来。

3.11.1 VBA过程就是完成一个任务所需代码的组合

打开工作簿、输入数据、保存工作簿、退出Excel程序，这是一个录入数据的过程。把这些操作写成VBA代码，按先后顺序保存起来就可以得到一个VBA过程。

所以，VBA中的过程就是完成某个任务的VBA代码的有序组合。

在本书中，我们只介绍VBA中的Sub过程和Function过程。

3.11.2 Sub过程的基本结构

关于Sub过程，相信大家都不陌生了。

使用宏录制器录制的宏就是Sub过程，事实上，宏录制器也只能得到Sub过程。

要认识和了解Sub过程，让我们先动手录制一个复制A1:A8单元格区域到C1:C8单元格区域的宏，结合宏来研究研究。

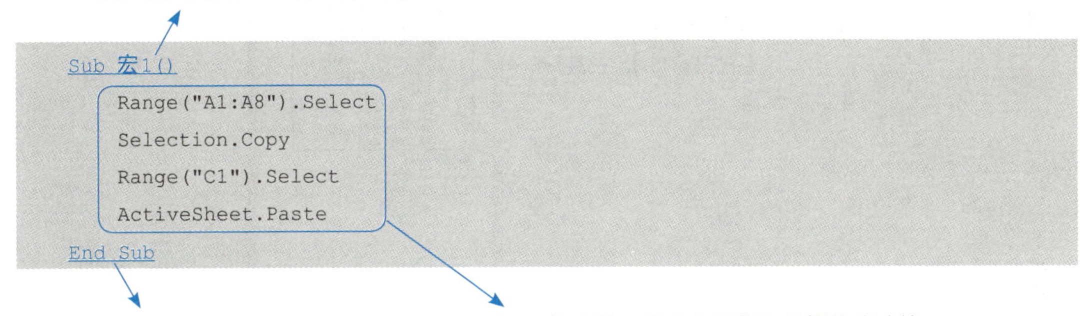

一个Sub过程可以看成由三部分组成：

```
Sub 过程名称()
    要执行的代码
End Sub
```

知道了Sub过程的结构，就可以依葫芦画瓢，编写符合自己需求的Sub过程了。

在前面的章节中，我们已经写了很多Sub过程，大家能找出几例吗？

3.11.3 应该把Sub过程写在哪里

无论是Sub过程，还是后面要介绍的Function过程，通常我们都将其保存在模块对象中。

所以，要想编写Sub过程，首先得插入一个模块来保存它，插入模块后，双击模块打开它的【代码窗口】，就可以在其中编写过程了。

提示： 插入模块和编写Sub过程的方法在2.3.3小节中已经接触过了，大家还记得吗？如果忘记了，可以翻回去看看。

Sub过程应该保存在模块对象中，但并不只有模块才能保存Sub过程，Excel对象或窗体对象也能保存Sub过程，如图3-79所示。

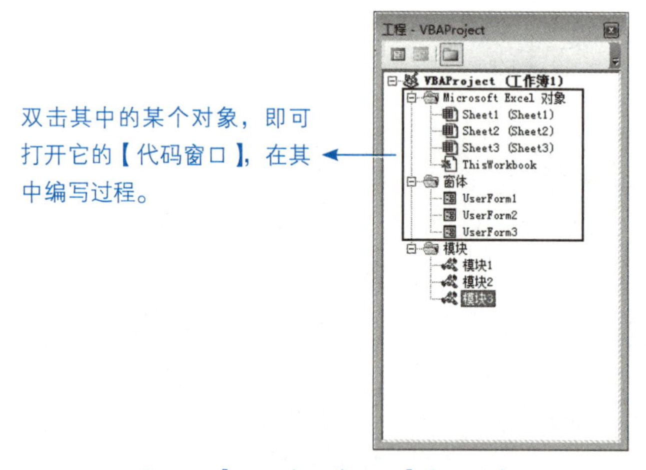

图3-79 【工程资源管理器】中的对象

但如果把过程保存在非模块的其他对象中，可能会出现一些不可预知的问题。为了避免发生错误，建议将Sub过程和Function过程都保存在模块对象中，这是较为规范的做法。

【工程资源管理器】中的每个对象都像文件夹。一个文件夹可以保存多个文件，一个模块也可以保存多个过程。我们可以像对文件分类一样，将不同的过程保存在不同的模块中。

3.11.4 Sub过程的基本结构

要在VBA中编写一个Sub过程，应该将其写为这样的结构：

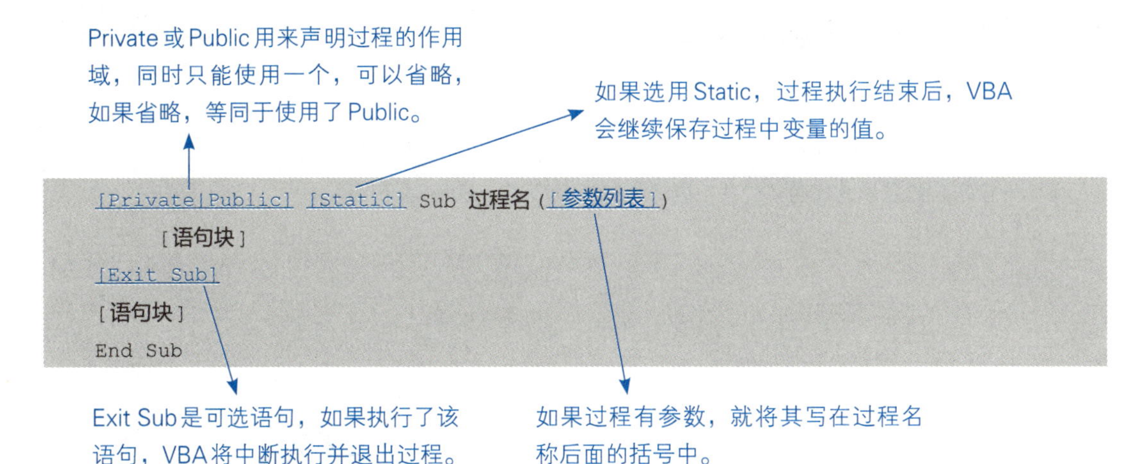

虽然一个Sub过程可以包含任意多的代码，执行任意多的操作和计算，但是，就像酒店后厨为了更有效、更有质量地烹制菜品，总是会先对工作人员进行分工：张三洗菜，负责完成洗菜的过程；李四切菜，负责切菜的过程；王五炒菜，负责炒菜的过程；最后把大家的过程合起来就完成了整个任务。

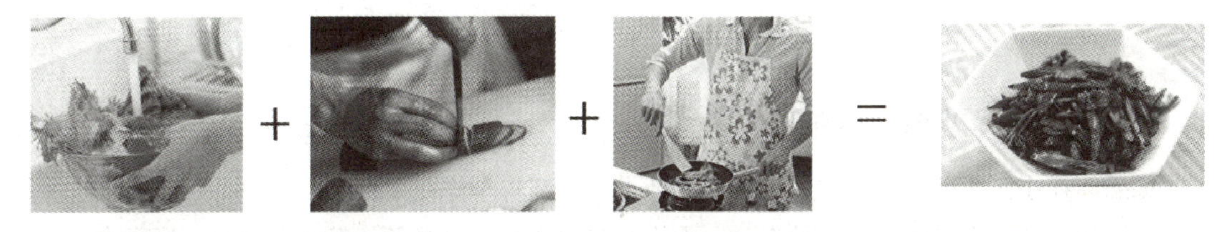

分工后，哪个过程出现问题，如菜没洗干净，就直接去找张三解决。

使用VBA编程也一样，当需要处理的任务比较复杂时，可以用多个简短的过程去完成，每个过程负责完成一个特定的、较为简单的任务，最后通过执行这些过程来完成最终任务。

3.11.5 过程的作用域

过程的作用域决定过程可以在哪个范围内使用。按作用域分类，过程可分为**公共过程**和**私有过程**。

1. 公共过程就像小区的公共车位

公共厕所，公共汽车……戴着“公共”的帽子，意味着这个东西大家都可以使用。公共过程就像小区的公共车位，只要车位空着，谁的车都可以停在那里。如果一个过程被声明为公共过程，那工程中所有模块中的过程都可以使用它。

要将过程声明为公共过程，过程的第1句代码应写为：

```
Public Sub 过程名称([参数列表])
```

或者

```
Sub 过程名称([参数列表])
```

示例代码如下。

省略或带上 Public，声明的过程都是公共过程。Public 就像“公共车位”的标识，一个车位如果没有标明“公共”或“私有”，我们会认为它是公用的。

```
Public Sub gggc()
    MsgBox "我是公共过程！"
End Sub
```

街道旁边的停车位没有标明所有权，我们都可以把车停在那里。不标明是谁的车位，就默认是公共车位，VBA 中的过程也是一样的道理。

2. 私有过程就像小区的私家车位

如果你在小区买了一个车位，会允许其他人天天都将车停在里面吗？

小区的车位很多，哪个是公共车位，哪个是私家车位，为了便于管理和区分，通常会给它们标上特殊的标识。

如果要将一个过程声明为私有过程，过程的第一句代码应写为：

```
Private Sub 过程名称([参数列表])
```

示例代码如下。

如果要声明私有过程，一定要加上 Private。Private 就像“私家车位”的标识，大家看到就知道它不能随便使用。

```
Private Sub sygc ()
    MsgBox "我是私有过程！"
End Sub
```

3. 将模块中的所有过程都定义为私有过程

如果想将一个模块中的所有过程都声明为私有过程（包括已经声明为公共过程的过程），

只需在模块的第1个过程之前写上“Option Private Module”，将模块定义为私有模块即可，如图3-80所示。

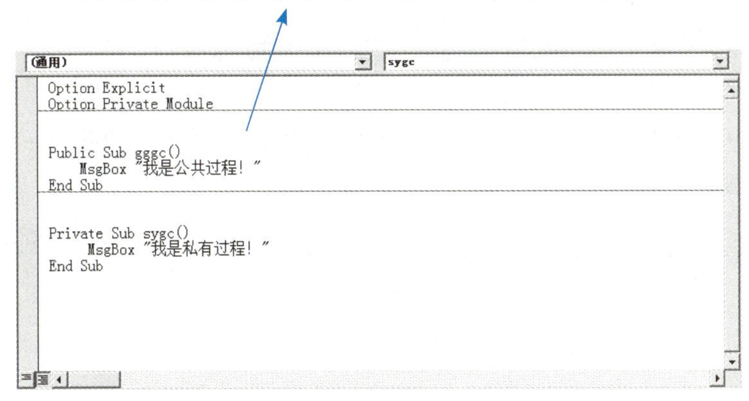

图 3-80　将模块中所有过程声明为私有过程

4. 谁有资格调用私有过程

一个过程被声明为私有过程，那只有过程所在模块中的过程才能调用它，并且在【宏】对话框中也看不到私有过程，如图3-81所示。

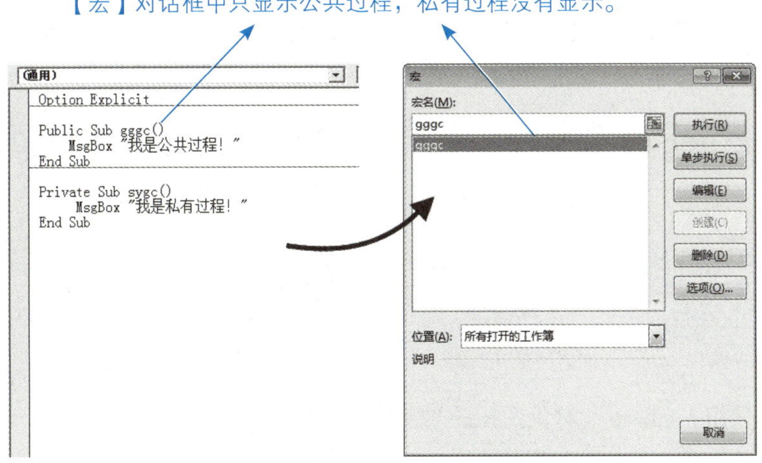

图 3-81　私有过程不显示在【宏】对话框中

3.11.6　在过程中执行另一个过程

下面是在工作簿中插入5张新工作表的过程。

```
Sub ShtAdd()
    Dim i As Byte                    '定义一个Byte类型的变量，名称为i
```

```
    For i = 1 To 5 Step 1
        Worksheets.Add                    '在活动工作表前插入一张新工作表
    Next i
End Sub
```

如果想在另一个过程中执行这个过程，有多种方法可以选择。

方法一：直接使用过程名称调用过程。

要在过程中调用另一个过程，可以直接将过程名称及其参数写成单独的一行代码，过程名与参数之间用英文逗号隔开。

```
过程名，参数1，参数2，...
```

如果过程没有参数，只需写过程的名称。

例如：

```
Sub RunSub()
    ShtAdd
End Sub
```

因为过程没有参数，所以直接写过程名称。

方法二：使用Call关键字调用过程。

另一种调用过程的方法是：在过程名称以及参数前使用Call关键字，参数写在小括号中，不同参数间用英文逗号隔开。

```
Call 过程名 (参数1，参数2，...)
```

例如：

```
Sub RunSub()
    Call ShtAdd
End Sub
```

方法三：使用Application对象的Run方法调用过程。

用这种方法调用过程的语句形式为：

```
Application.Run 表示过程名的字符串（或字符串变量），参数1，参数2，......
```

例如：

```
Sub RunSub()
   Application.Run "ShtAdd"
End Sub
```

"ShtAdd"是表示过程名的字符串，必须写在英文双引号间。

3.11.7 向过程传递参数

1. 参数是过程与其他过程交流的“通道”

同工作表中函数的参数一样，可以通过参数为Sub过程提供要使用的数据。参数是过程与其他过程交流的“通道”，根据需要，可以将变量、常量、数组或对象设置为Sub过程的参数。

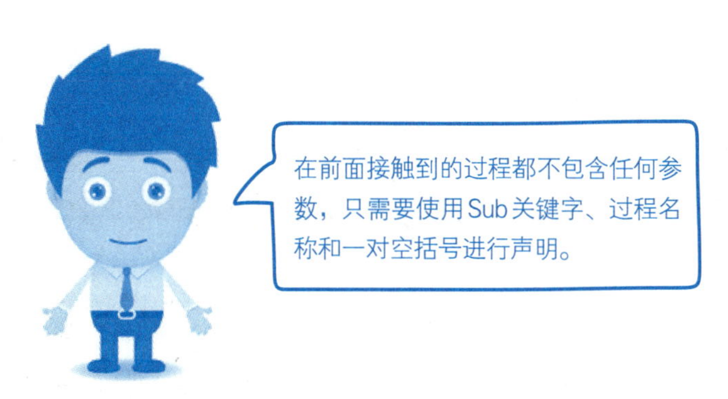

在前面接触到的过程都不包含任何参数，只需要使用Sub关键字、过程名称和一对空括号进行声明。

如果需要通过参数提供过程运行中需要的数据，就需要在声明过程时设置好对应的参数，示例代码如下。

```
Sub ShtAdd(shtcount As Integer)
   Worksheets.Add Count:=shtcount       '通过参数指定新建的工作表数量
End Sub
```

这是一个在活动工作表前插入新工作表的Sub过程，过程的参数是一个Integer类型的变量，名称为shtcount。拥有参数的过程，调用时也应为其设置参数，如：

```
Sub Test()
   Dim c As Integer
   c = 2
   Call ShtAdd(c)          '执行过程ShtAdd，过程的参数为变量c
End Sub
```

这是一个调用ShtAdd的过程，在调用ShtAdd过程时，将变量c设置为过程ShtAdd的参数，变量c的值是几，ShtAdd过程就插入几张工作表。

在模块中编写完这两个过程后，执行程序Test，就能看到程序执行的效果了，如图3-82所示。

2. 过程参数的两种传递方式

在VBA中，过程的参数有两种传递方式：按**引用**传递和按**值**传递。

默认情况下，过程是按引用的方式传递参数，图3-82所示的过程就是按引用的方式传递参数。如果程序通过引用的方式传递参数，只会传递保存数据的内存地址，在过程中对参数的任何修改都会影响原始的数据，示例代码如下。

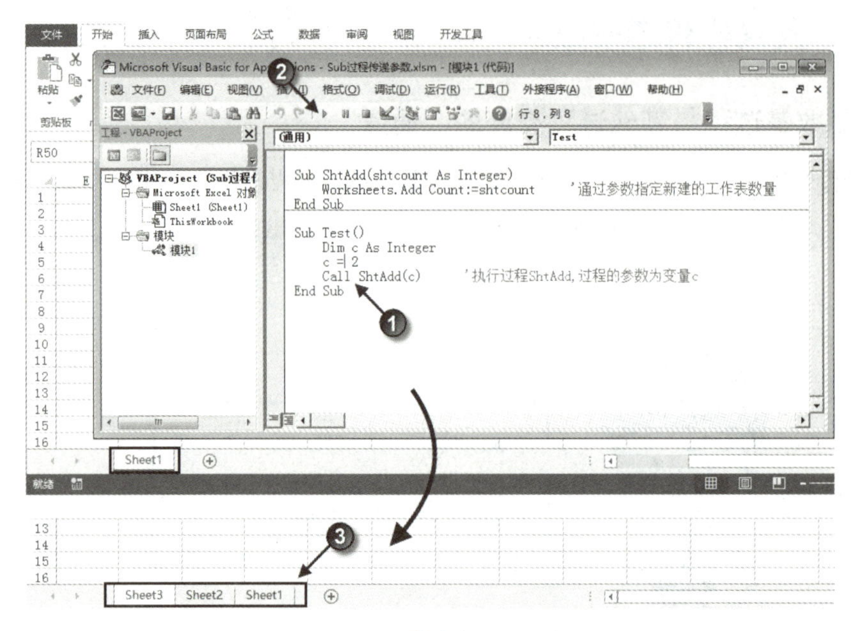

图 3-82　调用带参数的 Sub 过程

```
Sub ShtAdd(shtcount As Integer)
    Worksheets.Add Count:=shtcount       '通过参数指定新建的工作表数量
    shtcount = 8                         '重新修改参数的值
End Sub
```

```
Sub Test()
    Dim c As Integer
    c = 2
    Call ShtAdd(c)            '执行过程ShtAdd，过程的参数为变量c
    MsgBox "现在过程参数的值为：" & c          '显示变量c的值
End Sub
```

执行过程Test后，可以看到图3-83所示的对话框。

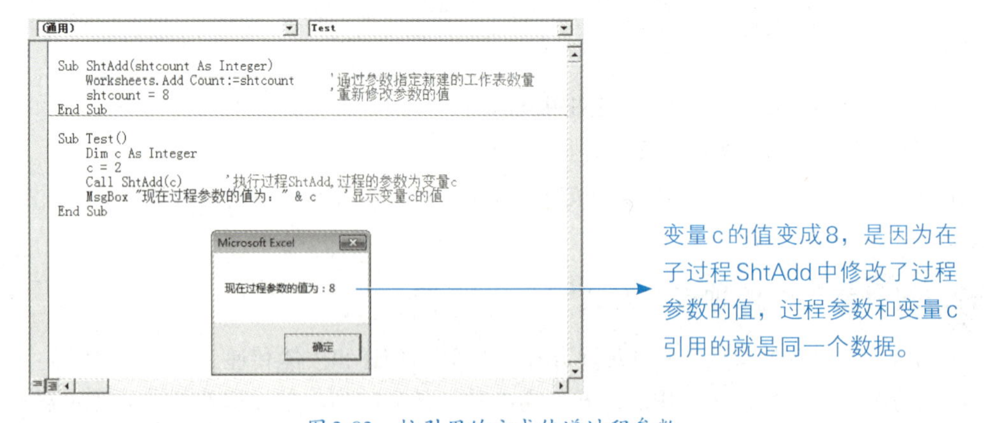

变量c的值变成8，是因为在子过程ShtAdd中修改了过程参数的值，过程参数和变量c引用的就是同一个数据。
现在过程参数的值为：8
确定

图 3-83　按引用的方式传递过程参数

如果不希望被调用的过程修改到用来传递参数的变量值，应设置过程按值的方式来传递参数，这样，被调用的过程使用的是被传递变量的数据副本而不是本身。

要想让参数按值的方式传递，应在参数的前面加上ByVal关键字，示例代码如下。

如果一个参数前带上ByVal关键字，那该参数将按值的方式传递，子过程中对参数值的任意修改，都不会影响原变量中保存的值。

```
Sub ShtAdd(ByVal shtcount As Integer)
    Worksheets.Add Count:=shtcount          '通过参数指定新建的工作表数量
    shtcount = 8                            '重新修改参数的值
End Sub
```

```
Sub Test()
    Dim c As Integer
    c = 2
    Call ShtAdd(c)                          '执行过程ShtAdd，过程的参数为变量c
    MsgBox "现在过程参数的值为：" & c         '显示变量c的值
End Sub
```

在模块中输入这两个过程后，执行过程Test，看看显示的对话框有什么不同，如图3-84所示。

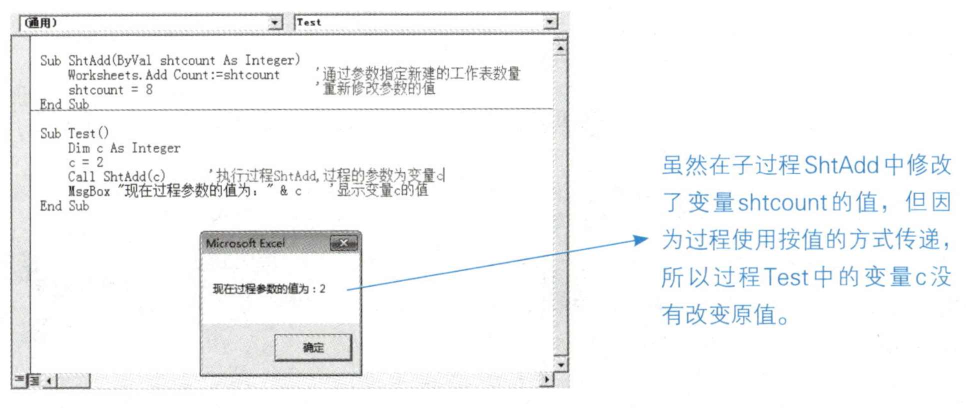

图 3-84　按值的方式传递过程参数

由于按引用的方式传递参数，可能会影响主过程中变量存储的值，如果子过程中要用到的数据，不是主过程中需要的数据，应尽量设置参数按值的方式传递，这样可以避免不必要的错误发生。

3.12　自定义函数，Function过程

3.12.1　Function过程就是用VBA自定义的函数

函数是什么？有什么用？大家应该都不陌生了。

Excel和VBA内置的函数虽然众多，但仍然无法应对遇到的所有问题。在图3-85所示的工作表中，如果想统计填充了黄色底纹的单元格有多少个，大家能找到合适的函数来解决这个问题吗？

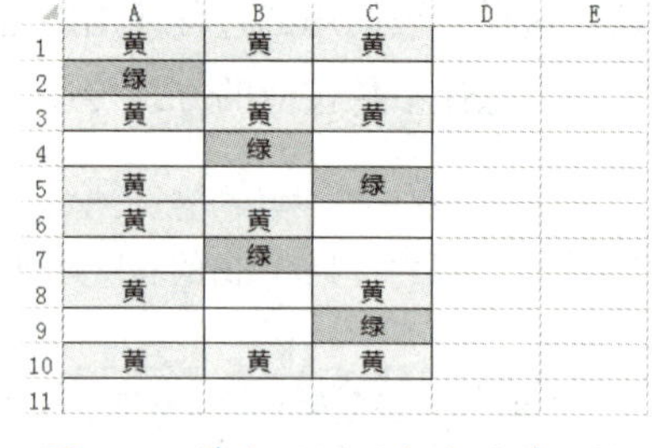

	A	B	C	D	E
1	黄	黄	黄		
2	绿				
3	黄	黄	黄		
4		绿			
5	黄		绿		
6	黄	黄			
7		绿			
8	黄		黄		
9			绿		
10	黄	黄	黄		
11					

图 3-85　填充了不同颜色的单元格

按颜色统计单元格个数，Excel的工作表和VBA中都没有能解决这个问题的函数。

既然没有现成的函数能解决这个问题，那就需要我们手动编写代码去解决它。如果我们将完成这个任务所需要的代码保存为Function过程，就得到一个自定义的函数。

所以，Function过程也被称为函数过程。编写一个Function过程，就等于编写了一个函数。

3.12.2　试写一个自定义函数

Function过程同Sub过程一样，都是保存在模块中。所以，在编写Function过程前，得插入一个模块来保存它（想了解插入模块的方法，可以阅读2.3.3小节中的内容）。

插入模块后，双击模块激活它的【代码窗口】，就可以开始编写Function过程了。如果不知道Function过程应该编写成什么样，可以借助菜单命令来插入一个不含任何代码的空Function过程，如图3-86所示。

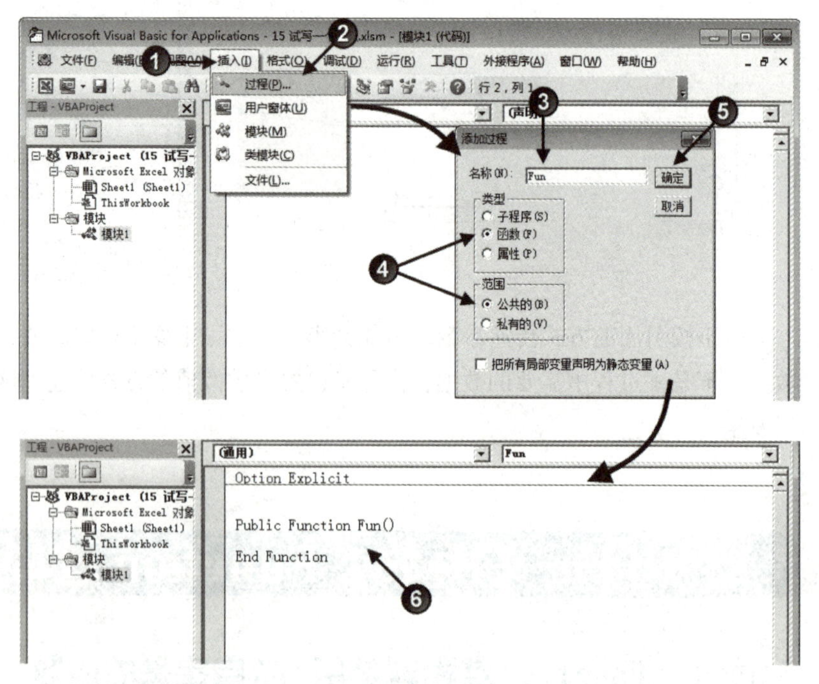

图 3-86　利用菜单命令添加Function过程

完成以上操作后，VBE就会自动在打开的【代码窗口】生成一个只包含开始和结束语句的Function过程：

将要执行计算的代码写在开始语句和结束语句之间，示例代码如下。

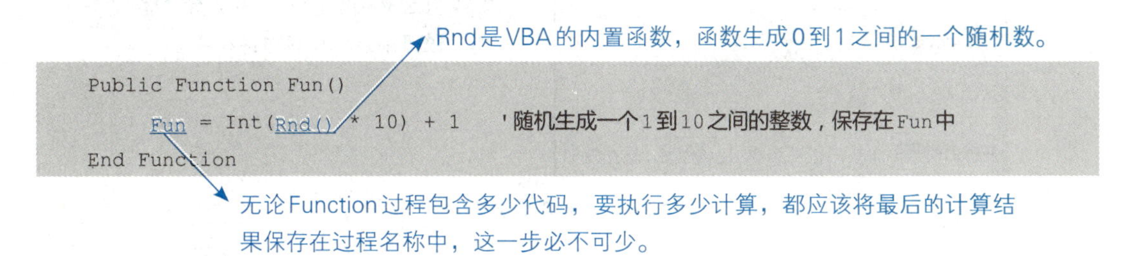

每个函数都有返回结果，自定义的函数也不例外。在VBA中，最后保存在Function过程名称中的数据就是这个自定义函数返回的结果。

3.12.3 使用自定义函数完成设定的计算

自定义的函数，既可以在Excel的工作表中使用，也可以在VBA的过程中使用。下面我们就示范怎样在工作表和VBA的过程中使用3.12.2小节中自定义的函数Fun。

1. 在工作表中使用自定义函数

在工作表中使用自定义函数，同使用工作表函数的方法相同，如图3-87所示。

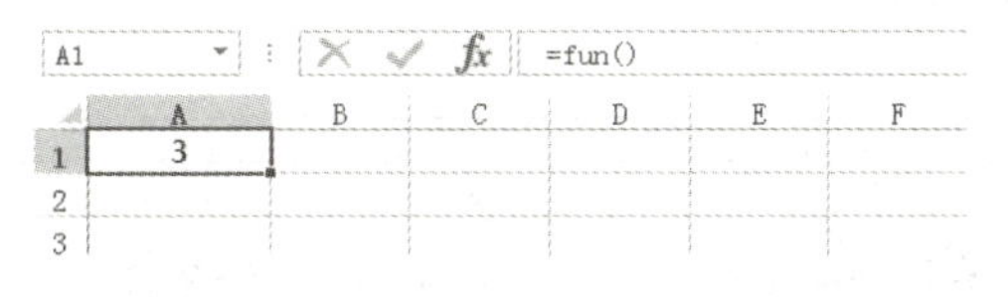

图3-87　在工作表中使用自定义函数

如果自定义的函数（Function过程）没有被定义为私有过程，那我们可以通过【插入函数】对话框找到并使用自定义的函数，如图3-88所示。

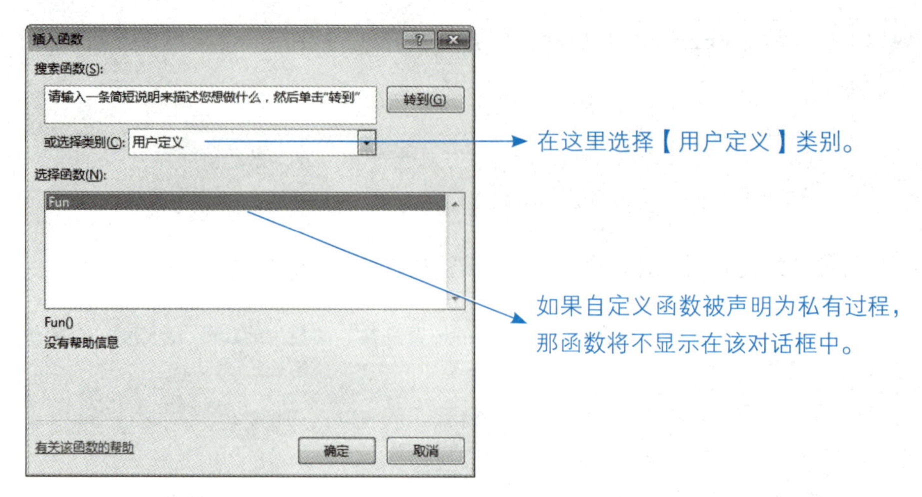

图 3-88　查看自定义函数

同Excel自带的工作表函数一样，自定义的函数可以和其他函数嵌套使用，如图3-89所示。

```
=CHAR(65+fun())
```

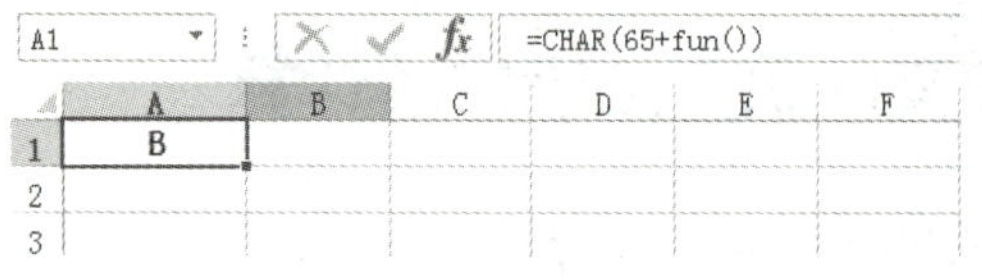

图 3-89　嵌套使用自定义函数

2. 在VBA的过程中使用自定义函数

在VBA中使用自定义函数与使用VBA的内置函数一样，示例代码如下。

```
Sub msg()
  MsgBox Fun()              '用对话框显示自定义函数Fun的计算结果
End Sub
```

执行这个过程的效果如图3-90所示。

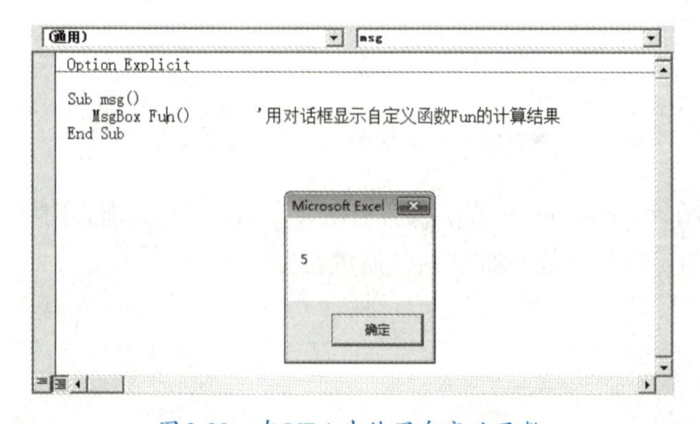

图 3-90　在 VBA 中使用自定义函数

3.12.4　用自定义函数统计指定颜色的单元格个数

学会怎样编写自定义函数后，下面我们就来看看，怎样使用自定义函数解决本节开始的问题——统计指定颜色的单元格个数。

1. VBA 怎么知道单元格是什么颜色

RGB色彩模式大家一定听过吧？

RGB色彩模式通过变化红（R）、绿（G）、蓝（B）3种颜色，从而得到各种不同的颜色。所有使用光来显示颜色的设备，如我们的电脑显示器和家里的电视机，都支持这种色彩模式。

VBA中有一个叫RGB的函数，通过红（R）、绿（G）、蓝（B）的具体数值来控制这3种颜色所占的比例，从而得到不同的颜色。如黄色可以表示为：

```
RGB(255, 255, 0)
```

RGB函数有3个参数，按顺序，分别表示红、绿、蓝所占颜色的多少。
R（红）：255
G（绿）：255
B（蓝）：0
三色混合叠加之后得到的是黄色。

可以借助RGB函数告诉计算机，我们要设置的是什么颜色。如果想将活动工作表中A1单元格的底纹设置为黄色，可以用代码：

```
Range("A1").Interior.Color = RGB(255, 255, 0)
```

反过来，如果想知道A1单元格的底纹是不是黄色，只需要判断Range("A1").Interior.Color的属性值是否等于RGB(255, 255, 0)即可，示例代码如下。

```
Function CountColor()
  If Range("A1").Interior.Color = RGB(255, 255, 0) Then     '判断A1的底纹是否黄色
     CountColor = 1                  '当A1的底纹是黄色时，将数值1赋给过程名称
  Else
     CountColor = 0                  '当A1的底纹不是黄色时，将数值0赋给过程名称
  End If
End Function
```

这样，我们就得到一个判断A1单元格的底纹是否黄色的自定义函数，当A1单元格的底纹是黄色时，函数返回数值1，否则返回数值0，如图3-91所示。

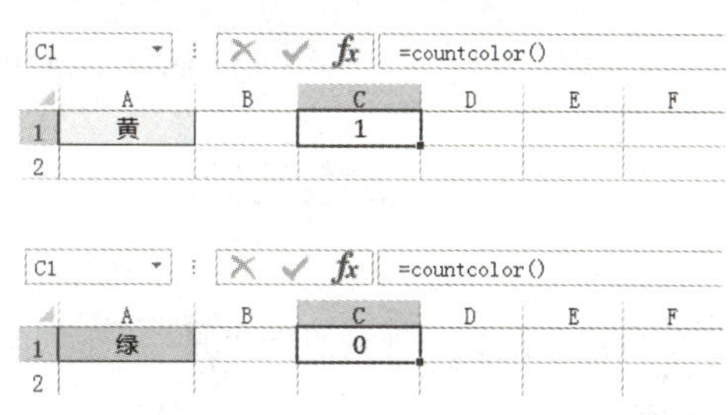

图 3-91　判断 A1 单元格的底纹是否黄色

2. 怎么统计区域中黄色单元格的个数

事实上，前面写的过程，就是一个求A1这个区域中包含黄色单元格个数的函数。

函数返回的结果是1，说明有1个黄色底纹的单元格，返回的结果是0，说明没有黄色底纹的单元格。

如果想求一个更大的区域，如A1:A10单元格区域中的黄色单元格的个数，可以参照同样的方法，让VBA对区域中的每个单元格依次判断一次就行了。

重复多次相同的操作或计算，可以借助For...Each循环语句，将函数写为：

```
Function CountColor()
   Dim rng As Range                      '定义一个Range对象，名称为rng
   For Each rng In Range("A1:A10")       'A1:A10中有多少个单元格，就循环执行几次循环体
      If rng.Interior.Color = RGB(255, 255, 0) Then      '判断rng的底纹是否黄色
         CountColor = CountColor + 1     '如果单元格底纹是黄色，就让CountColor的值增加1
      End If                             'If语句到此结束
   Next rng                              'For语句到此结束
End Function
```

在工作表中使用这个函数，就可以看到函数返回的结果了，如图3-92所示。

```
=countcolor()
```

C1 =countcolor()

	A	B	C	D	E
1	黄		4		
2					
3	黄				
4	绿				
5					
6	黄				
7	绿				
8					
9					
10	黄				
11					

图3-92　统计A1:A10单元格区域中黄色单元格的个数

3. 用参数指定要统计的单元格区域

图3-92中的自定义函数CountColor，统计的对象只能是A1:A10这个固定的单元格区域，但我们想让函数统计的可能不是一个固定的区域。

自定义函数能不能像工作表中的COUNTIF函数那样，通过参数指定要统计的单元格区域？

通过函数参数指定要统计的单元格区域，这样的函数会更适用。

如果想让自定义的函数也能通过参数指定要统计的区域，可以用变量来代替过程中的Range("A1:A10")，将代码写为：

指定函数的参数是Range类型的变量，在使用函数时，函数的参数就只能设置为单元格区域。

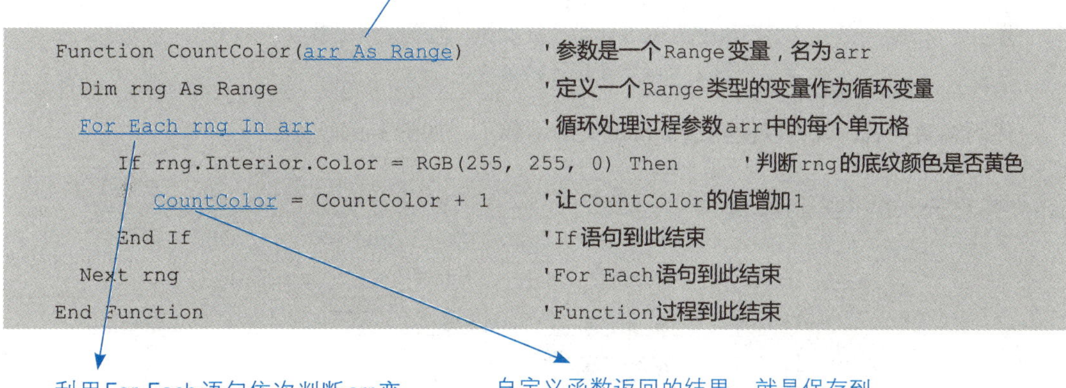

```
Function CountColor(arr As Range)              '参数是一个Range变量，名为arr
  Dim rng As Range                             '定义一个Range类型的变量作为循环变量
  For Each rng In arr                          '循环处理过程参数arr中的每个单元格
     If rng.Interior.Color = RGB(255, 255, 0) Then     '判断rng的底纹颜色是否黄色
        CountColor = CountColor + 1            '让CountColor的值增加1
     End If                                    'If语句到此结束
  Next rng                                     'For Each语句到此结束
End Function                                   'Function过程到此结束
```

利用For Each语句依次判断arr变量，即函数参数指定区域中每个单元格的底纹颜色是否黄色。

自定义函数返回的结果，就是保存到Function过程名称中的数据。

代码编辑好后，就可以在工作表中使用自定义的函数了，如图3-93所示。

```
=countcolor(A1:B10)
```

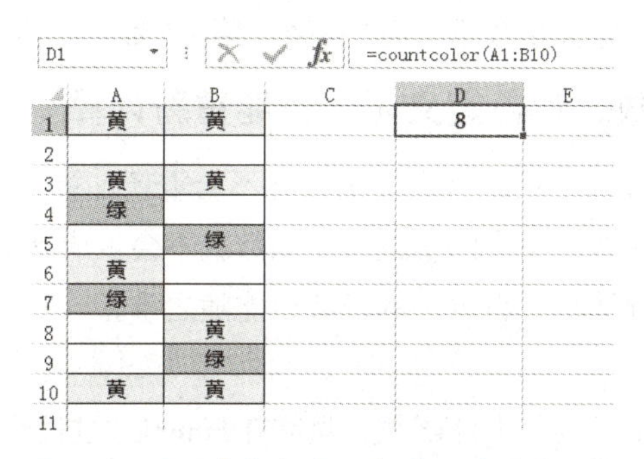

D1　=countcolor(A1:B10)

	A	B	C	D	E
1	黄	黄		8	
2					
3	黄	黄			
4	绿				
5		绿			
6	黄				
7	绿				
8		黄			
9		绿			
10	黄	黄			
11					

图 3-93　使用参数指定函数要统计的单元格

4. 通过参数指定要统计的颜色

如果想让函数能统计区域中任意颜色，如蓝色、绿色……单元格的个数，还可以给自定义的函数设置第2参数，通过第2参数指定要统计的颜色，将代码写为：

函数的两个参数都是Range类型的变量，使用时只能将参数设置为单元格区域。其中，第1参数是要统计的单元格区域，第2参数是包含目标颜色的单元格。计算时，函数将统计第1参数中与第2参数的单元格底纹颜色相同的单元格个数。

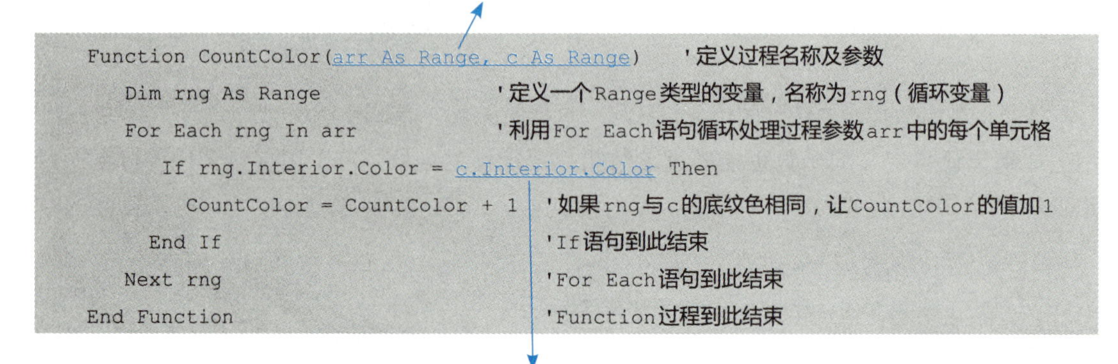

```
Function CountColor(arr As Range, c As Range)      '定义过程名称及参数
    Dim rng As Range                       '定义一个Range类型的变量，名称为rng（循环变量）
    For Each rng In arr                    '利用For Each语句循环处理过程参数arr中的每个单元格
        If rng.Interior.Color = c.Interior.Color Then
            CountColor = CountColor + 1        '如果rng与c的底纹色相同，让CountColor的值加1
        End If                                 'If语句到此结束
    Next rng                                   'For Each语句到此结束
End Function                                   'Function过程到此结束
```

这里不再使用RGB函数生成黄色，而是使用变量c（第2参数）来确定要统计的颜色。

代码编辑好后，就可以使用这个自定义的函数了，如图3-94所示。

```
=countcolor(A1:C10,E1)
```

F1 =countcolor(A1:C10,E1)

	A	B	C	D	E	F	G
1	黄	黄	黄		绿	5	
2	绿						
3	黄	黄	黄				
4		绿					
5	黄		绿				
6	黄	黄					
7		绿					
8	黄		黄				
9			绿				
10	黄	黄	黄				
11							

图3-94　统计A1:C10中与E1底纹颜色相同的单元格个数

如果需要，还可以为自定义函数添加第3参数、第4参数……方法大家应该都懂了吧？

5. 设置易失性函数，让自定义函数也能重新计算

有时，当工作表重新计算之后，自定义函数并不会重新计算。如在工作表中使用3.12.2小节中定义的生成随机数的函数，按【F9】键后，函数就不会生成新的随机值。

如果想让工作表重新计算后，自定义的函数也能随之重新计算，就应该将自定义函数定义为易失性函数。

要把一个自定义函数定义为易失性函数，只需在Function过程开始时添加一行代码即可。

```
Application.Volatile True
```

示例代码如下。

```
Public Function Fun()
    Application.Volatile True          '将函数设置为易失性函数
    Fun = Int(Rnd() * 10) + 1          '随机生成一个1到10之间的整数，保存在Fun中
End Function
```

如果将自定义函数设置为易失性函数，无论工作表中哪个单元格重新计算，易失性函数都会重新计算。非易失性函数只有函数的参数发生改变时才会重新计算。

但是，有利也有弊。因为任意单元格重算都会引起易失性函数重新计算，所以大量使用易失性函数也会增加表格的计算量，影响到表格的重算速度，因此，除非必须需要，否则不建议将自定义的函数定义为易失性函数。

注意：在本例中，因为更改单元格的背景颜色不会导致任何单元格重新计算，所以，无论是否将自定义函数定义为易失性函数，更改单元格的底纹颜色后，本节中编写的自定义函数CountColor都不会重新计算。

3.12.5　声明Function过程的语句结构

所有写在[]里的参数或语句都是可选的。

可以规定函数返回值的数据类型。

```
[Public|Private][Static] Function 函数名([参数列表]) [As 数据类型]
    [语句块]
    [函数名=过程结果]
    [Exit Function]
    [语句块]
    [函数名=过程结果]
End Function
```

定义Function过程的语句同定义Sub过程的语句类似。同Sub过程一样，Function过程也分为公共过程和私有过程，如果想要声明一个私有过程，就一定要加上Private关键字。

3.13　排版和注释，让编写的代码阅读性更强

编程就像做事，得讲究条理。先做什么，后做什么，安排好了，执行起来才不会走弯路，花无用功。

除了在操作上要有条理之外，还应尽量让编写代码条理清晰，便于阅读，也便于后期维护或与他人共享。所以，在使用VBA编程时，除了要遵循VBA的语法规则外，还需养成一些好的习惯。

3.13.1　代码排版，必不可少的习惯

就像在Word中写文章，同样的内容，是否经过精心排版，对读者的吸引力肯定不一样。要想让自己编写的代码层次清晰，阅读性更强，排版的过程也必不可少。

那么，排版代码应该做些什么呢？

1. 缩进，让代码更有层次

使用任何语言编程，都一定会要求对某些代码进行缩进处理，因为缩进可以让程序中的语句结构更明了，层次更清晰，如图3-95所示。

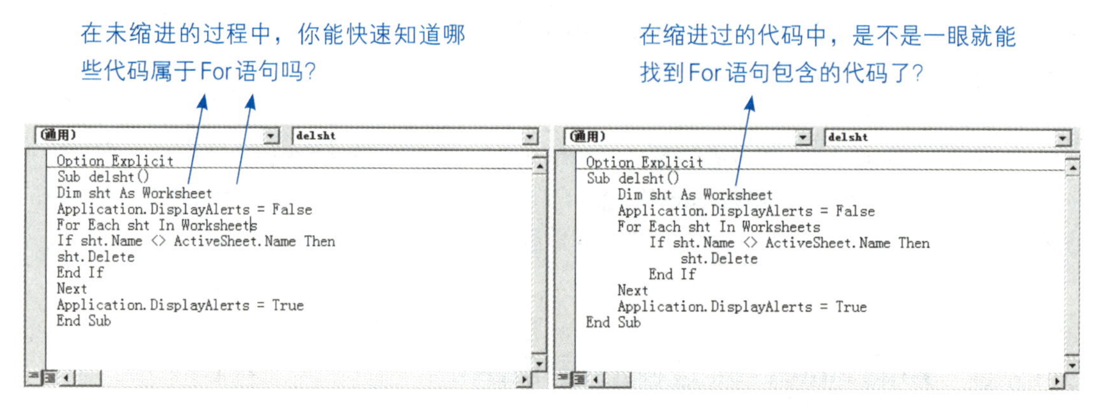

图3-95　缩进前后的代码

2. 哪些代码应该缩进

在VBA中，过程的语句要比过程名缩进一定的字符，在If语句、Select Case语句、For...Next等循环语句、With语句等之后也要对代码缩进，缩进一般为一个【Tab】键的宽度（4个空格），如图3-96所示。

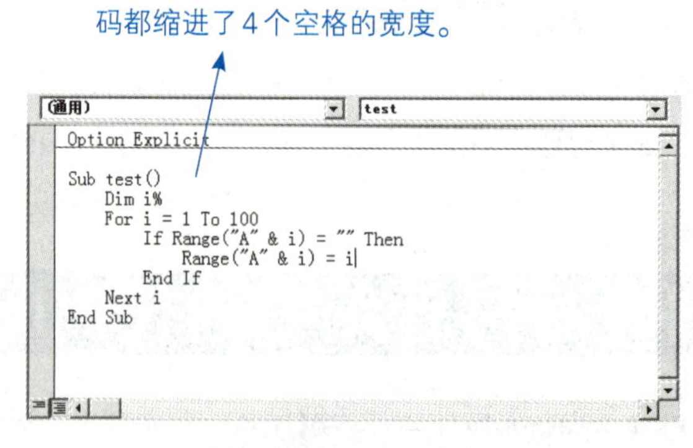

图3-96　代码缩进的宽度

在缩进某行或某块代码时可以选中代码块（如果是一行，只需将光标定位到行首而不用选中它），按【Tab】键（或依次执行【编辑】→【缩进】命令）即可将代码统一缩进一个【Tab】

键的宽度，如图3–97所示。

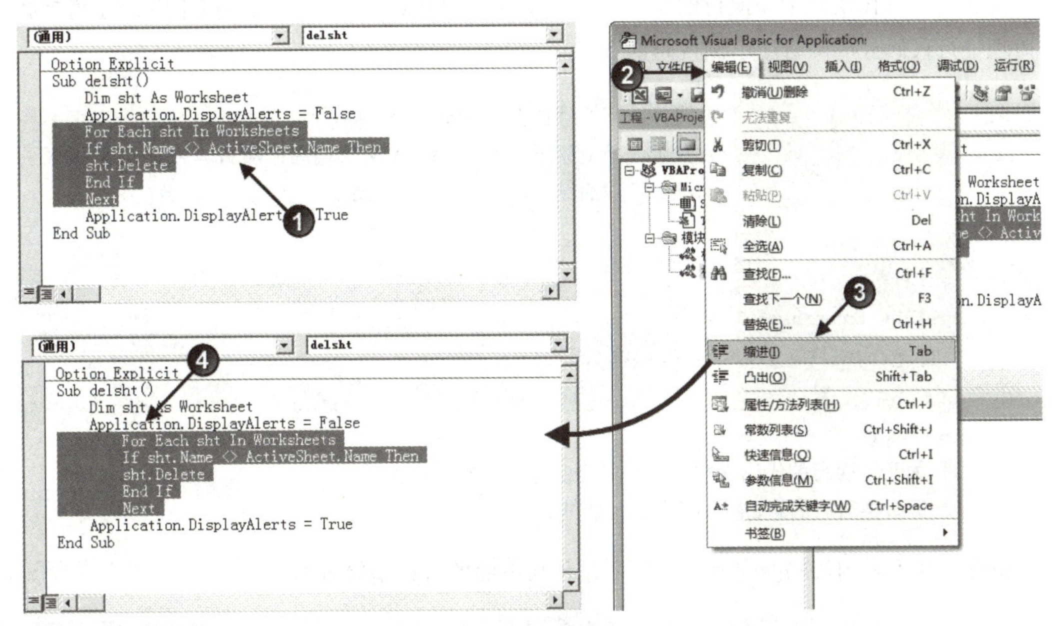

图 3-97 利用菜单命令缩进代码

如果选中已缩进的代码，按【Shift+Tab】组合键（或依次执行【编辑】→【凸出】命令），则可将选中的代码取消缩进一个【Tab】键的宽度。

一个【Tab】键的宽度默认为4个空格，可以在【选项】对话框中修改，如图3–98所示。

在VBE中，依次执行【工具】→【选项】命令，即可调出该对话框。

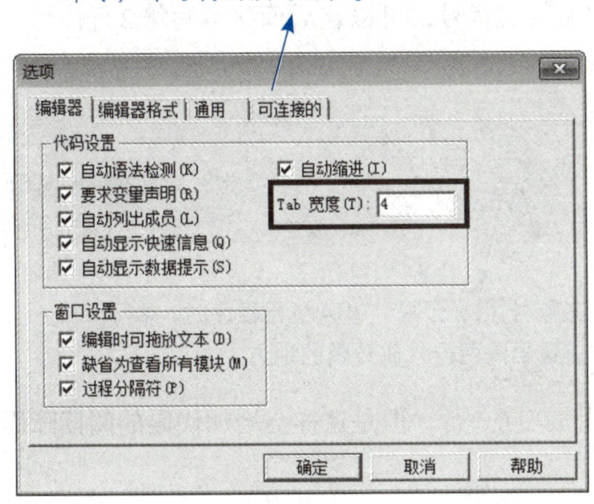

图 3-98 设置【Tab】键的宽度

3. 将长行代码显示为多行

在VBA中，一行代码就代表一个命令。为了保证命令的完整性，VBA不允许将一行代码直接按【Enter】键将其改写为多行。

而有些很长的代码，如果直接写成一行，并不便于阅读或编辑。如果对一行代码的确有换行的需求，可以在代码中要换行的位置输入一个空格和下划线“ _”，然后按【Enter】键换行，即可把一行代码分成两行。示例代码如下。

注意，下划线的前面还有一个空格。
如果一行VBA代码以空格和下划线结尾，那VBA知道，这一行代码还没有结束，下一行代码也是这行代码的一部分。

```
Sub test()
    Application.Workbooks("Book1").Worksheets("Sheet1") _
        .Range("A1:D100").Font.Bold = True
End Sub
```

为了将换行的代码在视觉上和其他完整的一行代码区分开，换行后的第2行代码应适当缩进。

换行，并不影响代码的完整性，这个过程与下面的过程是等效的：

```
Sub test()
    Application.Workbooks("Book1").Worksheets("Sheet1").Range("A1:D100").Font.Bold = True
End Sub
```

有一点需要注意，虽然可以把一行代码分成两行、三行甚至更多行，但盲目地分行却不是好习惯，一般当一行代码长度超过80个字符时，我们才会考虑对其换行。

4. 把多行短代码合并显示为一行

在第1行代码后面加上英文冒号，可以在后面接着写第2行代码。通过这样的方法可以把多行短代码合并成一行代码。

```
Sub test()
    Dim a%, b%, c%: a = 1: b = 2: c = 3      '定义3个变量，分别给3个变量赋值
End Sub
```

各行代码之间用英文冒号（:）分隔，VBA执行程序时，看到这样的冒号就知道这里是两行代码分隔的地方。

尽管可以把多行代码写在同一行，但是这样会增加代码的阅读障碍，建议大家别这样做。

3.13.2 为特殊语句添加注释，让代码的意图清晰明了

注释语句就像商品的说明书，用来介绍VBA代码的功能及意图，编写的代码有什么用途，可以通过注释语句作简要说明。

1. 在VBA过程中添加注释语句

注释语句以英文单引号开头，可以放在句子的末尾，也可以单独写在一行，如图3-99所示。

无论注释语句是否单独写成一行，都必须以英文单引号开头。

```
Sub test()
    Dim i As Integer      '定义一个Integer类型的变量，名称为i
    '利用For循环语句，向单元格中输入数据
    For i = 1 To 10
        Cells(i, "A") = i
    Next
End Sub
```

在【代码窗口】中，所有的注释语句都显示为绿色，如图3-99所示。VBA在执行过程时，并不会执行这些绿色的注释语句。

```
(通用)                    test
Option Explicit

Sub test()
    Dim i As Integer    '定义一个Integer类型的变量，名称为i
    '利用For循环语句，向单元格中输入数据
    For i = 1 To 10
        Cells(i, "A") = i
    Next
End Sub
```

图3-99 显示为绿色的注释语句

当注释语句单独成一行时，可以使用Rem关键字代替单引号。

Rem关键字告诉VBA，这一行代码是注释语句，不用执行它。

```
Sub test()
    Dim i As Integer                    '定义一个Integer类型的变量，名称为i
    Rem利用For循环语句，向单元格中输入数据
    For i = 1 To 10
        Cells(i, "A") = i
    Next i
End Sub
```

千万不要认为注释语句没用，相信我，多数人不出3个月就会忘记自己所写代码的用途，所以，哪怕只是为自己，也应该为较为重要的代码添加注释。

2. 注释还有其他妙用

在调试程序时，如果怀疑某行代码存在错误不想执行它，可以在代码行前加个单引号(或

Rem关键字)将其转为注释语句，而不用删除它。当需要恢复这些代码时，只要将单引号(或Rem关键字)删除即可，这是调试代码时常用的一个技巧。

在注释代码的过程中，如果需要注释一整块代码，可以借助【编辑】工具栏中的【设置注释块】命令来完成，如图3-100所示。

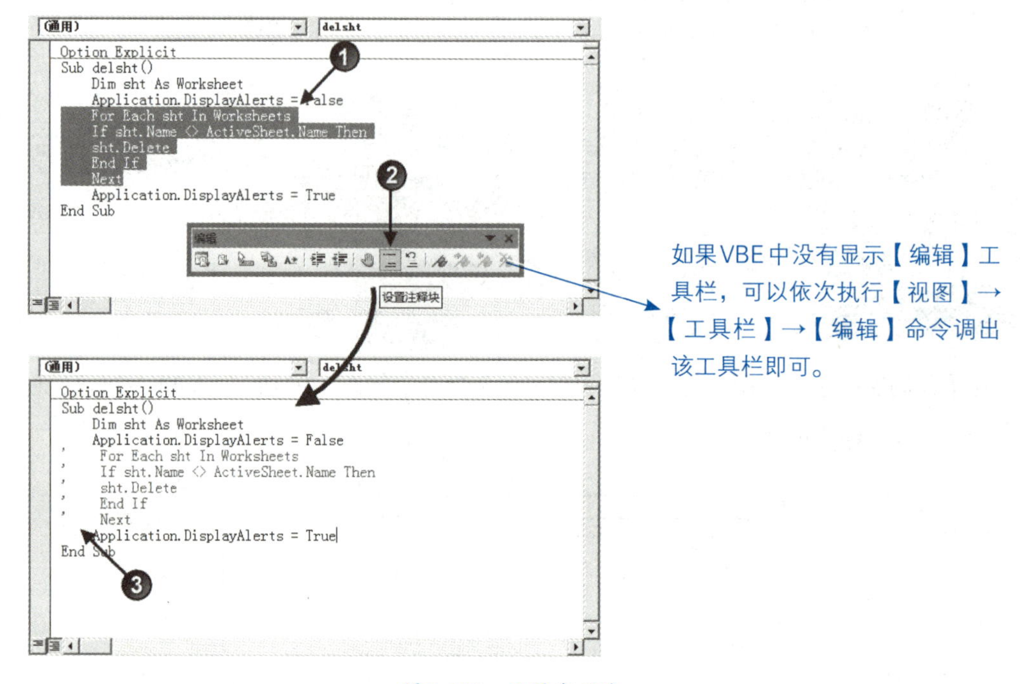

图3-100　注释代码块

如果想取消注释，将代码还原成普通代码，就选中已经注释的语句块，单击【编辑】工具栏中的【解除注释块】按钮，如图3-101所示。

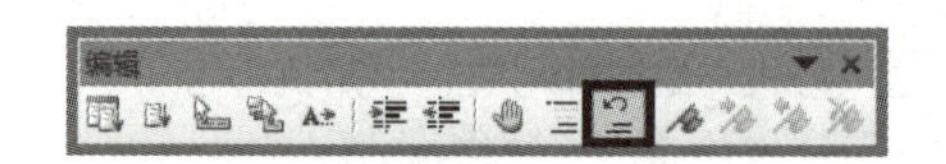

图3-101　【编辑】工具栏中的【解除注释块】按钮

操作对象，解决工作中的实际问题

在武侠的世界里，学习一门剑法，需要学习这种剑法的心法和招式，当然，更重要的还得准备一把剑。

令狐冲的独孤九剑再厉害，赤手空拳也发挥不出来吧？

只有按心法、招式控制手中的剑，才能使出招术奇妙、威力强大的剑招来。

使用VBA编程就像练习剑法，语法就是心法和招式。掌握心法和招式后，就该学习怎样控制手中的剑了。

在VBA世界里，“剑”就是Excel中的各种对象和数据。

本章就来看看，怎样操作各种不同的对象，来解决工作中遇到的问题。

4.1 与Excel交流，需要熟悉的常用对象

4.1.1 用VBA编程就像在厨房里烧菜

巧妇难为无米之炊。再聪明伶俐的媳妇只守着空灶台，也烧不出任何饭菜。必须打开冰箱，取出瘦肉、葱、蒜……然后洗、切、炒……最后大勺一挥，那盘色香味美的鱼香肉丝才能摆上饭桌，如图4-1所示。

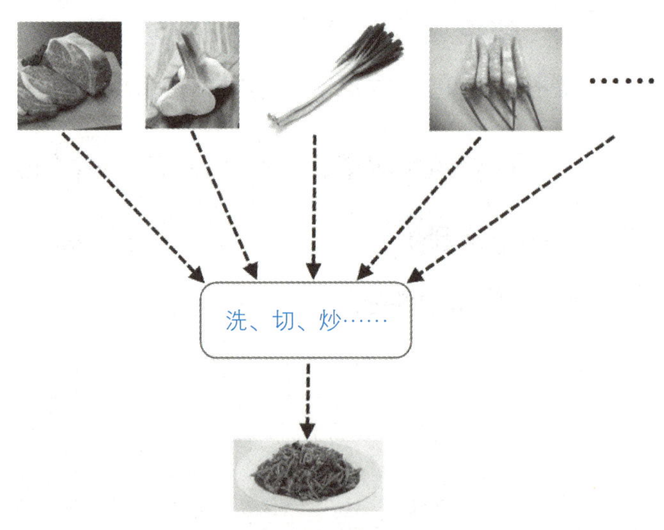

图4-1 做菜的步骤

用VBA编程就像烧菜，盘子里的菜就是按做菜的方法对材料进行加工写出的程序。

VBA编程需要的材料就是VBA中的对象。

想要编写VBA程序，首先要懂得如何打开“冰箱”，找出合适的材料，然后加工它。

4.1.2 VBA通过操作不同的对象来控制Excel

作为一个Excel用户，每天都在重复着打开、关闭工作簿，输入、清除单元格内容的操作，而这些其实都是在操作Excel的对象。

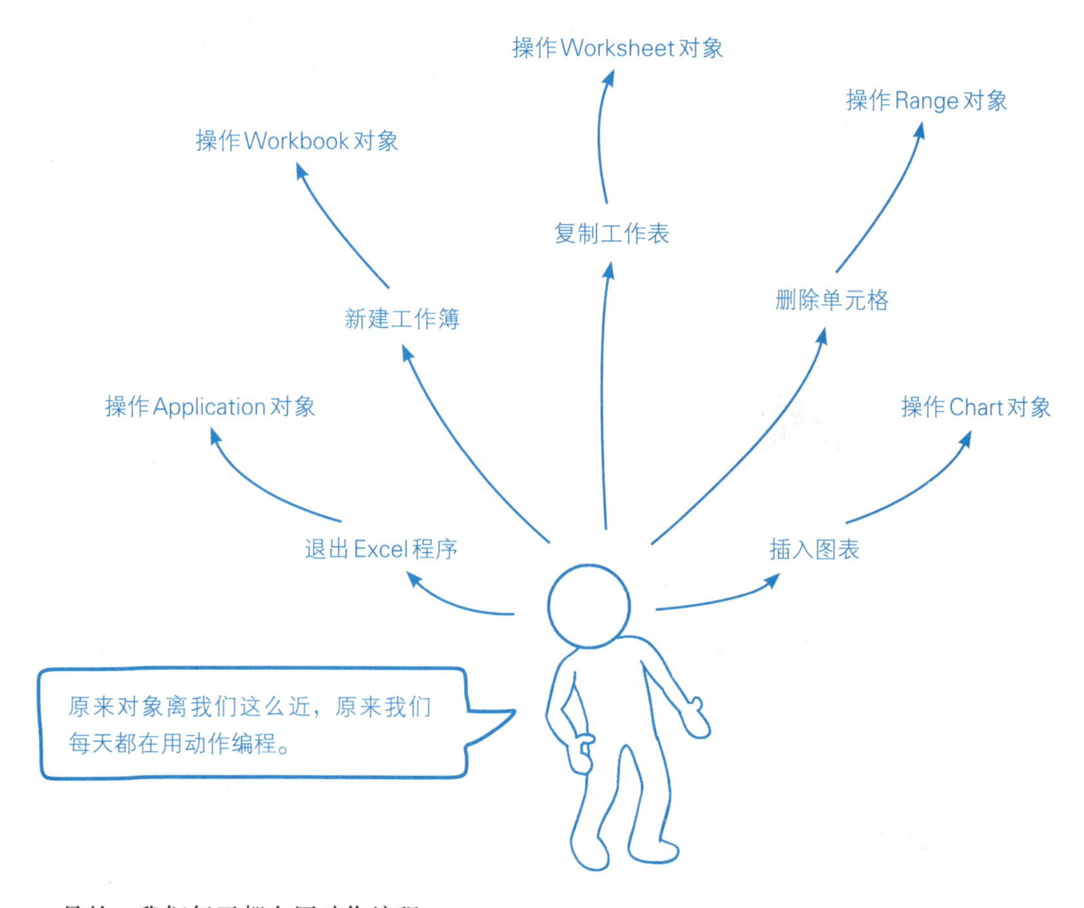

是的，我们每天都在用动作编程。

实际上，VBA程序就是用代码记录下来的一个或一串操作，如想在“Sheet1”工作表的A1单元格输入数值“100”，完整的代码为：

```
Application.Worksheets("Sheet1").Range("A1").Value = 100
```

无论是用动作还是代码完成这个任务，都是在操作对象。所以，编写VBA程序，就是用VBA语句引用对象并有目的地操作它。

4.1.3 使用VBA编程，应该记住哪些对象

1. 烧菜时只需准备需要的材料

菜市场的菜花样繁多，买菜时应该买什么？红烧鱼很香，但家里人从来不吃，买菜时要不要买？

买菜只买需要的，而不用买下整个菜市场。

认识对象也是如此，想用VBA编程，并不用记住所有的对象，记住那些经常用到的对象即可。对于那些不常用或根本不可能用到的对象，只要在需要用到时能熟练地打开帮助，像查字典一样找到它就够了。

家里人虽然平时不吃红烧鱼，也不需要准备。如果偶尔那么一天，忽然想吃红烧鱼了，出门转角，打个的，告诉司机："菜市场！"一去一来，十五分钟，相信也不会太麻烦！

2. 我们平时经常操作哪些对象

不需要的菜坚决不买，需要的菜也千万不要落下。

菜市场，一去一来，十五分钟，的确不远。但是菜洗好了，发现没有买油，然后，出门打的……

十五分钟后，继续烧菜，菜烧到一半，却发现没有买辣椒，于是，再一次奔向菜市场……

又十五分钟后，继续烧菜，菜快烧好了，才发现没有买葱……

冰箱中应该准备的，当然是生活常用品。

想知道学习VBA需要记住哪些常用的对象，先想一想我们日常工作中经常会操作哪些对象。表4-1所示的对象对大多数人而言，应该都是经常在操作的吧。

表4-1 Excel VBA中常用的对象

对象	对象说明
Application	代表Excel应用程序（如果在Word中使用VBA，就代表Word应用程序）
Workbook	代表Excel的工作簿，一个Workbook对象代表一个工作簿文件
Worksheet	代表Excel的工作表，一个Worksheet对象代表工作簿中的一张普通工作表
Range	代表Excel中的单元格，可以是单个单元格，也可以是单元格区域

我认为，只要记住这些对象，并能熟练地用代码操作它们，执行一些常用的操作，基本就可以了。了解并学习用VBA代码操作这些对象，正是本章要学习的内容。

4.2 一切从我开始，最顶层的Application对象

Application对象代表Excel程序本身，它就像一棵树的根，Excel中所有的对象都以它为起

点，生根发芽，开枝散叶。实际编程时，会经常用到它的许多属性和方法。

4.2.1　用ScreenUpdating属性设置是否更新屏幕上的内容

1. 分步计算的问题需要分步回答

新来的老师站在讲台上，手指窗户边："喂，那个边上的同学……对，就是你，那个头大的男孩，老师问你一个问题。"

大头儿子，班上的学习委员。

"38加25。""63"不假思索就回答了。

"再减15。""48"

"再减36。""12"

……

五年级的学生，二年级的问题，大头儿子有些不服气。

"老师，你能不能一次说完，我能算10步运算的。"

……

在课堂上，大头儿子需要对老师提出的计算题分步解答，将每一步计算的结果告诉老师，直到得到最后的计算结果。但如果老师不需要中间每一步的计算结果，可以将所有要执行的计算全部交给大头儿子，让大头儿子在心里完成整个计算过程，完成后再将最后的计算结果告诉老师。

大头儿子说："我很喜欢这样的问答方式。因为，省略回答中间步骤的结果，省时又省力。"

2. 在Excel中完成一个任务，往往需要执行多步操作

在使用Excel解决一个问题时，往往需要执行多步操作或计算。无论是通过手动还是VBA代码完成这些操作，默认情况下，Excel都会将每步操作所得的结果显示到屏幕上。示例代码如下。

```
Sub InputTest()
    Cells.ClearContents                      '清除工作表中所有数据
    Range("A1:A10").Value = 100              '在A1:A10单元格中输入数值
    MsgBox "刚才在A1:A10输入数值100，你能看到结果吗？"
    Range("B1:B10").Value = 200
    MsgBox "刚才在B1:B10输入数值200，你能看到结果吗？"
End Sub
```

这个过程包含了5行代码，一行代码执行一个操作，执行过程后，就可以看到每行代码操作的结果，如图4-2所示。

就像大头儿子回答老师的问题一样，如果不提前作说明，Excel就会将每一步操作和计算的结果都及时显示到屏幕上。

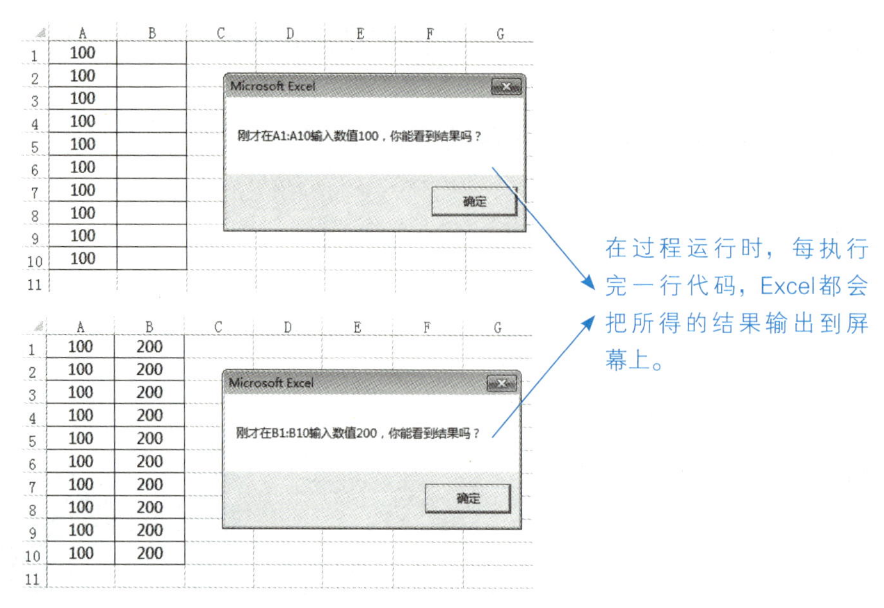

图4-2　执行程序时分步显示操作结果

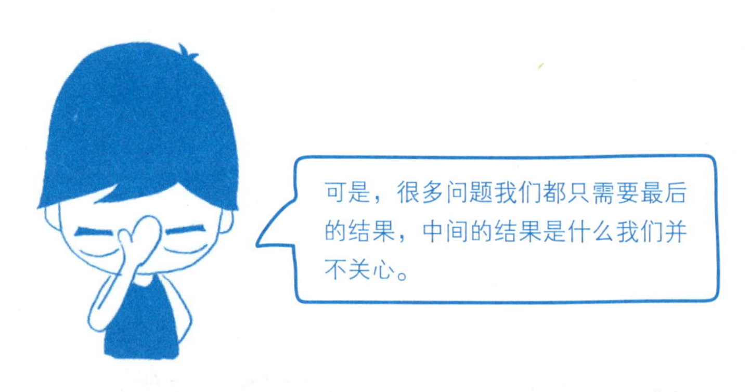

如果不需要查看中间的计算或操作结果，可以让Excel使用“心算”的方法执行代码，待全部操作和计算完成后，再将最后的结果显示到屏幕上。

3. 让Excel不将计算结果显示到屏幕上

Application对象的ScreenUpdating属性就是控制屏幕更新的开关。如果将ScreenUpdating属性设置为False，Excel将会关闭屏幕更新，我们将看不到程序执行的结果。反之，如果将ScreenUpdating属性设置为True，Excel将会开启屏幕更新，我们将能看到程序每一步操作和计算的结果。

如果不想让程序将中间的计算结果和操作过程显示到屏幕上，可以在程序中将ScreenUpdating属性设置为False，关闭屏幕更新，示例代码如下。

ScreenUpdating属性的默认值为True，如果设置为False，在重新开启屏幕更新前，我们将在屏幕上看不到这行代码之后的操作或计算结果。

```
Sub InputTest()
    Cells.ClearContents
    Application.ScreenUpdating = False                    '关闭屏幕更新
```

```
    Range("A1:A10").Value = 100
    MsgBox "刚才在A1:A10输入数值100，你能看到结果吗？"
    Range("B1:B10").Value = 200
    MsgBox "刚才在B1:B10输入数值200，你能看到结果吗？"
    Application.ScreenUpdating = True            '重新开启屏幕更新
End Sub
```

如果在程序中将ScreenUpdating属性设置为False，一定要记得在程序结束前将其重新设置为True。

让我们来看看执行这个程序后的结果是什么样，如图4-3所示。

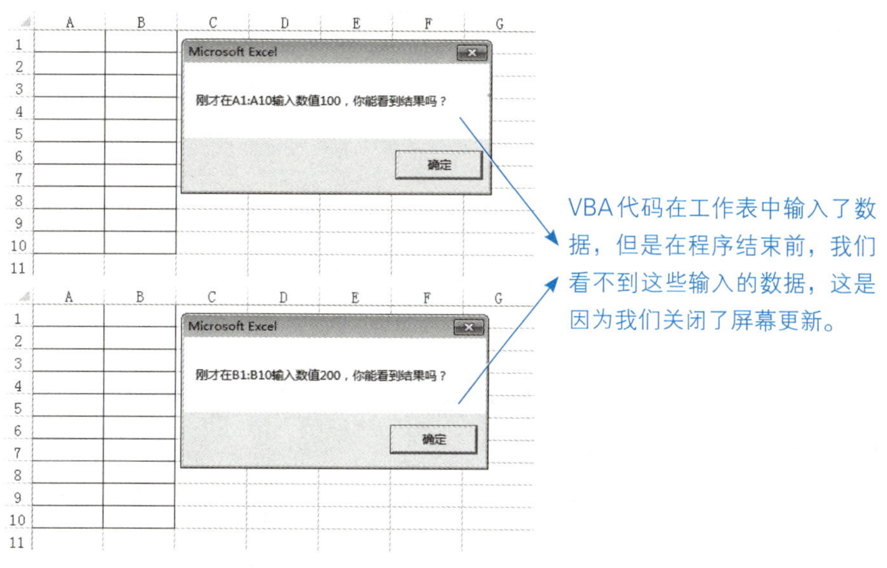

图4-3　在程序中关闭了屏幕更新

只有当单击最后一个对话框中的【确定】按钮，待程序结束执行后，我们才能在工作表中看到输入的数据，如图4-4所示。

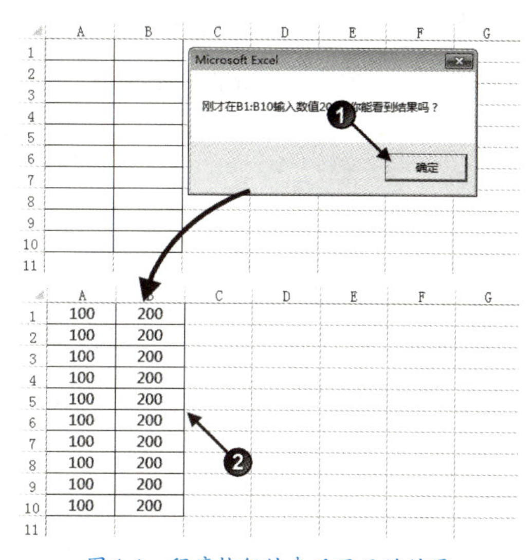

图4-4　程序执行结束后显示的结果

4.2.2 设置DisplayAlerts属性禁止显示警告对话框

1. 删除工作表就会显示警告对话框

当我们在Excel中执行某些操作，如删除工作表时，Excel会显示一个警告对话框，让我们确定是否需要执行这个操作，如图4-5所示。

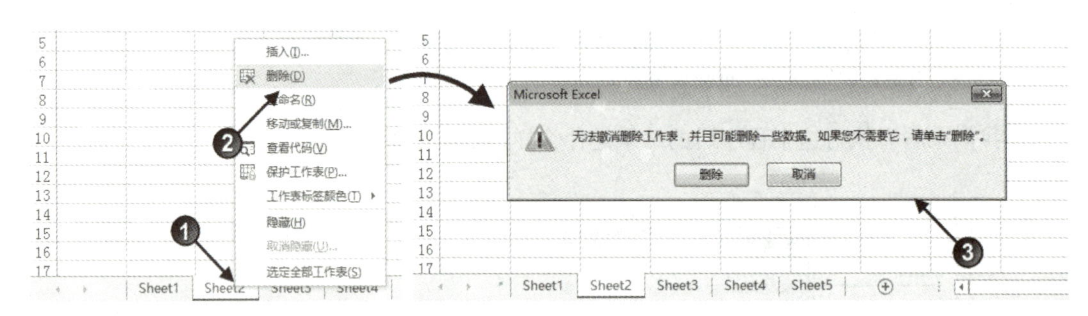

图 4-5　删除工作表时显示的警告对话框

对于这类操作，无论是通过手动完成，还是通过VBA代码完成，Excel都会显示相应的警告对话框。

示例代码如下。

```
Sub DelSht()
    Dim sht As Worksheet
    For Each sht In Worksheets
        If sht.Name <> ActiveSheet.Name Then            '判断sht引用的是否是活动工作表
            sht.Delete                                  '删除sht引用的工作表
        End If
    Next sht
End Sub
```

这是一个删除工作簿中除活动工作表之外其他工作表的程序，我们希望执行程序后，能将所有活动工作表之外的工作表全部删除，如图4-6所示。

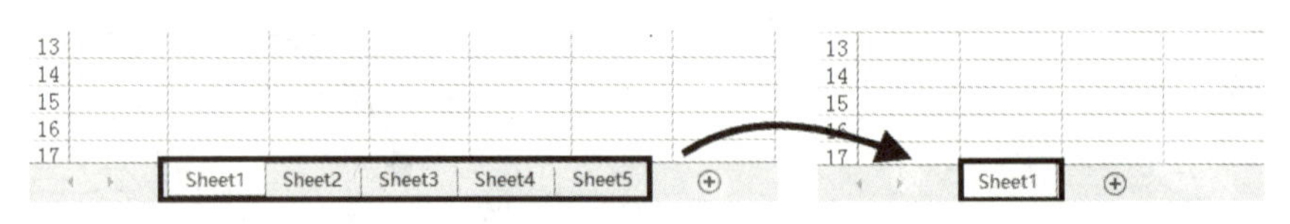

图 4-6　删除工作表的效果

但是，当我们执行这个程序后，却没有得到想要的结果，如图4-7所示。

程序没有直接删除工作表，而会在删除每一张工作表前都显示警告对话框，只有单击【删除】按钮后才会执行删除操作。

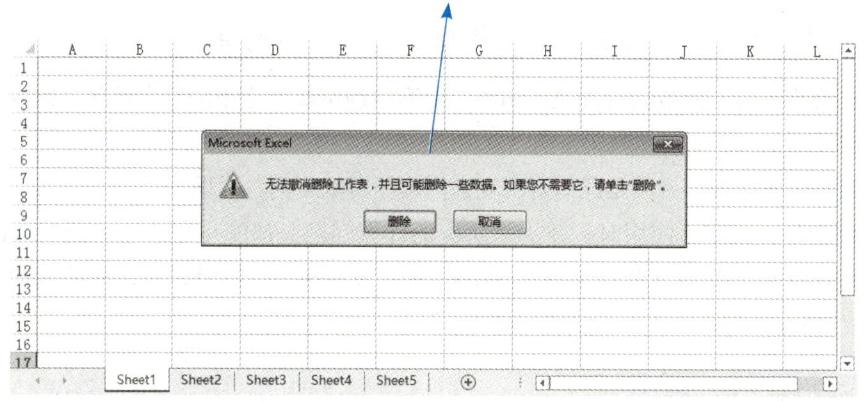

图 4-7　用 VBA 程序删除工作表时显示的警告对话框

如果有100张工作表要删除，就需要单击【确定】按钮100次，这和手动删除有什么区别？这样的程序也太不专业了。

2. 让Excel不显示警告对话框

出于很多原因，我们都希望Excel在程序执行的过程中不显示类似的警告对话框，这可以通过设置Application对象的DisplayAlerts属性为False来实现。

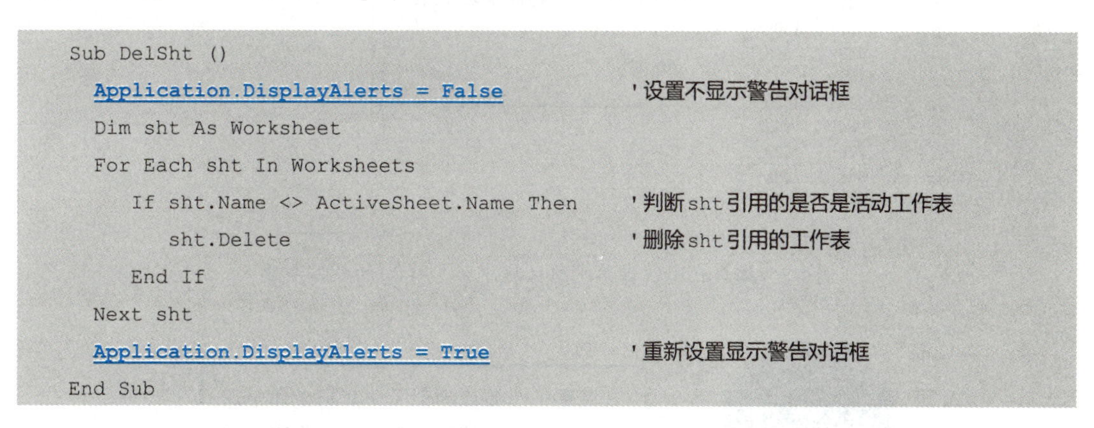

```
Sub DelSht ()
  Application.DisplayAlerts = False                  '设置不显示警告对话框
  Dim sht As Worksheet
  For Each sht In Worksheets
     If sht.Name <> ActiveSheet.Name Then            '判断sht引用的是否是活动工作表
        sht.Delete                                   '删除sht引用的工作表
     End If
  Next sht
  Application.DisplayAlerts = True                   '重新设置显示警告对话框
End Sub
```

修改完成后，再次运行程序，Excel就不会显示警告对话框，直接删除工作表了。

Application对象的DisplayAlerts属性默认值为True。如果不想在程序运行时被提示和警告消息打扰，可以在程序开始时将属性值设为False。但是如果在程序中设置了该属性的值为False，在程序结束前应将其重新设置为True。

4.2.3 借助WorksheetFunction属性使用工作表函数

1. 如果没有函数，解决问题可能需要编写许多代码

VBA中有许多内置函数，合理使用函数，能有效地解决工作中的许多难题，减少编写代码的工作量。

可以毫不夸张地说，函数是我们解决复杂问题不可缺少的一大助手。

但遗憾的是，在实际使用时，并不是所有的计算问题，都能在VBA中找到对应的函数来解决。如想统计A1:B50单元格区域中大于1000的数值有多少个，就没有现成的函数，需要编写Function或Sub过程来解决，示例代码如下。

```
Sub CountTest()
  Dim mycount As Integer, rng As Range
  For Each rng In Range("A1:B50")
     If rng.Value > 1000 Then mycount = mycount + 1
  Next
  MsgBox "A1:B50中大于1000的数据个数为：" & mycount
End Sub
```

执行这个程序后的效果如图4-8所示。

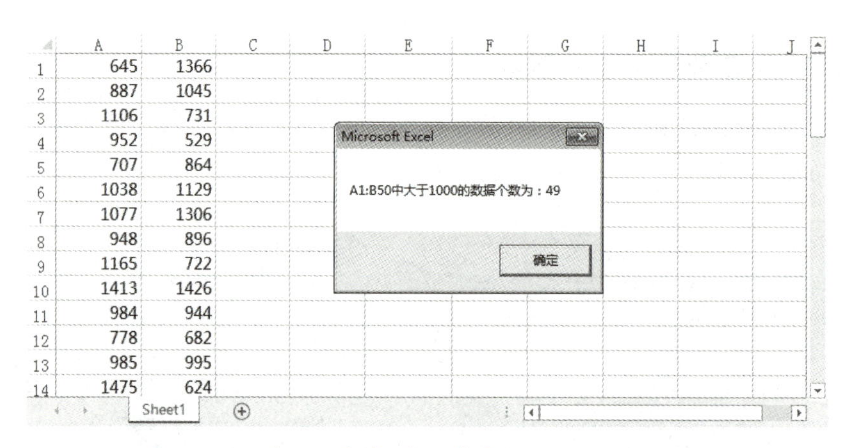

图4-8　编写代码统计单元格区域中大于1000的数据个数

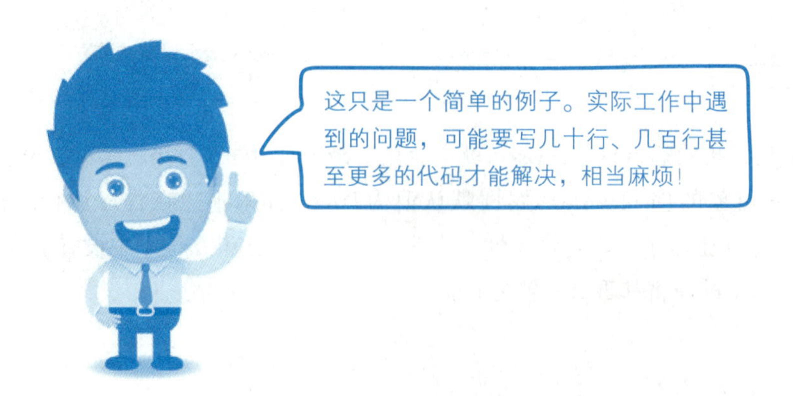

这只是一个简单的例子。实际工作中遇到的问题，可能要写几十行、几百行甚至更多的代码才能解决，相当麻烦！

2. 为什么不使用COUNTIF函数

不使用COUNTIF函数解决，是因为COUNTIF不是VBA函数，VBA中也没有类似COUNTIF的函数。除了COUNTIF函数，其他很多常用的工作表函数，如SUMIF、TRANSPOSE、VLOOKUP、MATCH等函数VBA中也没有。

其实不必为此感到遗憾，因为在VBA中，使用Appplication对象的WorksheetFunction属性就可以调用这些函数。

前面的问题，如果要使用工作表中的COUNTIF函数来解决，可以将代码写为：

```
Sub CountTest()
    Dim mycount As Integer
    mycount = Application.WorksheetFunction.CountIf(Range("A1:B50"), ">1000")
    MsgBox "A1:B50中大于1000的数据个数为:" & mycount
End Sub
```

调用工作表函数时，工作表函数名称前应加上这一串代码。

注意：如果VBA中已经有了相同功能的函数，就不能再通过WorksheetFunction属性引用工作表中的函数，否则会出错。例如，要计算“ABCDE”包含的字符数，应将代码写为Len("ABCDE")，而不能写为Application.WorksheetFunction.Len("ABCDE")。并且，并不是所有的工作表函数都能通过WorksheetFunction属性来调用。

4.2.4 设置属性，更改Excel的工作界面

Excel就像一位漂亮的姑娘，我们可以随心所欲地打扮她。梳个漂亮的发型，画一画她的眉毛，整理衣服……小女孩的脸上有鼻子、眼睛、嘴巴等，Excel的脸上也有“五官”，如标题栏、滚动条、状态栏、网格线等。

如果不想看到她的某个“器官”，可以把它隐藏起来，如果你觉得她的“单眼皮”不好看，可以动手改造一下，这些都可以通过设置Application对象的各种属性实现。

想知道隐藏网格线应该设置什么属性，可以使用宏录制器录下隐藏网格线的操作，从录下的宏代码中查找答案。

考考你

1. 可以通过设置Application对象的属性来更改Excel的界面。运行Excel程序，进入VBE，在【立即窗口】中运行表4-2中的每句代码，然后把看到的结果写下来，将表格补充完整。

表4-2　　设置Application对象的属性来修改Excel的界面

在【立即窗口】中执行的代码	修改的区域	代码执行后的效果
Application.Caption = "我的Excel"	标题栏	
Application.Caption = "Microsoft Excel"	标题栏	
Application.DisplayFormulaBar = False	编辑栏	
Application.DisplayStatusBar = False	状态栏	
Application.StatusBar = "正在计算，请稍候……"	状态烂	
Application.StatusBar = False	状态栏	
ActiveWindow.DisplayHeadings =False	行标和列标	

2. 可以更改的项目很多，应该用什么代码，别忘记借助录制宏功能查找答案。试一试，你能将表4-3列出的操作翻译成VBA代码吗?

表4-3　修改Excel的界面

代码执行后的效果	代码
隐藏工作表标签	
隐藏水平滚动条	
隐藏垂直滚动条	
隐藏网格线	

手机扫描二维码，可以查看我们准备的参考答案。

4.2.5　Application对象的子对象

Application是Excel中所有对象的起点，它就像一棵大树的树根，树上所有的枝杈都是以它为起点，工作簿、工作表、单元格、图片等对象都是这棵大树上的枝杈。我们把这些对象称为Application对象的子对象。

可以通过引用Application对象的不同属性来获得这些不同的子对象。例如：

```
Application.Workbooks ("Book1")
```

这行代码返回的是名称为“Book1”的工作簿对象。

通常，在使用VBA代码操作某个对象时，都应先使用类似的方式，从Application对象开始，逐层引用对象，如要引用Book1工作簿Sheet1工作表中的A1单元格，应使用代码：

```
Application.Workbooks("Book1").Worksheets("Sheet1").Range ("A1")
```

引用对象的代码，就像快递单上的收货地址，告诉我们要操作对象的位置。在寄快件时，只有准确写明收件人所在的省、市、县等信息，快递员才不会将北京的快件发到上海，才不会把张三的快件送到李四家。

通常，在VBA中引用一个对象，都应该按这种方式，从最顶层的对象开始，写清该对象所在的位置。但对一些特殊的对象，在引用时也不必按这种严谨的方式去引用。

如想在当前选中的单元格中输入数据“300”，因为“选中的单元格”是一个特殊的对象，所以，代码可以写为：

Application对象的Selection属性返回工作簿中选中的对象。

```
Application.Selection.Value = 300
```

对象名称Application还可以省略不写，直接将代码写为：

```
Selection.Value = 300
```

除了Selection属性，还可以通过Application对象的其他属性引用到某些特殊对象，如表4-4所示。

表4-4　　Application对象的常用属性

属性	返回的对象
ActiveCell	当前活动单元格
ActiveChart	当前活动工作簿中的活动图表
ActiveSheet	当前活动工作簿中的活动工作表
ActiveWindow	当前活动窗口
ActiveWorkbook	当前活动工作簿
Charts	当前活动工作簿中所有的图表工作表
Selection	当前活动工作簿中所有选中的对象
Sheets	当前活动工作簿中所有Sheet对象，包括普通工作表、图表工作表、Microsoft Excel 4.0宏表工作表和Microsoft Excel 5.0对话框工作表
Worksheets	当前活动工作簿中的所有Worksheet对象（普通工作表）
Workbooks	当前所有打开的工作簿

4.3　管理工作簿，了解Workbook对象

4.3.1　Workbook对象是Workbooks集合中的一个成员

1. Workbooks就是所有工作簿对象组成的集合

想知道Workbook和Workbooks之间有什么关系，让我们先想想英语中单数和复数名词之间的关系。

在英语中，可数名词后加上s后就变成复数，表示多个。如表示一本书时用book，表示多本书时应使用books。

就像英语中的可数名词，在VBA中，Workbook代表一个工作簿，加上s后的Workbooks表示当前打开的所有工作簿，即工作簿集合。

提示： 想了解对象和集合之间的关系，还可以阅读3.7节中的相关内容。

2. 怎么引用集合中的某个工作簿

引用工作簿，就是指明工作簿在工作簿集合中的位置或名称。这让我想到上学时体育老师授课的情境。

老师嘴里的“同学”是一个笼统的称呼，是所有同学的集合。应该由哪个同学来做示范？同学们都不清楚，因为老师没有使用正确的引用方式，没有指明要做示范的同学的身份。

同样，引用集合中的某张工作簿时，如果不指明工作簿的身份，VBA就弄不清楚应该引用哪张工作簿。

要在VBA中引用工作簿，常用的方法有以下两种。

方法一：使用索引号引用工作簿。

索引号指明一个工作簿在工作簿集合中的位置。Excel按打开工作簿文件的先后顺序为它们编索引号，如图4-9所示。

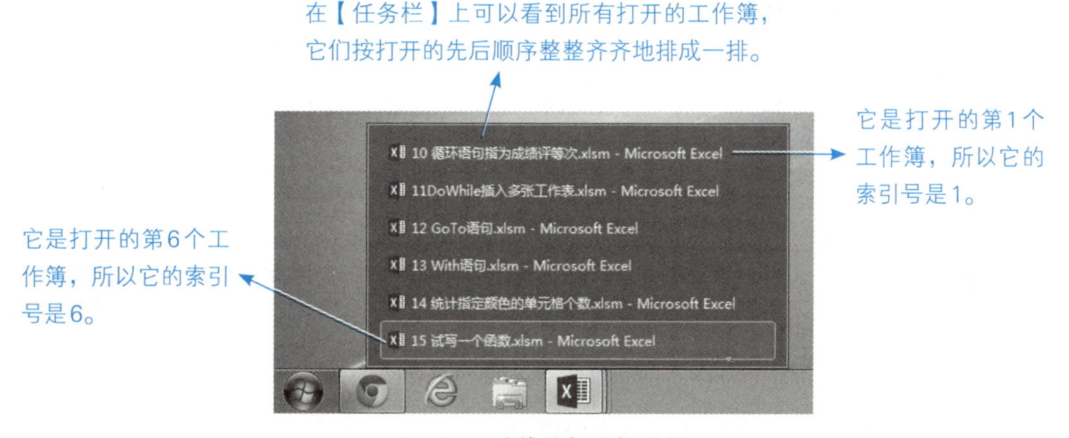

图4-9　工作簿对象的索引号

操场上，同学们整整齐齐地排成一队，叶枫排在第3位。老师命令：“第3个同学，出列！”大家都知道，老师叫的是叶枫。

如果要引用Workbooks集合中的第3个Workbook，可以将代码写为：

索引号告诉VBA，现在引用的是工作簿集合中的第几个工作簿。

```
Workbooks.Item(3)
```

使用时，可以省略属性名称Item，将代码写为：

3是要引用的工作簿对象的索引号，要引用的工作簿不同，使用的索引号也不同。

```
Workbooks(3)
```

方法二：利用工作簿名引用工作簿。

如果操场上排队的同学人数发生变化，每个同学的索引号都可能会随之改变。

第1次排队，叶枫排在队列里的第3位，第2次排队，可能排在第2位或第4位。如果老师始终这样下命令：“3号出列！”还能把叶枫叫出来吗？

同样，在Excel中，如果改变了打开的工作簿，其中各个对象的索引号也可能会发生改变。

原来打开5个工作簿，想引用最后一个工作簿，应该用代码：

```
Workbooks(5)
```

如果将其中的第3个工作簿关闭，想引用最后一个工作簿，使用的代码应该改为：

关闭一个工作簿后，打开的工作簿还有4个，最后一个工作簿的索引号就随之变成了4。

```
Workbooks(4)
```

一个对象在集合中的索引号不固定，当要反复关闭或打开工作簿时，使用索引号来引用工作簿并不是最安全的方法。

这时，我们可以换一种方式去引用工作簿——使用工作簿的名称引用工作簿。

就像上体育课时，无论队列中的人数如何变化，如果总想让叶枫同学出列，老师可以选择使用该同学的名字：“叶枫，该你做示范了。”

在VBA中，如果想引用名称为“Book1”的工作簿，可以使用代码：

括号中的参数是表示工作簿名称的字符串或字符串变量，用来告诉VBA，现在引用的是集合里叫什么名字的工作簿。

```
Workbooks("Book1")
```

如果系统设置了显示已知类型文件的扩展名，当引用一个已经保存的工作簿文件时，文件名称还应带上扩展名，例如：

```
Workbooks("Book1.xlsm")
```

在Excel 2013中，启用宏的Excel文件扩展名为“.xlsm”。

考考你

新建一个工作簿，在不保存的情况下，打开【立即窗口】，分别在其中执行代码：

```
? Workbooks("Book1").Name
```

如果新建的工作簿默认名称不是“Book1”，就将“Book1”更改为对应的名称。

```
? Workbooks("Book1.xlsm").Name
```

试一试，代码都能执行吗？在一个已经保存的工作簿（启用宏的工作簿）里再试一试，看代码都能执行吗？

想一想，在使用名称引用工作簿时，什么时候可以使用扩展名，什么时候不能使用扩展名？把你的总结写下来。

手机扫描二维码，可以查看我们准备的参考答案。

4.3.2 访问对象的属性，获得工作簿文件的信息

可以在VBA程序中，通过代码获得指定工作簿的名称、保存的路径等文件信息，示例代码如下。

```
Sub WbMsg()
    Range("B2") = ThisWorkbook.Name           '获得工作簿的名称
    Range("B3") = ThisWorkbook.Path           '获得工作簿文件所在的路径
    Range("B4") = ThisWorkbook.FullName       '获得带路径的工作簿名称
End Sub
```

ThisWorkbook是代码所在的工作簿对象。

执行这个程序后的效果如图4-10所示。

项目	信息内容
文件名称	访问对象的属性，获得工作簿文件的信息.xlsm
文件路径	D:\我的文件
带路径的文件名称	D:\我的文件\访问对象的属性，获得工作簿文件的信息.xlsm

图4-10　获取工作簿对象的信息

4.3.3 用Add方法创建工作簿

要创建一个工作簿文件，可以使用Workbooks对象的Add方法。

1. 创建空白工作簿

如果直接调用Workbooks对象的Add方法，而不设置任何参数，Excel将创建一个只含普通工作表（Wroksheet对象）的新工作簿，该工作簿包含的工作表张数是Excel默认的（默认情况下，新建的工作簿包含3张工作表，可以通过设置工作簿的SheetsInNewWorkbook属性来更改这一数量），示例代码如下。

```
Workbooks.Add
```

2. 指定用来创建工作簿的模板

如果想将某个工作簿文件作为新建工作簿的模板，可以使用Add方法的Template参数指定该文件的名称及其所在目录，示例代码如下。

```
Workbooks.Add Template:= "D:\我的文件\模板.xlsm"
```

可以省略参数名称Template，将代码写为：

```
Workbooks.Add "D:\我的文件\模板.xlsm"
```

参数是表示一个现有的Excel文件名的字符串，如果设置了该参数，新建的工作簿将以字符串指定的工作簿文件作为模板。

3. 指定新建的工作簿包含的工作表类型

Excel中一共有4种类型的工作表，可以在新建工作表时的【插入】对话框中看到，如图4-11所示。

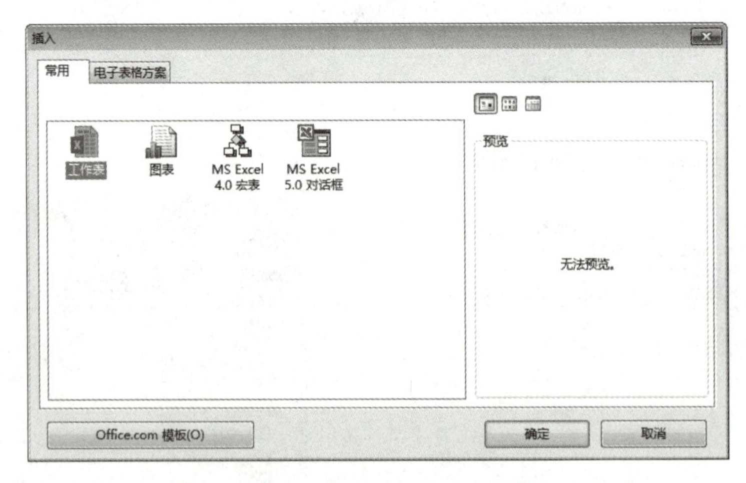

图4-11 【插入】对话框中的工作表类型

这4种工作表类型分别是：普通工作表、图表工作表、Microsoft Excel 4.0宏表工作表和Microsoft Excel 5.0对话框工作表。

在这4种类型的工作表中，我们使用最多的是第1种，就是平时用来保存数据的普通工作表——Worksheet对象。

如果不替Add方法设置参数，那使用该方法新建的工作簿中只包含第1种工作表，如果想让新建的工作簿包含其他类型的工作表，应使用参数指定，示例代码如下。

```
Workbooks.Add Template:=xlWBATChart        '让新建的工作簿包含图表工作表
```

不同类型的工作表对应的参数值如表4-5所示。

表4-5　　用Add方法的参数指定新建的工作簿包含的工作表类型

参数值	工作簿包含的工作表类型
xlWBATWorksheet	普通工作表
xlWBATChart	图表工作表
xlWBATExcel4MacroSheet	Microsoft Excel 4.0宏表工作表
xlWBATExcel4IntlMacroSheet	Microsoft Excel 5.0对话框工作表

4.3.4　用Open方法打开工作簿

打开一个Excel的工作簿文件，最简单的方法就是使用Workbooks对象的Open方法，示例代码如下。

Filename参数用于指定要打开的文件名称（包含路径）。

```
Workbooks.Open Filename:= "D:\我的文件\模板.xlsm"
```

方法Open和参数Filename之间用空格分隔，参数及参数值之间用“:=”连接。

在实际使用时，代码中的参数名称Filename可以省略不写，将代码写为：

```
Workbooks.Open "D:\我的文件\模板.xlsm"
```

更改代码中的路径及文件名称，即可打开其他的工作簿文件。

除了Filename参数，Open方法还有14个参数，用来决定以何种方式打开指定的文件，但平时很少用到这些参数。如果需要，大家可以借助VBA帮助来了解这些参数的信息。

4.3.5　用Activate方法激活工作簿

虽然可以同时打开多个工作簿文件，但同一时间只能有一个工作簿是活动的。如果想让不活动的工作簿变为活动工作簿，可以用Workbooks对象的Activate方法激活它，例如：

这里是使用工作簿的名称来引用工作簿，也可以使用其他方法来引用它。

```
Workbooks("工作簿1").Activate
```

4.3.6 保存工作簿文件

1. 用Save方法保存已经存在的文件

保存工作簿可以使用Workbook对象的Save方法，例如：

```
ThisWorkbook.Save                    '保存代码所在的工作簿
```

2. 用SaveAs方法将工作簿另存为新文件

如果是第1次保存一个新建的工作簿，或需要将工作簿另存为一个新文件时，应该使用SaveAs方法，例如：

```
ThisWorkbook.SaveAs Filename:= "D:\test.Xlsm"        '将代码所在工作簿保存到D盘
```

Filename参数用于指定文件保存的路径及文件名称，如果省略路径，默认将文件保存在当前文件夹中。

3. 另存新文件后不关闭原文件

同手动执行【另存为】命令一样，使用SaveAs方法将工作簿另存为新文件后，Excel将关闭原文件并自动打开另存为得到的新文件，如果希望继续保留原文件不打开新文件，应该使用SaveCopyAs方法。例如：

```
ThisWorkbook.SaveCopyAs Filename:=" D:\test.Xls"
```

4.3.7 用Close方法关闭工作簿

调用工作簿对象的Close方法，可以关闭打开的工作簿。例如：

Workbooks代表所有打开的工作簿。

```
Workbooks.Close                          '关闭当前打开的所有工作簿
```

可以通过索引号、名称等指定要打开的工作簿，例如：

```
Workbooks("Book1").Close                 '关闭名称为Book1的工作簿
```

用Close方法关闭工作簿，与手动单击Excel界面中的【关闭】按钮来关闭工作簿一样，如果工作簿被更改过而且没有保存，在关闭工作簿前，Excel会通过对话框询问是否保存更改，如图4-12所示。

图 4-12　是否保存工作簿的提示框

如果不想让Excel显示该对话框，可以通过设置Close方法的参数，确定在关闭工作簿前是否保存更改，例如：

将参数savechanges的值设为True，VBA会在关闭工作簿前先保存工作簿，如果不想保存，就将参数值设为False。

```
Workbooks("Book1").Close savechanges:=True          '关闭并保存对工作簿的修改
```

可以省略代码中的参数名称savechanges，将代码写为：

```
Workbooks("Book1").Close True
```

4.3.8　ThisWorkbook与ActiveWorkbook

ThisWorkbook和ActiveWorkbook都是Application对象的属性，都返回Workbook对象。但是，它们之间并不是等同的，ThisWorkbook是对**代码所在工作簿**的引用，ActiveWorkbook是对**活动工作簿**的引用。

让我们通过一个小程序来了解它们之间的区别。

打开一个工作簿，在工作簿中输入下面的程序：

```
Sub wb()
    Workbooks.Add                                      '新建一个工作簿，新建的工作簿会成为活动工作簿
    MsgBox "代码所在的工作簿为：" & ThisWorkbook.Name    '显示代码所在工作簿的名称
    MsgBox "当前活动工作簿为：" & ActiveWorkbook.Name    '显示活动工作簿的名称
    ActiveWorkbook.Close savechanges:=False            '关闭新建的工作簿，不保存修改
End Sub
```

执行这个程序，Excel会先后显示图4-13、图4-14所示的两个对话框，通过对话框中的信息，相信大家都能明白ThisWorkbook与ActiveWorkbook对象之间的区别了。

图 4-13　ThisWorkbook引用的工作簿的名称

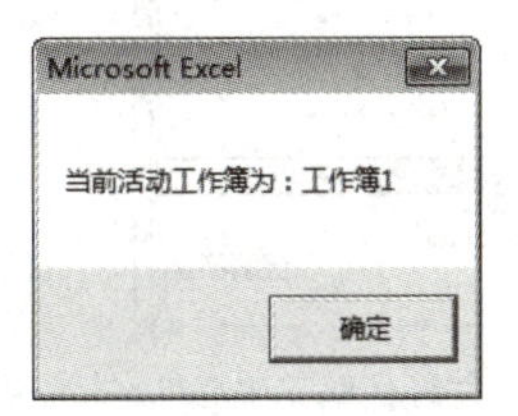

图 4-14　ActiveWorbook引用的工作簿的名称

4.4 操作工作表，认识Worksheet对象

一个Worksheet对象代表一张普通的工作表，Worksheets是多个Worksheet对象的集合，包含指定工作簿中所有的Worksheet对象。

4.4.1 引用工作表的3种方法

同工作簿一样，可以通过工作表的索引号或工作表的标签名称来引用工作表，如图4-15所示。

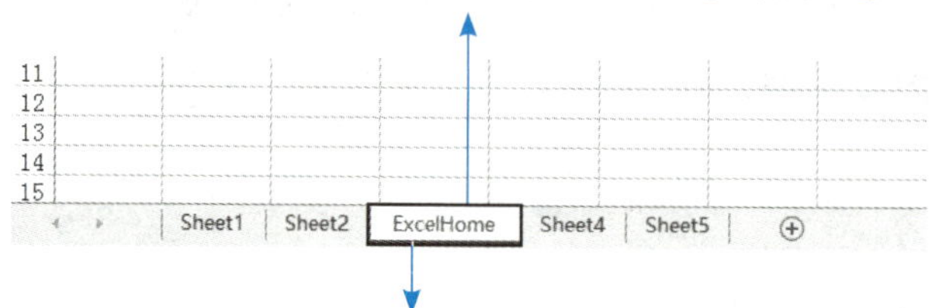

图4-15 工作表的索引号和标签名称

要引用工作表，只要将它的索引号或标签名称告诉VBA，让VBA将它同集合中的其他成员区分开就行了。如果要引用图4-15中标签名称为“ExcelHome”的工作表，可以选用下面3条语句中的任意一条：

```
Worksheets.Item(3)    '引用工作簿中的第3张工作表
```

```
Worksheets(3)         '引用工作簿中的第3张工作表
```

```
Worksheets("ExcelHome")  '引用工作簿中标签名称
                         为"ExcelHome"的工作表
```

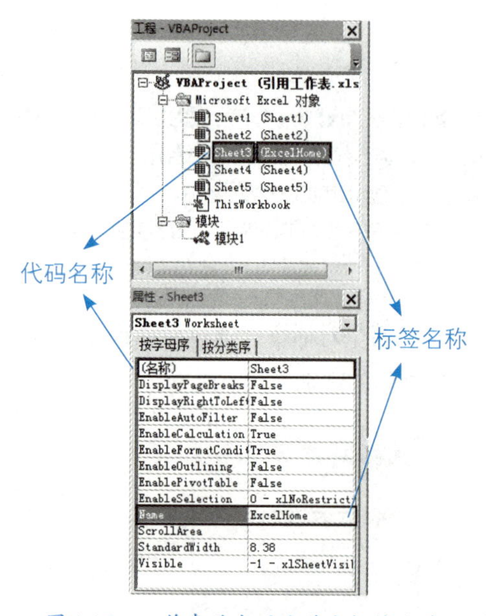

图4-16 工作表的代码名称和标签名称

除此之外，还可以使用工作表的**代码名称**引用工作表。工作表的代码名称，可以在VBE的【工程资源管理器】或【属性窗口】中看到，如图4-16所示。

工作表的代码名称，不会随工作表标签名称或索引号的改变而改变，工作表的代码名称也只能在【属性窗口】中修改。因此，当工作表的索引号或标签名称可能会被更改时，使用代码名称引用工作表是更合适的选择。

与使用索引号或标签名称引用工作表不同，使用代码名称引用工作表，只需直接写代码名称而不需先写集合名称Worksheets，例如：

```
Sheet3.Range("A1")=100          '在代码名称为Sheet3的工作表的A1单元格输入100
```

Sheet3是代码名称，VBA执行这行代码时，知道要引用的是哪张工作表。

如果想获得某张工作表的代码名称，可以访问工作表的CodeName属性，例如：

```
MsgBox ActiveSheet.CodeName          '用对话框显示活动工作表的代码名称
```

4.4.2　用Add方法新建工作表

1. 在活动工作表前插入一张工作表

如果想在活动工作表前插入一张新工作表，可以调用Worksheets对象的Add方法，例如：

```
Worksheets.Add                  '在活动工作表前插入一张新工作表
```

如果不替Add方法设置任何参数，Excel将在活动工作表前插入一张工作表。

2. 用before或after参数指定插入工作表的位置

如果想将新插入的工作表放在工作簿中的指定位置，应通过before或after参数指定，例如：

```
Worksheets.Add before:= Worksheets(1)          '在第一张工作表前插入一张新工作表
```

before或after参数用来指定插入工作表的位置，**同时只能选用一个。**

```
Worksheets.Add after:= Worksheets(1)          '在第一张工作表后插入一张新工作表
```

3. 用Count参数指定要插入的工作表数量

如果要同时插入多张工作表，可以通过Add方法的Count参数指定，例如：

Count参数告诉VBA应该插入几张工作表，如果省略该参数，Excel默认插入1张工作表。

```
Worksheets.Add Count:=3          '在活动工作表前插入3张工作表
```

考考你

在实际使用时，可以同时给Add方法设置多个参数（各参数间用逗号分隔），既指定要插入工作表的位置，也指定要插入的工作表数量。

试一试，在当前工作簿中最后一张工作表前，一次性插入两张新工作表，你能做到吗？把你的代码写下来。

手机扫描二维码，可以查看我们准备的参考答案。

4. Add方法还有哪些参数

想知道Add方法还有哪些参数，可以在【代码窗口】中，输入方法名称后按【Space】键（空格键），VBE会自动显示该方法的所有参数。编写代码时，我们也可以根据这个提示对各参数进行设置，如图4-17所示。

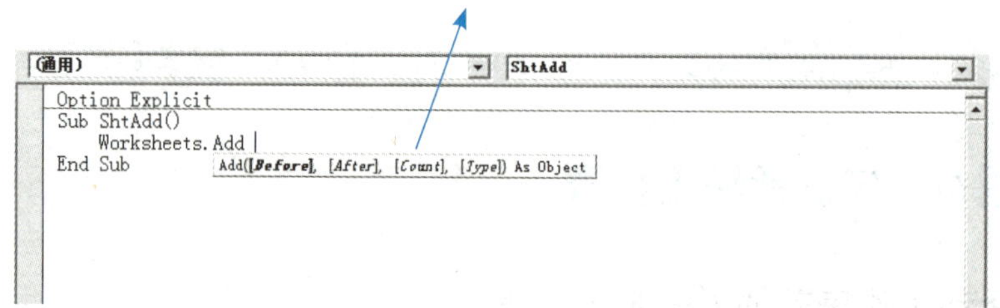

图4-17　VBE自动显示Add方法的参数信息

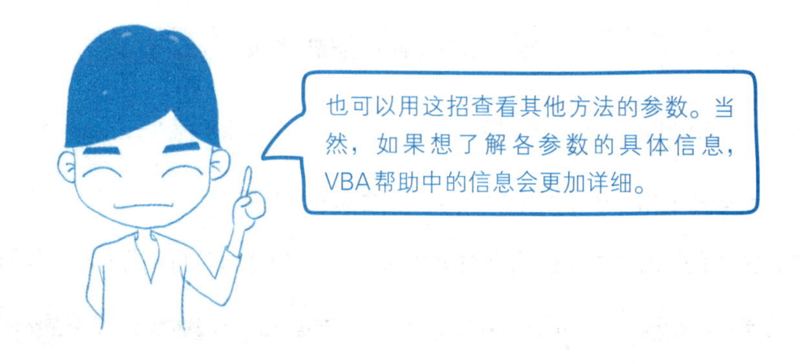

也可以用这招查看其他方法的参数。当然，如果想了解各参数的具体信息，VBA帮助中的信息会更加详细。

4.4.3　设置Name属性，更改工作表的标签名称

在工作簿中新插入的工作表，总是按Sheet1、Sheet2、Sheet3……的方式命名。这样的工作表名称，不能直观地体现工作表的用途及其中保存的数据。

如果想替工作表设置一个说明性更强的标签名称，可以通过Name属性来设置，例如：

```
Worksheets(2).Name = "工资表"        '将第2张工作表的标签名称更改为"工资表"
```

如果是新建的工作表，可以在新建工作表后，用新的一行代码设置其标签名称，例如：

```
Sub ShtAdd()
    Worksheets.Add before:=Worksheets(1)        '在第1张工作表前新建1张工作表
    ActiveSheet.Name = "工资表"                  '将新建的工作表更名为"工资表"
End Sub
```

新插入的工作表总是会成为活动工作表，所以用ActiveSheet就一定能引用到新插入的工作表。

如果只插入一张工作表，还可以在新建工作表的同时指定它的标签名称，例如：

```
Sub ShtAdd()
    '在第1张工作表前插入1张名称为"工资表"的工作表
    Worksheets.Add(before:=Worksheets(1)).Name = "工资表"
End Sub
```

4.4.4 用Delete方法删除工作表

调用Worksheet对象的Delete方法可以删除指定的工作表，例如：

```
Worksheets("Sheet1").Delete            '删除标签名称为"Sheet1"的工作表
```

考考你

删除工作表时，Excel会弹出一个警告对话框。想取消显示它，还记得用什么方法吗？编写一个删除“工资表”的Sub过程，你能做到吗？

手机扫描二维码，可以查看我们准备好的参考答案。

4.4.5 激活工作表的两种方法

激活工作表就是让处于不活动状态的工作表变为活动工作表。在VBA中，可以使用Worksheet对象的Activate方法或Select方法激活指定的工作表，例如：

```
Worksheets(1).Activate            '激活活动工作簿中的第1张工作表
```

```
Worksheets(1).select              '激活活动工作簿中的第1张工作表
```

在大多数情况下，执行这两行代码得到的结果是相同的，都可以让活动工作簿中的第1张工作表成为活动工作表。

既然Activate和Select方法都可以让第1张工作表成为活动工作表，那它们之间的区别是什么？

考考你

想知道Activate和Select方法之间的区别吗？试着执行下面的操作，看看能否从中找到答案。

步骤❶：隐藏工作簿中的第1张工作表，试试用下面两种不同的方法激活它，看看能完成吗？

```
Worksheets(1).Activate        '激活活动工作簿中的第1张工作表
```

```
Worksheets(1).Select          '激活活动工作簿中的第1张工作表
```

步骤❷：试试用两种不同的方法同时选中多张工作表，看看能选中吗？

```
Worksheets.Activate        '选中活动工作簿中的所有工作表
```

```
Worksheets.Select          '选中活动工作簿中的所有工作表
```

通过对比，你知道Activate和Select这两种方法的区别吗？把你的结论写下来。手机扫描二维码，可以查看我们准备的参考答案。

4.4.6 用Copy方法复制工作表

Copy方法是Worksheet对象的另一种常用方法，使用它可以解决各种复制工作表的问题。

1. 将工作表复制到指定位置

如果想将工作表复制到指定的工作表之前或之后，需要通过Copy方法的before或after参数指定，例如：

```
Worksheets(3).Copy before:=Worksheets(1)     '将第3张工作表复制到第1张工作表前
```

before或after参数告诉VBA，应该把复制得到的工作表放在哪里。两个参数同时只能使用一个。

```
Worksheets(2).Copy after:=Worksheets(3)      '将第2张工作表复制到第3张工作表之后
```

2. 将工作表复制到新工作簿中

如果不替Copy方法设置参数，Excel会将指定的工作表复制到新工作簿中，例如：

```
Worksheets(1).Copy          '复制活动工作簿中的第1张工作表到新工作簿中
```

执行这行代码后，Excel会将第1张工作表复制到新工作簿中，复制得到的工作表标签名称与原表的标签名称完全相同，并且新工作簿中只有复制得到的工作表，如图4–18所示。

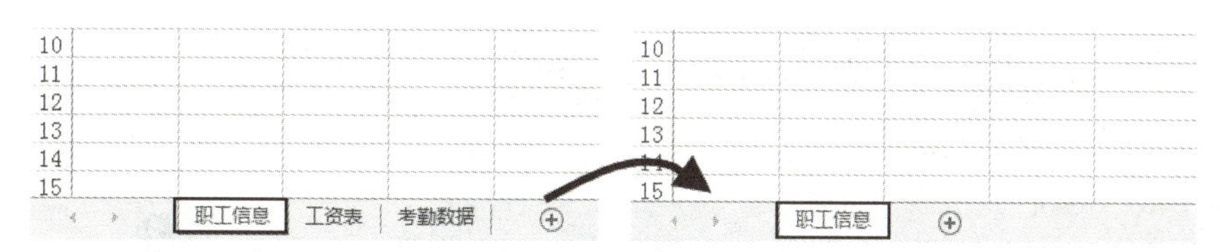

图4-18 将工作表复制到新工作簿中

提示：无论将工作表复制到哪里，复制得到的工作表总会成为活动工作表。在执行复制命令后，如果想对复制得到的工作表进行各种设置或操作，可以直接使用ActiveSheet引用它。

考考你

1. 使用参数和不使用参数时，复制的工作表名称一样吗？如果想把第2张工作表复制到第3张工作表之后，并将其标签名称设置为“复制结果”，你知道完整个的程序应该怎样写吗？试一试。

2. 动手写一个程序，将“工资表”工作表复制到新工作簿中，目标工作表名为“工资表备份”，同时将文件保存到D盘根目录下，文件名称为“1月工资表.xlsx”，要求保存后，原工作簿仍可以操作。你知道这样的程序应该怎样写吗？试一试。

手机扫描二维码，可以查看我们准备的参考答案。

4.4.7 用Move方法移动工作表

用Move方法可以将工作表移动到指定位置。

Move方法的用法与Copy方法类似，可以通过before或after参数设置移动工作表的目标位置，也可以不设置任何参数，将工作表移动到新工作簿中，例如：

```
Worksheets(3).Move before:=Worksheets(1)    '将第3张工作表移动到第1张工作表前
```

```
Worksheets(2).Move after:=Worksheets(3)     '将第2张工作表移动到第3张工作表之后
```

```
Worksheets(1).Move      '将第1张工作表移动到新工作簿中
```

同Copy方法一样，用Move方法移动工作表后，移动后的工作表将成为活动工作表。

4.4.8 设置Visible属性，隐藏或显示工作表

可以设置工作表的Visible属性来显示或隐藏指定的工作表。

如果想隐藏活动工作簿中的第1张工作表，可以使用下面3行代码中的任意一行：

```
Worksheets(1).Visible = False              '隐藏活动工作簿中的第1张工作表
```

```
Worksheets(1).Visible = xlSheetHidden       '隐藏活动工作簿中的第1张工作表
```

```
Worksheets(1).Visible = 0                   '隐藏活动工作簿中的第1张工作表
```

这三行代码的作用是一样的，等同于按图4-19所示的方法隐藏工作表。

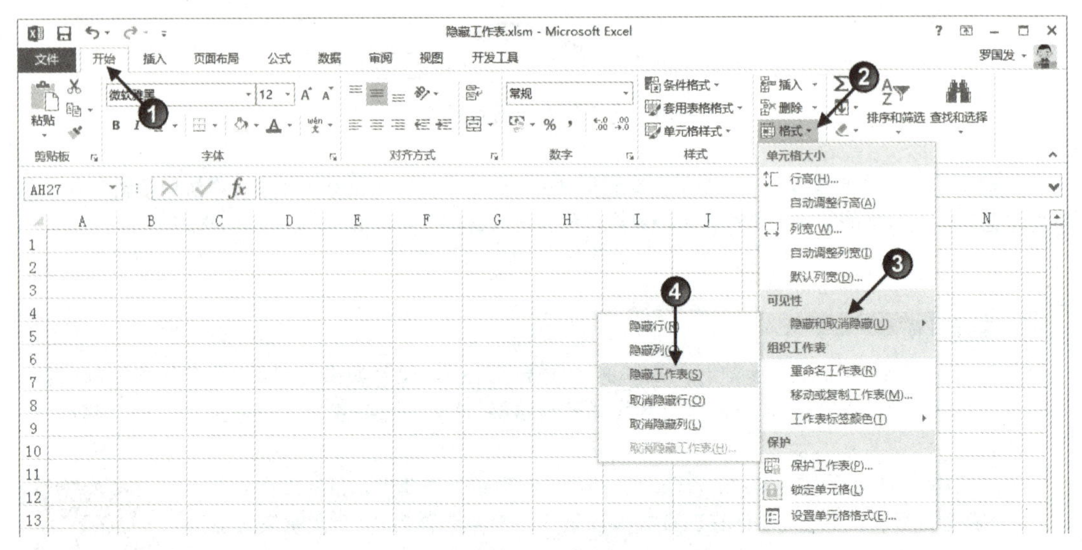

图 4-19　用菜单命令隐藏工作表

通过这种方法将工作表隐藏后，再依次执行【开始】→【格式】→【隐藏和取消隐藏】→【取消隐藏工作表】命令即可重新显示它。

如果不想让别人通过这种方法来取消隐藏的工作表，可以使用下面两行代码中的任意一行来隐藏工作表：

```
Worksheets(1).Visible = xlSheetVeryHidden   '隐藏活动工作簿中的第1张工作表
```

```
Worksheets(1).Visible = 2                   '隐藏活动工作簿中的第1张工作表
```

这两行代码的作用是一样的，但与之前的3行代码作用并不相同。通过这种方式隐藏的工作表，只能通过VBA代码，或在【属性窗口】中设置重新显示它，如图4-20所示。

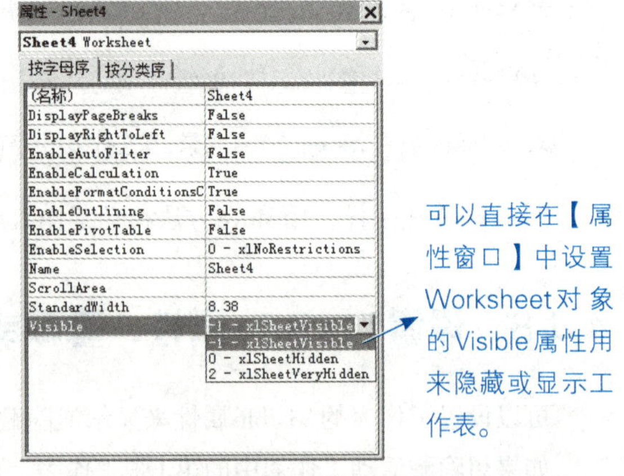

图 4-20　在【属性窗口】中隐藏或显示工作表

如果想用VBA代码显示已经隐藏的第1张工作表，可以使用下面4行代码中的任意一行：

```
Worksheets(1).Visible = True
```

```
Worksheets(1).Visible = xlSheetVisible
```

```
Worksheets(1).Visible = 1
```

```
Worksheets(1).Visible = -1
```

4.4.9　访问Count属性，获得工作簿中的工作表数量

Worksheets对象的Count属性返回工作簿中所有的工作表数量，例如：

Count属性返回集合中的成员个数。

```
Sub ShtCount()
    Dim mycount As Integer
    mycount = Worksheets.Count          '将工作表数量保存在变量中
    MsgBox "工作簿里一共有 " & mycount & " 张工作表！"
End Sub
```

执行这个程序后的效果如图4-21所示。

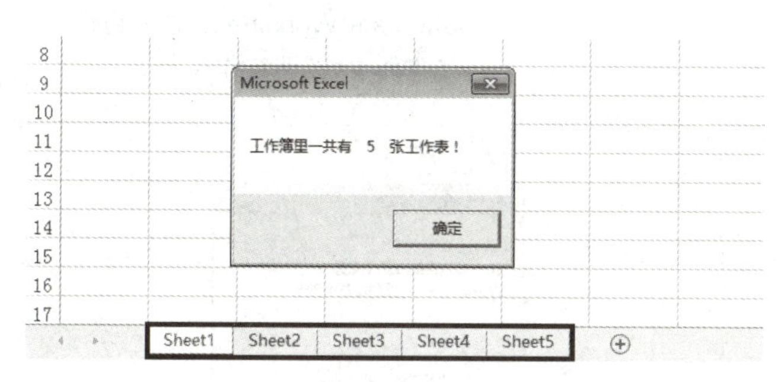

图4-21　求工作簿中的工作表数量

4.4.10　容易混淆的Sheets与Worksheets对象

1. 有时我们会觉得它们是相同的

有时，我们会看到别人在VBA程序中本该使用Worksheets的地方使用了Sheets，并且执行代码后，得到的都是相同的结果，例如：

```
MsgBox "第3张工作表的标签名称是：" & Sheets(3).Name
```

```
MsgBox "第3张工作表的标签名称是：" & Worksheets(3).Name
```

执行这两行代码后，Excel都会显示如图4-22所示的对话框。

图4-22　工作簿中第3张工作表的标签名称

让我们再在同工作簿中看看Sheets集合与Worksheets集合包含的成员个数是否相等，例如：

```
Sub ShtCount()
    MsgBox "Sheets包含的成员个数是：" & Sheets.Count & Chr(10) _
           & "Worksheets包含的成员个数是：" & Worksheets.Count
End Sub
```

执行这个程序的效果如图4-23所示。

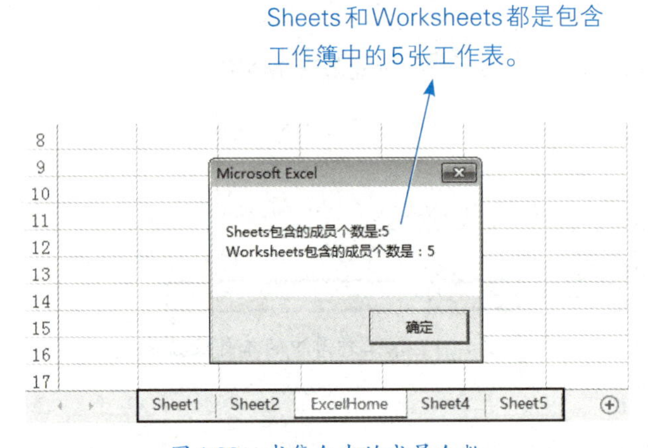

图4-23　求集合中的成员个数

很多迹象都给我们一种感觉：Sheets与Worksheets引用的都是相同的对象，它们之间并没有什么区别，但事实并非如此。

2. 别混淆，Sheets与Worksheets是两种不同的集合

前面我们提到，Excel中一共有4种不同类型的工作表，Sheets表示工作簿中所有类型的工作表组成的集合，而Worksheets只表示普通工作表组成的集合，如图4-24所示。

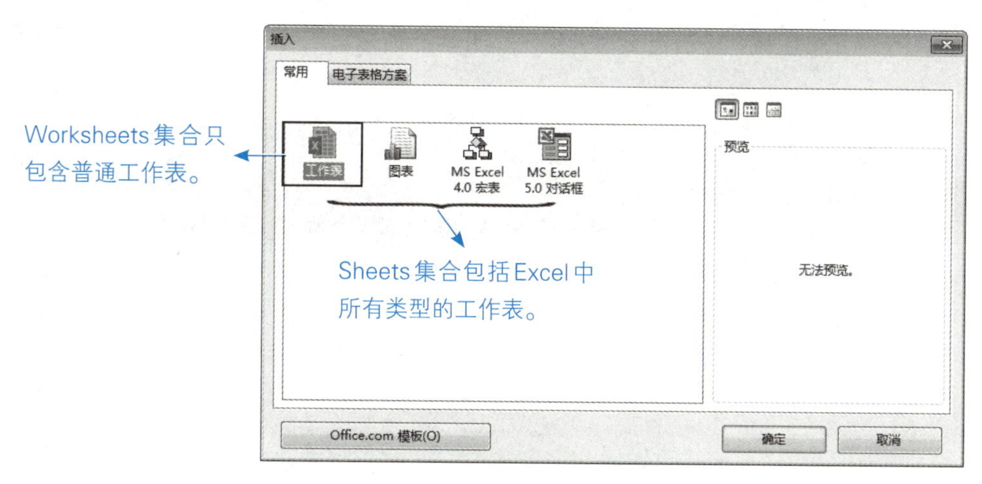

图 4-24　Sheets 与 Worksheets 集合的区别

也就是说，Worksheets集合包含的只是Sheets集合中一种类型的工作表，Sheets集合包含的成员个数可能比Worksheets包含的成员个数多。

Sheets与Worksheets两个集合都有标签名称、代码名称、索引号等属性，也都有Add、Delete、Copy和Move等方法，设置属性或调用方法的操作类似，但因为Sheets集合包含更多类型的工作表，所以其包含的方法和属性比Worksheets集合更多。

4.5　操作的核心，至关重要的Range对象

Range对象由工作表中的单元格或单元格区域组成。Range对象包含在Worksheet对象中，是我们在使用Excel的过程中，接触和操作得最多的一类对象。

4.5.1　用Range属性引用单元格

在VBA中，可以使用Worksheet或Range对象的Range属性来引用单元格。

1. 引用单个固定的单元格区域

这种方法实际就是通过单元格地址来引用单元格，例如：

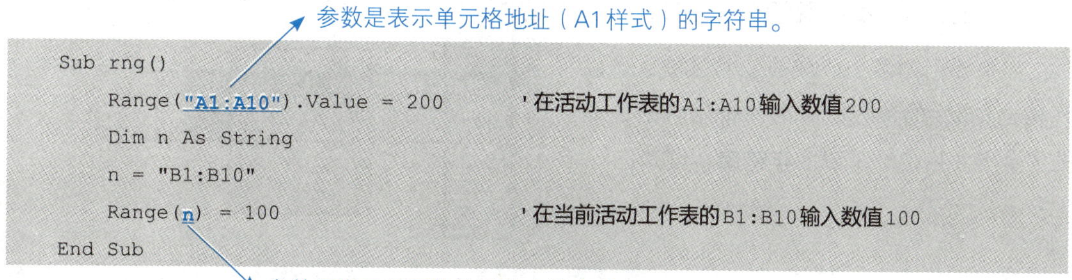


```
Sub rng()
    Range("A1:A10").Value = 200          '在活动工作表的A1:A10输入数值200
    Dim n As String
    n = "B1:B10"
    Range(n) = 100                       '在当前活动工作表的B1:B10输入数值100
End Sub
```

如果一个单元格区域已经被定义为名称，如图4-25所示。

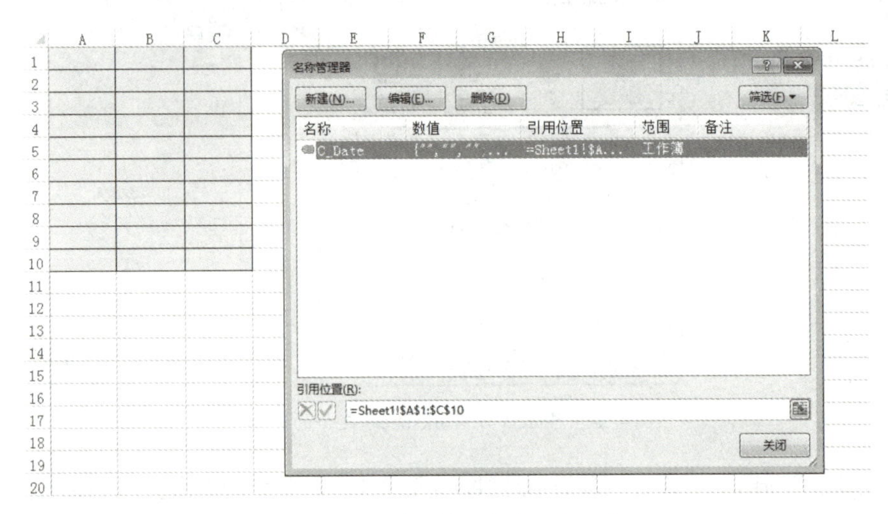

图4-25　将A1:C10单元格区域定义为名称C_Date

要引用定义为名称的单元格，可以将Range属性的参数设置为表示名称名的字符串或变量，例如：

```
Range("C_Date").Value = 100
```

2. 引用多个不连续的单元格区域

如果要引用多个不连续的单元格区域，可以将Range属性的参数设置为**一个**用逗号分隔的多个单元格地址组成的**字符串**，例如：

注意：无论有多少个区域，参数都只是一个字符串，参数中各个区域的地址间用逗号分隔。

```
Range("A1:A10,A4:E6,C3:D9").Select                '选中多个不连续的单元格区域
```

千万不要把代码看成：
Range("A1:A10","A4:E6","C3:D9")，它们包含的参数个数不一样。

执行这行代码的效果如图4-26所示。

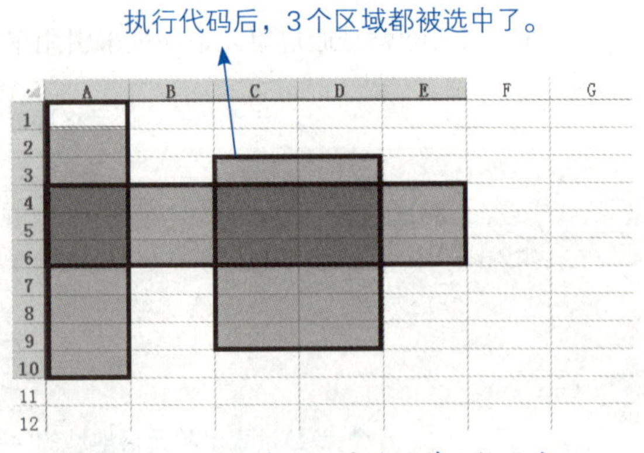

图4-26　引用多个不连续的单元格区域

3. 引用多个区域的公共区域

如果要引用多个区域的公共区域，可以将Range属性的参数设置为**一个**用空格分隔的多个单元格地址组成的**字符串**，例如：

尽管中间有空格，但参数只是一个字符串。

```
Range("B1:B10 A4:D6").Value = 100              '在两个单元格区域的公共区域输入100
```

参数中的各个单元格地址用空格分隔，而不是逗号。

执行这行代码后的效果如图4–27所示。

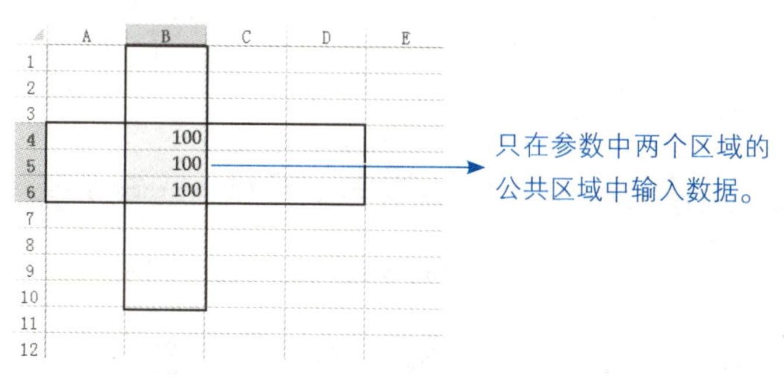

图 4-27　引用多个区域的公共区域

4. 引用两个区域围成的矩形区域

如果给Range属性设置两个用逗号隔开的参数，就可以引用这两个区域围成的矩形区域，例如：

两个参数间用逗号分隔。

```
Range("B6:B10", "D2:D8").Select
```

参数可以是表示单元格地址（A1样式）的字符串，也可以是Range对象，可以在4.5.2小节中了解具体的设置方法。

执行这条代码后的效果如图4–28所示。

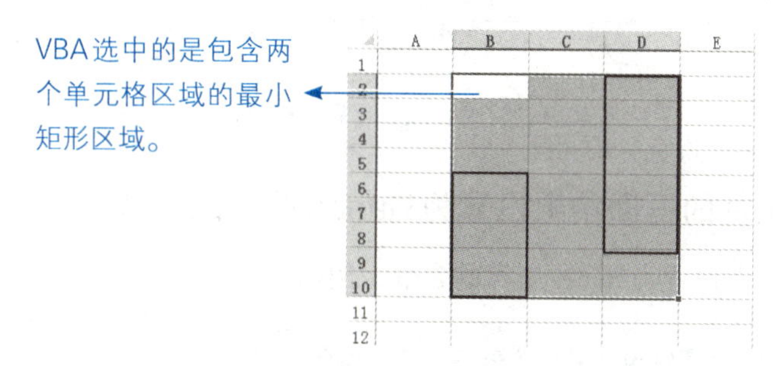

图 4-28　引用两个单元格区域围成的矩形区域

4.5.2　用Cells属性引用单元格

使用Worksheet或Range对象的Cells属性引用单元格，是另一种常见的引用方式。这种方式通过单元格所在的行、列号或索引号来引用单元格。

1. 引用工作表中指定行列交叉的单元格

如果要在活动工作表中第3行与第4列交叉的单元格（D3）中输入数据“20”，可以用代码：

3是行号，4是列号，分别用来确定要引用的单元格所在的行和列。

```
ActiveSheet.Cells(3, 4).Value = 20          '在第3行与第4列交叉的单元格中输入20
```

也可以用代码：

3是行号，D是列标。

```
ActiveSheet.Cells(3, "D").Value = 20        '在第3行与D列交叉的单元格中输入20
```

在使用Cells属性引用工作表中的某个单元格时，总是可以将代码写为：

```
工作表对象.Cells(行号,列标)
```

其中，行号只能是数字，而列标可以是数字也可以是字母。

2. 引用单元格区域中的某个单元格

如果引用的是Range对象的Cells属性，返回的就是该区域中指定行与指定列交叉的单元格，如图4-29所示。

```
Range("B3:F9").Cells(2, 3)= 100        '在B3:F9区域的第2行与第3列交叉的单元格中输入100
```

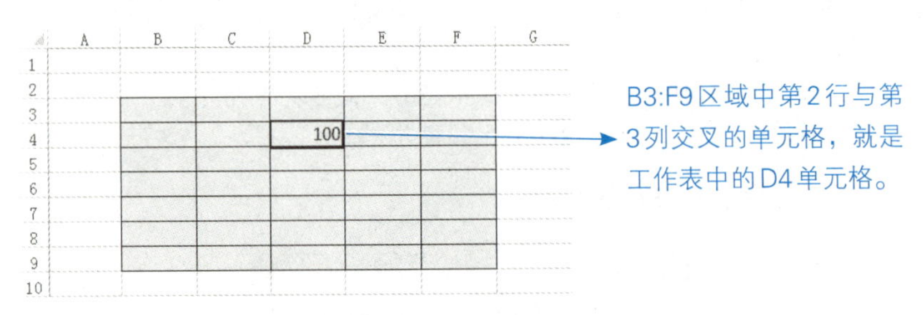

图4-29　引用Range对象的Cells属性

3. 将Cells属性的返回结果设置为Range属性的参数

还可以将Cells属性设置为Range属性的参数，例如：

这里给Range属性设置了两个参数，还记得两个参数的Range属性返回什么吗？

```
Range(Cells(1, 1), Cells(10, 5)).Select        '选中当前工作表的A1:E10单元格。
```

这行代码和下面的两行代码是等效的。

```
Range("A1", "E10").Select
```

```
Range(Range("A1"),Range("E10")).Select
```

4. 使用索引号引用单元格

Cells是工作表中所有单元格组成的集合，可以使用索引号引用该集合中的某个单元格，例如：

2是索引号，告诉VBA，现在引用的是ActiveSheet中的第2个单元格。

```
ActiveSheet.Cells(2).Value = 200          '在活动工作表的第2个单元格输入200
```

一张工作表包含多行多列单元格，那第2个单元格是哪个单元格？Excel按什么规则确定单元格的索引号？

如果引用的是Worksheet对象的Cells属性，可设置的索引号为1到17179869184（1048576行×16384列）的自然数。Excel按从左到右、从上到下的顺序为单元格编号，即A1为第1个单元格，B1为第2个单元格，C1为第3个单元格……A2为第16385个单元格……如图4-30所示。

如果要引用D6单元格，就将索引号设置为81924。

	A	B	C	D	E	F	G	H	I	J
1	1	2	3	4	5	6	7	8	9	10
2	16385	16386	16387	16388	16389	16390	16391	16392	16393	16394
3	32769	32770	32771	32772	32773	32774	32775	32776	32777	32778
4	49153	49154	49155	49156	49157	49158	49159	49160	49161	49162
5	65537	65538	65539	65540	65541	65542	65543	65544	65545	65546
6	81921	81922	81923	81924	81925	81926	81927	81928	81929	81930
7	98305	98306	98307	98308	98309	98310	98311	98312	98313	98314
8	114689	114690	114691	114692	114693	114694	114695	114696	114697	114698
9	131073	131074	131075	131076	131077	131078	131079	131080	131081	131082
10	147457	147458	147459	147460	147461	147462	147463	147464	147465	147466
11	163841	163842	163843	163844	163845	163846	163847	163848	163849	163850
12	180225	180226	180227	180228	180229	180230	180231	180232	180233	180234
13	196609	196610	196611	196612	196613	196614	196615	196616	196617	196618
14	212993	212994	212995	212996	212997	212998	212999	213000	213001	213002
15	229377	229378	229379	229380	229381	229382	229383	229384	229385	229386
16	245761	245762	245763	245764	245765	245766	245767	245768	245769	245770
17	262145	262146	262147	262148	262149	262150	262151	262152	262153	262154

Sheet1

图4-30　工作表中各个单元格的索引号

如果引用的是Range对象的Cells属性，索引号的范围为1到这个区域包含的单元格的个数，例如：

8告诉VBA，现在引用的是B3:F9单元格区域中的第8个单元格，即工作表中的D4单元格。

```
Range("B3:F9").Cells(8).Value = 100       '在B3:F9区域中的第8个单元格输入100
```

但索引号可以大于区域中包含的单元格个数。如果索引号大于单元格个数，系统会自动将单元格区域在行方向上进行扩展（列数不变），如图4-31所示。

索引号设置为42，但B3:F9单元格区域中只有35个单元格。

```
Range("B3:F9").Cells(42).Value = 100
```

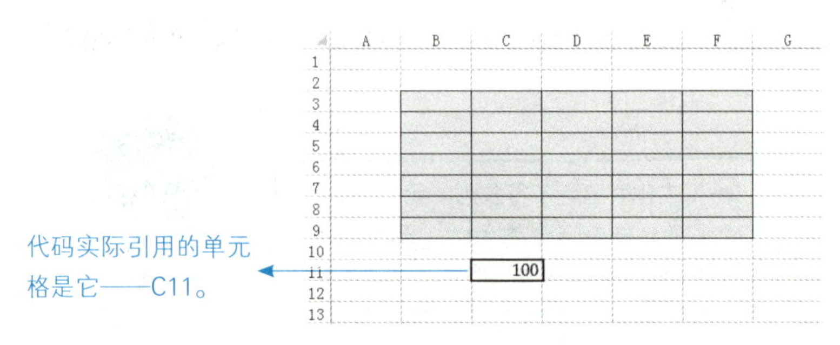

图4-31　当索引号大于单元格个数时引用到的单元格

如果不设置参数，Cells属性返回指定区域中的所有单元格，例如：

```
ActiveSheet.Cells.Select                '选中当前活动工作表中的所有单元格
```

```
Range("B3:F9").Cells.Select             '选中B3:F19单元格区域
```

考考你

试一试，你能用Worksheet对象的Cells属性引用A1:B10单元格区域吗？用Range属性和Cells属性引用单元格的区别是什么，发现了吗？总结一下，并写下来。

手机扫描二维码，可以查看我们准备的参考答案。

4.5.3　引用单元格，更简短的快捷方式

可以直接将A1样式的单元格地址，或定义为名称的名称名写在中括号中来引用某个单元格区域，这是更为简单、快捷的引用方式，例如：

```
[B2]                          'B2单元格
[A1:D10]                      'A1:D10单元格区域
[A1:A10,C1:C10,E1:E10]        '三个单元格区域的并集
[B1:B10 A5:D5]                '两个单元格区域的公共部分
[n]                           '被定义为名称n的单元格区域
```

这种引用方式非常适合引用一个固定的Range对象。但是因为**不能在中括号中使用变量**，所以这种引用方式缺少灵活性，不能借助变量更改要引用的单元格。

有一点要注意，使用这种方法引用单元格，中括号中的参数无论是单元格地址还是名称名，都不需要写在引号中间。

4.5.4 引用整行单元格

在VBA中，Rows表示工作表或某个区域中所有行组成的集合。要引用工作表中的指定行，可以使用行号和索引号两种方式。例如：

Rows返回其父对象（ActiveSheet）中所有行组成的集合。

```
ActiveSheet.Rows("3:3").Select                '选中活动工作表的第3行
```

```
ActiveSheet.Rows("3:5").Select                '选中活动工作表的第3行到第5行
```

参数是表示行的名称的字符串或字符串变量。

如果使用索引号引用整行，代码为：

```
ActiveSheet.Rows(3).Select                    '选中活动工作表中的第3行
```

3是索引号，表示引用父对象（ActiveSheet）中的第3行。

如果要引用工作表中的所有行，代码为：

如果不给Rows属性设置参数，则表示引用集合中的所有行，效果等同于ActiveSheet.Cells。

```
ActiveSheet.Rows.Select                       '选中活动工作表中的所有行
```

如果引用Range对象的Rows属性，则返回单元格区域中的指定行，例如：

```
Rows("3:10").Rows("1:1").Select               '选中第3行到第10行区域中的第1行
```

执行这行代码后的效果如图4-32所示。

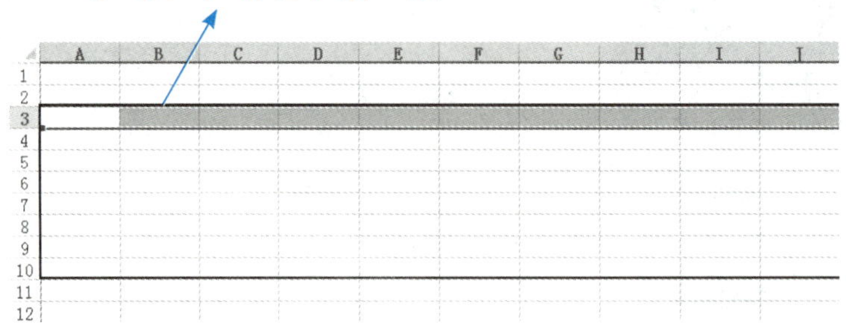

图4-32　引用单元格区域中的指定行

4.5.5　引用整列单元格

可以使用Columns属性引用指定工作表或区域中的整列单元格，使用方法与使用Rows属性引用整行单元格的方法相似，例如：

```
ActiveSheet.Columns("F:G").Select          '选中活动工作表中的F到G列
```

```
ActiveSheet.Columns(6).Select              '选中活动工作表中的第6列
```

```
ActiveSheet.Columns.Select                 '选中活动工作表中的所有列
```

```
Columns("B:G").Columns("B:B").Select       '选中B:G列区域中的第2列
```

考考你

学会怎样引用整列单元格后，你能将表4-6中的信息补充完整吗？试一试。

表4-6　引用工作表中的指定区域

要完成的操作	完成操作所需的代码
用两种引用方式引用活动工作表的B列	
引用活动工作表中的B列到D列	
引用B列到E列区域中的第2列	

手机扫描二维码，可以查看我们准备的参考答案。

4.5.6　用Union方法合并多个单元格区域

Application对象的Union方法返回参数指定的多个单元格区域的合并区域，使用该方法可以将多个Range对象组合在一起，进行批量操作，例如：

Union 方法的参数是多个 Range 对象（最少2个，最多30个），各参数间用逗号分隔。

```
Application.Union(Range("A1:A10"), Range("D1:D5")).Select      '同时选中两个区域
```

执行这行代码后的效果如图4-33所示。

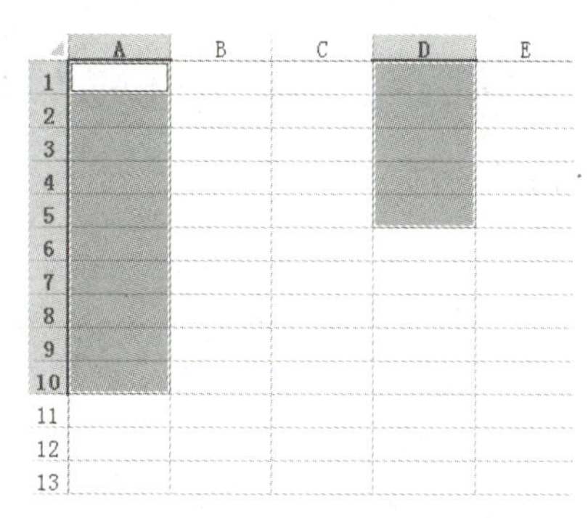

图 4-33　使用 Union 方法选中两个不连续的单元格区域

考考你

表4-7是一个未完成的Sub过程，请根据代码说明将程序补充完整。让过程运行后，选中活动工作表A1:D10单元格区域中与A1单元格内容相同的所有单元格，效果如图4-34所示。

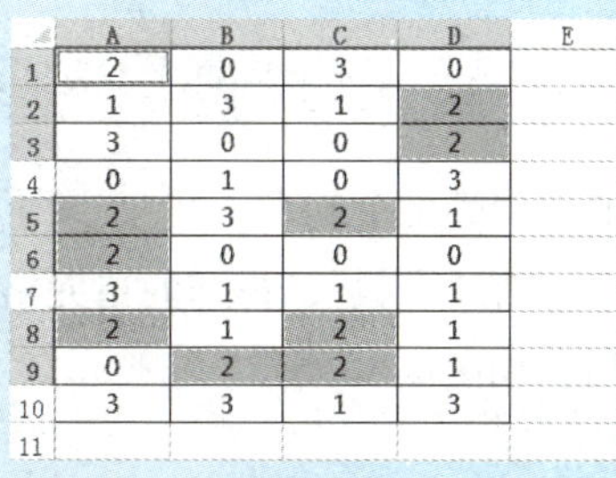

	A	B	C	D	E
1	2	0	3	0	
2	1	3	1	2	
3	3	0	0	2	
4	0	1	0	3	
5	2	3	2	1	
6	2	0	0	0	
7	3	1	1	1	
8	2	1	2	1	
9	0	2	2	1	
10	3	3	1	3	
11					

图 4-34　程序执行效果图

表 4-7　待补充完整的程序

代码	代码说明
`Sub`	定义过程名
`    Dim myrange As Range, n As Range`	定义两个Range变量
`    Set myrange = Range("A1")`	
`    For`	在A1:D10单元格区域内循环
`      If`	判断变量n中的数据是否与A1单元格中的数据相同
	将变量n引用的单元格添加进myrange变量中
`        End If`	
`    Next n`	
`    myrange.Select`	选中myrange引用的单元格
`End Sub`	结束过程

手机扫描二维码，可以查看我们准备的参考答案。

4.5.7 Range对象的Offset属性

Range对象的Offset属性，作用类似工作表中的Offset函数。

使用Offset属性，可以获得相对于指定单元格区域一定偏移量位置上的单元格区域。例如：

Offset通过括号中的两个参数确定要返回的单元格。

```
Range("A1").Offset(4, 0).Value = 500        '在A1下方的第4个单元格中输入数值500
```

执行这行代码后的效果如图4-35所示。

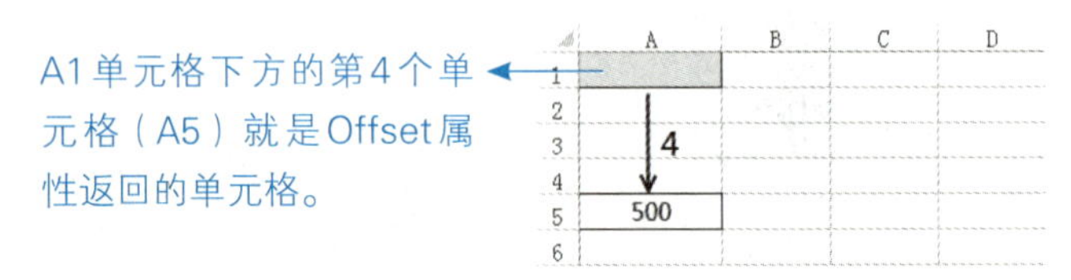

图4-35 Offset属性的返回结果

Offset属性有两个参数，分别用来设置该属性的父对象在上下或左右方向上偏移的行列数，例如：

```
Range("B2:C3").Offset(5, 3).Value = 500
```

从B2:C3（Offset属性的父对象）出发，向下移动5行（Offset属性的第1参数），再向右移动3列（Offset属性的第2参数），得到的单元格E7:F8就是Offset属性的返回结果，也是要输入数据的单元格区域，如图4-36所示。

Offset属性的父对象Range("B2:C3")是偏移时的出发点。

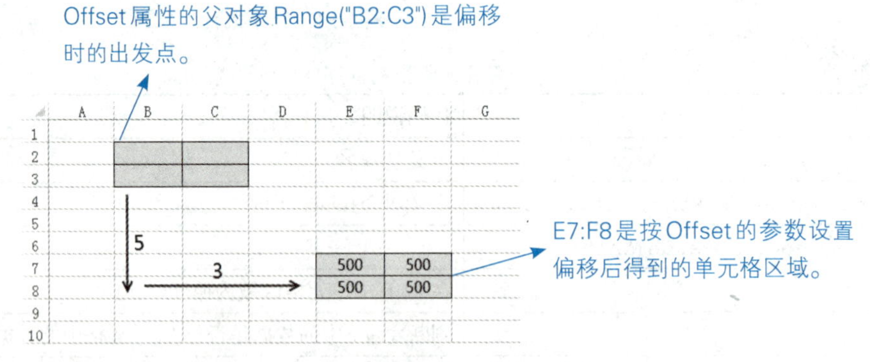

图4-36 Offset属性的返回结果

Offset属性通过参数中数值的大小来确定偏移的行列数，通过参数的正负来确定偏移的方向。如果Offset属性的参数是正数，表示向下或向右偏移，如果参数为负数，表示向上或向左移动，如果参数为0，则不偏移，如图4-37所示。

```
Range("D7:F8").Offset(-5, -2).Value = 500
```

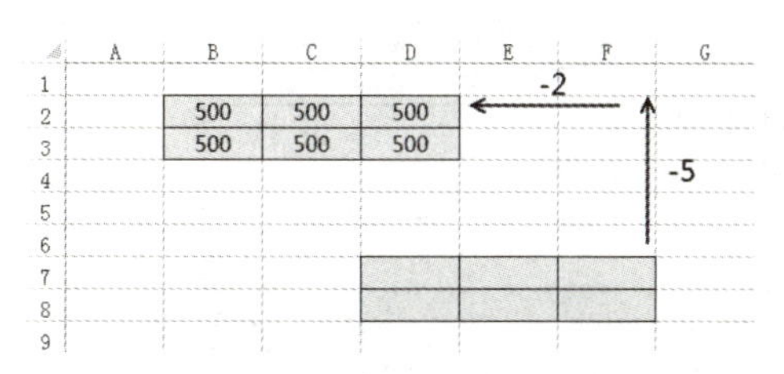

图 4-37　设置 Offset 属性偏移的方向和距离

4.5.8　Range 对象的 Resize 属性

使用 Range 对象的 Resize 属性可以将指定的单元格区域有目的地扩大或缩小，得到一个新的单元格区域，例如：

Resize 属性把该对象最左上角的单元格当成返回结果最左上角的第 1 个单元格。

```
Range("B2").Resize(5, 4).Select          '将B2扩展为一个5行4列的单元格区域
```

Resize 属性的参数用来确定返回区域的行数和列数，第 1 参数用于确定行数，第 2 参数用于确定列数，两个参数都应设置为正整数。

执行这行代码后的效果如图 4-38 所示。

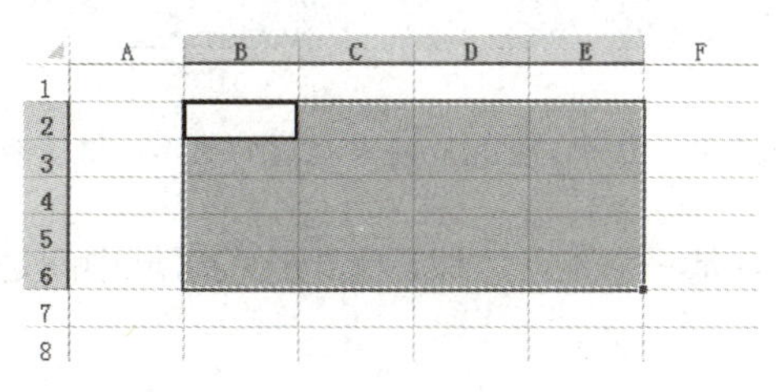

图 4-38　使用 Resize 属性扩展单元格区域

如果 Resize 属性的参数小于其父对象包含的行列数，Resize 属性将返回一个较小的单元格区域，例如：

B2:E6 中最左上角的单元格 B2 是新区域最左上角的单元格。

```
Range("B2:E6").Resize(2, 1).Select        '将B2:E6单元格区域收缩为B2:B3单元格区域
```

Resize 属性返回的是一个 2 行 1 列的单元格区域。等同于下面的代码：

```
Range("B2:E6").Cells(1).Resize(2, 1).Select
```

执行这行代码后的效果如图 4-39 所示。

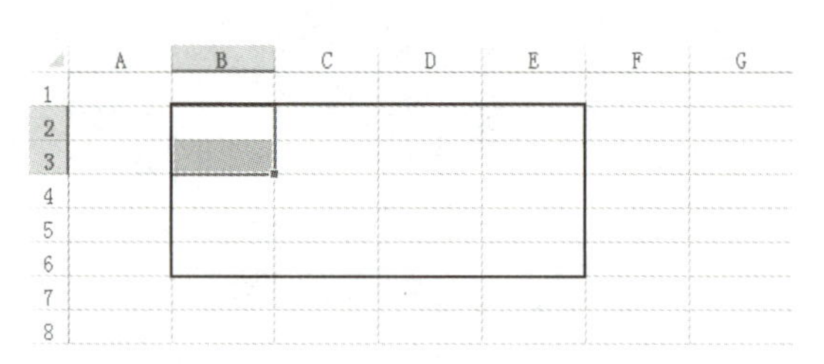

图 4-39　使用 Resize 属性收缩单元格区域

4.5.9 Worksheet 对象的 UsedRange 属性

Worksheet 对象的 UsedRange 属性返回工作表中已经使用的单元格围成的**矩形区域**，如图 4-40 所示。

```
ActiveSheet.UsedRange.Select          '选中活动工作表中已经使用的单元格区域
```

UsedRange 返回已经使用过的单元格围成的矩形区域。

工号	姓名	基本工资	加班工资	应发工资	扣除	实发金额
A001	罗林	4500	500	5000	180	4820
A002	赵刚	4000	300	4300	150	4150
A003	李凡	3500	300	3800	170	3630
A004	张远	3600	288	3888	135	3753
A005	冯伟	3300	450	3750	120	3630
A006	杨玉真	3500	320	3820	120	3700
A007	孙雯	4450	300	4750	90	4660
A008	华楠燕	4150	100	4250	135	4115
A009	赵红君	3800	260	4060	148	3912

图 4-40　选中 UsedRange 属性返回的单元格区域

UsedRange 属性返回的总是一个矩形区域，无论这些区域中间是否存在空行、空列或空单元格，如图 4-41 所示。

这些空行、空列虽然没保存任何数据，但都包含在 UsedRange 属性返回的区域中。

工号	姓名	基本工资	加班工资	应发工资	扣除			实发金额
A001	罗林	4500	500	5000	180			4820
A002	赵刚	4000	300	4300	150			4150
A003	李凡	3500	300	3800	170			3630
A004	张远	3600	288	3888	135			3753
A005	冯伟	3300	450	3750	120			3630
A006	杨玉真	3500	320	3820	120			3700
A007	孙雯	4450	300	4750	90			4660
A008	华楠燕	4150	100	4250	135			4115
A009	赵红君	3800	260	4060	148			3912

图 4-41　选中 UsedRange 属性返回的区域

4.5.10　Range 对象的 CurrentRegion 属性

Range 对象的 CurrentRegion 属性，返回包含指定单元格在内的一个连续的矩形区域，例如：

等同于在选中 B5 单元格的同时，按【F5】键，定位【当前区域】得到的单元格区域。

```
Range("B5").CurrentRegion.Select
```

执行这行代码后的效果如图 4-42 所示。

空行及下面的区域，以及空列及右面的区域不包含在 CurrentRegion 属性返回的区域中。

	A	B	C	D	E
1	序号	商品代码	库存数量	销售数量	备注
2	1	BG-001	654	148	
3	2	BG-002	520	147	
4	3	BG-003	554	143	
5	4	BG-004	587	149	
6	5	BG-005	643	143	
7	6	BG-006	763	104	
8	7	BG-007	485	103	
9	8	BG-008	775	126	
10	9	BG-009	608	117	
11					
12					
13	序号	商品代码	库存数量	销售数量	备注
14	1	BG-001	654	148	
15	2	BG-002	520	147	
16	3	BG-003	554	143	

G	H	I	J	K
序号	商品代码	库存数量	销售数量	备注
1	BG-001	654	148	
2	BG-002	520	147	
3	BG-003	554	143	
4	BG-004	587	149	
5	BG-005	643	143	
6	BG-006	763	104	
7	BG-007	485	103	
8	BG-008	775	126	
9	BG-009	608	117	

图 4-42　CurrentRegion 属性返回的单元格区域

考考你

对比 UsedRange 属性与 CurrentRegion 属性返回的单元格区域，你能找到 Worksheet 对象的 UsedRange 属性与 Range 对象的 CurrentRegion 属性之间的异同吗？试着总结一下。

手机扫描二维码，可以查看我们准备的参考答案。

4.5.11　Range 对象的 End 属性

Range 对象的 End 属性返回包含指定单元格的区域最尾端的单元格，返回结果等同于在单元格中按【End+方向键】（上方向键、下方向键、左方向键、右方向键）组合键得到的单元格。

参数 xlUp 告诉 VBA，End 属性返回的是区域中最上方的单元格。

```
MsgBox Range("C5").End(xlUp).Address        '用对话框显示End属性返回单元格的地址
```

End 属性返回的是在 C5 单元格中，按【End+ 上方向键】组合键得到的单元格。

执行这行代码的效果如图4-43所示。

序号	商品代码	库存数量	销售数量	备注
1	BG-001	644	148	
2	BG-002	520	147	
3	BG-003	554	143	
4	BG-004	587	149	
5	BG-005	643	143	
6	BG-006	763	104	
7	BG-007	485	103	
8	BG-008	775	126	
9	BG-009	608	117	

Microsoft Excel
C1
确定

图4-43　End属性返回的单元格及其地址

End属性的参数一共有4个可选项，分别用于指定要返回的是上、下、左、右哪个方向最尾端的单元格，如表4-8所示。

表4-8　End属性的参数及说明

可设置的参数	参数说明
xlToLeft	等同于在单元格中按【End+左方向键】
xlToRight	等同于在单元格中按【End+右方向键】
xlUp	等同于在单元格中按【End+上方向键】
xlDown	等同于在单元格中按【End+下方向键】

说了这么多，End属性究竟有什么用？什么时候可能会用到End属性？

当使用程序往一张工作表中添加数据时，我们希望将数据添加到工作表的第1个空单元格中，如图4-44所示。

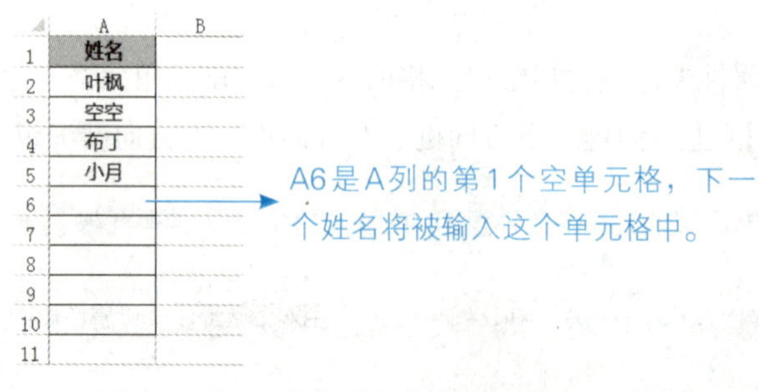

图4-44　应该在第一个空单元格中录入数据

要让程序往单元格中录入数据，首先得确定第1个空单元格是哪个单元格，End属性就可以解决这一问题，例如：

在A列最后一个单元格按【End+上方向键】组合键，即可得到A列最后一个非空单元格。

```
ActiveSheet.Range("A1048576").End(xlUp).Offset(1, 0).Value = "刘伟"
```

最后一个非空单元格向下偏移一行，即可得到第1个空单元格，该单元格即为要输入数据的单元格。

执行这条代码的效果如图4-45所示。

有一点需要注意，如果A列全为空单元格，那Range("A1048576").End(xlUp)返回的是A1单元格，同样的代码实际上是在A2单元格输入数据，如图4-46所示。

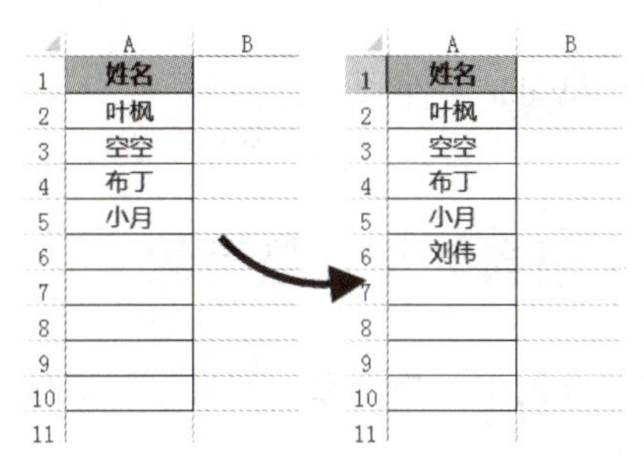

图4-45　在A列的第1个空单元格输入数据

图4-46　当A列全为空时输入数据的单元格

要解决这一问题，可以在单元格中输入数据前，使用If语句判断End属性返回的结果是否为空单元格，再根据判断结果选择应该在哪个单元格输入数据，例如：

```
Sub Test()
    Dim c As Range
    Set c = ActiveSheet.Range("A1048576").End(xlUp)
    If c.Value <> "" Then
        c.Offset(1, 0).Value = "刘伟"
    Else
        c.Value = "刘伟"
    End If
End Sub
```

考考你

除了使用End属性，还能用哪些方法得到A列的第1个空单元格，以便在其中写入数据？能不能使用CurrentRegion属性和UsedRange属性解决？试一试。

手机扫描二维码，可以查看我们准备的参考答案。

4.5.12 单元格中的内容：Value属性

如果单元格是一个瓶子，Value属性就是装在瓶子里的东西。输入内容，修改数据，这些都是在设置Range对象的Value属性，例如：

```
Range("A1:B2").Value= "abc"            '在A1:B2中输入abc
```

想知道单元格中保存了什么数据，可以访问它的Value属性，例如：

```
Range("B1").Value = Range("A1").Value       '把A1单元格中的数据写入B1单元格中
```

Value是Range对象的默认属性，在给区域赋值时，可以省略属性名称，将代码写为：

```
Range("A1:B2")= "abc"             '在A1:B2单元格区域输入abc
```

但为了保证程序运行过程中不出现意外，建议保留Value属性。

4.5.13 访问Count属性，获得区域中包含的单元格个数

Range对象的Count属性返回指定单元格区域中包含的单元格个数，如果想知道B4:F10单元格区域一共有多少个单元格，可以用代码：

```
Range("B4:F10").Count
```

如果想知道某个区域包含的行数或列数，可以用代码：

```
ActiveSheet.UsedRange.Rows.Count          '活动工作表中已使用区域包含的行数
```

```
ActiveSheet.UsedRange.Columns.Count       '活动工作表中已使用区域包含的列数
```

4.5.14 通过Address属性获得单元格的地址

想知道某个单元格的地址，可以访问它的Address属性，例如：

Selection是对活动工作表中当前选中的对象的引用。

```
MsgBox "当前选中的单元格地址为：" & Selection.Address
```

执行这行代码的效果如图4-47所示。

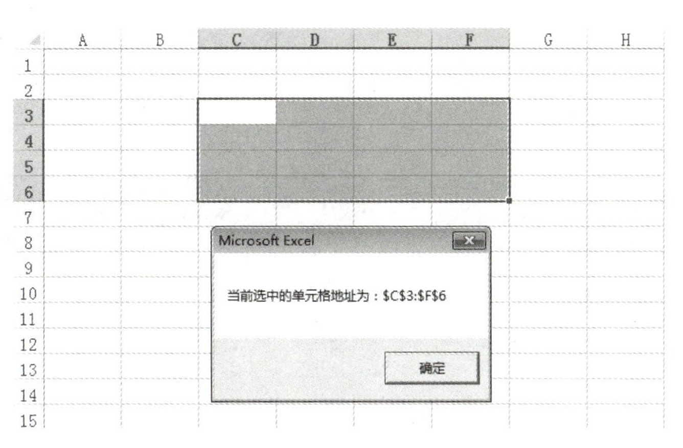

图 4-47 访问 Address 属性获得单元格的地址

4.5.15 用Activate与Select方法选中单元格

要选中一个单元格区域，可以使用Range对象的Activate方法和Select方法，例如：

```
ActiveSheet.Range("A1:F5").Activate          '选中活动工作表中的A1:F5
```

```
ActiveSheet.Range("A1:F5").Select            '选中活动工作表中的A1:F5
```

这两行代码是等效的，执行后都能选中活动工作表中的A1:F5单元格区域，如图4-48所示。

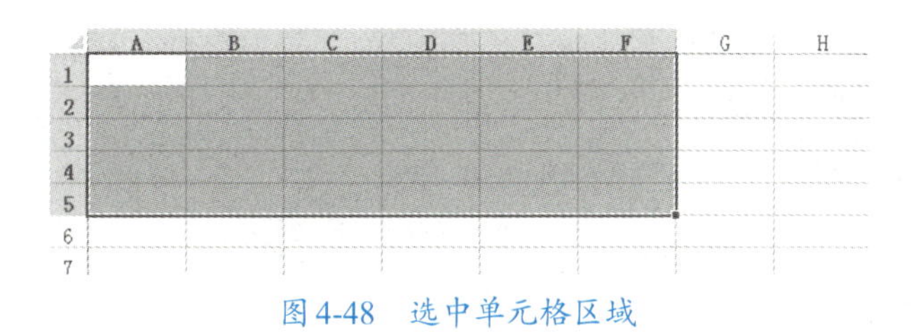

图 4-48 选中单元格区域

考考你

尽管使用Activate方法和Select方法都能选中指定的单元格区域，但这两种方法并不完全相同。

选中A1:F5单元格区域后，再分别用两种方法选中B5单元格，看看两种方法得到的结果一样吗？从中你能否发现Select方法和Activate方法的区别？试着把你的结论写下来。

手机扫描二维码，可以查看我们准备好的参考答案。

4.5.16 选择清除单元格中的信息

一个单元格中不仅有数据，还有格式、批注、超链接等。不同的内容，可以通过执行【功能区】中相应的命令清除它们，如图4-49所示。

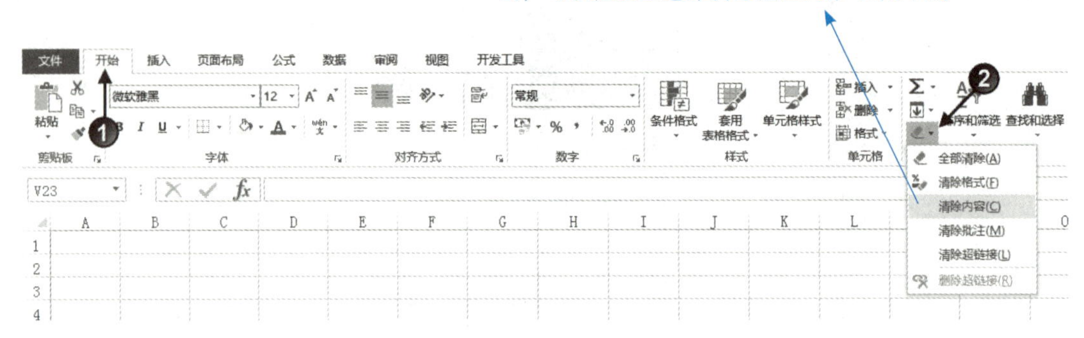

图4-49　执行【功能区】中的命令清除单元格中的内容

考考你

无论是清除单元格中的内容，还是清除单元格的格式，所有的代码都可以通过录制宏得到。试一试，借助录制宏，写出表4-9中的操作对应的VBA代码。

表4-9　　要执行的操作及对应的VBA代码

要执行的操作	操作对应的VBA代码
清除B2单元格中的所有信息（包括批注、内容、格式、超链接等）	
清除B2单元格中的批注	
清除B2单元格的内容	
清除B2单元格的格式	
清除B2单元格中的超链接	

手机扫描二维码，可以查看我们准备好的参考答案。

4.5.17　用Copy方法复制单元格区域

让我们先录制一个复制A1单元格到C1单元格的宏，在宏代码的基础上，来学习复制单元格的方法。

```
Sub 宏1()
    Range("A1").Select
    Selection.Copy
    Range("C1").Select
    ActiveSheet.Paste
End Sub
```

这就是一个复制单元格的宏，其中包括4行代码，每行代码对应一个操作。

第1行：选中A1单元格。

第2行：复制选中的单元格。

第3行：选中C1单元格。

第4行：粘贴。

要复制其他单元格，只要更改这个宏中第1行和第3行代码中的单元格地址就可以了。

借助宏录制器能得到一些我们需要的代码，减少手动录入的工作量，这是获得VBA代码的一种途径。但是在录制宏得到的代码中，往往会有多余操作产生的代码，需要我们手动去修改或删除它。

例如，在使用VBA代码复制单元格时，并不需要选中单元格，所以如果要将A1单元格复制到C1单元格，用下面的代码就可以了：

这是Copy方法的参数（省略了参数名），用来指定目标单元格。未省略参数名称的语句应为：

```
Range("A1").Copy Destination:=Range("C1")
```

源单元格。

```
Range("A1").Copy Range("C1")
```

Copy是方法名称，Copy方法告诉VBA，我们要执行的是复制操作。

所以，一个复制单元格的语句，总是可以写为这样的结构：

源单元格区域.Copy Destination:=目标单元格

参数名称Destination可以省略。

考考你

编写复制单元格的代码就像做填空题，只要把源单元格和目标单元格填入相应的位置即可。事实上，不仅复制单元格，编写VBA中所有的语句都是在做填空题。

把Sheet1工作表的A1:A10单元格区域复制到Sheet2工作表的B1:B10单元格区域，试一试，你能写出相应的代码吗?

手机扫描二维码，可以查看我们准备的参考答案。

有一点需要说明，无论复制的区域包含多少个单元格，在设置目标区域时，都可以只指定一个单元格作为目标区域最左上角的单元格即可，例如：

还记得它是什么，返回什么结果吗?　　　　G1就是目标区域最左上角的单元格。

```
Range("A1").CurrentRegion.Copy Destination: = Range("G1")
```

执行这行代码的效果如图4-50所示。

粘贴后，Excel会把源区域中包括数值、格式、公式等全部内容粘贴到目标区域。

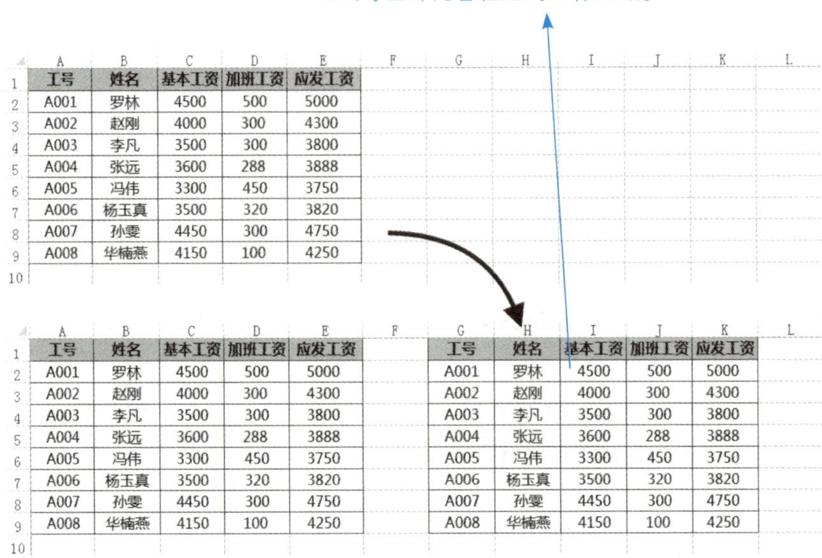

	A	B	C	D	E
1	工号	姓名	基本工资	加班工资	应发工资
2	A001	罗林	4500	500	5000
3	A002	赵刚	4000	300	4300
4	A003	李凡	3500	300	3800
5	A004	张远	3600	288	3888
6	A005	冯伟	3300	450	3750
7	A006	杨玉真	3500	320	3820
8	A007	孙雯	4450	300	4750
9	A008	华楠燕	4150	100	4250
10					

	A	B	C	D	E	F	G	H	I	J	K
1	工号	姓名	基本工资	加班工资	应发工资		工号	姓名	基本工资	加班工资	应发工资
2	A001	罗林	4500	500	5000		A001	罗林	4500	500	5000
3	A002	赵刚	4000	300	4300		A002	赵刚	4000	300	4300
4	A003	李凡	3500	300	3800		A003	李凡	3500	300	3800
5	A004	张远	3600	288	3888		A004	张远	3600	288	3888
6	A005	冯伟	3300	450	3750		A005	冯伟	3300	450	3750
7	A006	杨玉真	3500	320	3820		A006	杨玉真	3500	320	3820
8	A007	孙雯	4450	300	4750		A007	孙雯	4450	300	4750
9	A008	华楠燕	4150	100	4250		A008	华楠燕	4150	100	4250
10											

图4-50　只指定目标区域最左上角的单元格

考考你

复制一个区域后，直接执行【粘贴】命令，会把单元格中的数据、格式等全部内容复制到目标区域。但如果只想粘贴区域中的数值而不带格式等其他任何内容，你知道代码应该怎样写吗？请录制一个选择性粘贴数值的宏，结合代码，参考宏代码，编写一个过程，把A1:D10单元格区域的数值复制到F1:I10单元格区域，不修改目标单元格的格式。

手机扫描二维码，可以查看我们准备的参考答案。

4.5.18　用Cut方法剪切单元格

使用Cut方法可以将一个单元格区域剪切到另一个单元格区域。

剪切单元格和复制单元格，除方法名称不同外，其他基本相似，大家可以参照Copy方法的用法来使用Cut方法，例如：

```
Range("A1:E5").Cut Destination:=Range("G1")        '把A1:E5剪切到G1:K5
```

```
Range("A1").Cut Range("G1")        '把A1剪切到G1
```

```
Range("A6:E10").Cut Range("G6")                    '把A6:E10剪切到G6:K10
```

4.5.19　用Delete方法删除指定的单元格

每次通过手动操作的方式删除单元格，Excel都会给出如图4-51所示的对话框，只有选中对话框中的某一项，再单击【确定】按钮，Excel才会执行删除单元格的操作。

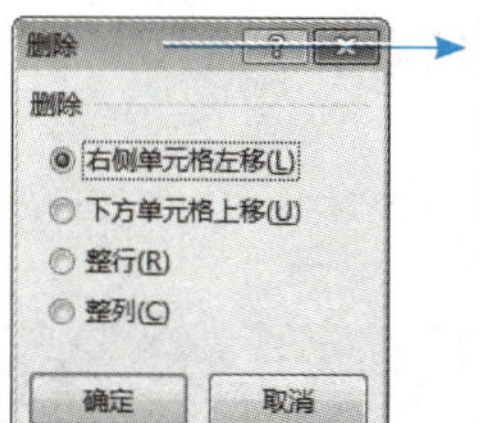

我们得通过对话框告诉Excel，当删除指定的单元格后，怎么处理其他单元格。

图4-51　【删除】对话框中的4个选项

调用Range对象的Delete方法也可以删除指定的单元格，但与手动删除单元格不同，通过VBA代码删除单元格，Excel不会显示【删除】对话框，我们也无法在对话框中选择删除单元格后，处理其他单元格的方式。

想让Excel在删除指定的单元格后，按自己的意愿处理其他单元格，需要我们通过编写VBA代码将自己的意图告诉Excel。如想删除B3所在的整行单元格，应将代码写为：

```
Range("B3").EntireRow.Delete
```

考考你

1. 借助宏录制器，你能写出表4-10中的操作对应的VBA代码吗？

表4-10　删除单元格

要执行的操作	完成操作所需要的VBA代码
删除B5单元格，删除后右侧单元格左移	
删除B5单元格，删除后下方单元格上移	
删除B5单元格所在的行	
删除B5单元格所在的列	

2. 如果直接调用Range对象的Delete方法，例如：

```
Range("B5").Delete
```

Excel会按表4-10中的哪种情况进行操作？把你的结论写下来。

手机扫描二维码，可以查看我们准备的参考答案。

4.6 结合例子，学习怎样操作对象

4.6.1 根据需求创建工作簿

如果你的程序设置有导出数据的功能，可能就需要在程序中添加创建和保存工作簿的代码。下面，让我们来看看，怎样利用VBA创建一个符合自己需求的工作簿，并将其保存到指定的目录中。

步骤❶：运行Excel，进入VBE，在【工程资源管理器】中插入一个模块，用来保存编写的VBA程序。

步骤❷：在模块中输入下面的代码。

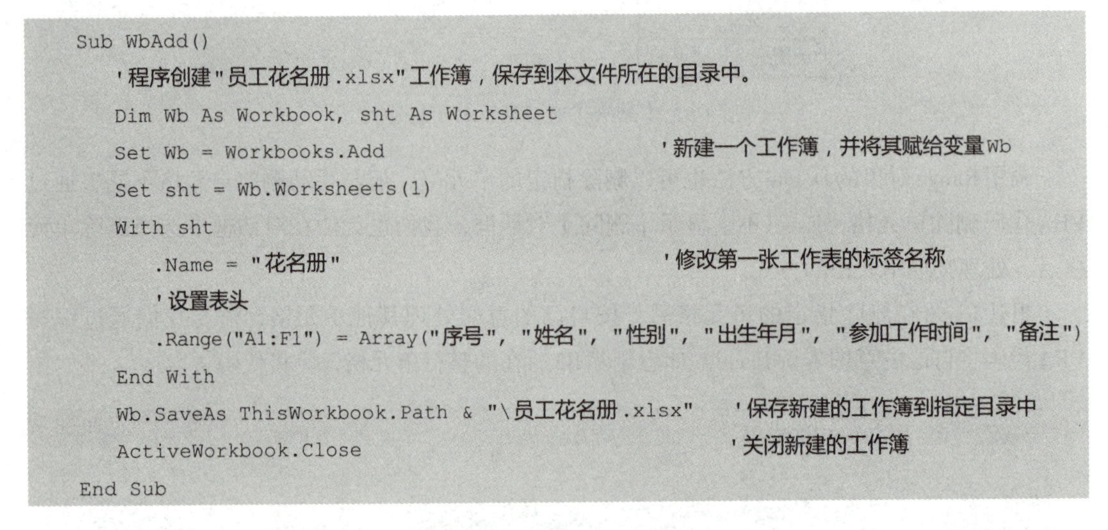

```
Sub WbAdd()
    '程序创建"员工花名册.xlsx"工作簿，保存到本文件所在的目录中。
    Dim Wb As Workbook, sht As Worksheet
    Set Wb = Workbooks.Add                          '新建一个工作簿，并将其赋给变量Wb
    Set sht = Wb.Worksheets(1)
    With sht
        .Name = "花名册"                             '修改第一张工作表的标签名称
        '设置表头
        .Range("A1:F1") = Array("序号", "姓名", "性别", "出生年月", "参加工作时间", "备注")
    End With
    Wb.SaveAs ThisWorkbook.Path & "\员工花名册.xlsx"    '保存新建的工作簿到指定目录中
    ActiveWorkbook.Close                            '关闭新建的工作簿
End Sub
```

步骤❸：设置完成后，执行程序，就可以在文件夹中看到新建的工作簿文件了，如图4-52所示。

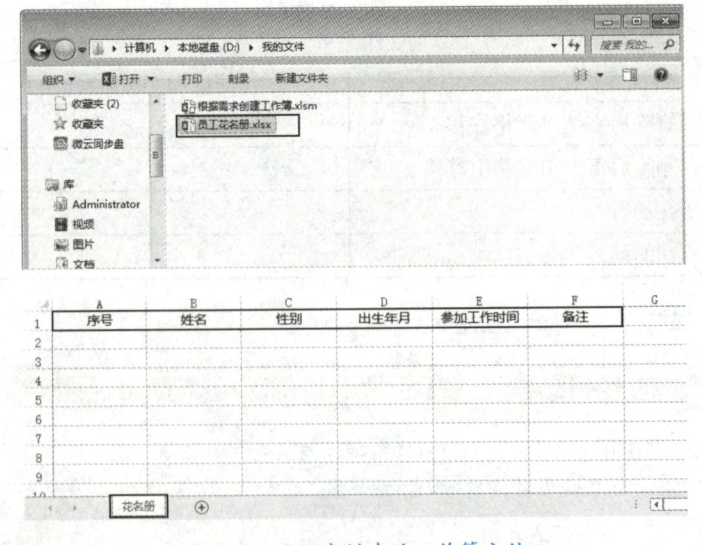

图 4-52 用程序创建的工作簿文件

4.6.2　判断某个工作簿是否已经打开

打开的工作簿很多，要判断名为“成绩表.xlsx”的工作簿是否已经打开，程序可以这样写：

通过Count属性获得当前已打开的工作簿总数。

```
Sub IsOpen()
    '判断名称为 "成绩表.xlsx" 的工作簿文件是否已经打开。
    Dim i As Integer
    For i = 1 To Workbooks.Count
        If Workbooks(i).Name = "成绩表.xlsx" Then        '判断工作簿是否打开
            MsgBox "文件已打开！"
            Exit Sub                                      '如果找到该文件，退出过程
        End If
    Next
    MsgBox "文件没有打开！"
End Sub
```

考考你

在本例的过程中，我们先通过Count属性获得打开的工作簿个数，再利用索引号引用工作簿，依次判断工作簿的名称是否是“成绩表.xlsx”，通过这样的方式判断指定的文件是否已经打开。

参考解决这个问题的思路，你能判断当前活动工作簿中是否存在标签名称为“一年级”的工作表吗？试一试，编写一个这样的过程，如果工作簿中没有这张工作表，就在所有工作表之前新建一张标签名称为“一年级”的工作表，如果工作表已存在，将其移动到所有工作表之前。

手机扫描二维码，可以查看我们准备的参考答案。

4.6.3　判断文件夹中是否存在指定名称的工作簿文件

想知道某个文件夹中是否存在名称为“员工花名册.xlsx”的工作簿文件，可以用这个程序：

如果目录中存在指定的文件，Dir函数返回该文件的文件名，否则返回空字符串（""），通过计算Dir函数返回结果包含的字符数，即可判断文件夹中是否存在指定名称的文件。

```
Sub TestFile()
    '判断指定目录中是否存在名为 "员工花名册.xlsx" 的工作簿文件。
    Dim fil As String
    fil = ThisWorkbook.Path & "\员工花名册.xlsx"        '将文件名及路径保存到变量fil中
    If Len(Dir(fil)) > 0 Then                           '借助Dir函数判断指定的文件是否存在
        MsgBox "工作簿已存在！"
    Else
        MsgBox "工作簿不存在！"
```

```
    End If
End Sub
```

4.6.4 向未打开的工作簿中输入数据

一个Excel的工作簿文件，只有在打开的时候，才能在其中输入数据。如果想在一个未打开的工作簿中输入数据，可以利用VBA将文件打开，待输入完数据后，再将其保存并关闭。例如：

工作簿只有打开之后才能编辑它，所以先用Open方法打开它。待数据输入完成后，再将其保存并关闭。

```
Sub WbInput()
    '在当前文件所在目录中的 "员工花名册.xlsx" 工作簿中添加一条记录！"
    Dim wb As String, xrow As Integer, arr
    wb = ThisWorkbook.Path & "\员工花名册.xlsx"          '指定要输入数据的工作簿文件
    Workbooks.Open (wb)                                  '打开要输入数据的工作簿
    With ActiveWorkbook.Worksheets(1)                    '在工作簿中第1张表里添加记录
        xrow = .Range("A1").CurrentRegion.Rows.Count + 1    '取得表格中第一条空行号
        '将要录入工作表的数据保存在数组arr中
        arr = Array(xrow - 1, "马军", "男", #7/8/1987#, #9/1/2010#, "10年新招")
        .Cells(xrow, 1).Resize(1, 6) = arr               '将数组写入单元格区域
    End With
    ActiveWorkbook.Close savechanges:=True               '关闭工作簿，并保存修改
End Sub
```

如果文件夹中有“员工花名册.xlsx”这个工作簿文件，执行这个程序后，Excel就会自动在原表格的后面增加一条记录，快去试试吧。

4.6.5 隐藏活动工作表外的所有工作表

隐藏工作表的方法前面我们已经介绍过了。只要设置工作表的Visible属性就可以隐藏或取消隐藏指定的工作表。

如果想隐藏除活动工作表外的所有工作表，可以用这个程序：

```
Sub ShtVisible()
    '隐藏活动工作表外的所有工作表
    Dim sht As Worksheet
    For Each sht In Worksheets                    '循环处理Worksheets集合中的每个对象
        If sht.Name <> ActiveSheet.Name Then
            sht.Visible = xlSheetVeryHidden       '深度隐藏工作表
```

深度隐藏的工作表，不能通过执行【功能区】中的命令来取消隐藏它，只能通过【属性窗口】或VBA代码重新显示它。

```
        End If
    Next
End Sub
```

考考你

学会怎样隐藏工作表后，对已经隐藏的工作表，你知道应该执行什么命令让它重新显示吗？试一试，编写一个程序，将工作簿中所有的工作表都取消隐藏。

手机扫描二维码，可以查看我们准备的参考答案。

4.6.6　批量新建指定名称的工作表

批量新建多张工作表的方法相信大家都知道吧？只要在调用Worksheets对象的Add方法时，通过Count参数指定数量即可，例如：

```
Worksheets.Add Count:=5            '在工作簿中新建5张工作表
```

但是，这样插入的工作表的标签名称都是按默认的Sheet1、Sheet2、Sheet3……的方式命名，如图4–53所示。

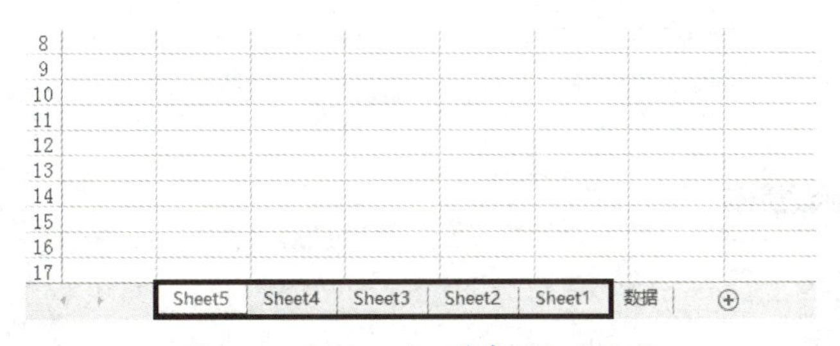

图 4-53　新插入的工作表的标签名称

如果想新建一批已经确定名称的工作表，如图4–54所示，使用这种方法就不能达到目的。

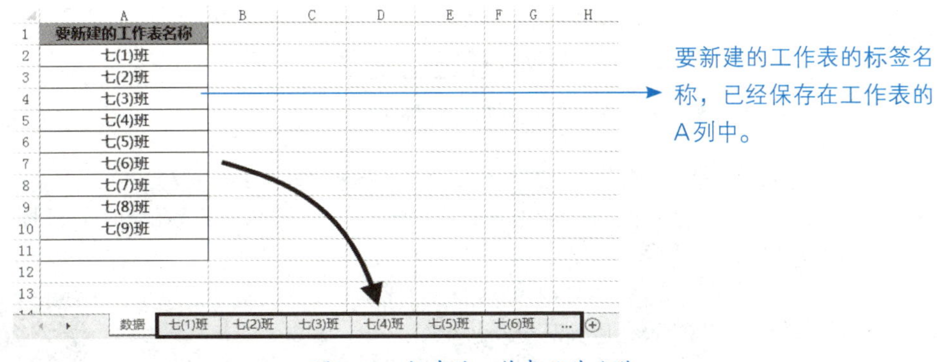

图 4-54　新建的工作表及其名称

在名称为“数据”的工作表的A列，从第2行开始，有多少个信息就新建多少张工作表，新建的工作表分别以各单元格中保存的数据命名。

可以借助循环语句来解决这个问题，例如：

```
Sub ShtAdd()
    '以"数据"工作表A列中的信息来新建不同名称的工作表
    Dim i As Integer, sht As Worksheet
    i = 2                                          '保存第1个工作表名称的单元格在第2行
    Set sht = Worksheets("数据")                   '将保存工作表名称的工作表赋给变量sht
    Do While sht.Cells(i, "A") <> ""               '直到A列的单元格为空时退出循环
        Worksheets.Add after:=Worksheets(Worksheets.Count)
        ActiveSheet.Name = sht.Cells(i, "A").Value         '更改工作表的标签名称
        i = i + 1                                  '行号增加1
    Loop
End Sub
```

在模块中输入以上程序后，执行它，就能完成新建工作表的任务了。

考考你

用前面的程序新建工作表，要求在“数据”工作表A列中不存在重复数据，否则会因为Excel不能在同一个工作簿中插入两张相同名称的工作表，导致程序执行出错，如图4-55所示。

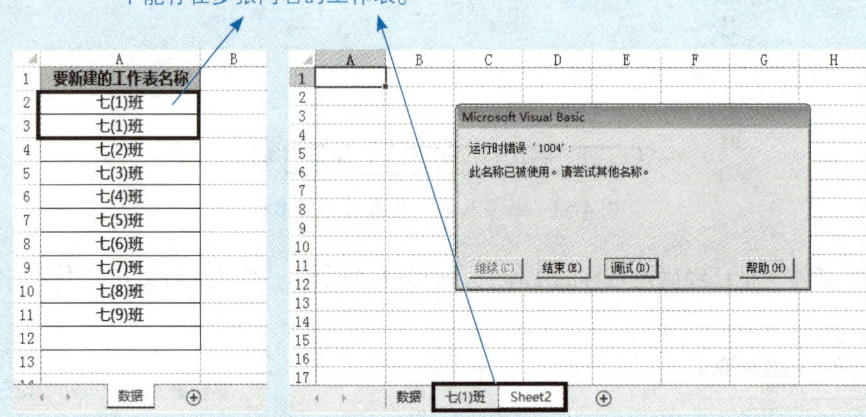

图4-55　Excel不能在一个工作簿中插入多张同名的工作表

Excel不允许在同一工作簿中插入多张同名的工作表，但是预先我们并不确定“数据”工作表A列中是否存在相同的数据，为了避免程序在执行过程中出错，我们希望在遇到相同的数据时，只插入一张该名称的工作表。

要实现这一目的，你知道应该怎样修改程序吗？试一试。

手机扫描二维码，可以查看我们准备的参考答案。

4.6.7　批量对数据分类，并保存到不同的工作表中

在一张成绩表中，保存着同一年级多个班级的成绩记录，现要根据所属班级对成绩记录进行分类，并保存到与成绩表结构相同（已有表头），以班级名称命名的工作表中，如图4–56、图4–57所示。

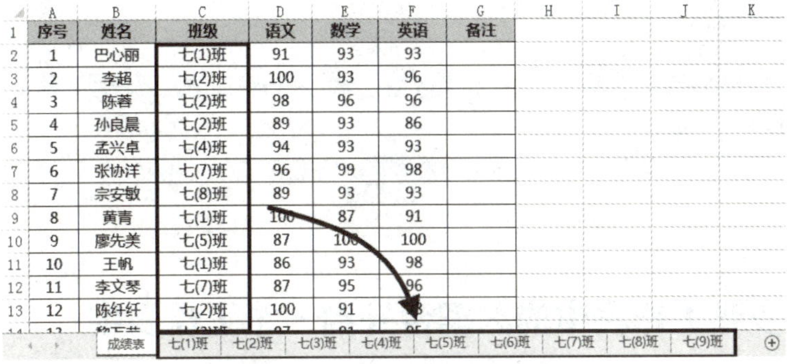

序号	姓名	班级	语文	数学	英语	备注
1	巴心丽	七(1)班	91	93	93	
2	李超	七(2)班	100	93	96	
3	陈蓉	七(2)班	98	96	96	
4	孙良晨	七(2)班	89	93	86	
5	孟兴卓	七(4)班	94	93	93	
6	张协洋	七(7)班	96	99	98	
7	宗安敏	七(8)班	89	93	93	
8	黄青	七(1)班	100	87	91	
9	廖先美	七(5)班	87	100	100	
10	王帆	七(1)班	86	93	98	
11	李文琴	七(7)班	87	95	96	
12	陈纤纤	七(2)班	100	91	[illegible]	

成绩表　七(1)班　七(2)班　七(3)班　七(4)班　七(5)班　七(6)班　七(7)班　七(8)班　七(9)班

图 4-56　成绩表中的成绩记录及分表

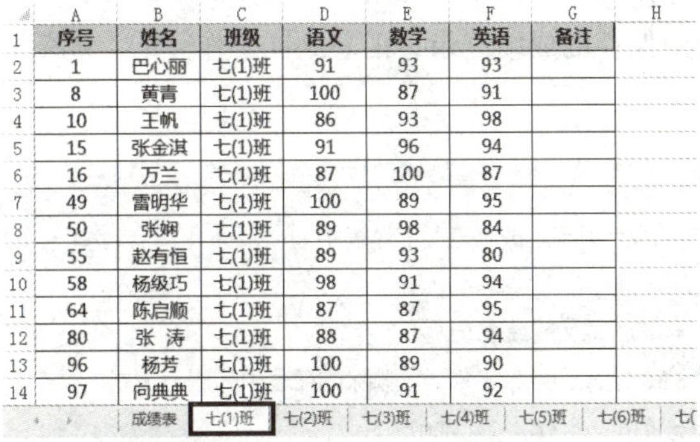

序号	姓名	班级	语文	数学	英语	备注
1	巴心丽	七(1)班	91	93	93	
8	黄青	七(1)班	100	87	91	
10	王帆	七(1)班	86	93	98	
15	张金淇	七(1)班	91	96	94	
16	万兰	七(1)班	87	100	87	
49	雷明华	七(1)班	100	89	95	
50	张娴	七(1)班	89	98	84	
55	赵有恒	七(1)班	89	93	80	
58	杨级巧	七(1)班	98	91	94	
64	陈启顺	七(1)班	87	87	95	
80	张　涛	七(1)班	88	87	94	
96	杨芳	七(1)班	100	89	90	
97	向典典	七(1)班	100	91	92	

成绩表　七(1)班　七(2)班　七(3)班　七(4)班　七(5)班　七(6)班　七(

图 4-57　七（1）班工作表中的成绩记录

要解决这个问题，可以借助循环语句，根据C列的数据，判断该条记录属于哪个班级，再将其复制到对应的工作表中。

可以在模块中插入并执行这个程序来完成数据分类的任务：

```
Sub FenLei()
   '将成绩表按班级分类并保存到各工作表中
   Dim i As Long, bj As String, rng As Range
   i = 2                        '成绩表中要处理的第1条记录在第2行
   bj = Worksheets("成绩表").Cells(i, "C").Value
   Do While bj <> ""            '直到成绩表中C列的单元格为空单元格时终止循环
       '确定班级工作表中A列的第1个空单元格，作为写入成绩记录的目标区域
       Set rng = Worksheets(bj).Range("A1048576").End(xlUp).Offset(1, 0)
       Worksheets("成绩表").Cells(i, "A").Resize(1, 7).Copy rng      '将成绩记录复制
到相应的工作表中
```

```
        i = i + 1                  '行号加1，以便下次循环时能处理下一条成绩记录
        bj = Worksheets("成绩表").Cells(i, "C").Value
    Loop
End Sub
```

在模块中输入这个程序并执行它，Excel就能对所有的数据进行分类了。

考考你

如果工作簿中的班级工作表中原来已经有数据记录，执行程序前，要将原有的记录清除，你知道怎么修改程序吗？试一试。

手机扫描二维码，可以查看我们准备的参考答案。

4.6.8 将多张工作表中的数据合并到一张工作表中

在学习怎样将一张工作表中的数据分类保存到各工作表中后，让我们再来看一个相反操作的问题——怎样将多张工作表中的数据合并到一张工作表中。

如果希望将各分表中保存的成绩记录，汇总到同工作簿的“成绩表”工作表中，可以用这个程序：

```
Sub hebing()
    '把各班成绩表中的记录合并到"成绩表"工作表中
    Dim sht As Worksheet
    Set sht = Worksheets("成绩表")
    sht.Rows("2:65536").Clear         '删除成绩表中的原有记录
    Dim wt As Worksheet, xrow As Integer, rng As Range
    For Each wt In Worksheets                       '循环处理工作簿中的每张工作表
        If wt.Name <> "成绩表" Then
            Set rng = sht.Range("A1048576").End(xlUp).Offset(1, 0)
            xrow = wt.Range("A1").CurrentRegion.Rows.Count - 1
            wt.Range("A2").Resize(xrow, 7).Copy rng
        End If
    Next
End Sub
```

4.6.9 将工作簿中的每张工作表都保存为单独的工作簿文件

对保存在工作簿中的多张工作表，如果希望将它们保存为单独的工作簿文件，如图4-58所示。

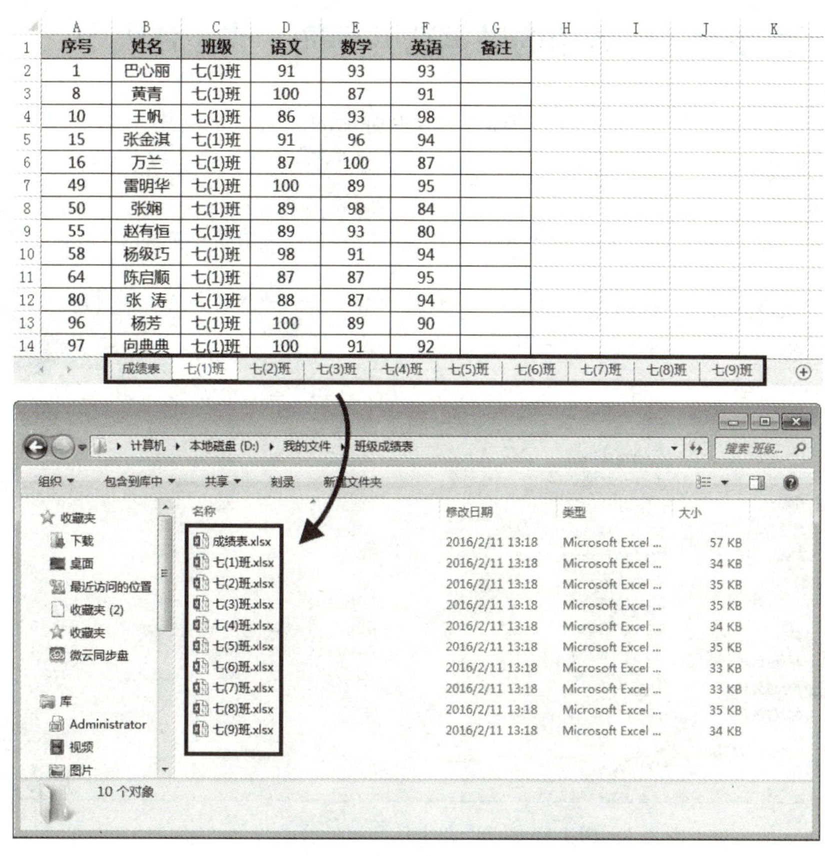

序号	姓名	班级	语文	数学	英语	备注
1	巴心丽	七(1)班	91	93	93	
8	黄青	七(1)班	100	87	91	
10	王帆	七(1)班	86	93	98	
15	张金淇	七(1)班	91	96	94	
16	万兰	七(1)班	87	100	87	
49	雷明华	七(1)班	100	89	95	
50	张娴	七(1)班	89	98	84	
55	赵有恒	七(1)班	89	93	80	
58	杨级巧	七(1)班	98	91	94	
64	陈启顺	七(1)班	87	87	95	
80	张 涛	七(1)班	88	87	94	
96	杨芳	七(1)班	100	89	90	
97	向典典	七(1)班	100	91	92	

图 4-58　将工作表保存为工作簿

使用下面的程序就能解决这个问题：

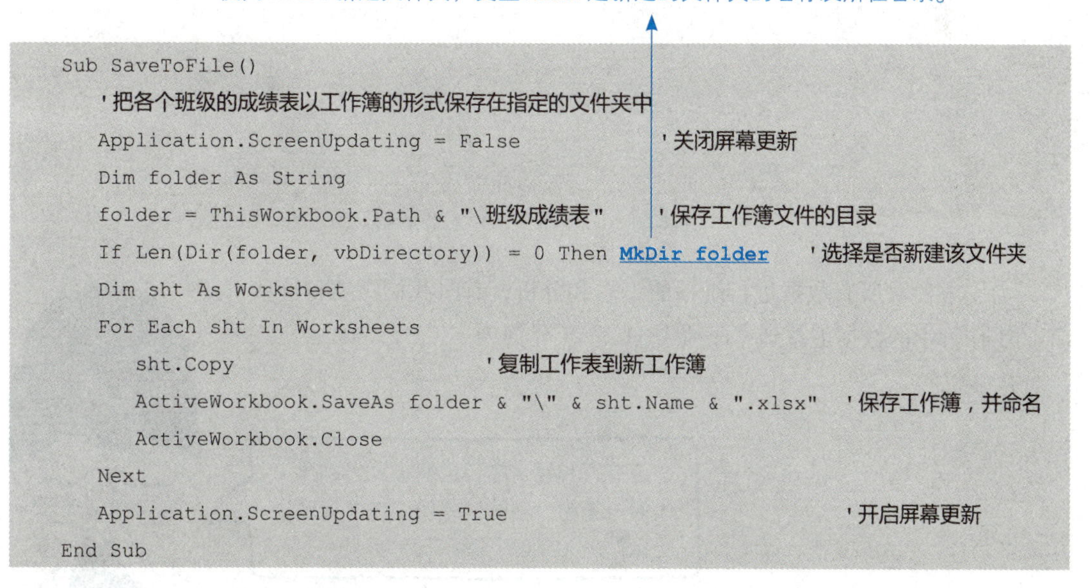

使用 MkDir 新建文件夹，变量 folder 是新建的文件夹的名称及所在目录。

```
Sub SaveToFile()
    '把各个班级的成绩表以工作簿的形式保存在指定的文件夹中
    Application.ScreenUpdating = False                '关闭屏幕更新
    Dim folder As String
    folder = ThisWorkbook.Path & "\班级成绩表"         '保存工作簿文件的目录
    If Len(Dir(folder, vbDirectory)) = 0 Then MkDir folder    '选择是否新建该文件夹
    Dim sht As Worksheet
    For Each sht In Worksheets
        sht.Copy                                '复制工作表到新工作簿
        ActiveWorkbook.SaveAs folder & "\" & sht.Name & ".xlsx"   '保存工作簿，并命名
        ActiveWorkbook.Close
    Next
    Application.ScreenUpdating = True                         '开启屏幕更新
End Sub
```

4.6.10 将多个工作簿中的数据合并到同一张工作表中

让我们再来看一个例子，怎样将类似图 4-59 所示的同一文件夹中不同工作簿中的数据汇总到同一工作表中。

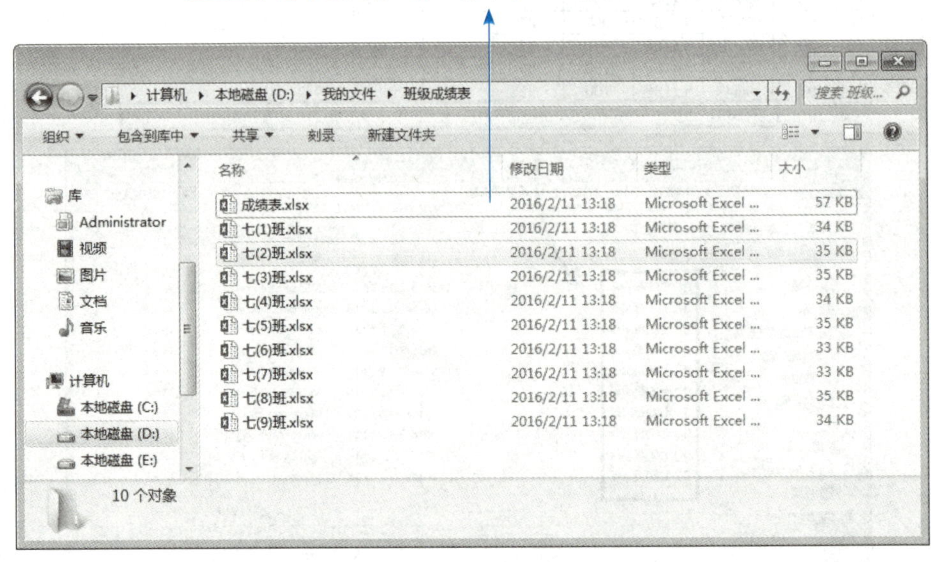

图 4-59 文件夹中保存数据的工作簿

这些工作簿除了保存的数据不同，其他地方都是相同的，它们的结构如图 4-60 所示。

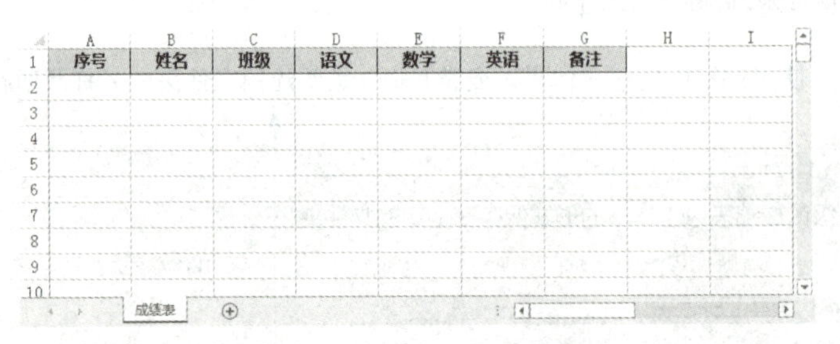

图 4-60 工作簿中工作表的结构

为了方便对所有数据进行统一的汇总和分析，有时我们需要将这些不同工作簿中的数据汇总到“成绩表.xlsx”工作簿中。

一定有人和我一样，全靠重复“打开工作簿→复制→粘贴→关闭工作簿”这样的操作来完成这个任务吧？

可以借助VBA解决：打开“成绩表.xlsx”，在其中插入一个模块，在其中输入下面的程序并执行它，就能完成汇总记录的任务了。

这是要汇总的工作簿文件的扩展名，只有扩展名为“xlsx”的工作簿中的记录才会被汇总。

```
Sub HzWb()
    Dim bt As Range, r As Long, c As Long
    r = 1      '1 是表头的行数
    c = 7      '7 是表头的列数
    Dim wt As Worksheet
    Set wt = ThisWorkbook.Worksheets(1)          '将汇总表赋给变量wt
    wt.Rows(r + 1 & ":1048576").ClearContents   '清除汇总表中原有的数据，只保留表头
    Application.ScreenUpdating = False
    Dim FileName As String, sht As Worksheet, wb As Workbook
    Dim Erow As Long, fn As String, arr As Variant
    FileName = Dir(ThisWorkbook.Path & "\*.xlsx")
    Do While FileName <> ""
        If FileName <> ThisWorkbook.Name Then          '判断文件是否是汇总数据的工作簿
            Erow = wt.Range("A1").CurrentRegion.Rows.Count + 1
            '取得汇总表中第一条空行行号
            fn = ThisWorkbook.Path & "\" & FileName   '将第1个要汇总的工作簿名称赋给变量fn
            Set wb = GetObject(fn)          '将变量fn 代表的工作簿对象赋给变量wb
            Set sht = wb.Worksheets(1)      '将要汇总的工作表赋给变量sht
            '将工作表中要汇总的记录保存在数组arr中
            arr = sht.Range(sht.Cells(r + 1, "A"), sht.Cells(1048576, "B").
                End(xlUp).Offset(0,5))
            '将数组arr 中的数据写入工作表
            wt.Cells(Erow, "A").Resize(UBound(arr, 1), UBound(arr, 2)) = arr
            wb.Close False
        End If
        FileName = Dir      '用Dir 函数取得其他文件名，并赋给变量
    Loop
    Application.ScreenUpdating = True
End Sub
```

有一点需要注意：如果要在工作簿中保存这个过程，需要将文件另存为“启用宏的工作簿”（扩展名为“.xlsm”），否则保存文件后，Excel不会在工作簿中保存这个程序。

4.6.11　为同一工作簿中的工作表建一个带链接的目录

如果工作簿中有许多张工作表，替这些工作表建一个带链接的目录，能方便我们快速切换到某张工作表，如图4-61所示。

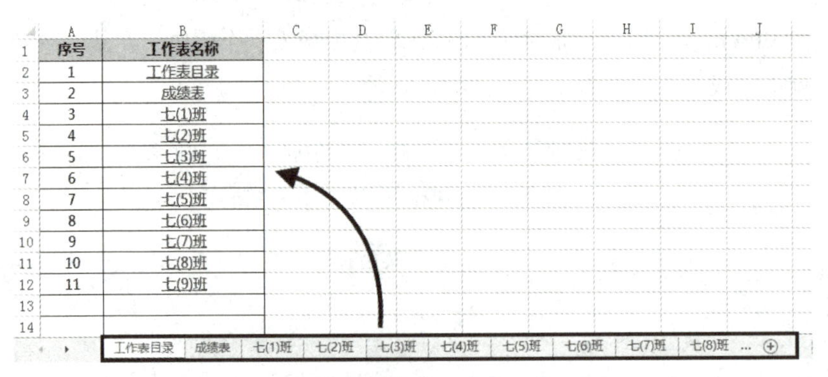

图 4-61　工作簿中的工作表及其目录

如果想为同一工作簿中的所有工作表建一个带链接的目录，可以使用这个程序：

```
Sub mulu()
    '为工作簿中所有工作表建立目录！
    Dim wt As Worksheet
    Set wt = Worksheets("工作表目录")
    wt.Rows("2:1048576").ClearContents              '清除工作表中原有数据
    Dim sht As Worksheet, irow As Integer
    irow = 2
    For Each sht In Worksheets
        wt.Cells(irow, "A").Value = irow - 1        '写入序号
        '写入工作表名，并建立超链接
        wt.Hyperlinks.Add Anchor:=wt.Cells(irow, "B"), Address:="", _
            SubAddress:="'" & sht.Name & "'!A1", TextToDisplay:=sht.Name
        irow = irow + 1        '行号加1
    Next
End Sub
```

该语句向工作表中添加一个超链接对象（Hyperlink 对象），其中参数 Anchor 用于指定建立超链接的位置，参数 Address 用于指定超链接的地址，参数 SubAddress 用于指定超链接的子地址，参数 TextToDisplay 用于指定要显示的超链接的文本。

考考你

如果工作簿中已有设置好表头且名称为“工作表目录”的工作表，执行前面的程序后就能完成制作目录的操作，反之，执行程序就会出错。

如果想在工作簿中没有名称为“工作表目录”的工作表时，让程序自动新建这张工作表后，再在其中制作目录，以避免程序在执行过程中出现错误，你知道应该怎样修改本例的程序吗？试一试。

手机扫描二维码，可以查看我们准备好的参考答案。

执行程序的自动开关——对象的事件

我家住在8楼，下了电梯拐个弯，还得走过一条过道才到家门口。

我儿子还不到两岁，每次晚上回家，都不愿意自己走，因为怕黑。不过，这已经是以前的事了，现在他每次都抢着走在前面。

“啊！”每次走到过道口，他都用自己的声音打开过道中的电灯，小家伙不知道从什么时候开始，知道这些电灯都是用声控开关控制的。

有了声控开关，就省了手动打开电灯的过程。“当听到声音的时候就自动打开电灯”，声控开关让开灯的操作变得轻松简单。

声控开关让我想到VBA中的事件。

通常，我们会通过单击某个按钮去执行一个程序，如果把按钮看成装在墙壁上的电灯开关，那事件就是安装的声控开关。使用事件，可以让VBA自动执行我们设置的某个程序，而不需要再手动单击执行程序的按钮。

5.1 用事件替程序安装一个自动执行的开关

5.1.1 事件就是能被对象识别的某个操作

声控开关能自动打开电灯，是因为它认识我们发出声音的动作，当它“听”到这个动作发出的声音后，就能自动打开电灯开关。

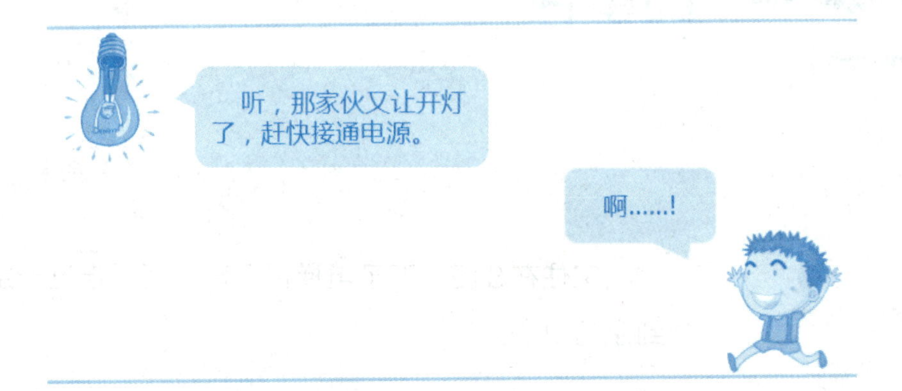

我儿子每次都用声音“啊”打开过道的电灯，他喊“啊”的动作就是一个事件。

在Excel中，我们每天都在操作不同的对象，如打开工作簿、激活工作表、选中单元格……在众多的操作中，有些是Excel的对象能识别的。

而这种**能被对象识别的操作，就是该对象的事件**。

例如，当我们打开工作簿时，“打开”的就是工作簿（Workbook对象）能识别的一个操作，“打开”就是工作簿对象的一个事件。在VBA中，我们将这个事件记为Workbook_Open。

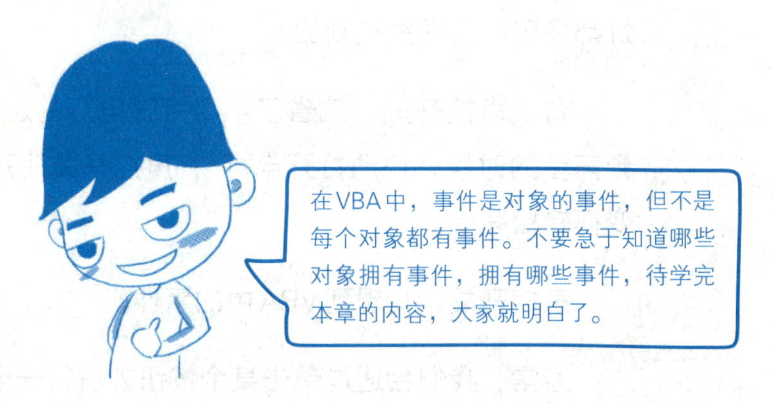

5.1.2 事件是怎样执行程序的

“当听到声音的时候自动打开电灯”，声控开关之所以能打开电灯，是因为它记住了这个开灯的规则。

在VBA中，事件也靠类似的规则来执行程序。

“当……的时候自动执行程序”，我们总能用这样的句子去描述一个事件控制程序的规则。

例如，“工作簿对象”（Workbook）能识别“打开”（Open）的这个操作，我们就可以利用“Workbook_Open”这个事件，让执行打开工作簿的操作时，执行某个指定的程序。

5.1.3　让Excel自动响应我们的操作

下面我们就一起来看看，怎样让Excel在我们打开工作簿时，自动响应我们的操作，执行我们编写的代码。

步骤❶：依次执行【开发工具】→【Bisual Basic】命令，进入VBE，如图5-1所示。

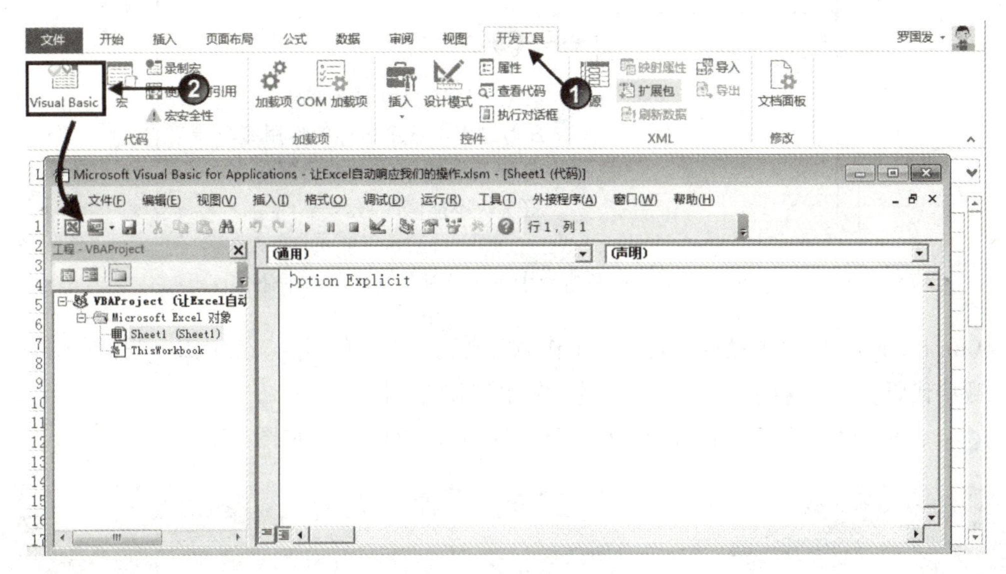

图 5-1　打开VBE窗口

步骤❷：双击【工程资源管理器】中的ThisWorkbook对象，打开它的【代码窗口】，如图5-2所示。

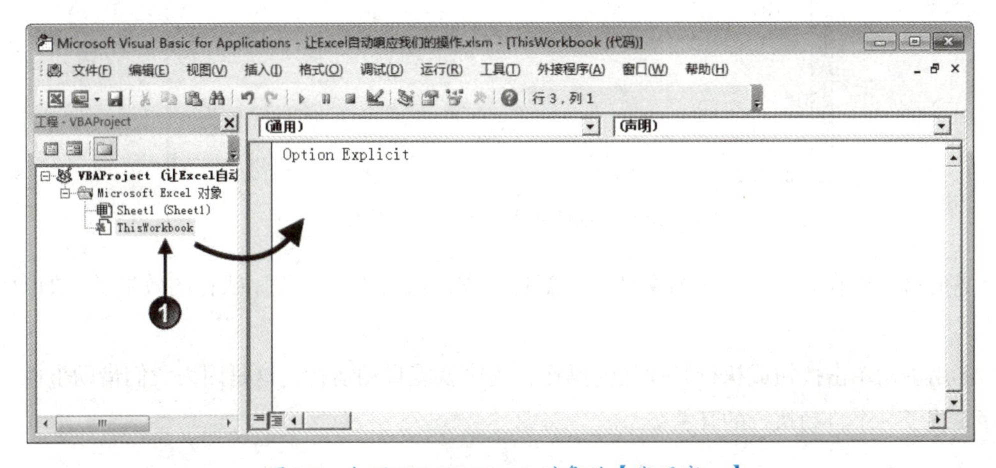

图 5-2　打开ThisWorkbook对象的【代码窗口】

步骤❸： 在【对象】列表框中选择“Workbook”，在【事件】列表框中选择“Open”，VBA会自动在【代码窗口】中插入一个过程的开始语句和结束语句，如图5-3所示。

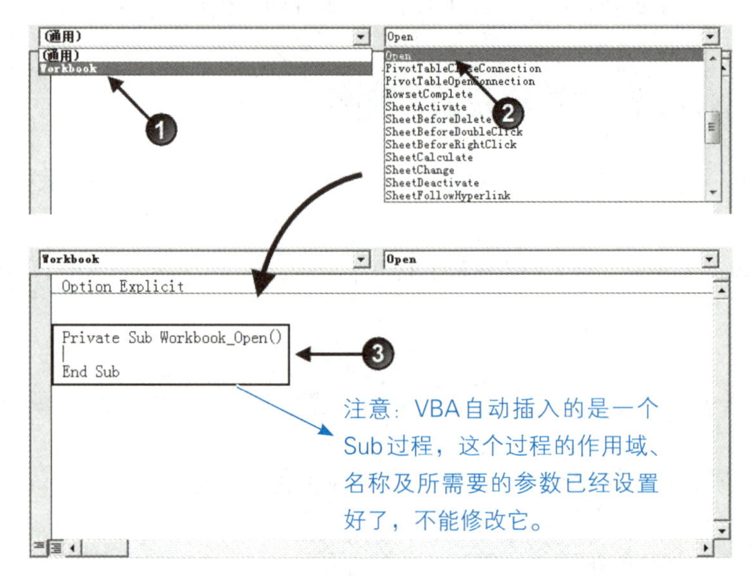

图 5-3　在【代码窗口】中选择对象及对象的事件

VBA自动插入的这个过程就是打开工作簿时会自动执行的过程，想让Excel打开工作簿时执行哪些代码，就将这些代码写在过程的开始语句和结束语句之间。

步骤❹： 在VBA自动新建的过程中，加入要让程序执行的代码，如图5-4所示。

```
Private Sub Workbook_Open()
    MsgBox "现在的时间是：" & Time()
End Sub
```

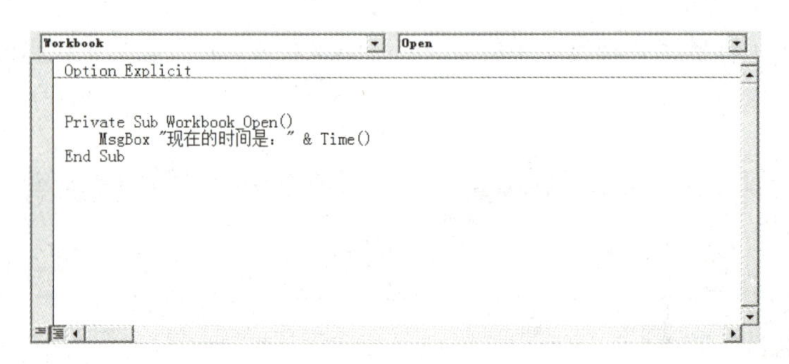

图 5-4　在过程中加入要执行的代码

完成后，保存并关闭工作簿文件，重新打开它，就可以看到程序执行的效果了，如图5-5所示。

不用手动单击按钮或执行其他任何操作，程序就能自动运行，这是因为我们借助事件，给程序安装了一个自动执行的开关。

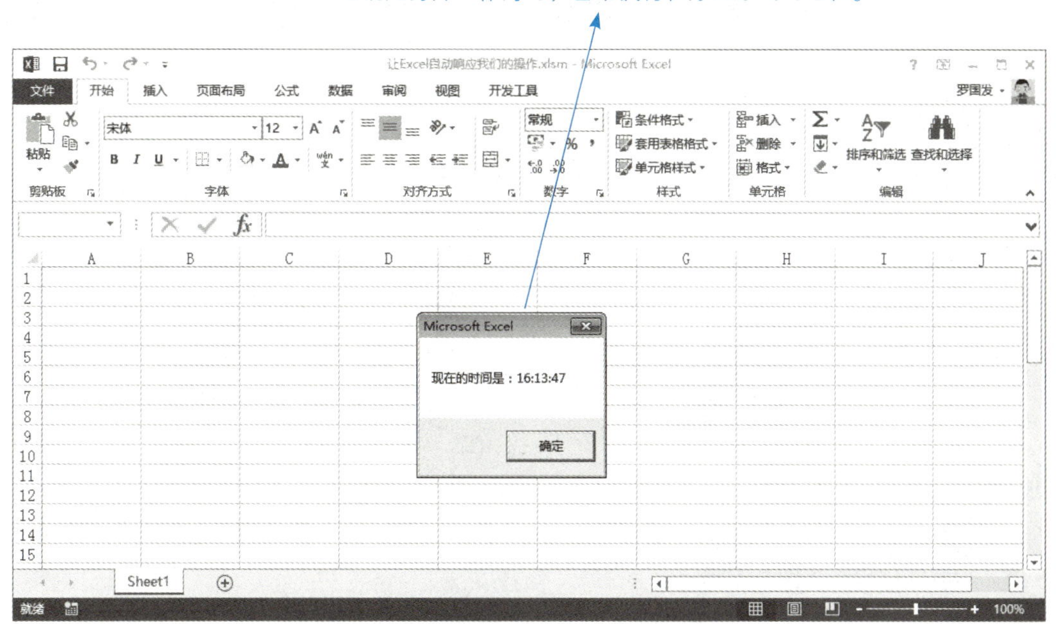

图 5-5 打开工作簿后自动执行程序的效果

5.1.4 能自动运行的Sub过程——事件过程

当某个事件发生后（如打开工作簿）自动运行的过程，我们将其称为**事件过程**，事件过程也是Sub过程。

与普通的Sub过程不同，事件过程的作用域、过程名称及参数都不需要我们设置，也不能随意设置。事件过程的过程名称总是由对象名称及事件名称组成的，对象在前，事件在后，二者之间用下划线连接：

```
对象名称_事件名称
```

例如：

Workbook对象有Workbook对象的事件，Worksheet对象有Worksheet对象的事件……不同的对象，拥有的事件各不相同。

想编写关于某对象的事件过程，就应在【工程资源管理器】中双击该对象所在模块，打开该模块的【代码窗口】，然后在其中编写事件过程。只有将事件过程写在对应模块中，程序才会自动执行。

5.1.5 利用事件，让Excel在单元格中写入当前系统时间

感受过工作簿对象的Open事件后，让
我们再来看一个工作表事件的应用——
当激活Sheet1工作表时，自动在该工
作表的A1单元格中写入当前系统时间。

步骤❶：进入VBE，打开Sheet1工作表的【代码窗口】，在【对象】列表框中选择Worksheet对象，在【事件】列表框中选择Activate事件，得到一个不含任何操作和计算代码的空事件过程，如图5-6所示。

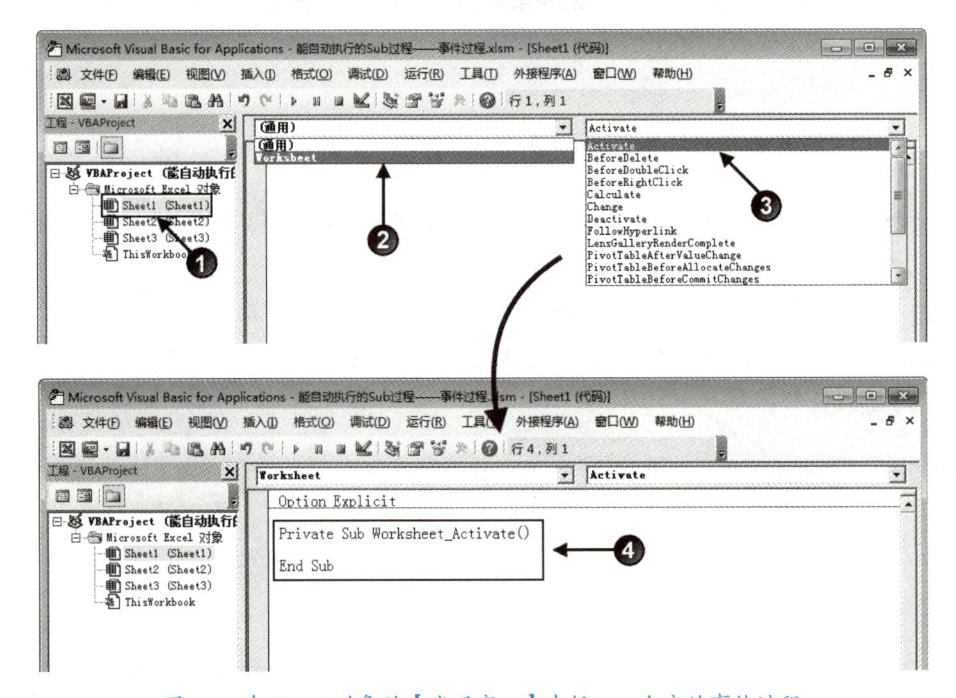

图5-6　在Sheet1对象的【代码窗口】中插入一个空的事件过程

步骤❷：将输入当前系统时间的代码写在开始语句与结束语句之间，如图5-7所示。

Worksheet_Activate告诉VBA，当激活事件过程所在的工作表时，自动执行该事件过程。

```
Private Sub Worksheet_Activate()
    Range("A1").Value = Time        '在A1单元格写入当前系统时间
End Sub
```

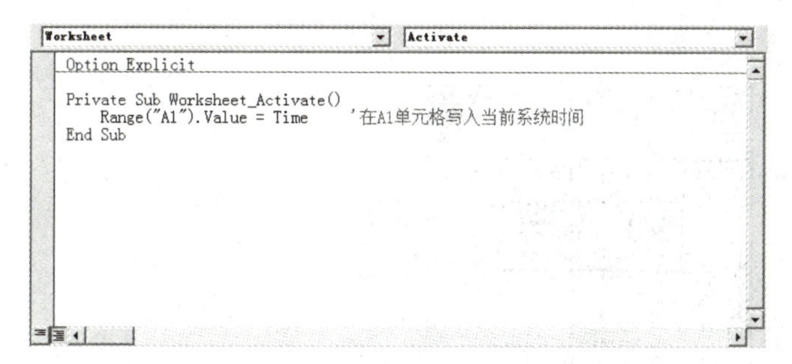

图 5-7　编写好的事件过程

完成后返回Excel工作表窗口，重新激活事件过程所在的工作表，就能看到程序运行的效果了，如图5-8所示。

有一点需要注意：该事件过程保存在Sheet1工作表中，只对Sheet1工作表起作用，激活其他工作表并不会执行我们编写的事件过程，如图5-9所示。

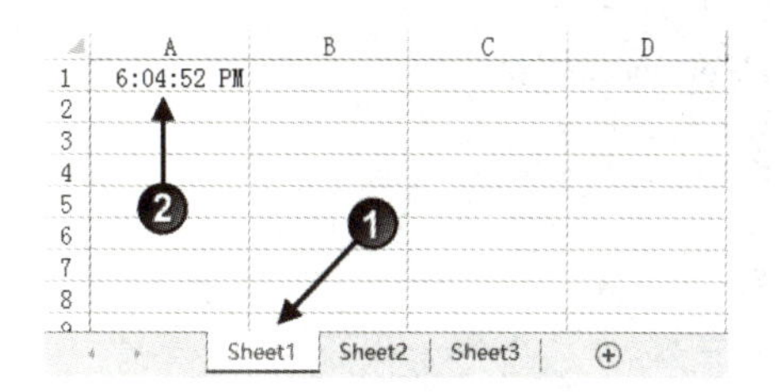

图 5-8　激活工作表自动在A1单元格中写入当前系统时间

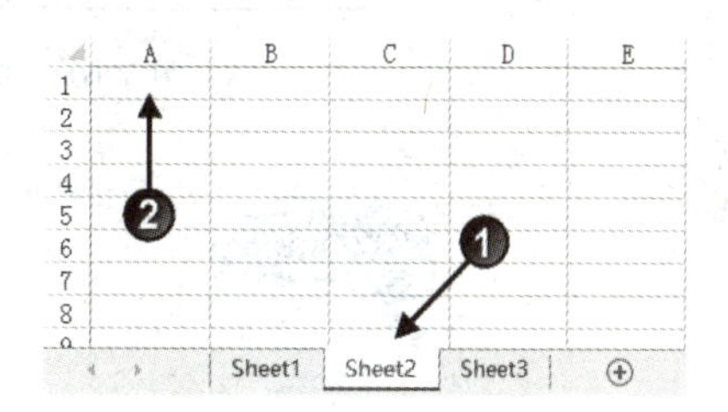

图 5-9　激活其他工作表不会执行事件过程

考考你

试一试，把我们编写的事件过程保存在模块对象中，再次打开工作簿，Excel显示对话框了吗？猜一猜，为什么会出现这种情况？

手机扫描二维码，可以查看我们准备的参考答案。

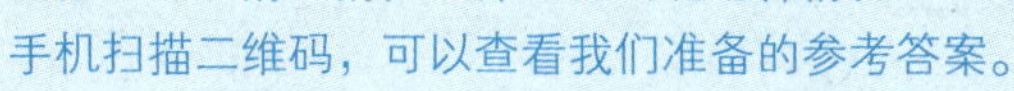

5.2　使用工作表事件

5.2.1　工作表事件就是发生在Worksheet对象中的事件

一个Worksheet对象代表工作簿中的一张普通工作表，如图5-10所示。

工作表事件就是发生在Worksheet对象中的事件。一个工作簿中可能包含多个Worksheet对象，而Worksheet事件过程必须写在相应的Worksheet对象中，只有过程所在的Worksheet对象中的操作才能触发相应的事件（这在5.1.4小节中我们已经接触过了）。

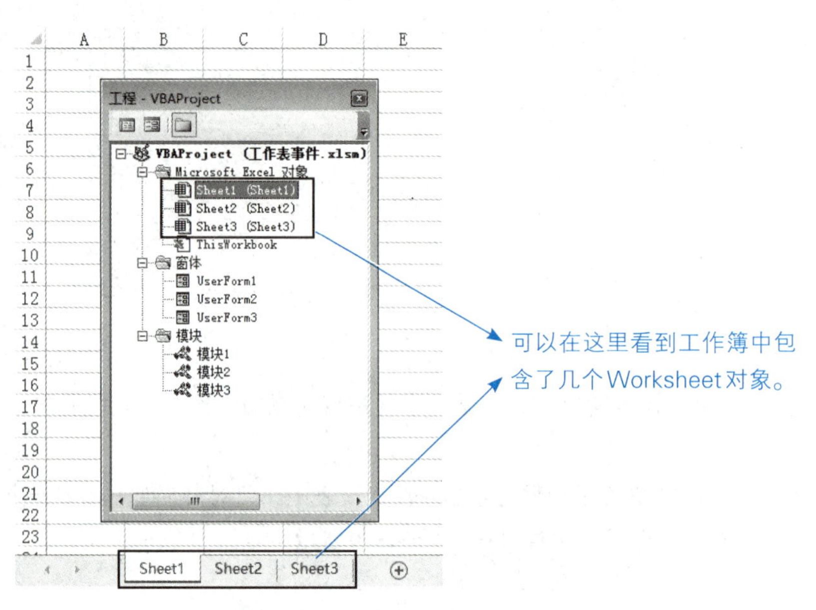

图 5-10　工作簿中的 Worksheet 对象

5.2.2　Worksheet 对象的 Change 事件

1．什么时候会触发 Change 事件

Worksheet对象的Change事件告诉VBA：当过程所在工作表的单元格被更改时自动运行程序。

如果将Change事件的过程写在Sheet1工作表中，当更改Sheet1工作表中的任意单元格，都会触发Change事件，并自动执行写入其中的事件过程。

下面让我们一起来看看，怎样在Sheet1工作表中利用Change事件编写事件过程，如图5-11所示。

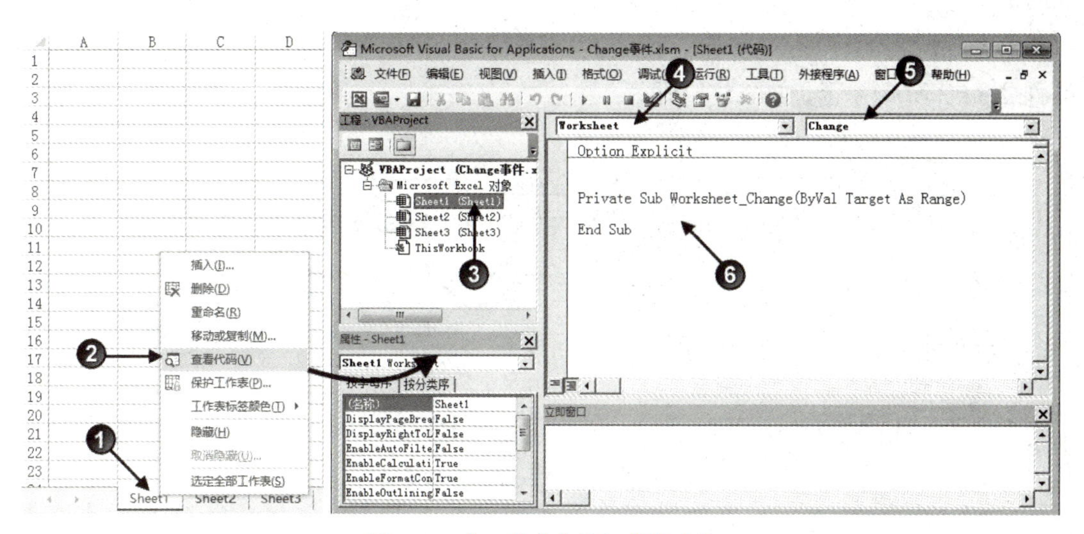

图 5-11　在工作表中添加事件过程

完成后，Excel就在【代码窗口】中自动插入了一个Change事件的事件过程。

变量Target是程序运行所需的参数，该变量代表工作表中被更改的单元格，可以是单个单元格，也可以是单元格区域。

```
Private Sub Worksheet_Change(ByVal Target As Range)

End Sub
```

编写事件过程，通常我们都采用这种方式：依次在【代码窗口】的【对象】列表框和【事件】列表框中选择相应的对象及事件名称，让VBA替我们自动设置事件过程的作用域、过程名称及参数信息。我们要做的，只是在过程的开始语句和结束语句之间，写入要执行的VBA代码。

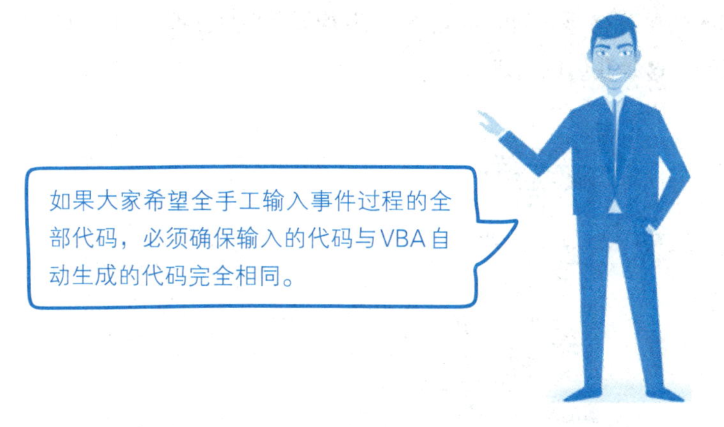

如果大家希望全手工输入事件过程的全部代码，必须确保输入的代码与VBA自动生成的代码完全相同。

插入事件过程后，让我们接着在Change事件的过程中加入下面的代码：

变量Target是事件过程的参数，代表被修改的单元格，Target.Address返回被修改的单元格地址。

Target.Value代表被**修改后**的单元格中保存的数据。

```
MsgBox Target.Address & "单元格的值被更改为：" & Target.Value
```

完成设置后，返回Excel界面，更改保存事件过程的工作表的**任意单元格**，就可以看到事件过程执行的效果了，如图5-12所示。

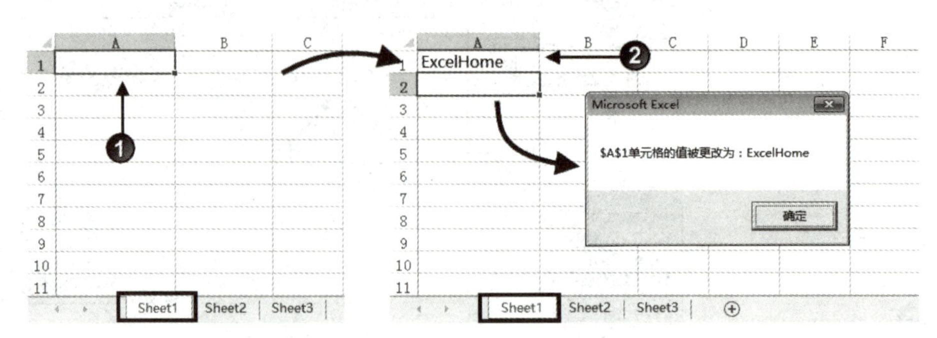

图 5-12 更改单元格后自动运行程序

2. 只让部分单元格被更改时才执行指定的代码

如前面所说，在Change事件的事件过程中，过程参数中的变量Target代表工作表中的任意单元格。也就是说，当更改工作表中的任意单元格时，都会触发Change事件。

“如果被修改的单元格是A列的单元格，那么执行事件过程中的操作或计算，否则不执行任何操作或计算。”这是我们的需求。

变量Target代表工作表中的任意单元格，只想让A列的单元格被修改时才执行指定的操作或计算，可以在执行这些操作或计算前，用If语句判断Target代表的单元格（被修改的单元格）是否位于A列就可以了，程序可以写为：

```
Private Sub Worksheet_Change(ByVal Target As Range)
 If Target.Column = 1 Then              '判断变量Target代表的单元格列号是否为1
    MsgBoxTarget.Address & "单元格的值被更改为：" & Target.Value
 End If
End Sub
```

或者编写为：

```
Private Sub Worksheet_Change(ByVal Target As Range)
    If Target.Column<> 1 Then Exit Sub
    MsgBoxTarget.Address & "单元格的值被更改为：" & Target.Value
End Sub
```

注意：只有更改单元格中保存的数据（包括清除空单元格中的内容，输入与原单元格相同的数据，双击单元格，按【Enter】键或方向键结束输入）才会触发Change事件，公式重算得到新的结果、改变单元格格式、对单元格进行排序或筛选等都不会触发Change事件。

5.2.3　禁用事件，让事件过程不再自动执行

禁用事件，就是执行操作后不让事件发生。在VBA中，可以设置Application对象的EnableEvents属性为False来禁用事件。

尽管已经在工作表中写入了Change事件过程，如果设置了禁用事件，当更改工作表中的单元格后，VBA就不会执行该事件过程。

让我们通过两个事件过程来理解是否禁用事件的区别。

在工作簿的**第 1 张**工作表中写入下面的事件过程：

```
Private Sub Worksheet_Change(ByVal Target As Range)
   Target.Offset(0, 1).Value = "《别怕，Excel VBA其实很简单》"
End Sub
```

修改这张工作表的A1单元格，看看得到什么结果，如图5-13所示。

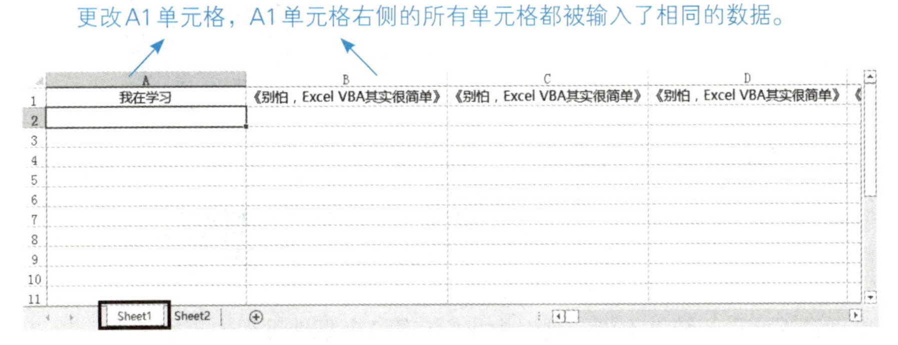

图5-13　更改第1张工作表的单元格执行事件过程

让我们换到同工作簿的**第 2 张**工作表，在其中写入下面的事件过程：

```
Private Sub Worksheet_Change(ByVal Target As Range)
    Application.EnableEvents = False                        '禁用事件
    Target.Offset(0, 1).Value = "《别怕，Excel VBA其实很简单》"
    Application.EnableEvents = True                         '重新启用事件
End Sub
```

设置完成后，修改第2张工作表的A1单元格，看看所得的结果有什么不同，如图5-14所示。

更改A1单元格，VBA自动在A1右侧的单元格B1中输入了数据。

	A	B	C	D
1	我在学习	《别怕，Excel VBA其实很简单》		
2				
3				
4				
5				
6				
7				
8				
9				
10				
11				

Sheet1 Sheet2

图 5-14　更改第 2 张工作表的单元格执行事件过程

两个事件过程所得的结果不同，是因为我们在第2个事件过程中禁用了事件。

既然已经禁用了事件，为什么第2个工作表中的事件过程还能自动执行，并且在B1单元格中输入了数据?

无论是手动更改单元格，还是通过代码更改单元格，都会触发工作表对象的Change事件。当我们手动更改A1单元执行事件过程后，因为该过程会修改Target右侧的单元格（B1单元格）。而事件过程更改单元格的操作会再次触发Change事件，导致事件过程再次被执行……从而导致事件过程被循环执行，如图5-15所示。

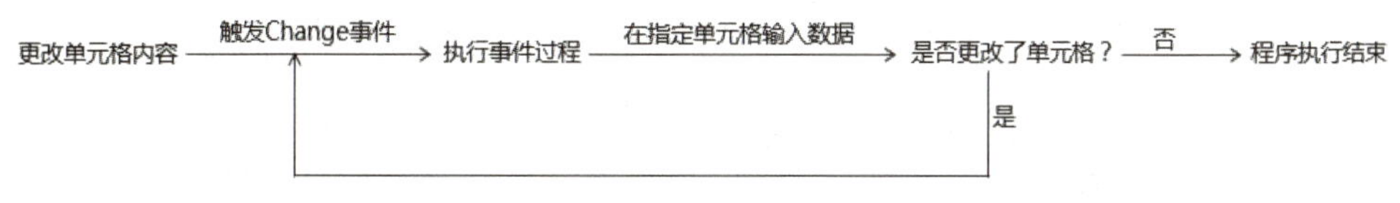

图 5-15　第 1 个事件过程的执行流程

禁用事件后，第2张工作表中的事件过程还能执行，是因为手动更改单元格前，事件并未被禁用，所以事件过程能被执行一次，如图5-16所示。

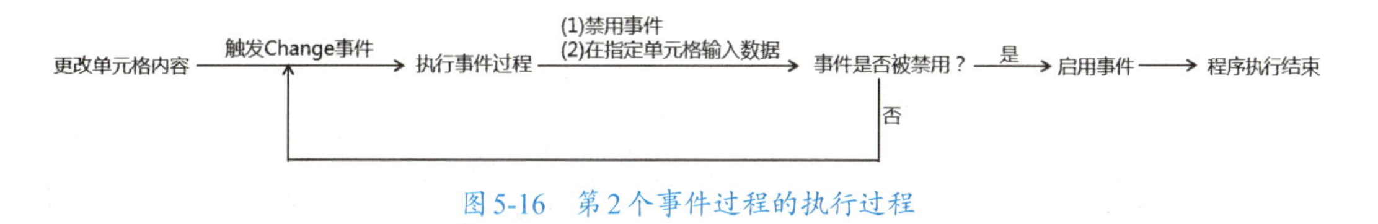

图 5-16　第 2 个事件过程的执行过程

在过程中使用Application.EnableEvents = False禁用事件，就是为了防止执行过程中的代码时意外触发事件，导致不必要的事件过程被执行。

注意： 在过程中设置EnableEvents属性值为False禁用事件后，一定要在过程结束之前，重新将其设置为True，否则可能导致其他事件过程无法自动执行。

但是，无论EnableEvents属性的值为True还是False，都无法禁用控件，如按钮的事件。

5.2.4 一举多得，巧用Change事件快速录入数据

小王开了一个文具店，为了方便分析小店的经营情况，每售出一件商品，他都将相应的信息记录在如图5-17所示的表格中。

销售日期	商品名称	商品代码	单价（元）	销售数量	销售金额

图5-17 商品销售登记表

需要记录的信息不多，只有销售日期、商品名称等6种信息。但客人多的时候，也把他弄得手忙脚乱。

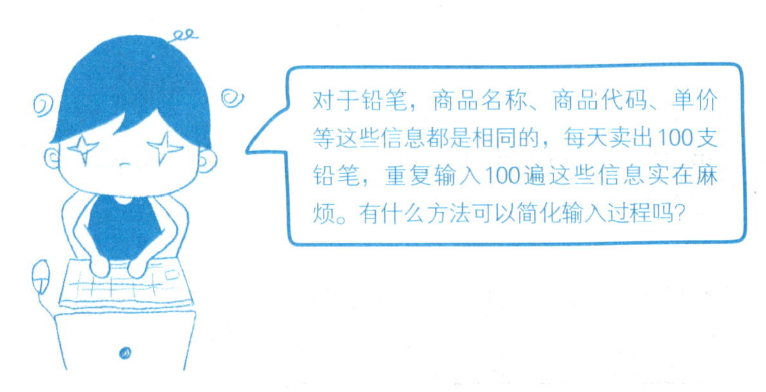

对于铅笔，商品名称、商品代码、单价等这些信息都是相同的，每天卖出100支铅笔，重复输入100遍这些信息实在麻烦。有什么方法可以简化输入过程吗？

如果有图5-18所示的参照表，要解决这一问题就简单了。

销售日期	商品名称	商品代码	单价（元）	销售数量	销售金额

参照表

首字母	商品名称	商品代码	单价（元）
WJH	文具盒	WJ-WJH-001	12
QB	铅笔	WJ-QB-003	0.5
BJB	笔记本	WJ-BJB-005	8.5
GB	钢笔	WJ-GB-012	25
XBD	削笔刀	WJ-XBD-002	18

图5-18 参照表及其中记录的信息

要简化输入过程，解决的办法很多。

如果记录销售商品的表格与参照表在同一张工作表中，与图5-18所示的表格完全相同，就可以借助Change事件，在工作表模块中输入下面的事件过程后，就可以通过输入商品名称的首字母来简化输入操作了。

Application对象的Intersect方法返回参数中多个区域的公共区域，如果这些区域没有公共区域，则返回Nothing。

```
Private Sub Worksheet_Change(ByVal Target As Range)
    If Target.Count> 1 Then Exit Sub          '同时更改多个单元时结束执行程序
    '如果更改的单元格不是B列第2行以下的单元格时退出程序
    If Application.Intersect(Target, Range("B2:B1048576")) Is Nothing Then Exit Sub
    If Target.Value = "" Then Exit Sub         '输入的数据为空时退出执行程序
    Dim i As Integer                         '定义变量i，用于记录商品在参照表中的第几行
    On Error GoTo a                   '如果Match函数查找出错，则跳转到标签a所在行继续执行程序
    '借助工作表函数确定输入的商品名称是参照表中的第几行
    i = Application.WorksheetFunction.Match(UCase(Target.Value), Range("H:H"), False)
    Application.EnableEvents = False         '禁用事件，防止将字母改为商品名称时，再次执行程序
     With Target
       .Value = Cells(i, "I").Value                  '自动输入商品名称，替换输入的字母
       .Offset(0, -1).Value = Now                    '自动输入销售日期与时间
       .Offset(0, 1) = Cells(i, "J").Value           '自动输入商品代码
       .Offset(0, 2) = Cells(i, "K").Value           '自动写入商品单价
       .Offset(0, 3).Select                          '选中销售数量列，等待输入销售数量
    End With
    Application.EnableEvents = True                  '重新启用事件
    Exit Sub                                         '结束执行程序
a:  MsgBox "没有与输入内容匹配的商品。"
    Target.Value = ""
End Sub
```

设置完成后，返回工作表区域，在B列（保存商品名称的列）输入商品名称的首字母，就完成一条记录的输入了，如图5-19所示。

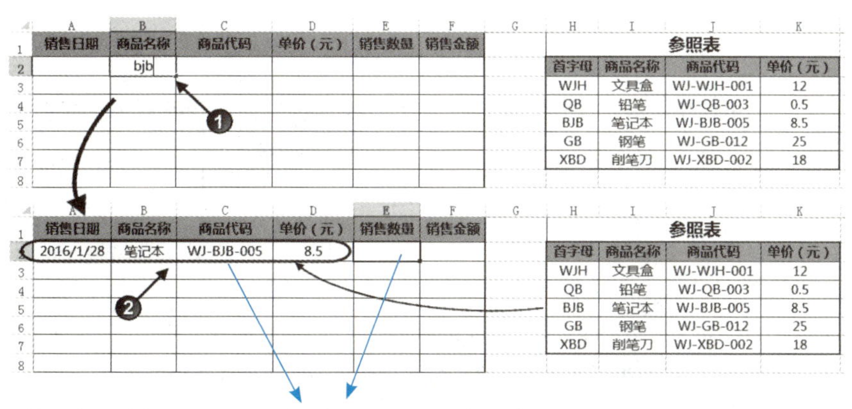

图5-19　用输入商品名称首字母的方式简化信息录入

至于最后的销售金额，只要在该列输入一个公式，用单价和销售数量相乘即可得到，例如：

```
=D2*F2
```

5.2.5 SelectionChange事件：当选中的单元格改变时发生

Worksheet对象的SelectionChange事件告诉VBA：当更改工作表中选中的单元格区域时自动执行该事件的事件过程。

让我们再来看一个例子，在任意工作表中输入下面的事件过程，来感受Selection-Change事件的用途。

变量Target是过程执行所需的参数，变量代表工作表中被选中的单元格区域。

```
Private Sub Worksheet_SelectionChange(ByVal Target As Range)
    MsgBox "你现在选中的单元格区域是：" & Target.Address
End Sub
```

在工作表对象中输入过程后，返回工作表区域，更改选中的单元格区域，看看Excel会做什么，如图5-20所示。

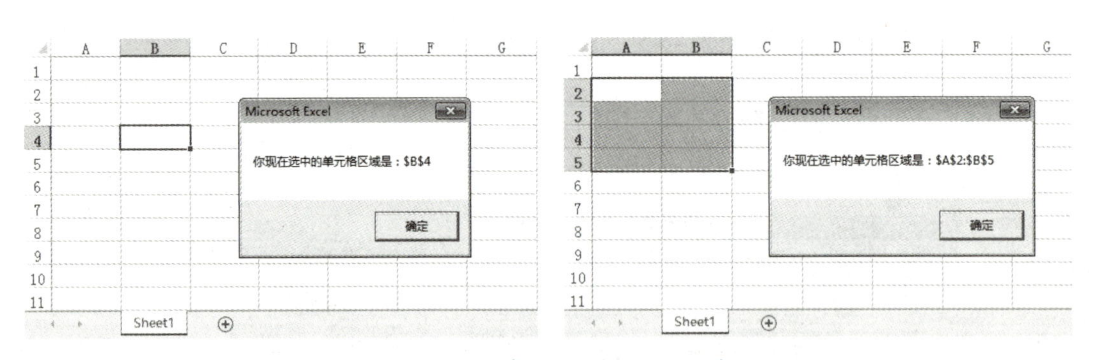

图 5-20　更改选中的单元格后自动执行程序的效果

我们看到的对话框，正是更改选中的单元格区域后，自动执行的事件过程创建的。

考考你

一张表格，有时我们只允许别人修改某个区域中的数据，如A列。为了防止别人修改到A列外区域中的数据，可以禁止别人选中A列之外的单元格，当选中的单元格不是A列的单元格时，自动选中同行A列的单元格。如选中B3单元格时，自动改为选中A3单元格。

你知道怎样借助VBA完成这一任务吗？试一试。

手机扫描二维码，可以查看我们准备的参考答案。

5.2.6 看看我该监考哪一场

一张监考安排表，密密麻麻地全是监考老师的名字，如图5-21所示。

	A	B	C	D	E	F	G	H	I	J	K	L	M	N	O	P	Q
1	XX中学期末考试监考安排表																
2	考场	语文		数学		英语		物理		化学		历史		思品		地理	
3	考场1	乔彩	刘志学	李小林	邓先华	龙伦	郑称坚	罗芳芳	邓先华	施进刚	于琳	司坚良	习欣兰	冉赤学	刘华	周小艳	李婉君
4	考场2	刘世全	艾小华	王芳	曹元林	李露	窦进	叶枫	张悦	刘华芝	夏致新	屈岸华	王洪林	柴宜	曹春琴	田辉元	林海军
5	考场3	申天	丁应林	常开华	鲁兵	高华	王加艳	林平飞	陈国华	王艳	梁奇榕	华冰	张家兵	高珊	聂童	柳飞艳	白兴江
6	考场4	王飞学	罗如月	史全	杨倩	汪中栋	周娟	方蕊	陶柔	郑菁	孔林军	顾庆芳	王琴	李艳华	陈忠友	庄博	张三华
7	考场5	司坚良	习欣兰	罗芳芳	邓先华	施进刚	于琳	冉赤学	刘华	周小艳	李婉君	龙伦	郑称坚	乔彩	刘志学	李小林	邓先华
8	考场6	屈岸华	王洪林	叶枫	张悦	刘华芝	夏致新	柴宜	曹春琴	田辉元	林海军	李露	窦进	刘世全	艾小华	王芳	曹元林
9	考场7	华冰	张家兵	林平飞	陈国华	王艳	梁奇榕	高珊	聂童	柳飞艳	白兴江	高华	王加艳	申天	丁应林	常开华	鲁兵
10	考场8	顾庆芳	王琴	方蕊	陶柔	郑菁	孔林军	李艳华	陈忠友	庄博	张三华	汪中栋	周娟	王飞学	罗如月	史全	杨倩
11	考场9	龙伦	郑称坚	冉赤学	刘华	周小艳	李婉君	乔彩	刘志学	李小林	邓先华	施进刚	于琳	司坚良	习欣兰	罗芳芳	邓先华
12	考场10	李露	窦进	柴宜	曹春琴	田辉元	林海军	刘世全	艾小华	王芳	曹元林	刘华芝	夏致新	屈岸华	王洪林	叶枫	张悦
13	考场11	高华	王加艳	高珊	聂童	柳飞艳	白兴江	申天	丁应林	常开华	鲁兵	王艳	梁奇榕	华冰	张家兵	林平飞	陈国华
14	考场12	汪中栋	周娟	李艳华	陈忠友	庄博	张三华	王飞学	罗如月	史全	杨倩	郑菁	孔林军	顾庆芳	王琴	方蕊	陶柔
15	考场13	施进刚	于琳	乔彩	刘志学	李小林	邓先华	司坚良	习欣兰	罗芳芳	邓先华	周小艳	李婉君	龙伦	郑称坚	冉赤学	刘华
16	考场14	刘华芝	夏致新	刘世全	艾小华	王芳	曹元林	屈岸华	王洪林	叶枫	张悦	田辉元	林海军	李露	窦进	柴宜	曹春琴
17	考场15	王艳	梁奇榕	申天	丁应林	常开华	鲁兵	华冰	张家兵	林平飞	陈国华	柳飞艳	白兴江	高华	王加艳	高珊	聂童
18	考场16	郑菁	孔林军	王飞学	罗如月	史全	杨倩	顾庆芳	王琴	方蕊	陶柔	庄博	张三华	汪中栋	周娟	李艳华	陈忠友
19	考场17	周小艳	李婉君	司坚良	习欣兰	罗芳芳	邓先华	龙伦	郑称坚	冉赤学	刘华	李小林	邓先华	施进刚	于琳	乔彩	刘志学
20	考场18	田辉元	林海军	屈岸华	王洪林	叶枫	张悦	李露	窦进	柴宜	曹春琴	王芳	曹元林	刘华芝	夏致新	刘世全	艾小华
21	考场19	柳飞艳	白兴江	华冰	张家兵	林平飞	陈国华	高华	王加艳	高珊	聂童	常开华	鲁兵	王艳	梁奇榕	申天	丁应林
22	考场20	庄博	张三华	顾庆芳	王琴	方蕊	陶柔	汪中栋	周娟	李艳华	陈忠友	史全	杨倩	郑菁	孔林军	王飞学	罗如月
23																	

图5-21　监考安排表

监考表中这么多姓名，怎样才能快速知道叶枫监考哪些场次？一个一个地看也太麻烦了吧？

想知道“叶枫”监考哪一场，可以将姓名为“叶枫”的单元格用特殊格式标注出来，如图5-22所示。

所有保存“叶枫”的单元格都被设置为特殊的格式，应该监考哪些场次，就很明显了。

XX中学期末考试监考安排表

考场	语文		数学		英语		物理		化学		历史		思品		地理	
考场1	乔彩	刘志学	李小林	邓先华	龙伦	郑称坚	罗芳芳	邓先华	施进刚	于琳	司坚良	习欣兰	冉赤学	刘华	周小艳	李婉君
考场2	刘世全	艾小华	王芳	曹元林	李露	窦进	叶枫	张悦	刘华芝	夏致新	屈岸华	王洪林	柴宜	曹春琴	田辉元	林海军
考场3	申天	丁应林	常开华	鲁兵	高华	王加艳	林平飞	陈国华	王艳	梁奇榕	华冰	张家兵	高珊	聂童	柳飞艳	白兴江
考场4	王飞学	罗如月	史全	杨倩	汪中栋	周娟	方蕊	陶柔	郑菁	孔林军	顾庆芳	王琴	李艳华	陈忠友	庄博	张三华
考场5	司坚良	习欣兰	罗芳芳	邓先华	施进刚	于琳	冉赤学	刘华	周小艳	李婉君	龙伦	郑称坚	乔彩	刘志学	李小林	邓先华
考场6	屈岸华	王洪林	叶枫	张悦	刘华芝	夏致新	柴宜	曹春琴	田辉元	林海军	李露	窦进	刘世全	艾小华	王芳	曹元林
考场7	华冰	张家兵	林平飞	陈国华	王艳	梁奇榕	高珊	聂童	柳飞艳	白兴江	高华	王加艳	申天	丁应林	常开华	鲁兵
考场8	顾庆芳	王琴	方蕊	陶柔	郑菁	孔林军	李艳华	陈忠友	庄博	张三华	汪中栋	周娟	王飞学	罗如月	史全	杨倩
考场9	龙伦	郑称坚	冉赤学	刘华	周小艳	李婉君	乔彩	刘志学	李小林	邓先华	施进刚	于琳	司坚良	习欣兰	罗芳芳	邓先华
考场10	李露	窦进	柴宜	曹春琴	田辉元	林海军	刘世全	艾小华	王芳	曹元林	刘华芝	夏致新	屈岸华	王洪林	叶枫	张悦
考场11	高华	王加艳	高珊	聂童	柳飞艳	白兴江	申天	丁应林	常开华	鲁兵	王艳	梁奇榕	华冰	张家兵	林平飞	陈国华
考场12	汪中栋	周娟	李艳华	陈忠友	庄博	张三华	王飞学	罗如月	史全	杨倩	郑菁	孔林军	顾庆芳	王琴	方蕊	陶柔
考场13	施进刚	于琳	乔彩	刘志学	李小林	邓先华	司坚良	习欣兰	罗芳芳	邓先华	周小艳	李婉君	龙伦	郑称坚	冉赤学	刘华
考场14	刘华芝	夏致新	刘世全	艾小华	王芳	曹元林	屈岸华	王洪林	叶枫	张悦	田辉元	林海军	李露	窦进	柴宜	曹春琴
考场15	王艳	梁奇榕	申天	丁应林	常开华	鲁兵	华冰	张家兵	林平飞	陈国华	柳飞艳	白兴江	高华	王加艳	高珊	聂童
考场16	郑菁	孔林军	王飞学	罗如月	史全	杨倩	顾庆芳	王琴	方蕊	陶柔	庄博	张三华	汪中栋	周娟	李艳华	陈忠友
考场17	周小艳	李婉君	司坚良	习欣兰	罗芳芳	邓先华	龙伦	郑称坚	冉赤学	刘华	李小林	邓先华	施进刚	于琳	乔彩	刘志学
考场18	田辉元	林海军	屈岸华	王洪林	叶枫	张悦	李露	窦进	柴宜	曹春琴	王芳	曹元林	刘华芝	夏致新	刘世全	艾小华
考场19	柳飞艳	白兴江	华冰	张家兵	林平飞	陈国华	高华	王加艳	高珊	聂童	常开华	鲁兵	王艳	梁奇榕	申天	丁应林
考场20	庄博	张三华	顾庆芳	王琴	方蕊	陶柔	汪中栋	周娟	李艳华	陈忠友	史全	杨倩	郑菁	孔林军	王飞学	罗如月

图 5-22　用特殊格式标注出来的单元格

要实现这个效果，有多种方法。下面我们看看怎样使用Worksheet对象的SelectionChange事件解决这一问题。

在监考表所在的工作表模块中编写事件过程：

```
Private Sub Worksheet_SelectionChange(ByVal Target As Range)
    Range("B3:Q22").Interior.ColorIndex = xlNone     '清除保存姓名的单元格底纹颜色
    '当选中的单元格不包含指定区域的单元格时，退出程序
    If Application.Intersect(Target, Range("B3:Q22")) Is Nothing Then Exit Sub
    '当选中的单元格个数大于1时，重新给Target赋值
    If Target.Count> 1 Then Set Target = Target.Cells(1)
    Dim rng As Range
    For Each rng In Range("B3:Q22")     '循环处理B3:Q22中的每个单元格
        If rng.Value = Target.Value Then rng.Interior.ColorIndex = 6
    Next rng
End Sub
```

编辑完成后，返回监考表，想知道哪位老师监考的场次，就用鼠标选中这位老师姓名所在的任意一个单元格，Excel就会将所有保存这个姓名的单元格标注出来，如图5-23所示。

选中“罗如月”，所有保存“罗如月”的单元格都被填充相同的底纹颜色，其他单元格无任何填充颜色。

XX中学期末考试监考安排表

考场	语文		数学		英语		物理		化学		历史		思品		地理	
考场1	乔彩	刘志学	李小林	邓先华	龙伦	郑称坚	罗芳芳	邓先华	施进刚	于琳	司坚良	习欣兰	冉赤学	刘华	周小艳	李婉君
考场2	刘世全	艾小华	王芳	曹元林	李露	窦进	叶枫	张悦	刘华芝	夏致新	屈岸华	王洪林	柴宜	曹春琴	田辉元	林海军
考场3	申天	丁应林	常开华	鲁兵	高华	王加艳	林平飞	陈国华	王艳	梁奇榕	华冰	张家兵	高珊	聂童	柳飞艳	白兴江
考场4	王飞学	罗如月	史全	杨倩	汪中栋	周娟	方蕊	陶柔	郑菁	孔林军	顾庆芳	王琴	李艳华	陈忠友	庄博	张三华
考场5	司坚良	习欣兰	罗芳芳	邓先华	施进刚	于琳	冉赤学	刘华	周小艳	李婉君	龙伦	郑称坚	乔彩	刘志学	李小林	邓先华
考场6	屈岸华	王洪林	叶枫	张悦	刘华芝	夏致新	柴宜	曹春琴	田辉元	林海军	李露	窦进	刘世全	艾小华	王芳	曹元林
考场7	华冰	张家兵	林平飞	陈国华	王艳	梁奇榕	高珊	聂童	柳飞艳	白兴江	高华	王加艳	申天	丁应林	常开华	鲁兵
考场8	顾庆芳	王琴	方蕊	陶柔	郑菁	孔林军	李艳华	陈忠友	庄博	张三华	汪中栋	周娟	王飞学	罗如月	史全	杨倩
考场9	龙伦	郑称坚	冉赤学	刘华	周小艳	李婉君	乔彩	刘志学	李小林	邓先华	施进刚	于琳	司坚良	习欣兰	罗芳芳	邓先华
考场10	李露	窦进	柴宜	曹春琴	田辉元	林海军	刘世全	艾小华	王芳	曹元林	刘华芝	夏致新	屈岸华	王洪林	叶枫	张悦
考场11	高华	王加艳	高珊	聂童	柳飞艳	白兴江	申天	丁应林	常开华	鲁兵	王艳	梁奇榕	华冰	张家兵	林平飞	陈国华
考场12	汪中栋	周娟	李艳华	陈忠友	庄博	张三华	王飞学	罗如月	史全	杨倩	郑菁	孔林军	顾庆芳	王琴	方蕊	陶柔
考场13	施进刚	于琳	乔彩	刘志学	李小林	邓先华	司坚良	习欣兰	罗芳芳	邓先华	周小艳	李婉君	龙伦	郑称坚	冉赤学	刘华
考场14	刘华芝	夏致新	刘世全	艾小华	王芳	曹元林	屈岸华	王洪林	叶枫	张悦	田辉元	林海军	李露	窦进	柴宜	曹春琴
考场15	王艳	梁奇榕	申天	丁应林	常开华	鲁兵	华冰	张家兵	林平飞	陈国华	柳飞艳	白兴江	高华	王加艳	高珊	聂童
考场16	郑菁	孔林军	王飞学	罗如月	史全	杨倩	顾庆芳	王琴	方蕊	陶柔	庄博	张三华	汪中栋	周娟	李艳华	陈忠友
考场17	周小艳	李婉君	司坚良	习欣兰	罗芳芳	邓先华	龙伦	郑称坚	冉赤学	刘华	李小林	邓先华	施进刚	于琳	乔彩	刘志学
考场18	田辉元	林海军	屈岸华	王洪林	叶枫	张悦	李露	窦进	柴宜	曹春琴	王芳	曹元林	刘华芝	夏致新	刘世全	艾小华
考场19	柳飞艳	白兴江	华冰	张家兵	林平飞	陈国华	高华	王加艳	高珊	聂童	常开华	鲁兵	王艳	梁奇榕	申天	丁应林
考场20	庄博	张三华	顾庆芳	王琴	方蕊	陶柔	汪中栋	周娟	李艳华	陈忠友	史全	杨倩	郑菁	孔林军	王飞学	罗如月

图 5-23　高亮显示同一教师姓名所在的单元格

考考你

工作表中如果保存的数据多了，有时容易看错行或列。为了增加视觉效果，可以让Excel将活动单元格所在的行和列都填充为特殊颜色，将其高亮显示，如图5-24所示。

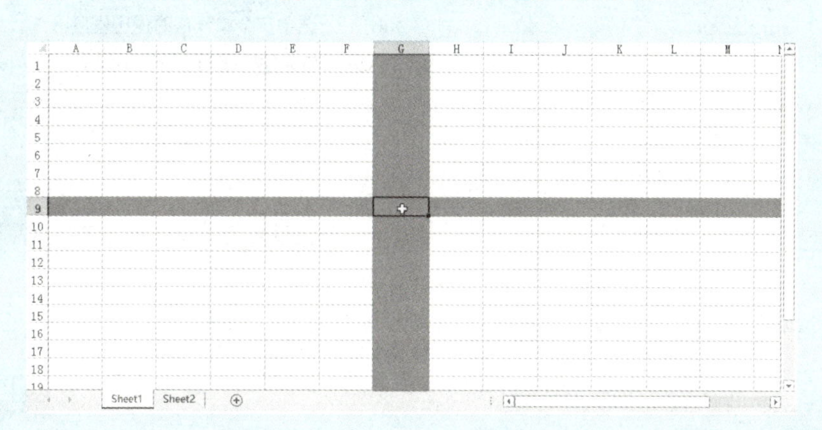

图 5-24　高亮显示活动单元格所在的行和列

你知道怎样才能达到这样的效果吗？试一试，看能不能写出这样的程序。

手机扫描二维码，可以查看我们准备的参考答案。

5.2.7　用批注记录单元格中数据的修改情况

你会经常修改单元格中保存的数据吗？有没有修改后又想恢复原来的数据，但却忘记原来的数据是什么？

昨天我修改了老王的个人信息，今天却发现自己改错了，想恢复回去，因为没有做过备份，所以又打电话问老王……

如果能将每次修改的情况都记录下来，当想恢复到修改前的数据时，就会非常方便。手动记录修改情况很麻烦，可以写一个事件过程，用批注记录下修改情况。

在想记录修改情况的工作表中输入下面的两个事件过程：

在所有过程之前用Dim语句定义的变量RngValue是模块级变量，该模块中的所有过程都可以使用它。

```
Dim RngValue As String          '定义一个模块给变量，用于保存单元格中的数据

'第一个事件过程，用于记录被更改前单元格中保存的数据
Private Sub Worksheet_SelectionChange(ByVal Target As Range)
    If Target.Cells.Count<> 1 Then Exit Sub    '选中多个单元格时退出程序
    If Target.Formula = "" Then     '根据选中单元格中保存的数据，确定给变量RngVaue赋什么值
        RngValue = "空"
    Else
        RngValue = Target.Text
    End If
End Sub
```

```
'第二个事件过程，用批注记录单元格修改前后的信息
Private Sub Worksheet_Change(ByVal Target As Range)
    If Target.Cells.Count<> 1 Then Exit Sub
    Dim Cvalue As String                '定义变量保存单元格修改后的内容
    If Target.Formula = "" Then         '判断单元格是否被修改为空单元格
        Cvalue = "空"
    Else
        Cvalue = Target.Formula
    End If
    If RngValue = Cvalue Then Exit Sub      '如果单元格修改前后的内容一样则退出程序
    Dim RngCom As Comment               '定义一个批注类型的变量，名称为RngCom
    Dim ComStr As String                '定义变量ComStr，用来保存批注中的内容
    Set RngCom = Target.Comment         '将被修改单元格的批注赋给变量RngCom
```

```
    If RngCom Is Nothing Then Target.AddComment      '如果单元格中没有批注则新建批注
    ComStr = Target.Comment.Text      '将批注的内容保存到变量ComStr中
    '重新修改批注的内容=原批注内容+当前日期和时间+原内容+修改后的新内容
    Target.Comment.Text Text:=ComStr&Chr(10) & _
                    Format(Now(), "yyyy-mm-ddhh:mm") & _
                    "原内容:" & RngValue & _
                    "修改为:" & Cvalue
    Target.Comment.Shape.TextFrame.AutoSize = True      '根据批注内容自动调整批注大小
End Sub
```

返回工作表区域，修改任意单元格中的数据，Excel就会用该单元格的批注记录下每次修改的信息，如图5-25所示。

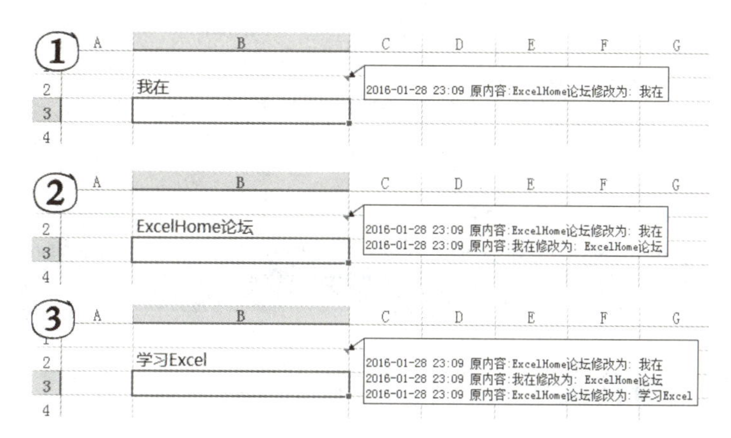

图 5-25　用批注记录单元格的修改情况

5.2.8　常用的Worksheet事件

Worksheet对象一共有17个事件，可以在【代码窗口】的【事件】列表框或VBA帮助中看到这些事件，如图5-26所示。

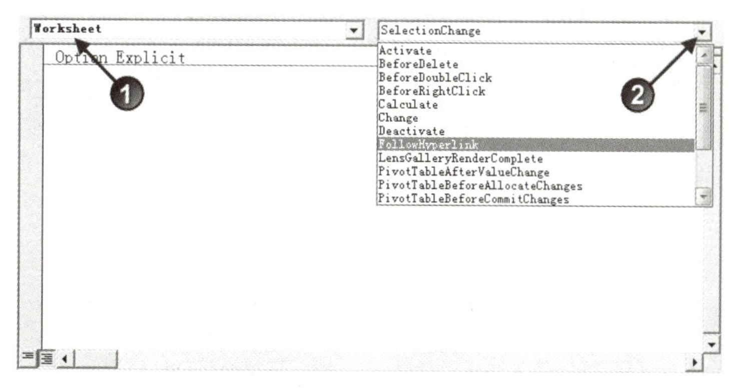

图 5-26　在【事件】列表框中查看Worksheet对象的事件

表 5-1 中列出的是最为常用的10个工作表事件。

表 5-1 常用的Workhseet事件

事件名称	事件说明
Activate	激活工作表时发生
BeforeDelete	在删除工作表之前发生
BeforeDoubleClick	双击工作表之后，默认的双击操作之前发生
BeforeRightClick	右击工作表之后，默认的右击操作之前发生
Calculate	重新计算工作表之后发生
Change	工作表中的单元格发生更改时发生
Deactivate	工作表由活动工作表变为不活动工作表时发生
FollowHyperlink	单击工作表中的任意超链接时发生
PivotTableUpdate	在工作表中更新数据透视表之后发生
SelectionChange	工作表中所选内容发生更改时发生

5.3 使用工作簿事件

5.3.1 工作簿事件就是发生在Workbook对象中的事件

工作簿事件是发生在Workbook对象中的事件，一个Workbook对象代表一个工作簿，Workbook对象的事件过程必须写在ThisWorkbook模块中，可以在【工程资源管理器】中找到ThisWorkbook模块，如图5-27所示。

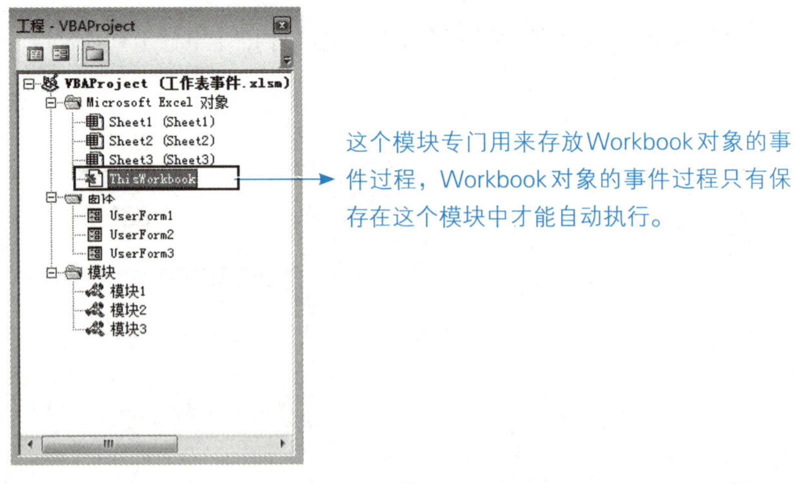

图 5-27 【工程资源管理器】中的ThisWorkbook模块

5.3.2　Open事件：当打开工作簿的时候发生

在5.1.3小节中，我们已经使用过Workbook对象的Open事件，让打开工作簿时，自动显示当前系统时间，大家还记得吗？

Open事件是最常用的Workbook事件之一。通常我们会使用该事件对Excel进行初始化设置，如设置想打开工作簿看到的Excel窗口或工作界面，显示我们自己定义的用户窗体等。

考考你

如果工作簿中的工作表较多，有些时候我们会为所有工作表制作一个目录或其他操作界面。这就需要每次打开工作簿时，都切换到相应的工作表，让我们能看到设置在其中的目录或其他界面。

如果希望打开工作簿后，总是让工作簿中的第1张工作表成为活动工作表，你知道应该通过什么方法实现吗？

手机扫描二维码，可以看到我们准备的参考答案。

5.3.3　BeforeClose事件：在关闭工作簿之前发生

BeforeClose事件在关闭工作簿之前发生，如果想让VBA在关闭工作簿之前执行某些操作，就可以利用该事件编写事件过程。例如：

Cancel是过程的参数，用来确定是否响应用户执行的关闭操作。当值为False时，执行关闭工作簿的操作，当值为True时，不执行关闭工作簿的操作。

```
Private Sub Workbook_BeforeClose(Cancel As Boolean)
    If MsgBox("你确定要关闭工作簿吗？", vbYesNo) = vbNo Then
        Cancel = True              '如果单击对话框中的【否】就将Cancel设置为True
    End If
End Sub
```

将这个事件过程写入ThisWorkbook模块中，如图5-28所示。

设置完成后，单击Excel界面中的【关闭】按钮，就能看到事件过程自动执行的效果了，如图5-29所示。

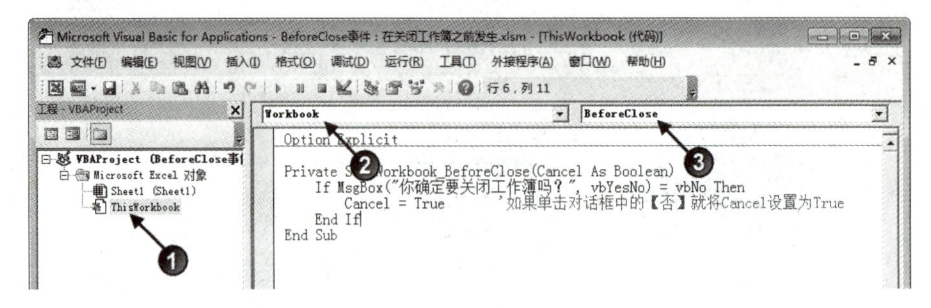

图 5-28　在 ThisWorkbook 模块中输入事件过程

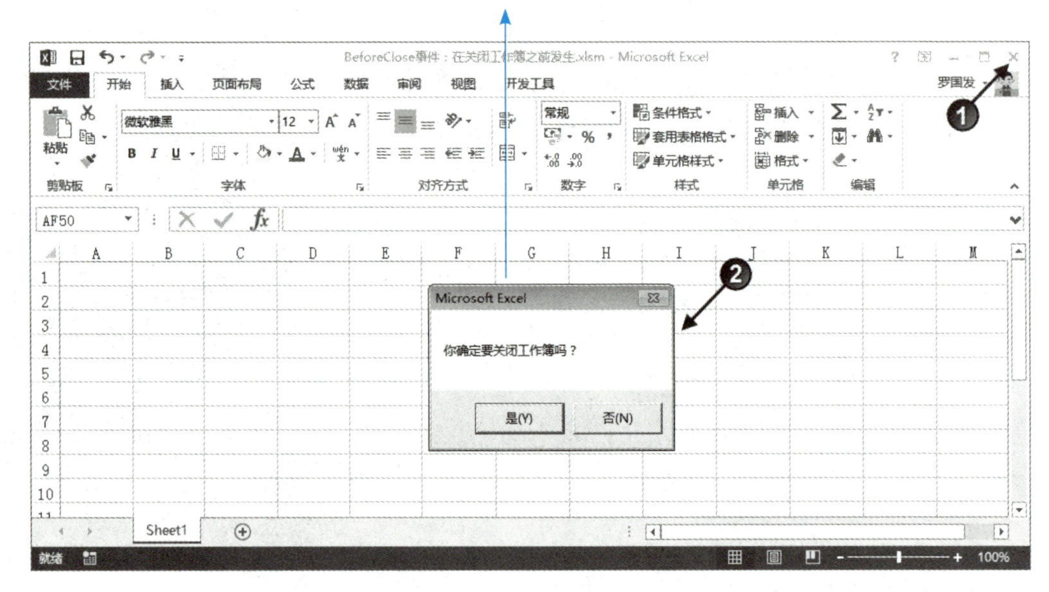

图 5-29　关闭工作簿前的提示对话框

通常，我们会使用BeforeClose事件来恢复一些在Excel中进行过的操作，如还原修改过的Excel界面。

5.3.4　SheetChange事件：更改任意工作表中的单元格时发生

还记得Worksheet对象的Change事件吧？

在某张工作表中编写了Change的事件过程，当在该工作表中更改任意单元格后，就会自动执行该事件过程；但并不是更改任意工作表中的单元格，都会执行该事件过程。

也就是说，如果想更改任意工作表中的单元格都执行相同的事件过程，就得在每张工作表中都编写相同的Change事件过程。

重复给每张工作表编写相同的事件过程
比较麻烦，如果使用SheetChange事
件，就能一劳永逸了。

Workbook的SheetChange事件告诉VBA，当工作簿中**任意一张工作表**的单元格被更改时，都自动执行该事件编写的事件过程。

打开VBE，按图5-30所示的操作步骤，在ThisWorkbook模块中输入下面的程序：

变量Sh代表被更改的单元格所在的工作表。

```
Private Sub Workbook_SheetChange(ByVal Sh As Object, ByVal Target As Range)
    MsgBox "你正在更改的是：" & Sh.Name & "工作表中的" & Target.Address & "单元格"
End Sub
```

变量Target代表被更改的单元格。

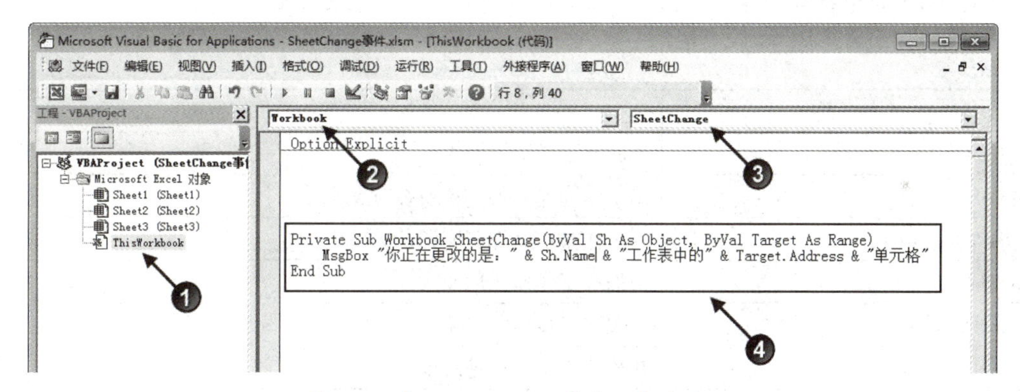

图5-30 在ThisWorkbook中输入事件过程

完成设置后，修改任意工作表中的单元格，就可以看到程序执行的效果了，如图5-31所示。

考考你

1. 你知道SheetChange事件和Change事件之间的相同和不同之处吗？你认为什么时候应该使用Workbook的SheetChange事件，什么时候应该使用Worksheet的Change事件？

2. 使用SheetChange事件，无论更改的是哪张工作表中的单元格，都会引发该事件，并执行相应的事件过程。如果只想让更改名称为“Sheet1”之外的工作表中的单元格，才执行事件过程中写下的操作或计算，你知道应该怎样编写程序排除“Sheet1”工作表吗？

手机扫描二维码，可以查看我们准备的参考答案。

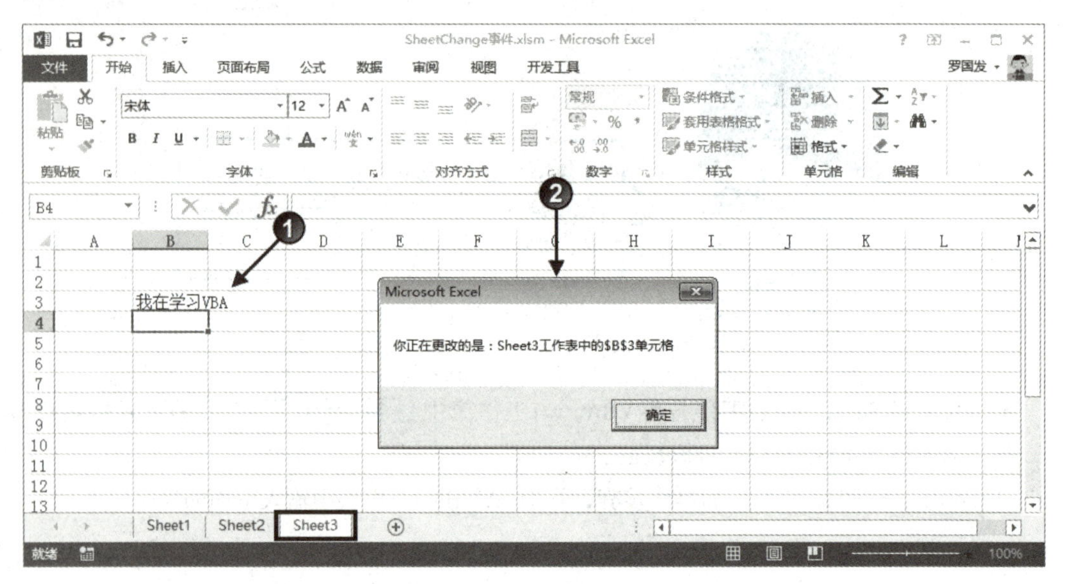

图 5-31　更改工作表中的单元格后自动执行的程序

5.3.5　常用的 Workbook 事件

Workbook 对象有 40 个事件，表 5-2 中列出的是较为常用的部分事件。

表 5-2　　　　　　　　　　常用的 Workbook 事件

事件名称	事件说明
Activate	当激活工作簿时发生
AddinInstall	当工作簿作为加载宏安装时发生
AddinUninstall	当工作簿作为加载宏卸载时发生
AfterSave	当保存工作簿之后发生
BeforeClose	在关闭工作簿前发生
BeforePrint	在打印指定工作簿之前发生
BeforeSave	在保存工作簿前发生
Deactivate	在工作簿从活动状态转为非活动状态时发生
NewChart	在工作簿中新建一个图表时发生
NewSheet	在工作簿中新建工作表时发生
Open	在打开工作簿时发生
SheetActivate	在激活任意工作表时发生
SheetBeforeDoubleClick	在双击任意工作表时（默认的双击操作发生之前）发生
SheetBeforeRightClick	在右击任意工作表时（默认的右键单击操作之前）发生
SheetCalculate	在重新计算工作表时或在图表上绘制更改的数据之后发生
SheetChange	当更改了任意工作表中的单元格时发生
SheetDeactivate	当任意工作表从活动工作表变为不活动工作表时发生

续表

事件名称	事件说明
SheetFollowHyperlink	当单击工作簿中的任意超链接时发生
SheetPivotTableUpdate	在更新任意数据透视表之后发生
SheetSelectionChange	当任意工作表上的选定区域发生更改时发生
WindowActivate	在激活任意工作簿窗口时发生
WindowDeactivate	当任意工作簿窗口由活动窗口变为不活动窗口时发生
WindowResize	在调整任意工作簿窗口的大小时发生

5.4　不是事件的事件

除了对象的事件，Application对象还有两种方法。它们不是对象的事件，却拥有事件一样的本领，可以像事件一样让程序自动运行。

5.4.1　Application对象的OnKey方法

OnKey方法告诉Excel，当**按下键盘上指定的键或组合键**时自动执行指定的程序。下面，让我们一起来看看，怎样使用OnKey方法控制程序执行。

步骤❶：进入VBE，新插入一个模块，在模块中编写过程，用OnKey方法指定执行过程的组合键及要执行的程序，如图5-32所示。

“+e”表示执行程序的组合键为【Shift+e】。

“Hello”是按下快捷键后要执行的过程名称。

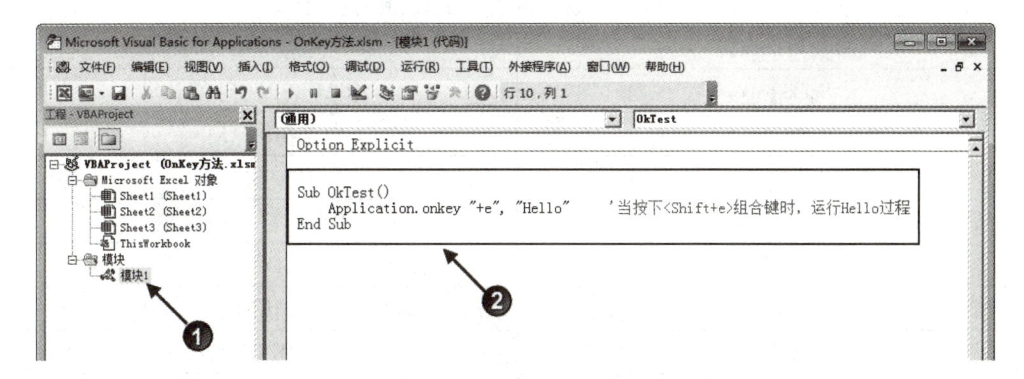

图 5-32　用OnKey方法编写过程

步骤❷：把需要自动运行的代码全部写为Sub过程“Hello”，并保存在模块中，如图5-33所示。

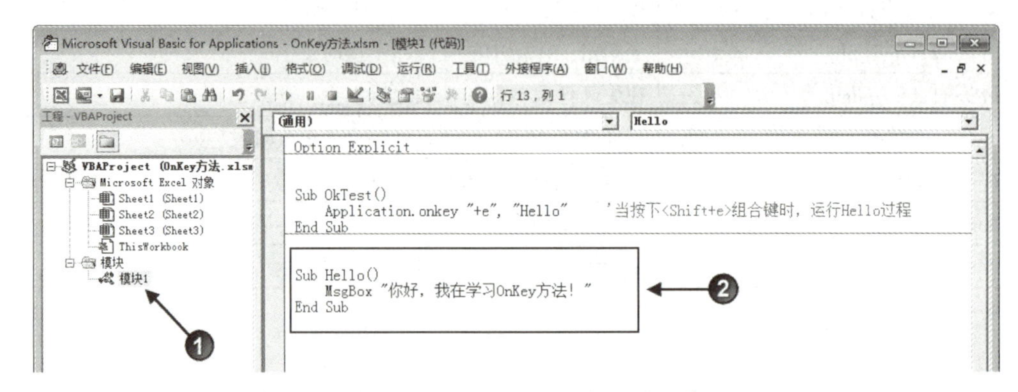

图 5-33　要用 OnKey 方法执行的程序

过程的名称必须与OnKey方法指定的过程名称完全相同。

```
Sub Hello()
    MsgBox "你好，我在学习OnKey方法！"
End Sub
```

步骤❸：运行过程OkTest（使用OnKey方法的过程），当我们按【Shift+E】组合键后，指定的过程“Hello”就自动运行了，如图5-34所示。

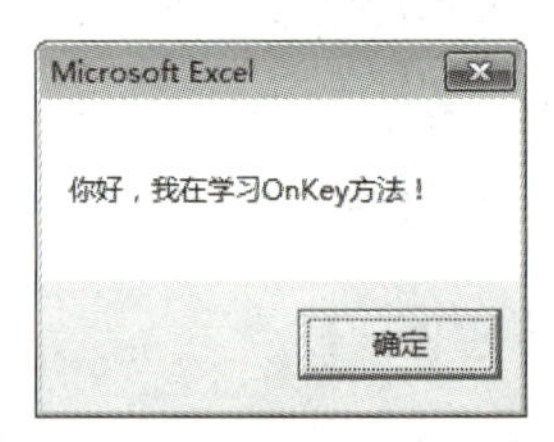

图 5-34　按【Shift+E】组合键自动执行程序后显示的对话框

可以根据自己的需求，使用OnKey方法，给程序设置不同的按键组合作为执行过程的快捷键，可以在OnKey方法中设置的按键及各按键对应的代码如表5-3所示。

表 5-3　可以在 OnKey 方法中设置的按键及其对应代码

要使用的按键	应设置的代码
Backspace	{BACKSPACE} 或 {BS}
Break	{BREAK}
Caps Lock	{CAPSLOCK}
Delete 或 Del	{DELETE} 或 {DEL}
向下箭头	{DOWN}
End	{END}
Enter（数字小键盘）	{ENTER}
Enter	~（波形符）

续表

要使用的按键	应设置的代码
Esc	{ESCAPE} 或 {ESC}
Home	{HOME}
Ins	{INSERT}
向左箭头	{LEFT}
Num Lock	{NUMLOCK}
PageDown	{PGDN}
PageUp	{PGUP}
向右箭头	{RIGHT}
Scroll Lock	{SCROLLLOCK}
Tab	{TAB}
向上箭头	{UP}
F1 到 F15	{F1} 到 {F15}

如果想让按向左箭头键时执行过程“Hello”，应将代码设置为：

```
Application.onkey "{LEFT}", "Hello"
```

如果需要使用【Shift】、【Ctrl】或【Alt】键与其他键组合来执行过程，还应在按键代码前加上相应的符号，如表5-4所示。

表5-4　　使用组合键时应添加的符号

要组合的键	在键代码前添加的符号
Shift	+
Ctrl	^
Alt	%

如果想让按下【Ctrl+F1】组合键时执行指定的程序“Hello”，应将代码设置为：

```
Application.onkey "^{F1}", "Hello"
```

使用OnKey方法，实际就是给过程设置一个执行的快捷键。给过程设置执行的快捷键，大家还记得可以使用什么方法吗？

这种方法，在学习录制宏时我们就接触过了。

如果没有特殊需求，在【宏选项】对话框中设置快捷键来执行宏，要比使用OnKey方法更为简单快捷，如图5-35所示。

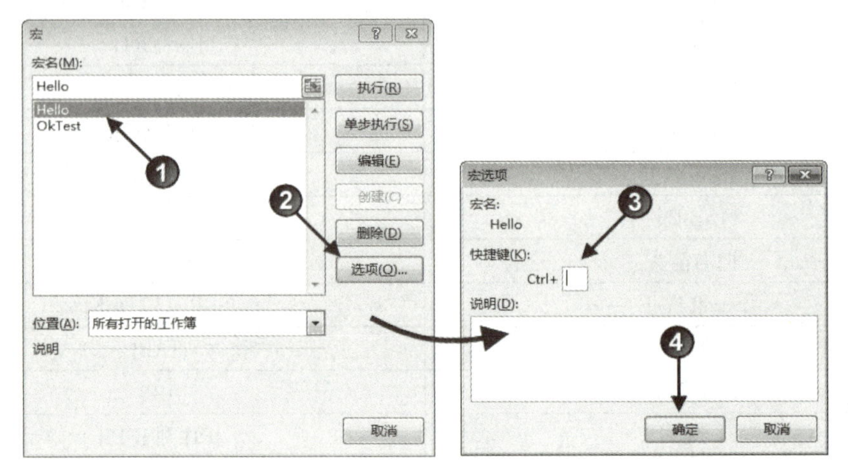

图5-35　在【宏选项】对话框中设置执行过程的快捷键

有一点需要注意，使用OnKey方法设置的快捷键，并不只是在代码所在的工作簿中有效，在所有打开的工作簿中都是有效的。为了不造成其他使用障碍，当不需要使用OnKey方法设置的快捷键后，应将设置的快捷键取消，通常的做法是在关闭代码所在工作簿前，通过BeforeClose事件来设置。

要取消一个OnKey方法设置的快捷键，可以使用与设置快捷键相同的语句，只要不设置第2参数的过程名称即可，例如：

```
Application.onkey "+e"          '取消<Shift+e>组合键的作用
```

5.4.2 Application对象的OnTime方法

OnTime方法告诉VBA，在**指定的时间**自动执行指定的过程(可以是指定的某个时间，也可以是指定的一段时间之后)。

下面我们就借助OnTime方法，让Excel每天中午12:00自动执行指定的过程。

步骤❶：进入VBE，新插入一个模块，在其中编写过程，使用OnTime方法设置执行过程的时间及要执行的过程名，如图5-36所示。

TimeValue函数将参数中指定时间的字符串转为真正的时间值。

```
Sub OtTest()
    Application.OnTime TimeValue("12:00:00"), "TellMe"
End Sub
```

字符串"TellMe"是12点时要执行的过程名称。

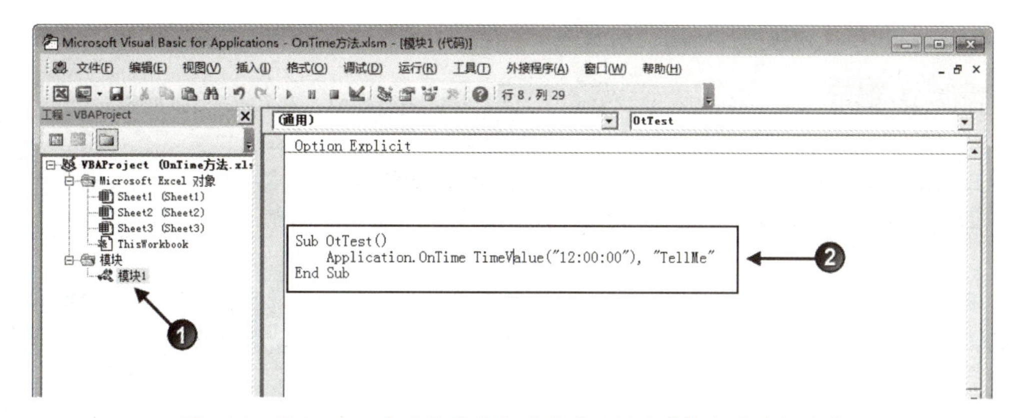

图 5-36　用 OnTime 方法设置执行过程的时间及要执行的过程名称

步骤❷：在模块中编写过程“TellMe”，在过程中设置好要执行的操作或计算，如图 5-37 所示。

过程名称必须与 OnTime 方法指定的过程名称完全相同。

```
Sub TellMe()
    Beep                                         '发出一个提示声音
    MsgBox "现在是中午12点，吃饭的时间到了。"
End Sub
```

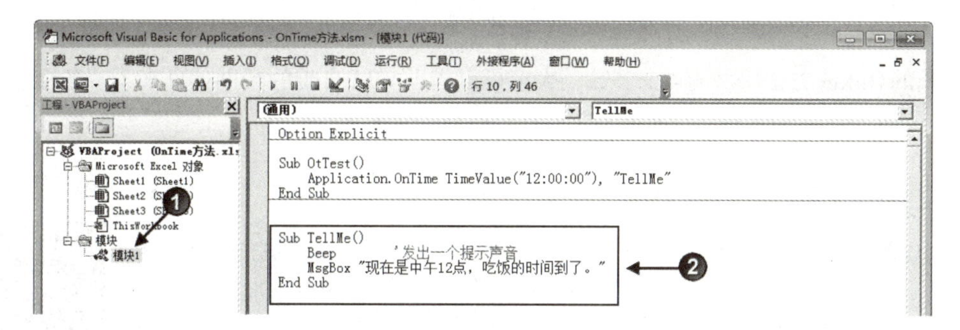

图 5-37　编写 12 点时要执行的过程

步骤❸：设置完成后，运行 OtTest 过程，等到中午 12 点，Excel 就会自动运行 TellMe 过程，显示如图 5-38 所示的对话框。

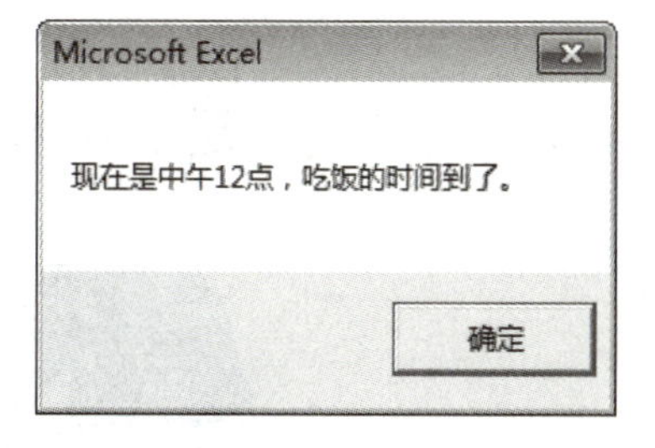

图 5-38　自动执行过程创建的对话框

如果想在 20 分钟之后执行程序，代码可以修改为：

Now 函数返回当前系统时间，TimeValue 返回 20 分钟对应的时间值，二者之和即为系统时间 20 分钟之后的时间。

```
Application.OnTime Now() + TimeValue("00:20:00"), "TellMe"
```

还可以指定要执行过程的日期，例如：

```
Application.OnTime DateSerial(2016, 4, 5) + TimeValue("12:00:00"), "TellMe"
```

DateSerial函数返回参数指定的年月日对应的日期值，功能类似工作表中的Date函数。该语句指定执行过程的时间为2016年4月5日的中午12点。

提示： 同OnKey方法一样，如果在一个工作簿中通过OnTime方法设置好运行程序的时间，该设置不会因为关闭工作簿而自动失效。如果不想再使用一个已有的设置，需要通过OnTime方法的第4个参数撤销它，如：

```
Application.OnTime TimeValue("17:00:00"), "MySub"      '设置17:00时自动运行过程MySub
```

```
Application.OnTime TimeValue("17:00:00"), "MySub", , False      '撤销一个已有的设置
```

这是省略参数名称的写法，如果带上参数名称，代码为：

```
'撤销一个已有的设置
Application.OnTime EarliestTime:=TimeValue("17:00:00"), Procedure:="MySub",
    Schedule:=False
```

如果参数Schedule的值为True，则新设置一个OnTime过程。如果参数Schedule的值为False，则清除先前设置的过程。默认值为True。

完整的OnKey方法一共有4个参数，大家可以借助VBA自带的帮助信息来了解各个参数的用途。

考考你

发现了吗？无论是OnKey方法还是OnTime方法，想让指定的过程自动运行，都必须先运行该方法所在的过程，否则方法指定的过程并不会自动执行。如果想省去手动运行OnKey方法或OnTime方法所在过程的步骤，你有什么好的办法？

手机扫描二维码，看看你的想法和我们的是否相同。

5.4.3 让文件每隔5分钟自动保存一次

要避免因意外发生而没有保存修改，最好的办法就是让Excel每隔一段时间就自动保存一次正在使用的工作簿。

使用OnTime方法就可以解决这一问题。

步骤1： 新插入一个模块，在模块中使用OnTime方法编写过程，设置要执行的代码，及执行代码的时间，如图5-39所示。

```
Sub Otime()
    '5分钟后自动运行WbSave过程
    Application.OnTime Now() + TimeValue("00:05:00"), "WbSave"
End Sub
```

```
Sub WbSave()
    ThisWorkbook.Save           '保存代码所在的工作簿
    Call Otime                  '再次运行Otime过程，设置再次运行程序的时间
End Sub
```

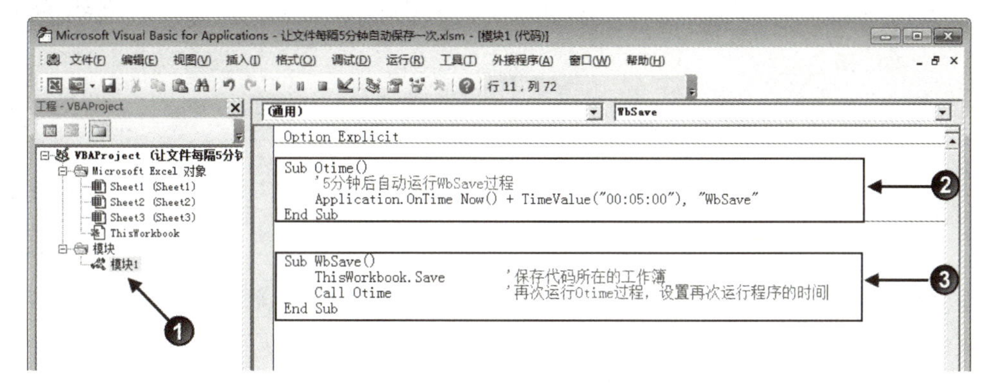

图 5-39　在模块中输入的过程

步骤2： 为了省去手动运行OnTime方法所在的过程，在ThisWorkbook模块中使用Open事件编写过程，让打开工作簿时自动运行OnTime方法编写的程序，如图5-40所示。

```
Private Sub Workbook_Open()
    Call Otime
End Sub
```

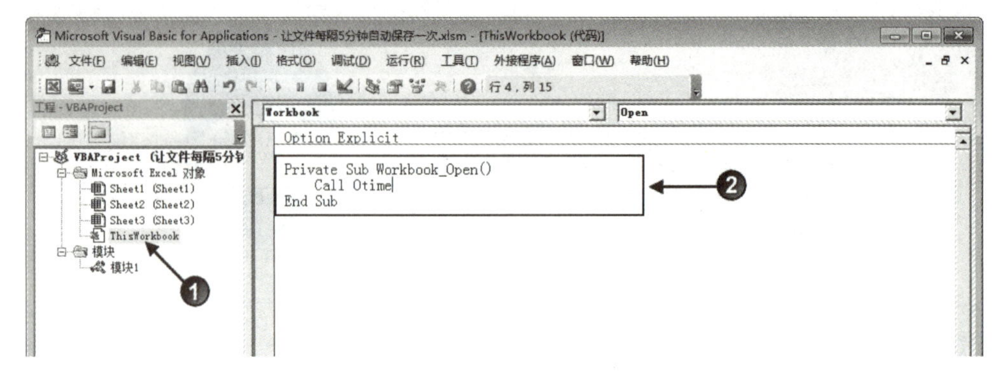

图 5-40　在 ThisWorkbook 模块中输入程序

设置完成后，保存修改，关闭并重新打开工作簿，就可以放心使用，而不用担心意外断电了，Excel 会每隔 5 分种自动执行一次保存工作簿的程序。

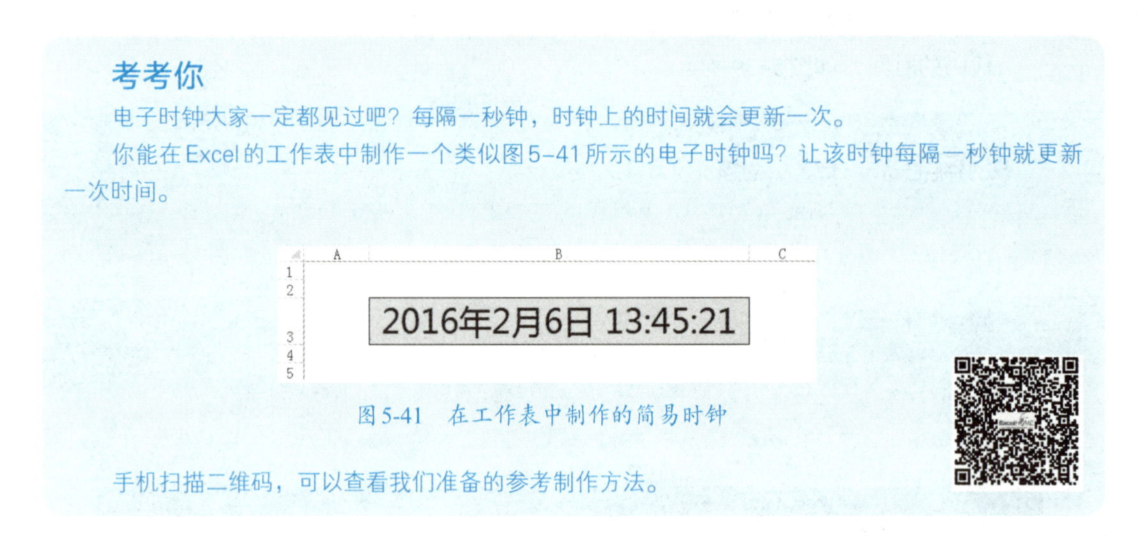

考考你

电子时钟大家一定都见过吧？每隔一秒钟，时钟上的时间就会更新一次。

你能在 Excel 的工作表中制作一个类似图 5-41 所示的电子时钟吗？让该时钟每隔一秒钟就更新一次时间。

图 5-41　在工作表中制作的简易时钟

手机扫描二维码，可以查看我们准备的参考制作方法。

第6章 设计自定义的操作界面

早期的计算机系统都没有图形界面，用户只能使用命令行方式输入各种指令，如在PC的DOS系统中，要将C盘根目录下的文件“1.docx”复制到D盘根目录下，可以执行下面的命令：

```
Copy C:\1.docx D:\
```

```
管理员: 命令提示符
Microsoft Windows [版本 6.1.7601]
版权所有 (c) 2009 Microsoft Corporation。保留所有权利。

C:\Users\Administrator.SD-20151003SUSL>cd\

C:\>copy c:\1.docx d:
已复制         1 个文件。

C:\>
```

人们需要牢记所有的命令和参数才能向计算机下达正确的指令，否则完全无法指挥计算机做任何事情。正因为这样，以前只有很少一部分人才能熟练地操作和使用计算机。至少，给我的感觉是这样的。

然而在今天，因为有了像Windows这样的可视化操作系统让大部分人都能熟练地使用计算机。在图形化操作系统中，我们只需要用鼠标单击屏幕上的图标，就能指挥计算机完成各种工作。可视化的操作界面，让操作程序和执行命令的过程变得简单很多。

是不是也有一个愿望，为自己的程序设计一个可视化的操作界面，让别人能通过鼠标控制程序运行？

那就让我们一起来看看怎样在Excel中，设计自己的操作界面吧。

6.1 需要用什么来设计操作界面

6.1.1 为什么要替程序设计操作界面

程序的操作界面，就像电视机的遥控板，是我们控制程序、与程序互动的窗口。

一个合理的程序，总是会有一个或多个可供操作的界面。这些界面不仅能为日常操作提供便利，也能直观地展现程序的功能，让程序显得直观专业。

试想一下，如果没有图6-1所示的对话框，让我们用一串代码去调整Excel工作表的页边距，那该有多麻烦。

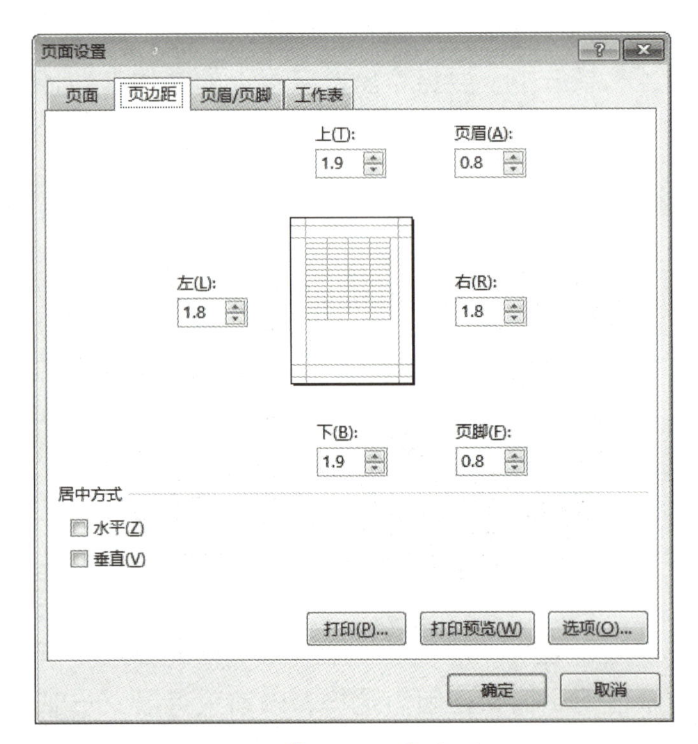

图6-1 【页面设置】对话框

设计操作界面，就是根据需求，在工作表或用户窗体中有目的地添加控件，使它们能有效地接收用户的各种指令。

所以，在开始设计用户界面前，有必要先认识Excel中的控件。

6.1.2 控件，搭建操作界面必不可少的零件

Excel中有两种类型的控件：表单控件和ActiveX控件。可以在Excel的【功能区】中找到它们，如图6-2所示。

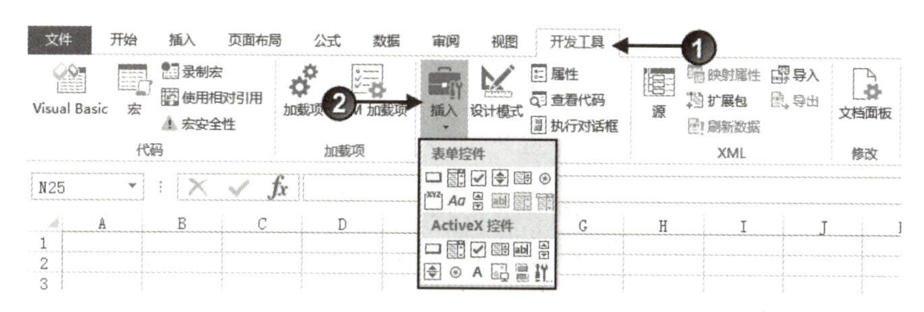

图 6-2　Excel 中的两种控件

两种控件的外观虽然类似，但功能和特性却不相同。

1. 表单控件

在【功能区】的【开发工具】选项卡中可以看到12个表单控件，其中有9个可以在工作表中使用，如图6–3所示。

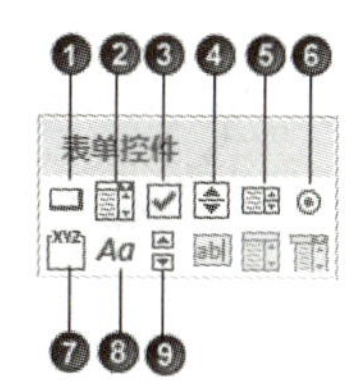

图 6-3　可以在工作表中使用的表单控件

图6–3中可以在工作表中使用的9个表单控件的详细情况如表6–1所示。

表6–1　可以在工作表中使用的表单控件说明

序号	控件名称	控件说明
1	按钮	用于执行宏命令
2	组合框	提供可选择的多个选项，用户可以选择其中的一个项目
3	复选框	用于选择的控件，可以多项选择
4	数值调节钮	通过单击控件的箭头来选择数值
5	列表框	显示多个选项的列表，用户可以从中选择一个选项
6	选项按钮	用于选择的控件，通常几个选项按钮用组合框组合在一起使用，在一组中只能同时选择一个选项按钮
7	分组框	用于组合其他多个控件
8	标签	用于输入和显示静态文本
9	滚动条	包括水平滚动条和垂直滚动条

2. ActiveX控件

默认情况下，可以在【功能区】的【开发工具】选项卡中看到11种可用的ActiveX控件，如图6–4所示。

ActiveX 控件

图 6-4 【功能区】中可以看到的 ActiveX 控件

但能在工作表中使用的ActiveX控件不止这些，可以单击其中的【其他控件】按钮，在弹出的对话框中选择使用其他控件，如图6-5所示。

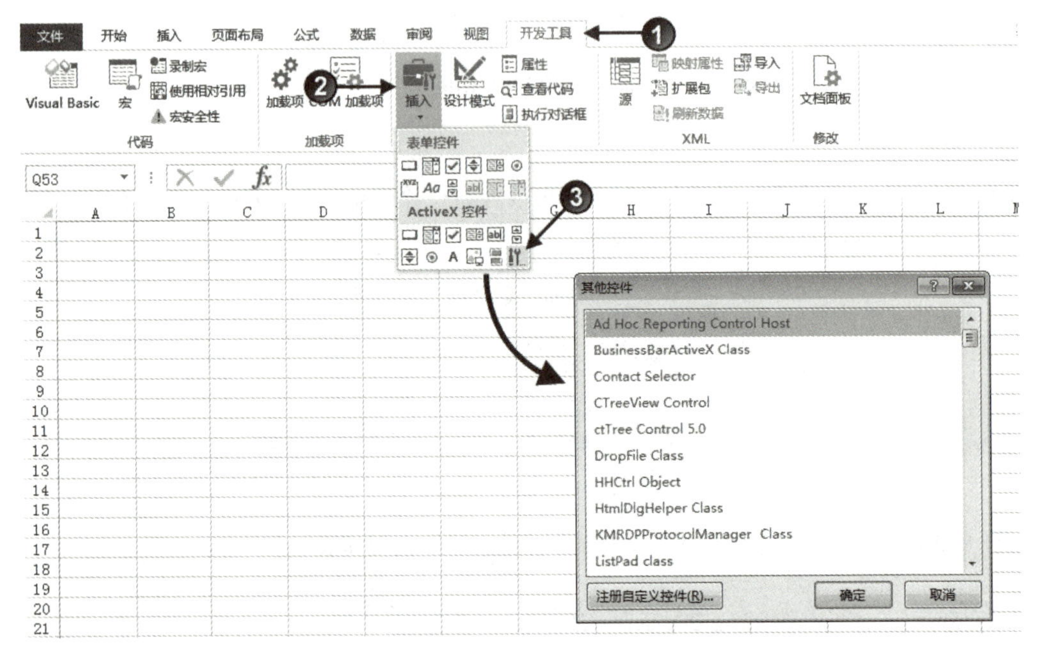

图 6-5 其他 ActiveX 控件

6.1.3 在工作表中使用表单控件

下面我们就以在工作表中添加和使用组合框控件为例，示范怎样在工作表中使用表单控件。

1. 添加一个组合框控件

表单控件可以直接在工作表中使用。要添加组合框控件，就在表单控件列表中选择组合框控件，按住鼠标左键，拖动鼠标在工作表中进行绘制，如图 6–6所示。

2. 设置组合框控件的格式

要想使用已经添加到工作表中的表单控件，还得对其进行设置。

步骤❶： 用鼠标右键单击它，在右键菜单中选择【设置控件格式】命令，调出【设置控件格式】对话框，如图6–7所示。

步骤❷： 在对话框的【控件】选项卡中对控件进行设置，如图6–8所示。

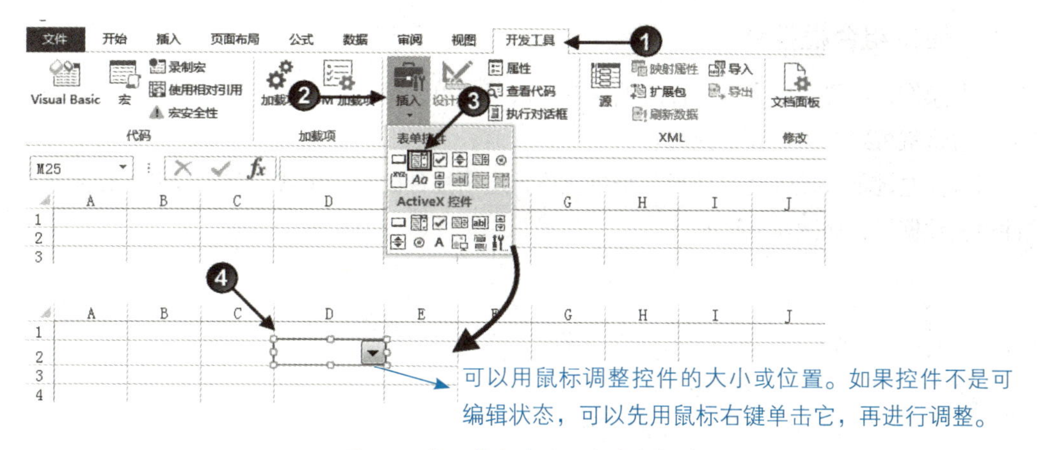
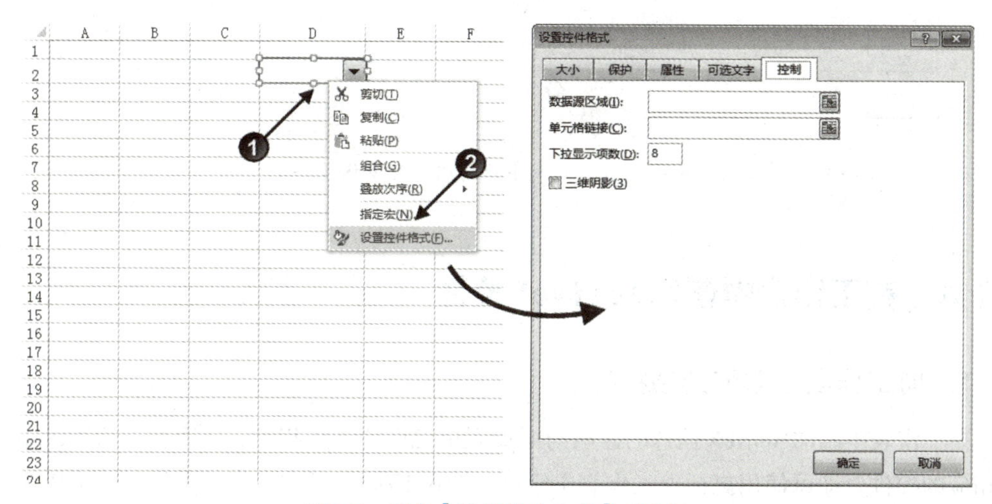

图 6-6　在工作表中添加组合框控件

图 6-7　调出【设置控件格式】对话框

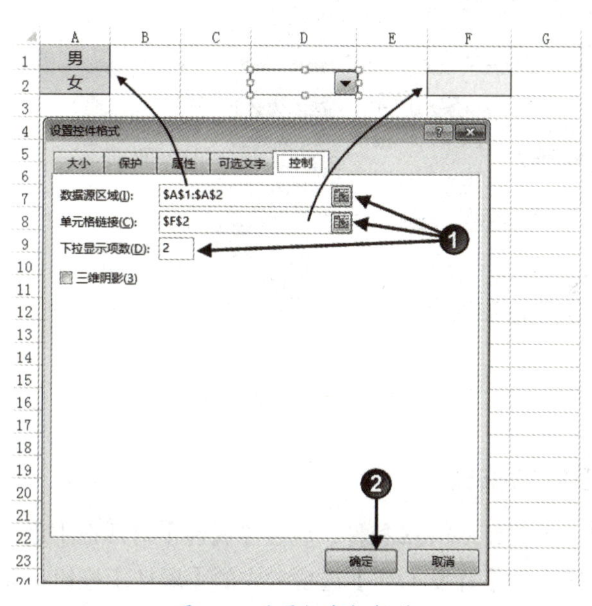

图 6-8　设置组合框控件

3. 使用组合框控件

以上操作，设置了组合框控件的数据源，链接的单元格及在下拉菜单中显示的项目数，设置完成后，就可以在工作表中使用它了。

用鼠标左键单击控件外的任意一个单元格，退出控件的编辑模式，就可以开始使用组合框控件输入数据了，如图6-9所示。

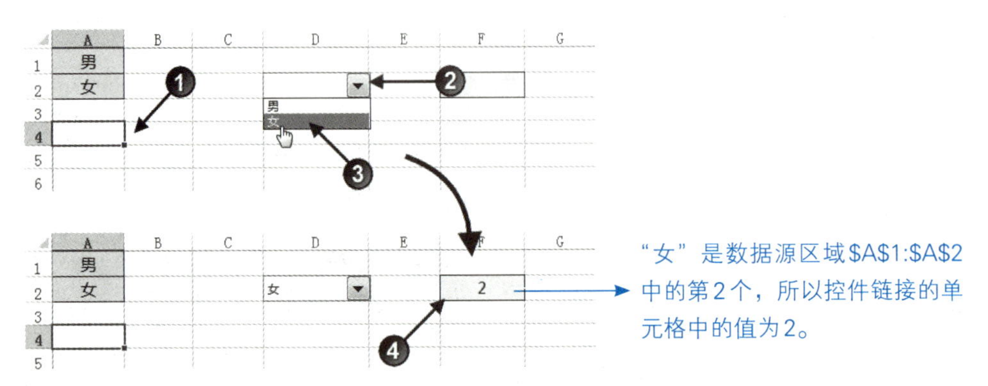

图 6-9　在工作表中使用组合框窗体控件

6.1.4　在工作表中使用ActiveX控件

1. 向工作表中添加选项按钮

在工作表中添加ActiveX控件的方法与添加表单控件的方法相同，只需在【功能区】中选中相应的控件，即可使用鼠标在工作表中绘制。图6-10展示了在工作表中添加选项按钮的操作步骤。

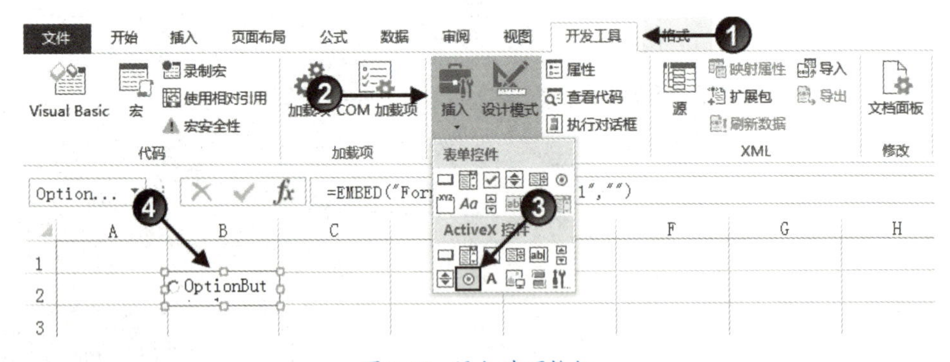

图 6-10　添加选项按钮

2. 设置选项按钮的格式

与表单控件不同，要设置ActiveX控件，应在【属性】对话框中进行，在控件处于可编辑状态时，单击【功能区】的【开发工具】选项卡中的【属性】按钮，即可调出【属性】对话框，如图6-11所示。

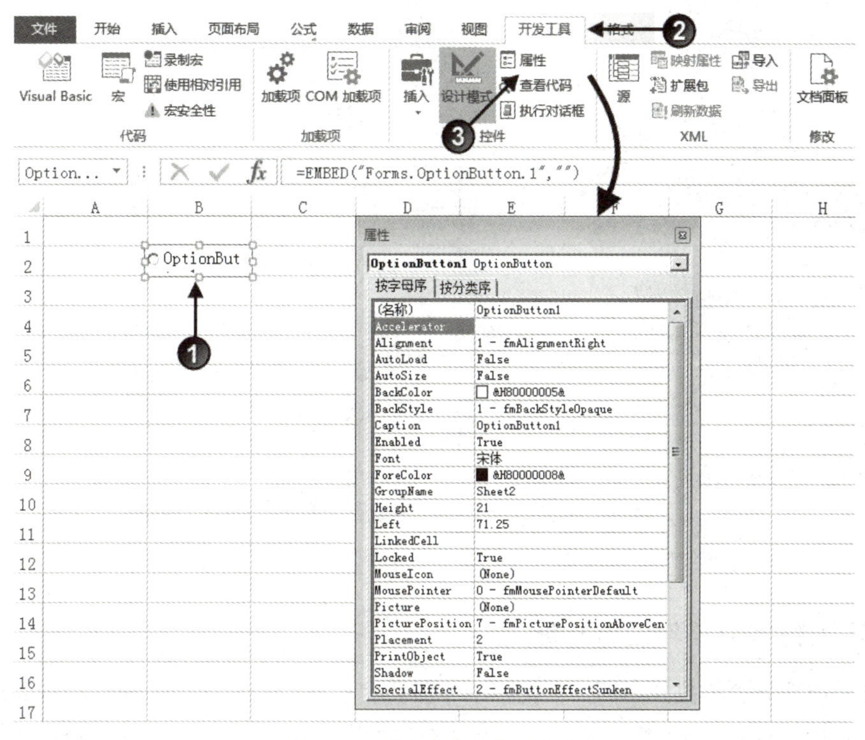

图 6-11　调出【属性】对话框

【属性】对话框中列出了该控件的各种属性，修改它们，可以对控件进行各种设置，包括设置控件的名称，更改控件的外观样式等，如图6–12所示。

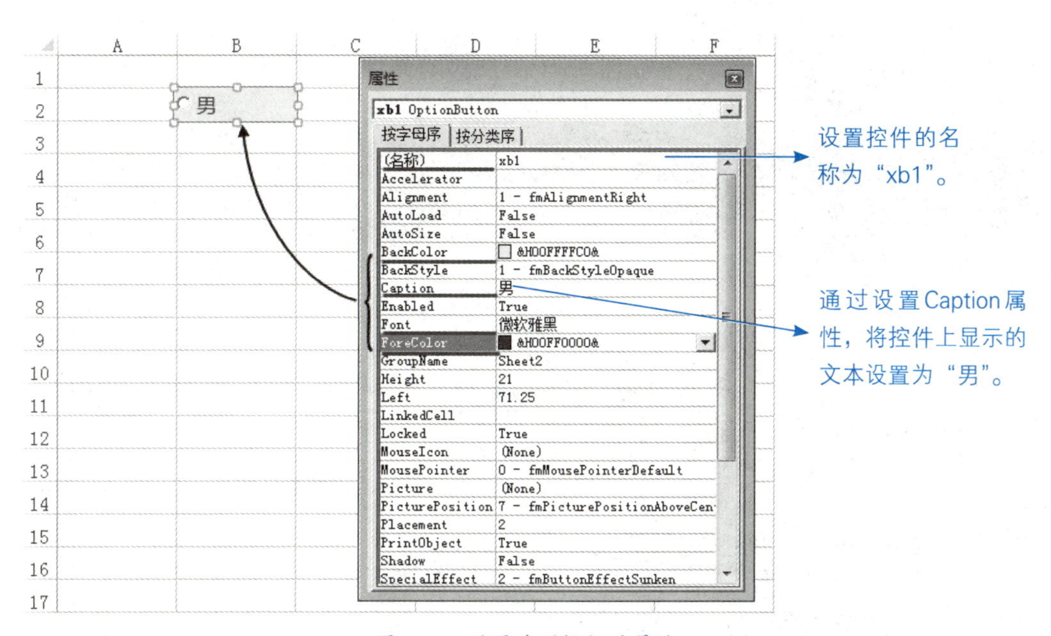

图 6-12　设置选项按钮的属性

用同样的方法再绘制一个标签为“女”，名称为“xb2”的选项按钮，如图6–13所示。

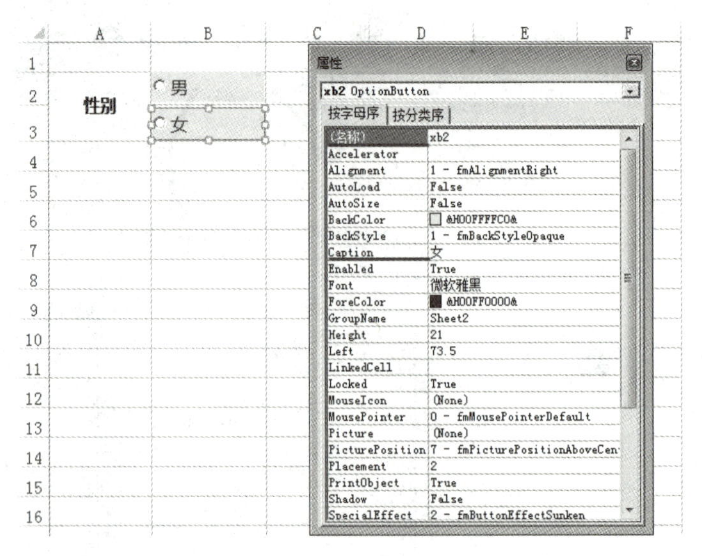

图 6-13　新添加的选项按钮

3. 编写程序为控件设置功能

ActiveX控件与表单控件不同，在使用前，需要我们针对控件的用途编写相应的代码来指定控件要完成的任务。如果想知道用户选择的是“男”还是“女”，就要分别给这两个控件编写相应功能的代码。

想为“xb1”控件（显示为“男”的控件）添加代码，首先得调出该控件所在模块的【代码窗口】，如图6-14所示。

“xb1”是控件的名称（控件也是对象），“Click”是事件名称，“xb1_Click”告诉VBA：当单击控件“xb1”的时候执行该事件过程。

也可以直接双击该控件打开【代码窗口】。

用这种方法打开【代码窗口】，VBE会自动在窗口中生成一个关于该控件的Click事件过程。

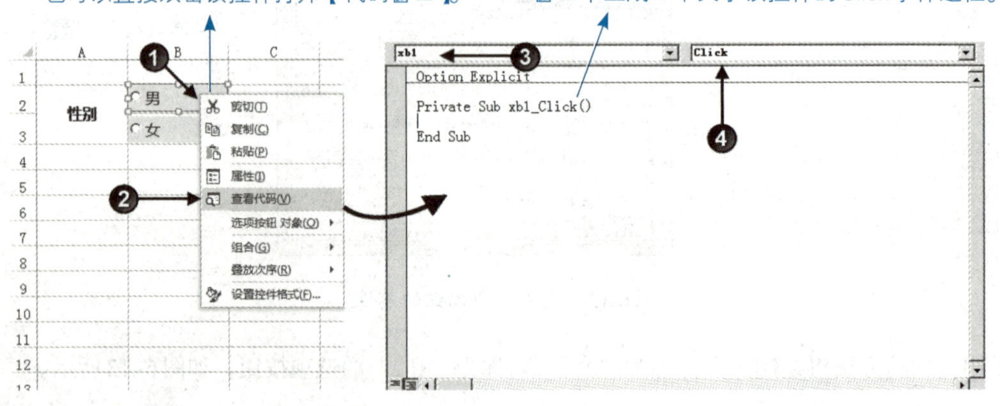

图 6-14　调出控件所在模块的【代码窗口】

在打开的【代码窗口】中编写事件过程，给控件指定功能：

```
Private Sub xb1_Click()
    If xb1.Value = True Then            '如果控件xb1已选中则执行If与End If之间的代码
        Range("D2").Value = "男"        '在D2单元格里输入"男"
        xb2.Value = False               '更改控件xb2为未选中状态
    End If
End Sub
```

用同样的方法为控件“xb2”编写事件过程：

```
Private Sub xb2_Click()
    If xb2.Value = True Then            '如果控件xb2被选中则执行If与End If之间的代码
        Range("D2").Value = "女"        '在D2单元格里输入"女"
        xb1.Value = False               '更改控件xb1为未选中状态
    End If
End Sub
```

结果如图6–15所示。

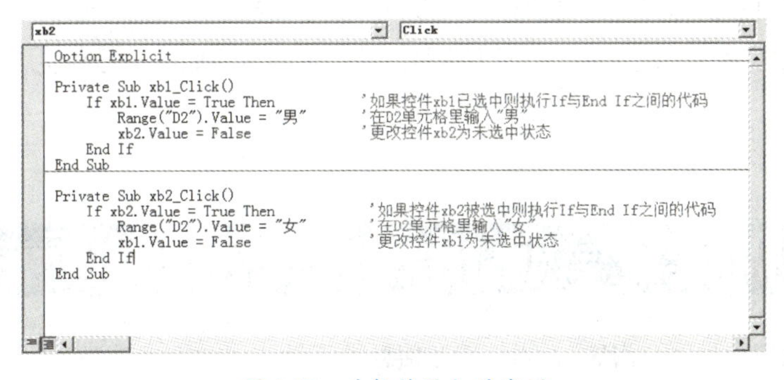

图 6-15　为控件添加的代码

4. 在工作表中使用选项按钮控件

代码编写完成后，返回工作表区域，依次单击【功能区】中的【开发工具】→【设计模式】按钮，使其切换为非高亮状态以退出设计模式，就可以使用控件了，如图6–16所示。

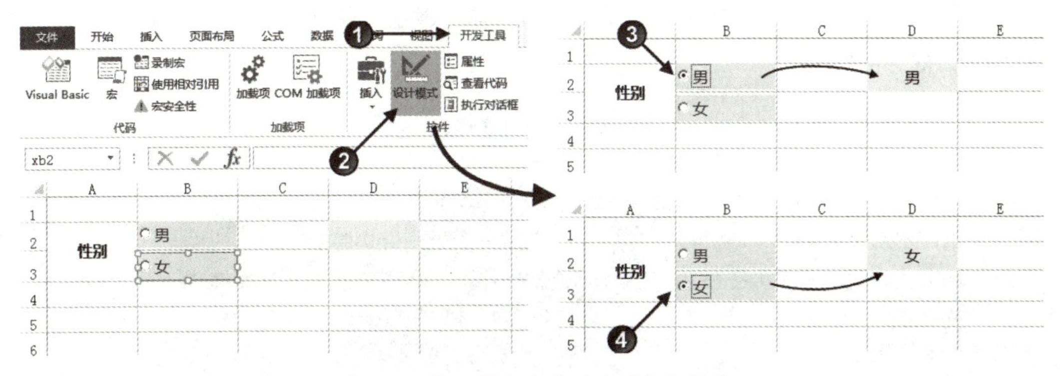

图 6-16　在工作表中使用选项按钮控件

6.1.5 表单控件和ActiveX控件的区别

表单控件和ActiveX控件都可以在工作表中使用，二者有什么区别？

表单控件和ActiveX控件虽然都可以在工作表中使用，但它们之间区别很大。

表单控件的用法比较单一，只能在工作表中通过设置控件的格式或指定宏来使用，而ActiveX控件拥有很多属性和事件，不但可以在工作表中使用，还可以在用户窗体中使用。如果只是以编辑数据为目的，使用表单控件也许就可以了，但是如果在编辑数据的同时还要进行其他操作，使用ActiveX控件会灵活得多。

事实上，为自己的程序设计操作界面，多数时候我们都是在使用ActiveX控件。

它们之间的区别，也许现在大家还不是很清楚，但随着后面的学习和使用，大家慢慢就会明白了。

6.2 不需设置，使用现成的对话框

对话框是我们和程序“沟通”，用来传递信息的工具。

但我们并不需要亲自去设计程序所需的每一个对话框，因为VBA已经提供了多种现成的对话框，可供我们选择使用。

6.2.1 用InputBox函数创建一个可输入数据的对话框

如果程序在运行过程中，需要我们借助对话框输入数据，就可以使用InputBox函数来创建这样的对话框，例如：

这句代码就能创建一个可输入数据的对话框。

```
Sub InBox()
    Dim c As Variant                        '定义一个变量，用来保存用户输入的数据
    c = InputBox("你要在A1单元格中输入什么内容？")  '将在对话框中输入的数据保存在变量c中
    Range("A1").Value = c                   '将变量c中保存的数据输入A1单元格
End Sub
```

执行这个程序后的效果如图 6-17 所示。

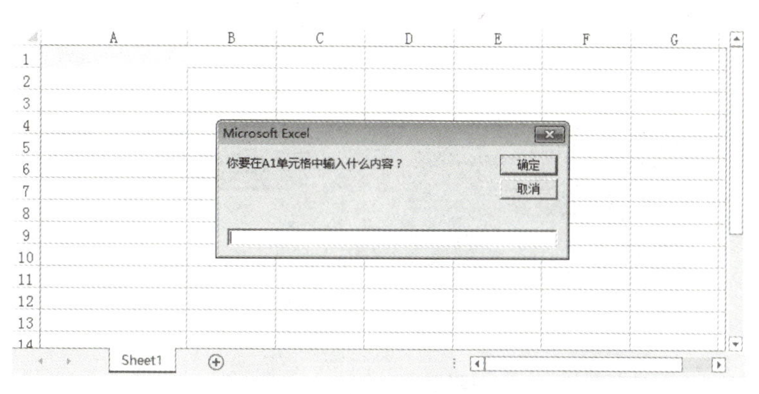

图 6-17 运行程序后的对话框

根据提示，在对话框中输入数据，单击其中的【确定】按钮后，该数据就被写入活动工作表的 A1 单元格中了，如图 6-18 所示。

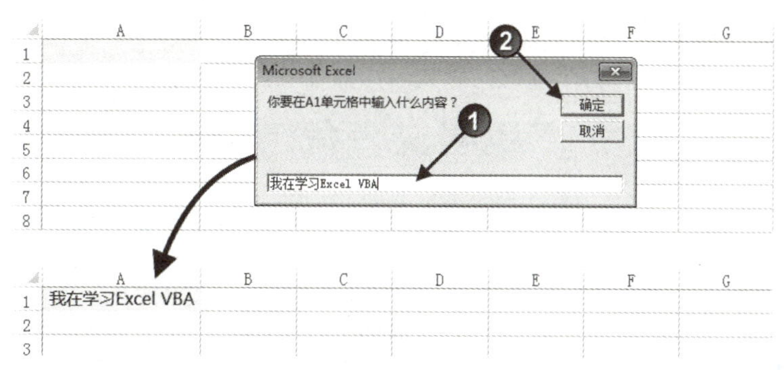

图 6-18 使用对话框输入数据

不仅如此，还可以通过 InputBox 函数的参数，对显示的对话框进行其他设置。

InputBox 函数不只一个参数，可以通过这些参数来设置对话框的标题、默认的输入内容、在桌面窗口中显示的位置等，例如：

```
Sub InBox()
    Dim c As Variant                    '定义一个变量，用来保存用户输入的数据
    '将在对话框中输入的数据保存在变量c中
    c = InputBox(prompt:= "你要在A1单元格中输入什么内容？", Title:= "提示",
        Default:= "叶枫", xpos:=2000, ypos:=2500)
    Range("A1").Value = c               '将变量c中保存的数据输入A1单元格
End Sub
```

InputBox 函数共有 5 个参数，写在函数名称后面的括号中，参数间用逗号分隔。各个参数包含参数名称和参数值两部分，且参数名称后必须带上冒号“:”。参数的顺序可以交换，VBA 通过参数名称辨别不同的参数。

InputBox 函数共有 5 个参数：prompt 用于设置在对话框中显示的提示信息，Title 用于设置

对话框的标题，Default 是对话框中默认的输入值，xpos 用于设置对话框左端与屏幕左端的距离，ypos 是对话框的顶端与屏幕顶端的距离，如图 6-19 所示。

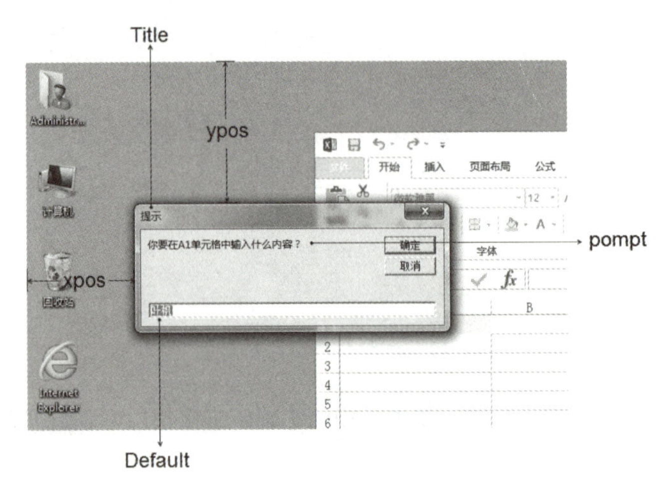

图 6-19　InputBox 函数各参数的作用

在使用 InputBox 函数时，各个参数的参数名称都可以省略，如：

```
c = InputBox("你要在A1单元格中输入什么内容？", "提示", "叶枫", 2000, 2500)
```

如果省略参数名称，VBA 通过参数的位置辨别不同的参数。所以各参数必须按 prompt、Title、Default、xpos、ypos 的顺序输入，不同参数间用逗号分隔，顺序不能乱。

除了 prompt 参数，InputBox 函数的其他参数都可以省略，但如果参数未写参数名称，中间省略的参数必须用英文逗号空出来，例如：

```
c = InputBox (prompt:= "你要在A1单元格中输入什么内容？:", Default:= "叶枫")
```

这行代码如果要省略 InputBox 函数参数的名称，应将代码写为：

```
c = InputBox ("你要在A1单元格中输入什么内容？", , "叶枫")
```

这里有两个逗号，说明省略了一个参数，VBA 知道“叶枫”是函数的第 3 个参数 Default。

6.2.2 用 InputBox 方法创建交互对话框

用 Application 对象的 InputBox 方法也可以创建与程序互动的对话框，例如：

```
Sub AppInBox()
    Dim c As Variant            '定义一个变量，用来保存用户输入的数据
```

```
    '将在对话框中输入的数据保存在变量c中
    c = Application.InputBox(prompt:= "你这个月的工资是多少?", Title:= "提示",
        Default:="叶枫", Left:=2000, Top:=2500, Type:=1)
    Range("A1").Value = c              '将变量c中保存的数据输入A1单元格
End Sub
```

一定要注意，与InputBox函数相比，InputBox方法的这4个地方是不同的。

1. InputBox函数和InputBox方法的参数区别

InputBox方法比InputBox函数多了一个Type参数。

在其他参数中，除了Left与Top参数，InputBox方法的其他参数与InputBox函数的参数功能及作用相同。Left和Top参数指定对话框在Excel窗口中的位置，而InputBox函数的xpos与ypos参数分别用于指定对话框在整个屏幕窗口中的位置。

我们可以在VBA在线帮助或输入代码的【代码窗口】中看到它们之间参数的区别，如图6-20所示。

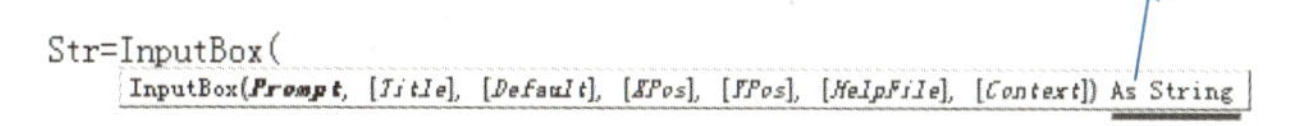

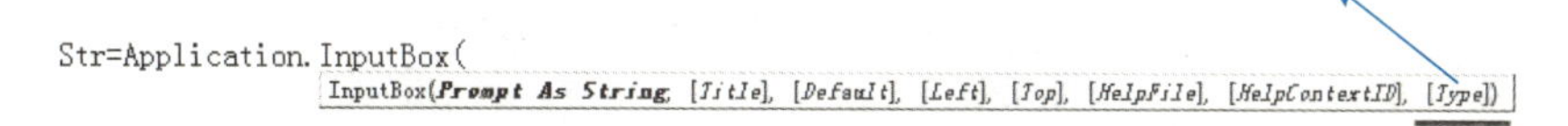

图6-20 在【代码窗口】中查看参数

InputBox函数只能返回一个String型的字符串，而InputBox方法返回的数据类型不确定，而且InputBox方法比InputBox函数多一个Type参数，这是它们之间最主要的区别。

2. InputBox方法的Type参数有什么作用

InputBox方法通过Type参数指定返回结果的数据类型，参数的可设置项如表6-2所示。

表6-2 InputBox方法Type参数的可设置项及说明

可设置的参数值	方法返回结果的类型
0	公式
1	数字
2	文本(字符串)
4	逻辑值(True或False)
8	单元格引用（Range对象）
16	错误值，如#N/A
64	数值数组

如果想让InputBox方法返回的是一个Range对象，就应将它的Type设置为数值“8”。下面的过程让用户选择一个单元格区域，然后在单元格区域输入数值“100”。

```
Sub RngInput()
    Dim rng As Range            '定义一个Range对象
    On Error GoTo cancel        '如果单击对话框中的"取消"按钮导致程序出错，则跳转到cancel处
    '将选中的单元格对象赋给变量rng
    Set rng = Application.InputBox(prompt:="请选择需要输入数值的单元格区域", Type:=8)
    rng.Value = 100             '在选中的单元格输入100
cancel:
End Sub
```

8告诉VBA，InputBox方法返回的是一个Range类型的对象。

执行这个过程后的效果如图6-21所示。

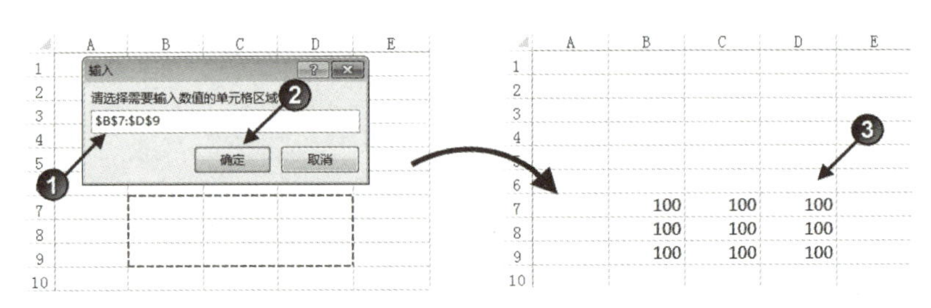

图6-21　利用鼠标选中单元格输入数值

如果想让InputBox方法的返回值为多种类型中的一种，就将参数设为相应参数值的和：

1表示数字，2表示文本。

```
Application.InputBox(prompt:= "请输入内容:", Type:=1 + 2)
```

或者：

3 = 1+2，所以3也表示返回值可以是文本或数字。

```
Application.InputBox(prompt:= "请输入内容:", Type:=3)
```

考考你

在表6-2中，你知道Type参数的可设置项，为什么是0、1、2、4、8……这样有间隔而不是连续的自然数吗？

手机扫描二维码，可以查看我们准备的参考答案。

6.2.3　用MsgBox函数创建输出对话框

1. 定义对话框中显示的信息

使用MsgBox函数，可以创建一个输出对话框，用来告诉我们执行程序的某些信息，只有

当我们单击对话框中的某个按钮后才继续执行程序。例如：

prompt参数是对话框中要显示的信息，不能省略。
Buttons参数用来设置对话框中的按钮及图标样式等。
Sub msg()
MsgBox prompt:= "你正在阅读的是ExcelHome的图书！", Buttons:=vbOKOnly + vbInformation, Title:= "提示"
End Sub
Title参数是对话框的标题。

执行这个程序后的效果如图6-22所示。

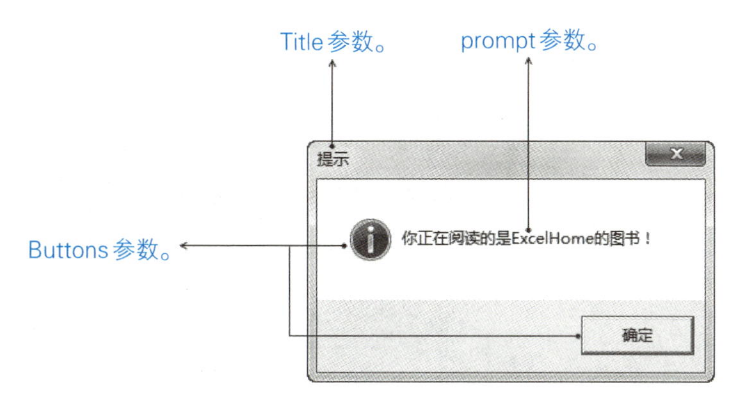

图 6-22 MsgBox 函数创建的对话框

2. 设置在对话框中显示的按钮样式

修改Buttons参数的设置，可以修改在对话框中显示的按钮样式。MsgBox函数一共有6种不同的按钮设定，参数设置如表6-3所示。

表6-3 MsgBox函数的6种按钮设定

常数	值	说明
vbOkonly	0	只显示【确定】按钮
vbOkCancel	1	显示【确定】和【取消】两个按钮
vbAbortRetryIgnore	2	显示【中止】、【重试】和【忽略】3个按钮
vbYesNoCancel	3	显示【是】、【否】和【取消】3个按钮
vbYesNo	4	显示【是】和【否】两个按钮
vbRetryCancel	5	显示【重试】和【取消】两个按钮

设置的代码为：

如表6-3所示，vbOKCancel对应的值为数值1，所以还可以将参数设置为Buttons:=1。参数值可以设置为常量，也可以设置为值。

```
Sub msgbut()
    MsgBox prompt:= "只显示【确定】按钮", Buttons:=vbOKOnly
    MsgBox prompt:= "显示【确定】和【取消】按钮", Buttons:=vbOKCancel
    MsgBox prompt:= "显示【中止】、【重试】和【忽略】按钮", Buttons:=vbAbortRetryIgnore
    MsgBox prompt:= "显示【是】、【否】和【取消】按钮", Buttons:=vbYesNoCancel
    MsgBox prompt:= "显示【是】和【否】按钮", Buttons:=vbYesNo
    MsgBox prompt:= "显示【重试】和【取消】按钮", Buttons:=vbRetryCancel
End Sub
```

各种不同按钮样式的对话框如图6-23所示，大家可以根据自己的需求选择使用。

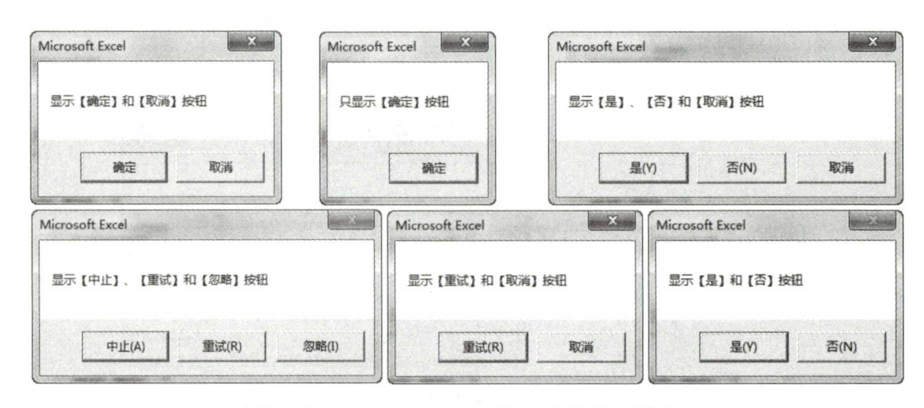

图 6-23　MsgBox 函数 6 种不同的按钮样式

3. 设置对话框中显示的图标

除了按钮，还可以通过Buttons参数设置在对话框中显示图标，如图6-24所示。

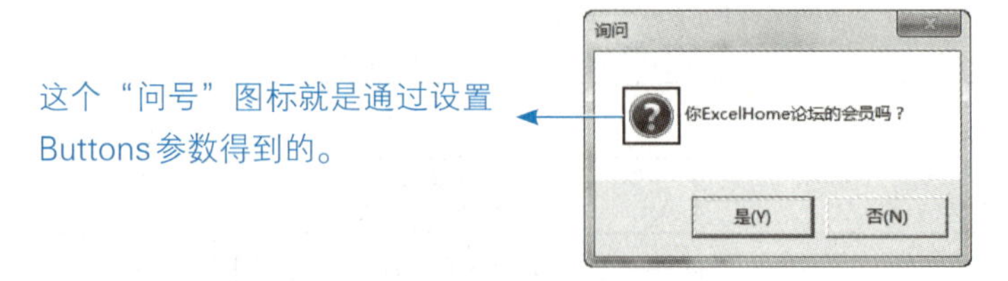

图 6-24　对话框中的图标

MsgBox函数一共可以设置4种图标样式，不同的图标样式如图6-25所示。

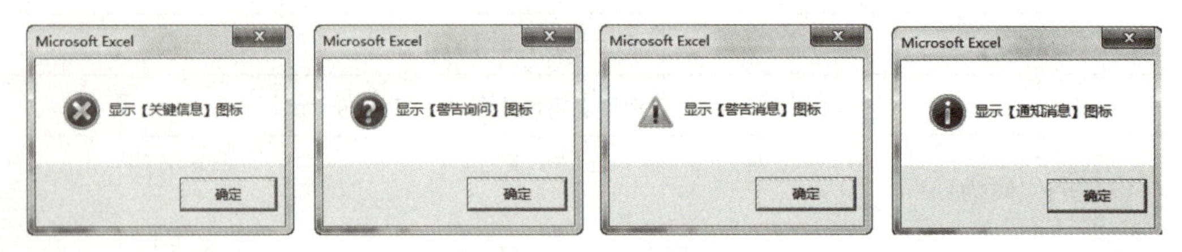

图 6-25　不同的图标样式

不同图标的参数设置如表6-4所示。

表6-4　　　　MsgBox函数的4种图标样式

常数	值	说明
vbCritical	16	显示【关键信息】图标
vbQuestion	32	显示【警告询问】图标
vbExclamation	48	显示【警告消息】图标
vbInformation	64	显示【通知消息】图标

具体设置的代码为：

vbCritical对应的值是16，所以也可以将代码中的vbCritical替换为16，使用数值来设置Buttons参数。

```
Sub msgbut()
    MsgBox prompt:= "显示【关键消息】图标", Buttons:=vbCritical
    MsgBox prompt:= "显示【警告询问】图标", Buttons:=vbQuestion
    MsgBox prompt:= "显示【警告信息】图标", Buttons:=vbExclamation
    MsgBox prompt:= "显示【通知消息】图标", Buttons:=vbInformation
End Sub
```

4. 同时设置对话框中的按钮和图标

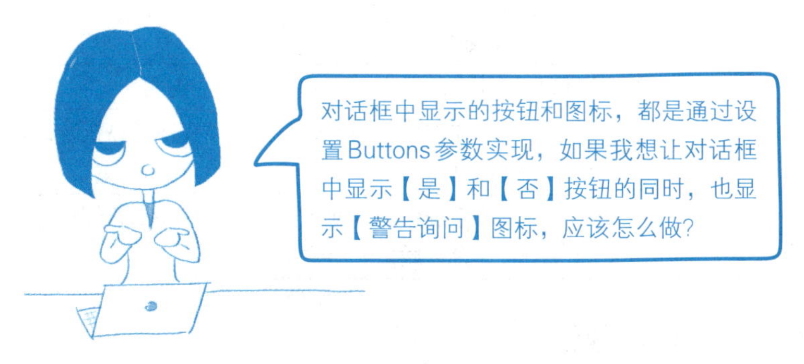
对话框中显示的按钮和图标，都是通过设置Buttons参数实现，如果我想让对话框中显示【是】和【否】按钮的同时，也显示【警告询问】图标，应该怎么做?

想同时定义对话框中显示的按钮和图标，可以将Buttons参数设置为用加号“+”连接的两个常数或值，例如：

vbYesNo对应的值是4，vbQuestion对应的值是32，所以还可以把Buttons的参数值设置为4+32或它们相加的结果36。

```
MsgBox prompt:= "ExcelHome是你最喜欢的论坛吗？", Buttons:= vbYesNo + vbQuestion
```

执行这行代码后，显示的对话框如图6-26所示。

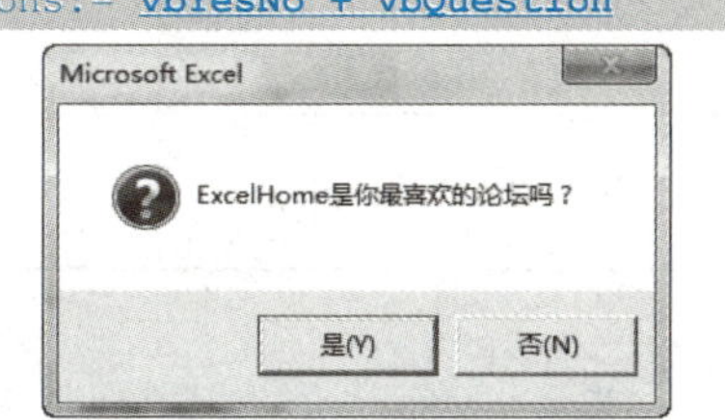
Microsoft Excel
ExcelHome是你最喜欢的论坛吗？
是(Y)
否(N)

图6-26　同时设置对话框中的按钮和图标

5. 设置对话框中的默认按钮

默认按钮，就是在默认情况下，按【Enter】键而不需单击鼠标即可执行的按钮。想指定对话框中的某个按钮为默认按钮，则需要设置MsgBox函数的Buttons参数来指定，例如：

```
    MsgBox prompt:= "ExcelHome是你最喜欢的论坛吗？", Buttons:=vbYesNo + vbQuestion + 
vbDefaultButton2
```

设置对话框中的第 2 个按钮为默认按钮。

设置不同按钮为默认按钮的参数如表6-5所示。

表 6-5 设置默认按钮的参数

常数	值	说明
vbDefaultButton1	0	第1个按钮为默认按钮
vbDefaultButton2	256	第2个按钮为默认按钮
vbDefaultButton3	512	第3个按钮为默认按钮
vbDefaultButton4	768	第4个按钮为默认按钮

6. 指定对话框的类型

Buttons参数还有第4种设定值，用来指定对话框的类型，详情如表6-6所示。

表 6-6 设置对话框类型的参数

常数	值	说明
vbApplicationModal	0	应用程序强制返回；应用程序暂停执行，直到用户对消息框做出响应才继续
vbSystemModal	4096	系统强制返回；全部应用程序都暂停执行，直到用户对消息框做出响应才继续工作

7. Buttons 参数的其他设置

除了前面介绍的4种设定值，Buttons参数还可以设置为表6-7所示的值。

表 6-7 Buttons 参数的其他设置

常数	值	说明
vbMsgBoxHelpButton	16384	在对话框中添加【帮助】按钮
VbMsgBoxSetForeground	65536	设置显示的对话框窗口为前景窗口
vbMsgBoxRight	524288	设置对话框中显示的文本（prompt参数）为右对齐
vbMsgBoxRtlReading	1048576	指定文本应在希伯来文和阿拉伯文系统中显示为从右到左阅读

提示： MsgBox函数还有helpfile和context两个可选参数，用来设置对话框的帮助文件和帮助主题，大家可以结合帮助中的介绍来学习使用它们。

8. MsgBox函数的返回值

函数都有返回值，MsgBox函数也不例外。

MsgBox函数根据我们在对话框中单击的按钮，来确定自己的返回值。用户单击的按钮不同，函数的返回值也不相同，各个按钮及其对应的返回值如表6-8所示。

表6-8　　MsgBox函数的返回值

常数	值	说明
vbOK	1	单击【确定】按钮时
vbCancel	2	单击【取消】按钮时
vbAbort	3	单击【中止】按钮时
vbRetry	4	单击【重试】按钮时
vbIgnore	5	单击【忽略】按钮时
vbYes	6	单击【是】按钮时
vbNo	7	单击【否】按钮时

因为单击的按钮不同，函数返回的值也不同。所以，我们可以通过函数返回的值，判断用户单击了对话框中的哪个按钮，从而选择下一步要执行的操作或计算，例如：

有一点需要注意：当需要将MsgBox函数的返回值赋给变量时，参数必须写在括号中，否则不能加括号。

```
Sub msgbut()
    Dim yn As Integer                    '将MsgBox函数的返回值保存在变量yn中
    yn = MsgBox(prompt:= "你确定要在A1单元格输入今天的日期吗?",
        Buttons:=vbYesNo + vbQuestion)
    If yn = vbYesThen                    '判断用户是否单击了按钮【是】
        Range("A1").Value = Date
    End If
End Sub
```

如果用户单击对话框中的按钮【是】，MsgBox函数返回值为vbYes，vbYes对应的值为6，所以也可以将代码中的vbYes改为数值6。

6.2.4 用FindFile方法显示【打开】对话框

使用Application对象的FindFile方法可以显示【打开】对话框，在对话框中选择并打开某个文件。例如：

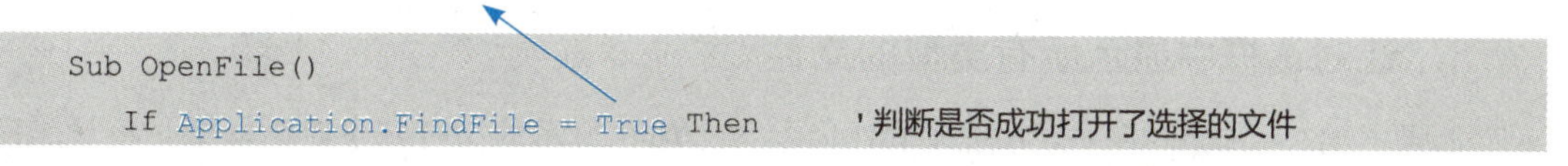

如果成功打开一个文件，FindFile方法的返回值为True，如果单击对话框中的【取消】按钮，返回值为False。

```
Sub OpenFile()
    If Application.FindFile = True Then        '判断是否成功打开了选择的文件
```

```
        MsgBox "你选择的文件已打开。"
    Else
        MsgBox "你单击了【取消】按钮，操作没有完成。"
    End If
End Sub
```

执行这个程序后可以看到图6-27所示的对话框。

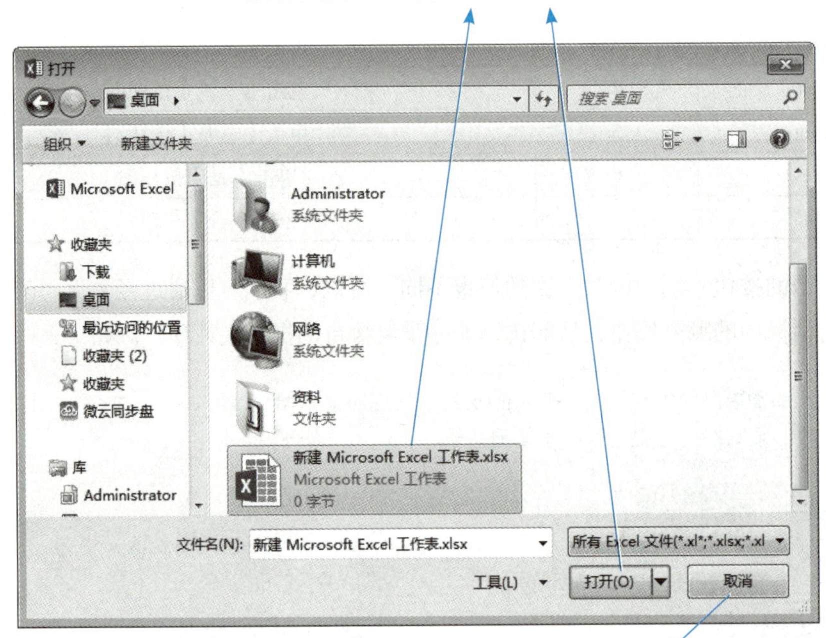

图 6-27　用 FindFile 方法显示【打开】对话框

6.2.5　用GetOpenFilename方法显示【打开】对话框

用Application对象的GetOpenFilename方法也可以显示【打开】对话框。

虽然同样能显示【打开】对话框，但GetOpenFilename方法与FindFile方法执行的操作完全不同。FindFile方法是**打开**在对话框中选中的**文件**，而GetOpenFilename方法是**获得**在对话框中选中的文件的**文件名称**（包含路径）。

如果希望在程序运行的过程中，手动选择文件，再根据文件路径及名称进行其他操作，使用GetOpenFilename方法就非常合适。

1. 让对话框中显示所有类型的文件

如果不给GetOpenFilename方法设置任何参数，那在显示的【打开】对话框中，将显示所有类型的文件，例如：

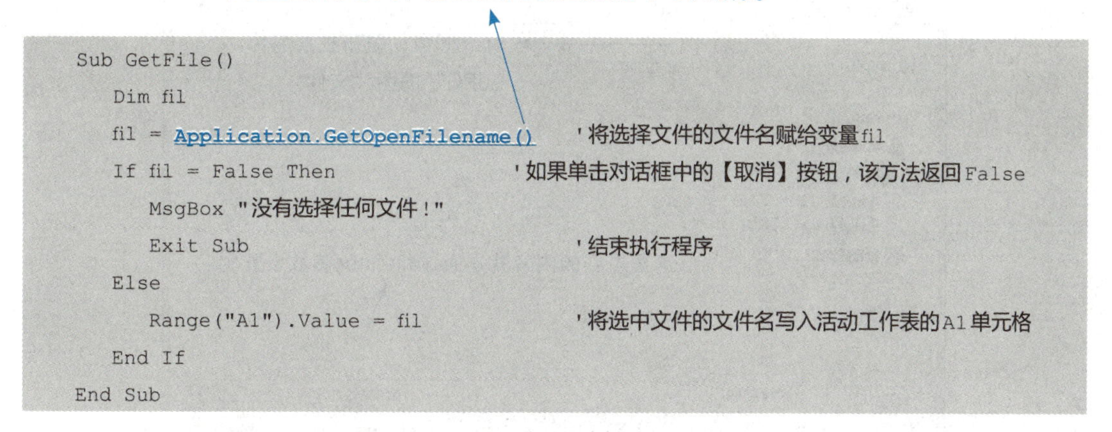


```
Sub GetFile()
    Dim fil
    fil = Application.GetOpenFilename()        '将选择文件的文件名赋给变量fil
    If fil = False Then                        '如果单击对话框中的【取消】按钮，该方法返回False
        MsgBox "没有选择任何文件！"
        Exit Sub                               '结束执行程序
    Else
        Range("A1").Value = fil                '将选中文件的文件名写入活动工作表的A1单元格
    End If
End Sub
```

执行这个程序的效果如图6-28所示。

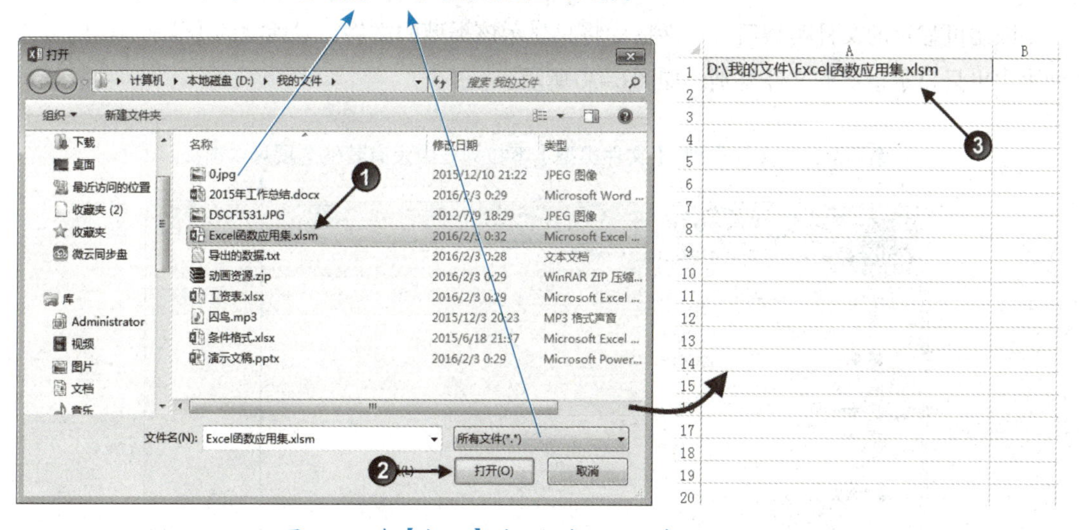

图 6-28　在【打开】对话框中显示所有类型的文件

2. 只在对话框中显示某种类型的文件

如果只想在对话框中显示某种指定类型，如“.JPG”文件，可以通过FileFilter参数指定，例如：

```
fil = Application.GetOpenFilename(filefilter:= "图片文件，*.JPG")
```

filefilter参数的值是一个字符串，该字符串中逗号前的“图片文件”是**筛选条件**，是用来说明文件类型的文字，逗号后的“*.JPG”用来限定对话框中显示的**文件类型**。

执行这行代码后，可以看到图6-29所示的对话框。

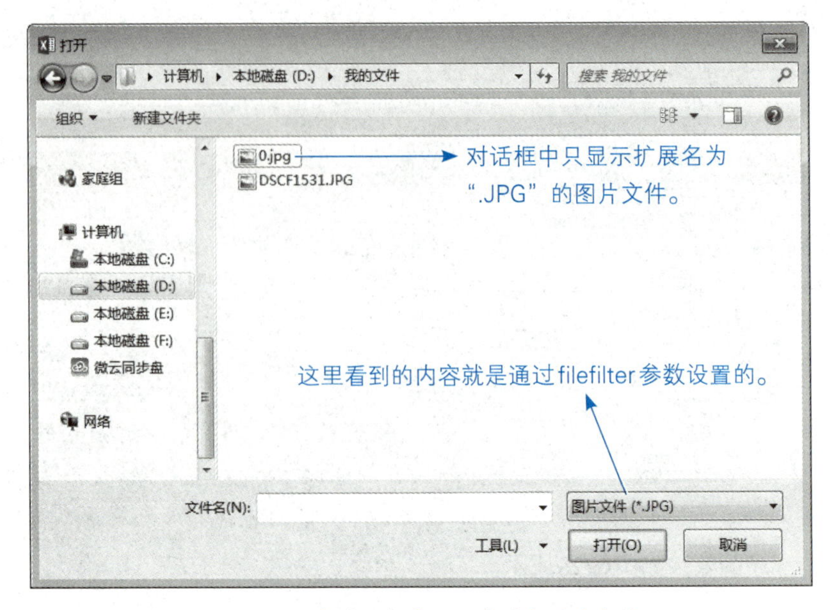

图 6-29　只在对话框中显示某种类型的文件

限制可显示的文件类型后，对话框中将只显示该类型的文件，对话框的【文件类型】下拉列表中也只显示指定的文件类别，如图6-30所示。

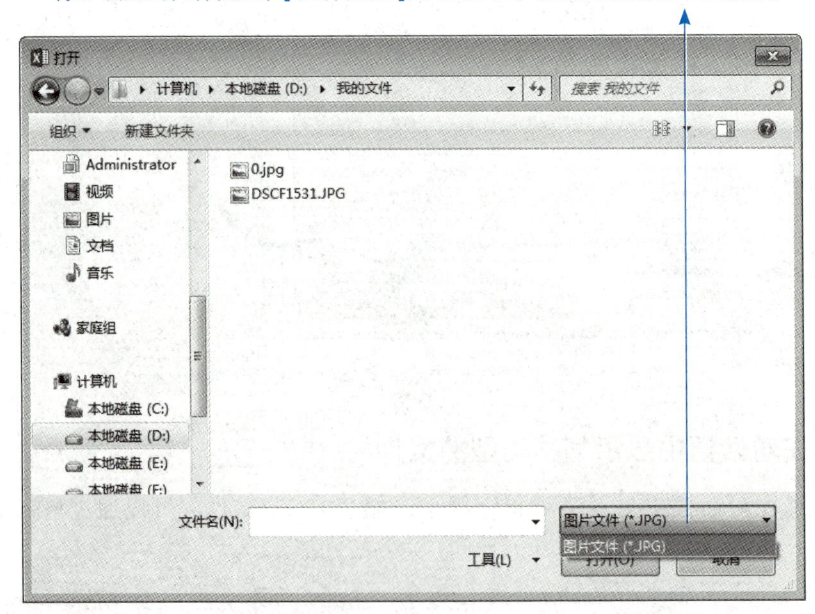

图 6-30　【文件类型】下拉列表中的可选项

如果想更改对话框中显示的文件类型，就更改filefilter参数中指定文件类型的字符串部分，如想显示扩展名为“.xlsm”Excel文件，就将参数设置为：

```
filefilter:= "启用宏的工作簿文件，*.xlsm"
```

3. 让对话框同时显示多种扩展名的文件

我想在对话框中显示所有的Excel工作簿文件，可是，Excel工作簿文件的扩展名不止一种，如xls、xlsx、xlsm等，应该怎么设置参数?

如果要同时显示同种类型多种扩展名的文件，就将所有类型的扩展名都写在设置参数的字符串中，不同类型的扩展名间**用分号分隔**，例如：

```
fil = Application.GetOpenFilename(filefilter:= "Excel工作簿文件,*.xls;*.xlsx;*.xlsm")
```

执行这行代码后的效果如图6-31所示。

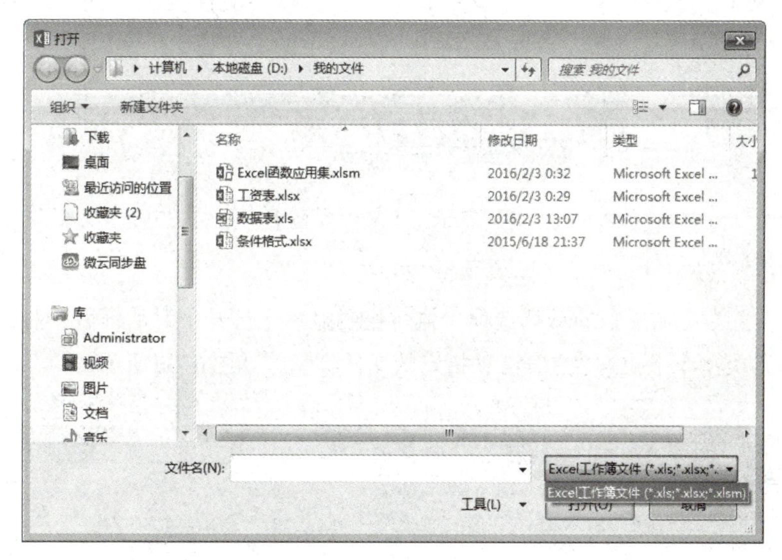

图 6-31　在对话框中显示Excel工作簿文件

4. 让对话框能选择显示多种类型的文件

如果想设置可以在对话框中选择显示Excel工作簿文件或Word文档文件，代码可以写为：

```
fil = Application.GetOpenFilename(filefilter:= "Excel工作簿文件,*.xls;*.xlsx,
Word文档, *.doc;*.docx;*.docm")
```

无论要设置可以选择几种类型的文件，filefilter参数的值都是一个字符串。每种可选择的文件类型之间用逗号分隔。

执行代码后的效果如图6-32所示。

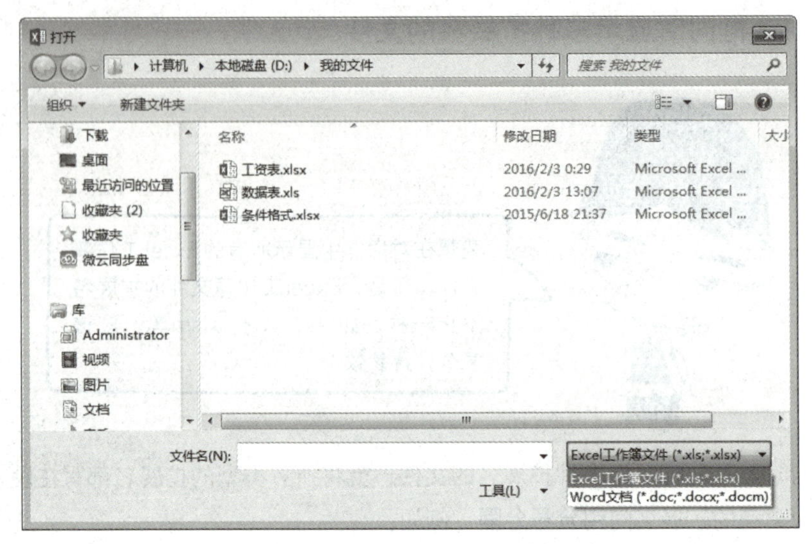

图 6-32　设置可以在多种文件类型中选择

5. 通过FilterIndex参数设置默认显示的文件类型

如果在【文件类型】下拉列表中设置了多种可选择的文件类型，就可以通过GetOpen-Filename方法的FilterIndex参数，设置对话框中默认显示的文件类型，例如：

```
fil = Application.GetOpenFilename(filefilter:= "Excel工作簿文件, *.xls;*.xlsx,
Word文档, *.doc;*.docx;*.docm", FilterIndex:=2)
```

设置FilterIndex参数的值为2，表示将【文件类型】下拉列表中的第2项设置为默认选项。

将第2项设置为对话框中的默认选项，执行代码显示【打开】对话框后，对话框中默认显示的就是【文件类型】下拉列表中第2项指定的文件类型，如图6-33所示。

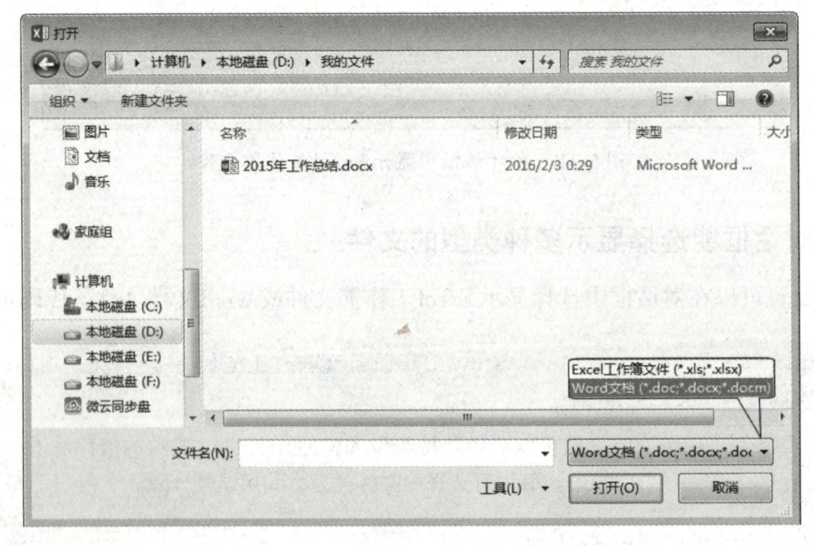

图 6-33　设置默认显示的文件类型

6. 设置允许同时选择多个文件

默认情况下，在通过GetOpenFilename方法显示的【打开】对话框中，只能同时选中一个文件，如果希望能同时选中多个文件，可以将MultiSelect参数设置为True，例如：

```
fil = Application.GetOpenFilename(filefilter:= "Excel工作簿文件, *.xls;*.xlsx, Word文档, *.doc;*.docx;*.docm", MultiSelect:=True)
```

MultiSelect参数决定可以选中的文件个数。如果设置为True，表示可以同时选中多个文件，如果省略或将参数设置为False，就只能在对话框中选中一个文件。

执行代码后的效果如图6-34所示。

按住【Ctrl】键的同时，即可用鼠标同时选中对话框中的多个文件。

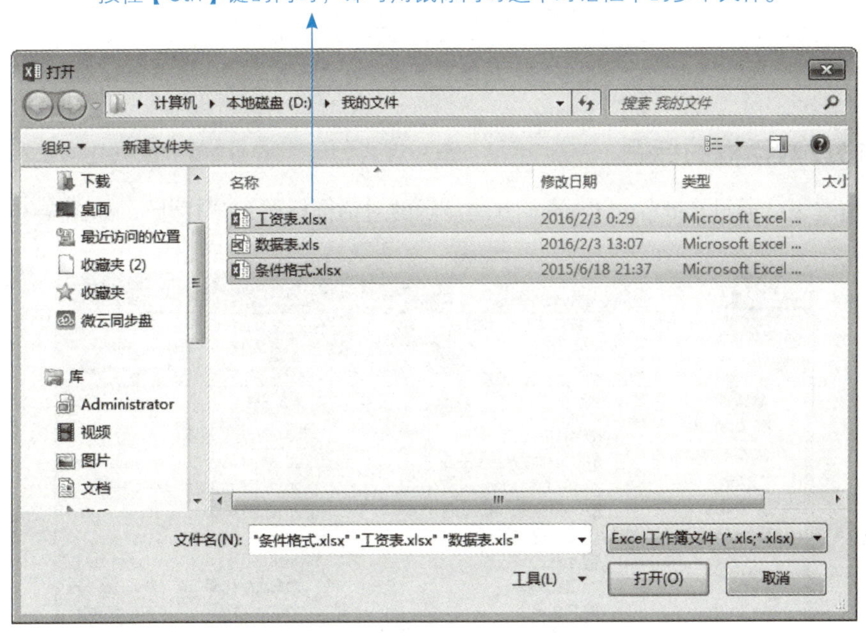

图6-34　在对话框中同时选中多个文件

如果在对话框中选中多个文件，单击对话框中的【打开】按钮后，GetOpenFilename方法返回的是包含所有选中文件的文件名组成的一维数组，例如：

```
Sub GetFile()
    Dim fil
    fil = Application.GetOpenFilename(filefilter:= "Excel工作簿文件, *.xls;*.xlsx, Word文档, *.doc;*.docx;*.docm", MultiSelect:=True)
    Range("A1").Resize(UBound(fil), 1)= Application.WorksheetFunction.Transpose(fil)
End Sub
```

将一维数组写入一列单元格时，应使用Transpose函数将其转为一列。

执行程序后的效果如图 6-35 所示。

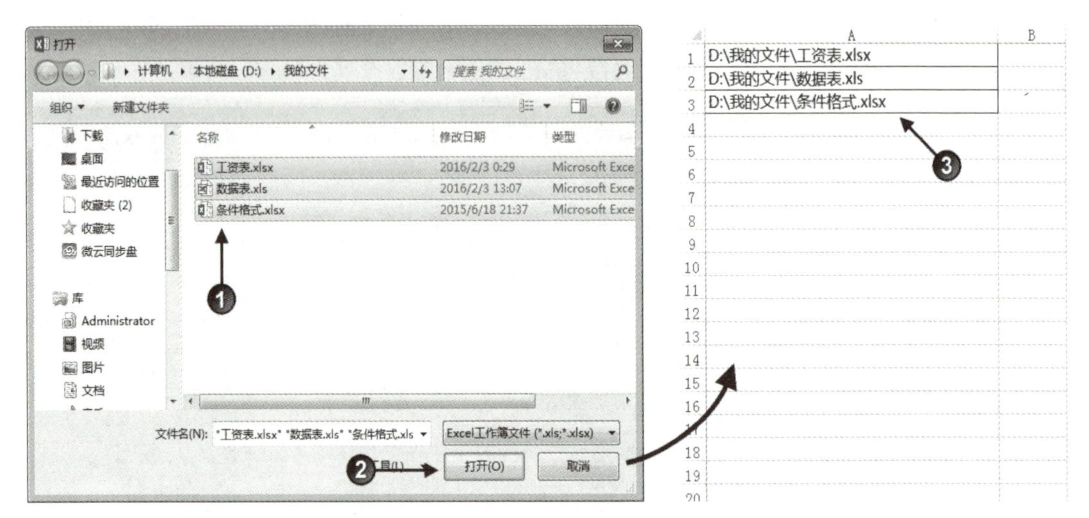

图 6-35　获得多个文件的文件名

7. 修改对话框的标题

默认情况下，通过 GetOpenFilename 方法显示的对话框标题为“打开”，如图 6-36 所示。

图 6-36　对话框默认的标题

可以通过设置 GetOpenFilename 方法的 Title 参数来修改对话框标题栏中的文字，例如：

```
fil = Application.GetOpenFilename(Title:= "请选择你要获取名称的文件")
```

执行这行代码后的效果如图 6-37 所示。

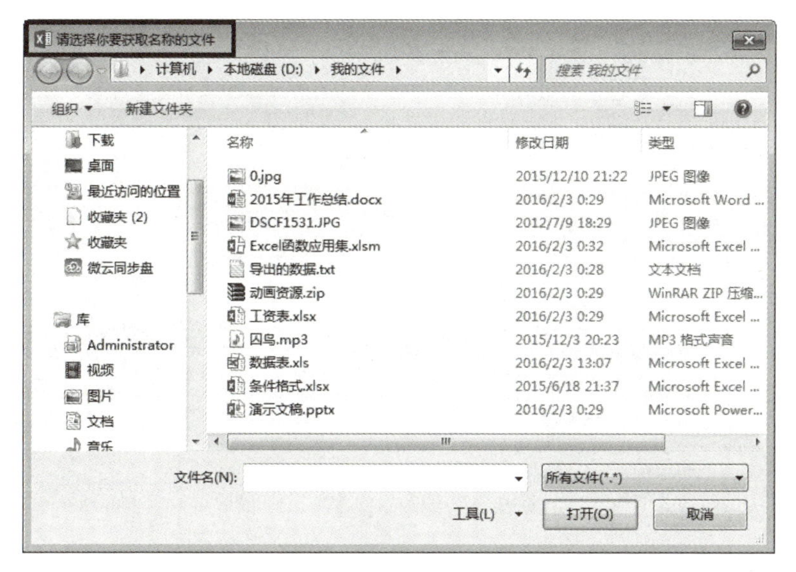

图 6-37　修改对话框的标题

考考你

我们知道，GetOpenFilename 方法共有 4 个参数，这 4 个参数都可以省略，也可以根据需求，选择使用其中任意个数的参数。如果想编写一个程序，让打开的对话框标题为“选择”，能在对话框中选择显示扩展名为“.txt”或“.mp3”的文件（默认显示“.mp3”的文件），并且当在对话框中选择文件并单击其中的【打开】按钮后，能将选中的一个或多个文件的文件名称，按顺序写入活动工作表第 1 列的单元格中。

你能编写这样的程序吗？试一试。

手机扫描二维码，可以查看我们准备的参考答案。

6.2.6　用GetSaveAsFilename方法显示【另存为】对话框

要想获得选中的文件名称，还可以调用 Application 对象的 GetSaveAsFilename 方法打开【另存为】对话框，在对话框中选择文件，获得该文件包含路径的文件名称，例如：

在 Windows 系统的计算机中，GetSaveAsFilename 方法有 4 个参数，这 4 个参数分别用来设置对话框中默认显示的文件名称、可以在对话框中选择显示的文件类型、默认的文件筛选条件索引号及对话框的标题名称。

```
Sub GetSaveAs()
    Dim Fil As String, FileName As String, Filter As String, Tile As String
    FileName = "例子"
    Filter = "Excel工作簿,*.xls;*.xlsx;*.xlsm,Word文档,*.doc;*.docx;*.docm"
    Tile = "请选择要获取名称的文件"
    '将变量设置为GetSaveAsFilename方法的参数
    Fil = Application.GetSaveAsFilename(InitialFileName:=FileName,
filefilter:=Filter, FilterIndex:=2, Title:=Tile)
```

```
    Range("A1") = Fil                    '将选中文件的名称写入活动工作表的A1单元格
End Sub
```

执行这个程序显示的对话框如图6-38所示。

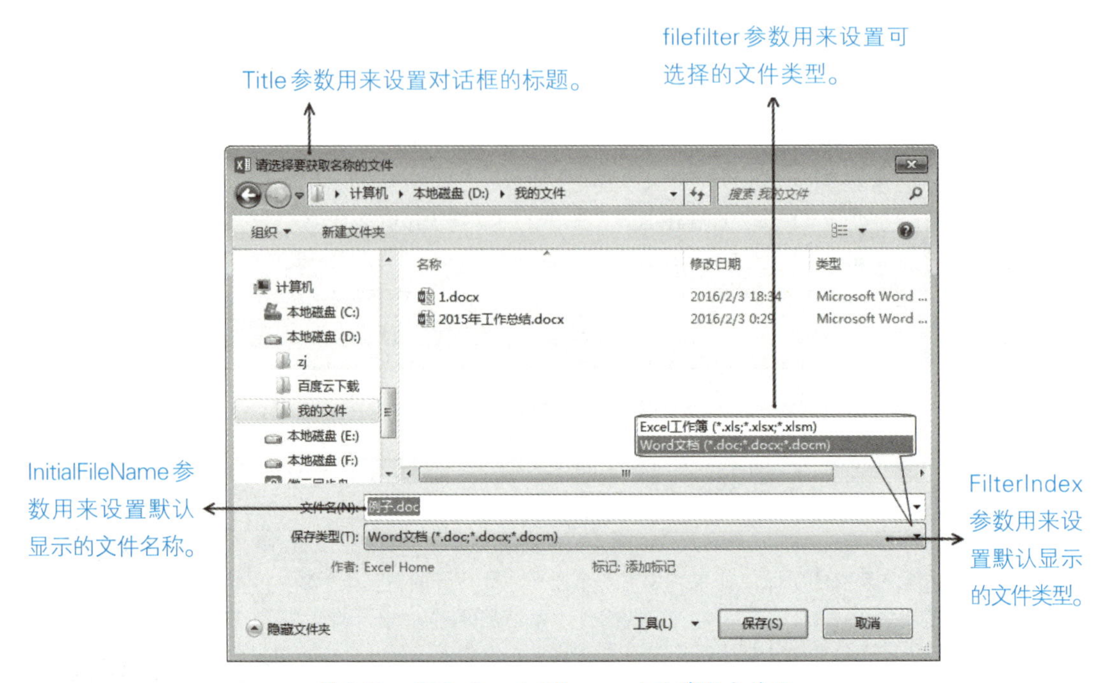

图6-38　用GetSaveAsFilename方法获取文件名

6.2.7　用Application对象的FileDialog属性获取目录名称

如果想获得的不是文件名，而是指定目录的路径及名称，可以使用Application对象的FileDialog属性。例如：

参数只允许在对话框中选择一个文件夹。

```
Sub getFolder()
    With Application.FileDialog(filedialogtype:= msoFileDialogFolderPicker)
        .InitialFileName = "D:\"                   '设置D盘根目录为起始目录
        .Title = "请选择一个目录"                    '设置对话框标题
        .Show                                       '显示对话框
        If .SelectedItems.Count > 0 Then            '判断是否选中了目录
            Range("A1").Value = .SelectedItems(1)   '将选中的目录名及路径写入单元格
        End If
    End With
End Sub
```

执行这个程序后的效果如图6-39所示。

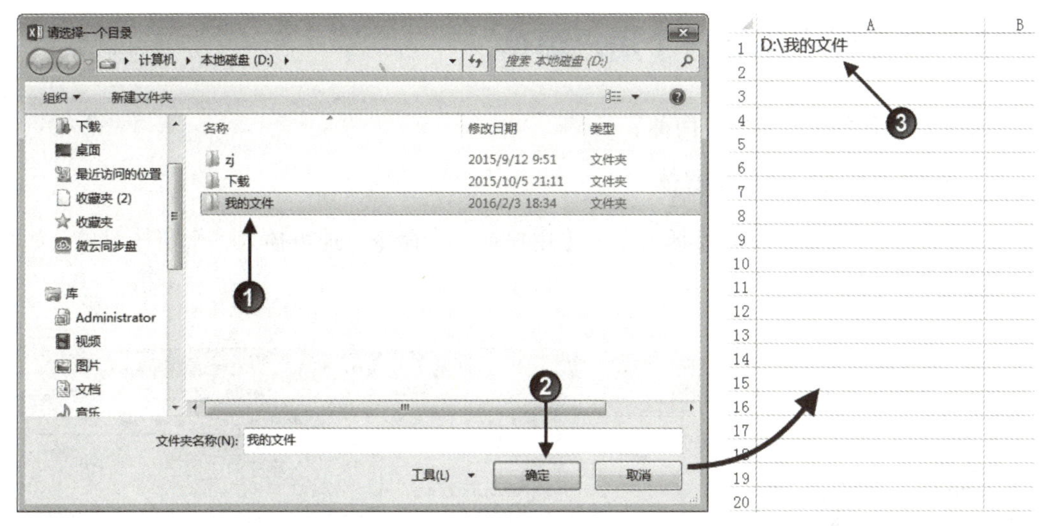

图6-39　利用Application对象的FileDialog属性获取目录名称

除了msoFileDialogFolderPicker，filedialogtype参数还可以设置为其他的值，详情如表6-9所示。

表6-9　　msoFileDialogType参数可以设置的常量

常量	说明
msoFileDialogFilePicker	允许选择一个文件
msoFileDialogFolderPicker	允许选择一个文件夹
msoFileDialogOpen	允许打开一个文件
msoFileDialogSaveAs	允许保存一个文件

6.3　使用窗体对象设计交互界面

6.3.1　设计界面，需要用到UserForm对象

尽管使用VBA代码可以调出许多Excel内置的对话框，但这些对话框却未必能满足我们全部的需求。

很多时候，我们都希望能自己设计一个交互界面，定义其中的控件及控件的功能，这就需要用到VBA中的另一类常用对象——UserForm对象。

一个用户窗体，就是一个UserForm对象，也就是大家常说的窗体对象，简称窗体。

当在工程中添加一个窗体后，就可以在窗体上自由地添加ActiveX控件，只要通过编写VBA代码为这些控件指定功能，就能利用这些控件与Excel互动。

下面就通过一个例子来介绍怎样设计一个操作界面。

6.3.2 在工程中添加一个用户窗体

添加窗体常用的方法有以下两种。

1. 通过菜单命令插入窗体

在VBE窗口中，依次执行【插入】→【用户窗体】命令，即可插入一个窗体对象，如图6-40所示。

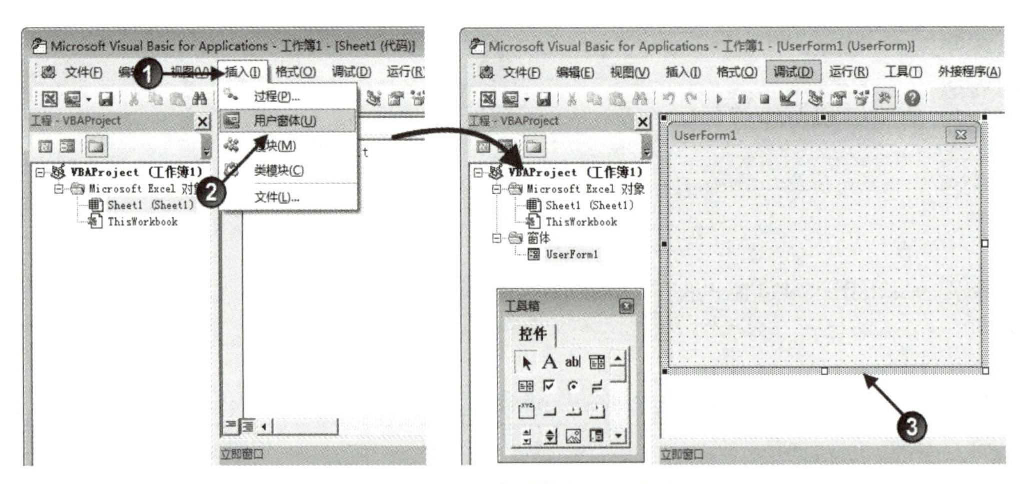

图 6-40　利用菜单命令插入窗体

2. 利用右键菜单插入窗体

在【工程资源管理器】中的空白处单击鼠标右键，执行右键菜单中的【插入】→【用户窗体】命令，也可以在工程中插入一个用户窗体，如图6-41所示。

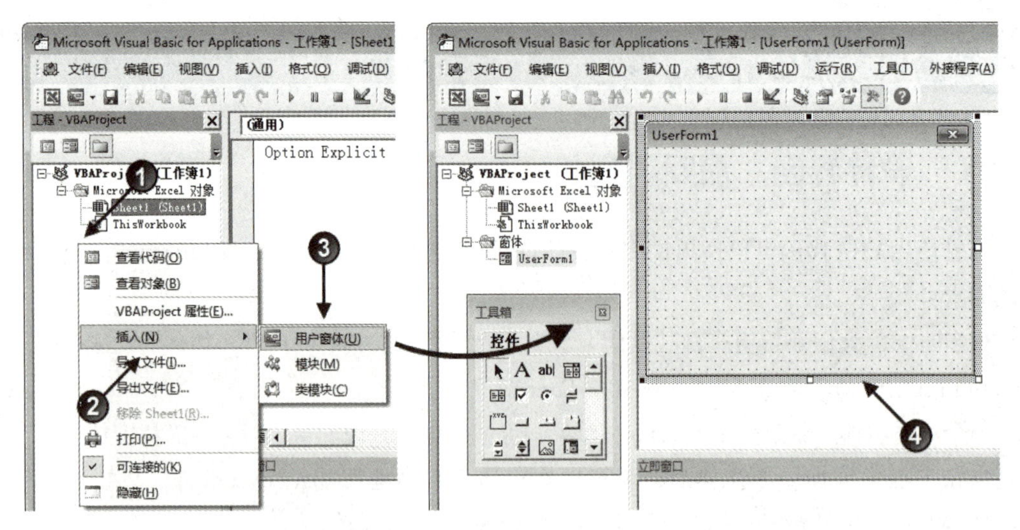

图 6-41　利用右键菜单插入窗体

我们可以根据需要在工程中插入任意多个用户窗体。

6.3.3　设置属性，改变窗体的外观

新插入的窗体是一个带标题栏的灰色框，窗体上什么控件也没有，如图6-42所示。

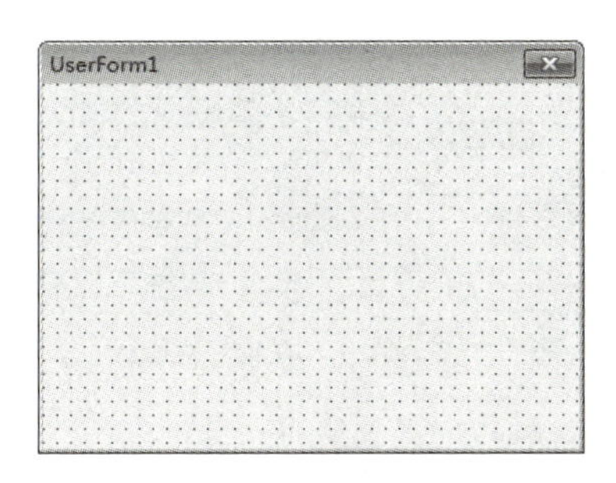

图 6-42　新插入的窗体

作为一种对象，用户窗体也有自己的属性，如名称、大小、位置等。可以根据自己的需求，在【属性窗口】中设置窗体的属性来改变它的样式，图6-43所示为更改窗体名称及标题栏名称的设置项。

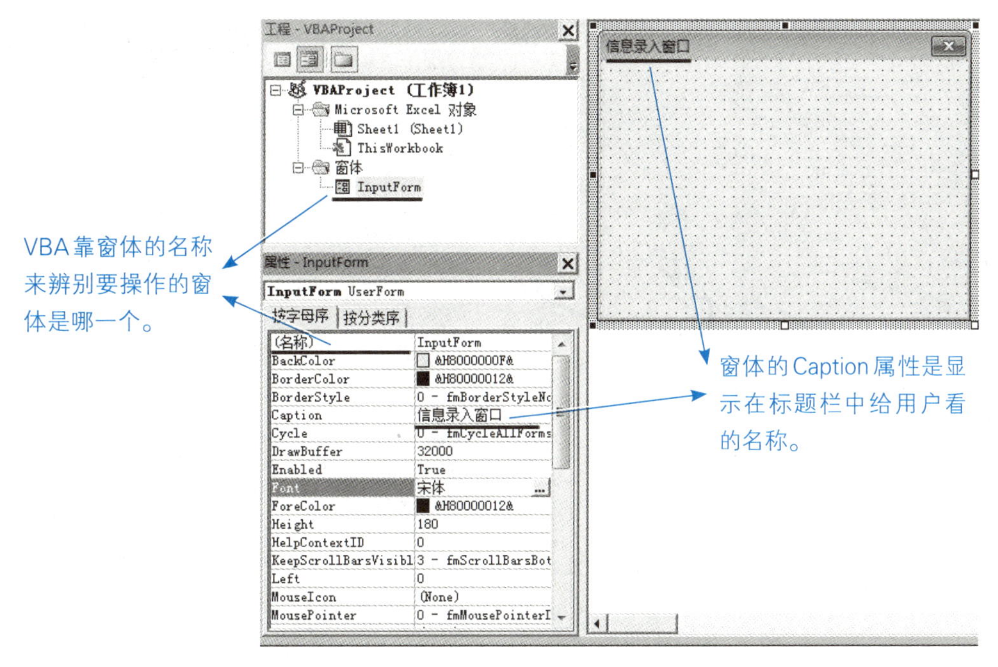

图 6-43　在【属性窗口】中更改窗体的名称

默认情况下，【属性窗口】中的属性按字母排序，这样的排序方式不便看出每个属性的用途，如果你是初学者，可以选择【按分类序】选项卡，在其中分类查看对象的属性，如图6-44所示。

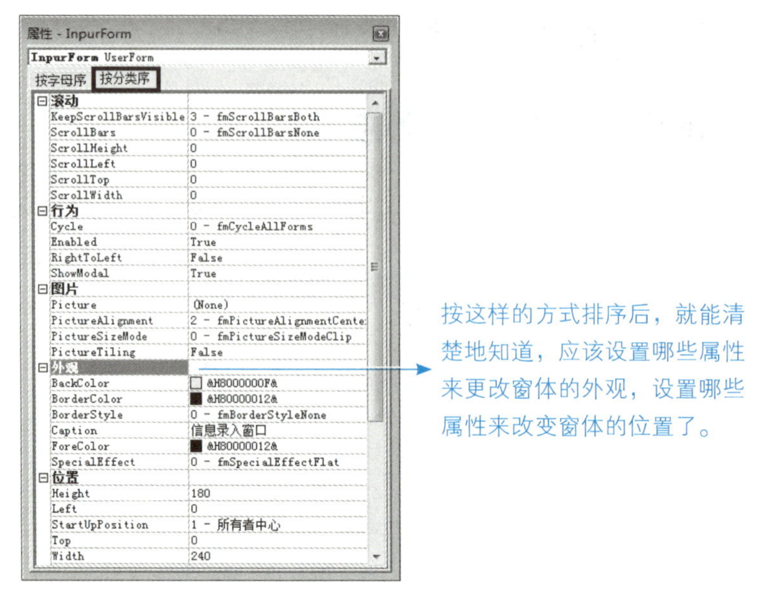

图 6-44　按分类序查看对象属性

如果对其中的某个属性不太熟悉，可以选中属性名称，按【F1】键，查看关于它的帮助信息，如图 6–45 所示。

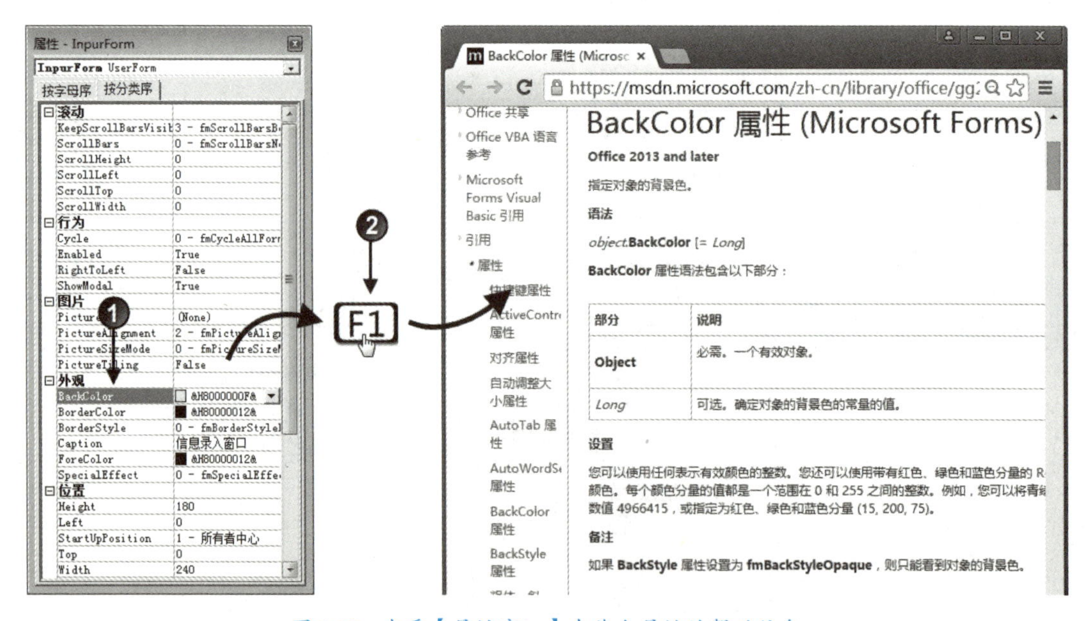

图 6-45　查看【属性窗口】中某个属性的帮助信息

6.3.4　在窗体上添加和设置控件的功能

1. 要添加控件，就得用到【工具箱】

新插入的窗体，只是一个空白的对话框，不包含任何控件。如果要向窗体中添加控件，得使用如图6-46所示的【工具箱】。

默认情况下，选中窗体时，VBE就会自动显示【工具箱】，如果你在VBE窗口中没有看到【工具箱】，可以依次选择【视图】→【工具箱】命令调出它，如图6-47所示。

图 6-46　【工具箱】及其中的控件

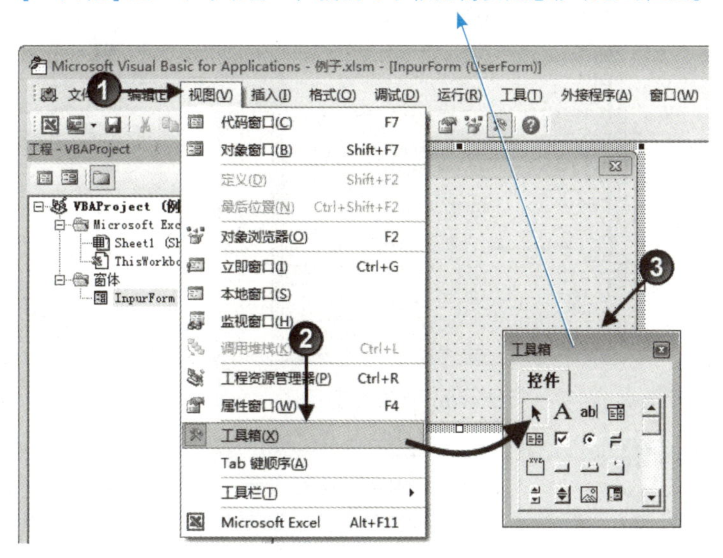

图 6-47　调出【工具箱】

2. 添加控件，制作一个信息录入窗口

下面让我们在这个窗体中添加控件，制作一个信息录入窗口。

在【工具箱】中选中需要添加的控件，单击窗体内部（或直接使用鼠标将【工具箱】中的控件拖到窗体中）即可在窗体上添加该控件，如图6-48所示为在窗体中添加一个标签控件的操作步骤。

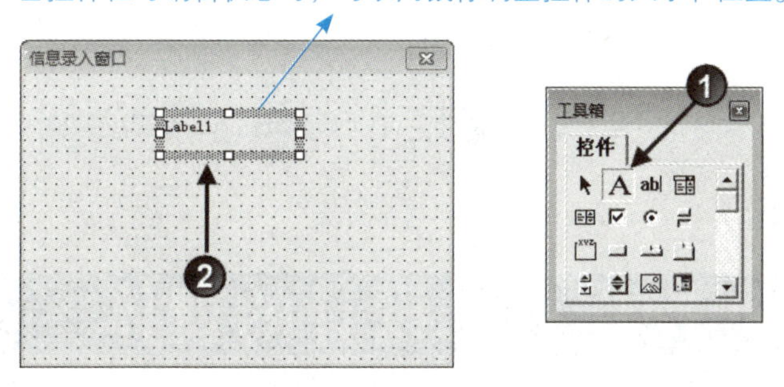

图 6-48　向窗体中添加标签控件

新添加的控件，总是显示为默认样式，可以通过设置【属性窗口】中的属性来改变它的样式，如图6-49所示。

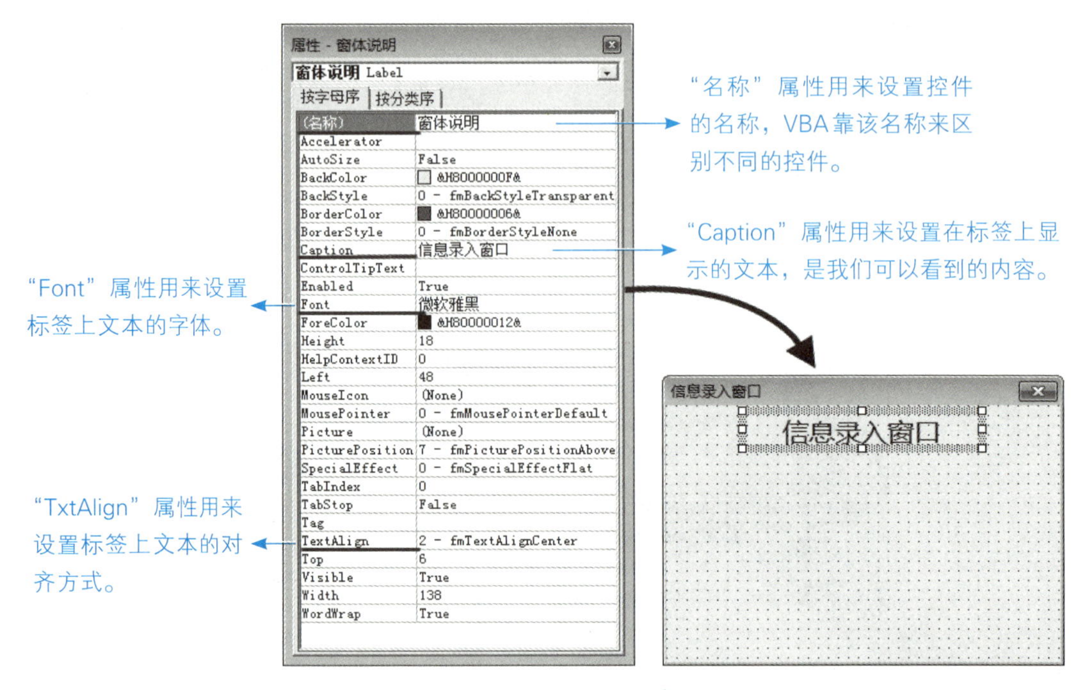

图 6-49　设置标签控件的属性

考考你

参照添加和设置标签控件的方法，你能继续在窗体上添加其他不同类型的控件，完成图6-50所示的信息录入界面吗？试一试。

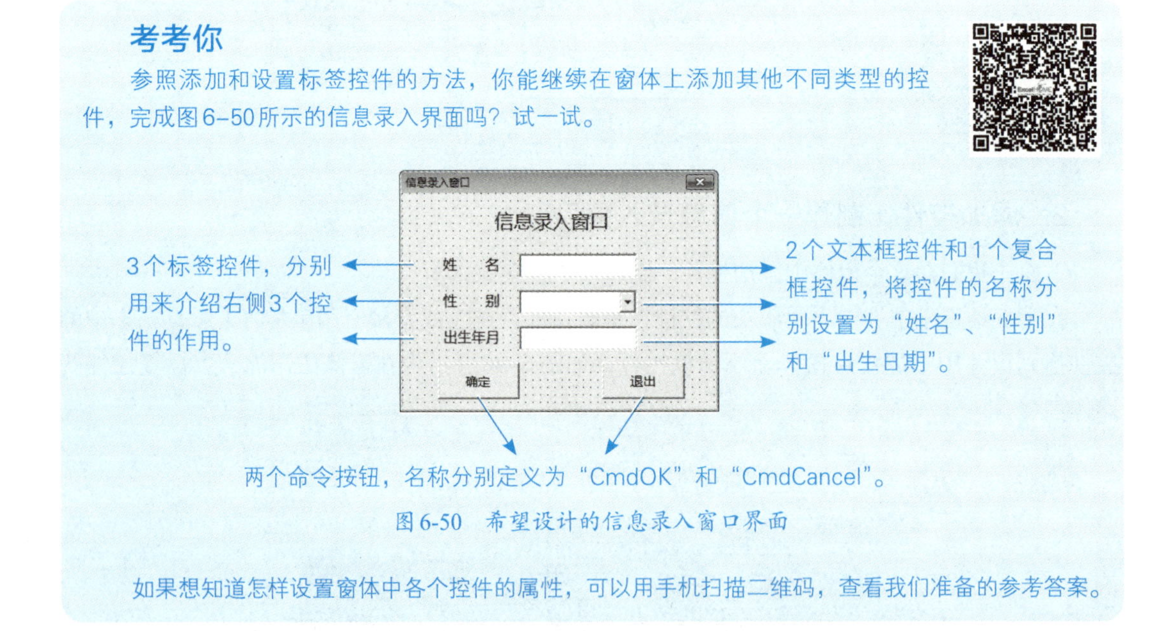

图 6-50　希望设计的信息录入窗口界面

如果想知道怎样设置窗体中各个控件的属性，可以用手机扫描二维码，查看我们准备的参考答案。

6.4　用代码操作自己设计的窗体

6.4.1　显示用户窗体

显示窗体就是把设计好的窗体显示出来，供我们使用。可以手动或使用代码显示窗体。

1. 手动显示窗体

在VBE窗口中选中窗体，依次执行【运行】→【运行子过程/用户窗体】命令（或按【F5】键），即可显示选中的窗体，如图6-51所示。

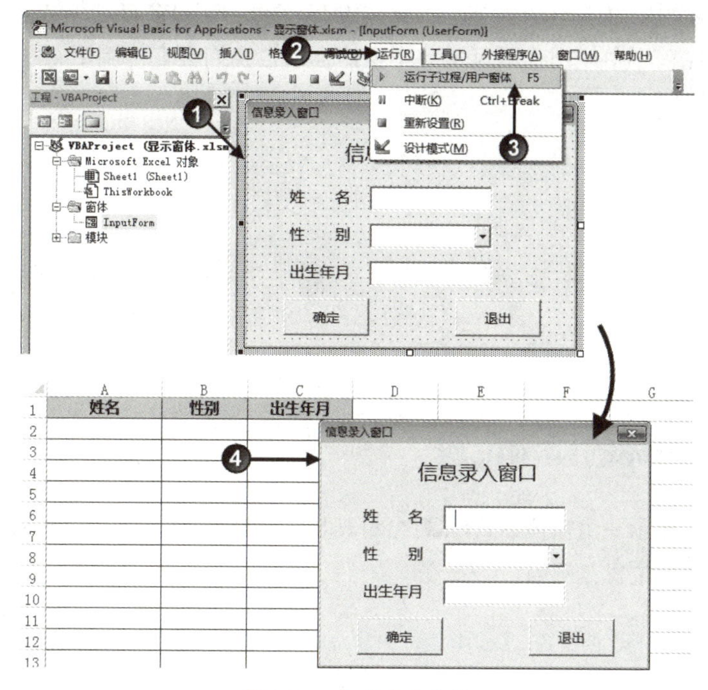

图 6-51　手动显示窗体

通常，我们只在设计窗体的时候，为测试窗体，才会使用手动的方法来显示窗体。

如果在程序执行的过程中，还需要通过手动的方式来显示窗体，那这个程序也太不智能了。

2. 在程序中用代码显示窗体

显示一个窗体要经历两个步骤：加载窗体和显示窗体。例如：

```
Sub ShowForm()
    Load InputForm            '加载"InputForm"窗体
```

步骤1：加载窗体就是初始化窗体，为窗体分配内存，但并不显示窗体。语句为：**Load 窗体名称**。

```
    InputForm.Show          '显示"InputForm"窗体
End Sub
```

步骤 2：显示窗体就是将窗体显示出来，让用户能看见并使用它。语句为：窗体名称.Show。

但是，如果在调用窗体的Show方法前窗体没有加载，Excel会自动加载该窗体，然后再显示它。所以，要在程序中使用代码显示一个窗体，通常我们会直接调用它的Show方法，而省略加载的语句，例如：

InputForm是窗体的名称（【属性窗口】中的名称属性的值），想显示其他窗体，只需要更改这行代码中的窗体名称即可。

```
Sub ShowForm()
    InputForm.Show          '显示"InputForm"窗体
End Sub
```

6.4.2 设置窗体的显示位置

默认情况下，显示一个窗体后，Excel会将其显示在Excel窗口的中心位置，但可以通过设置属性来定义其显示位置，例如：

要自定义窗体显示在屏幕上的位置，应先将窗体的StartUpPosition属性设为0，这样才能设置。

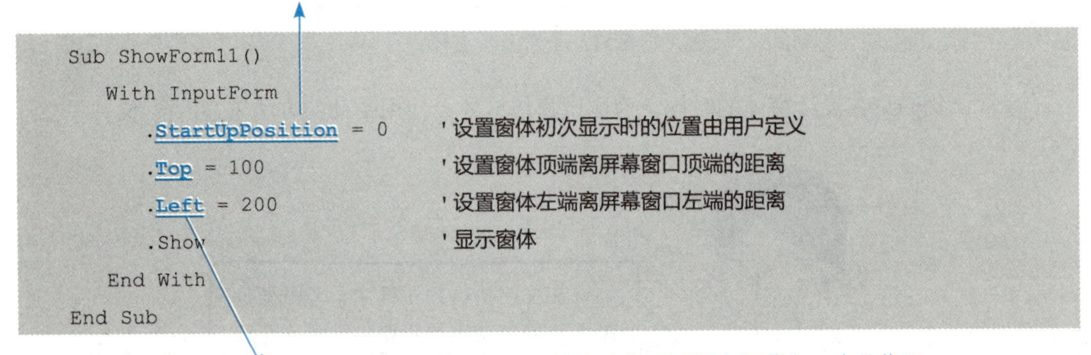

```
Sub ShowForm11()
    With InputForm
        .StartUpPosition = 0        '设置窗体初次显示时的位置由用户定义
        .Top = 100                  '设置窗体顶端离屏幕窗口顶端的距离
        .Left = 200                 '设置窗体左端离屏幕窗口左端的距离
        .Show                       '显示窗体
    End With
End Sub
```

通过设置Top属性和Left属性来确定对话框在屏幕窗口中的位置。

执行这个程序后的效果如图6-52所示。

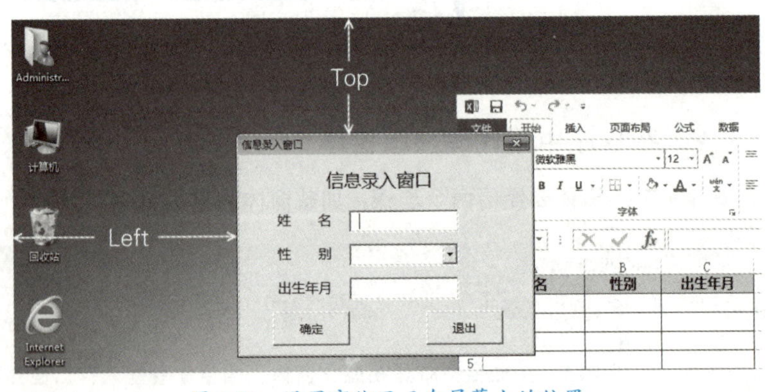

图 6-52　设置窗体显示在屏幕上的位置

也可以直接在【属性窗口】中设置这些属性来确定窗体的显示位置，如图6-53所示。

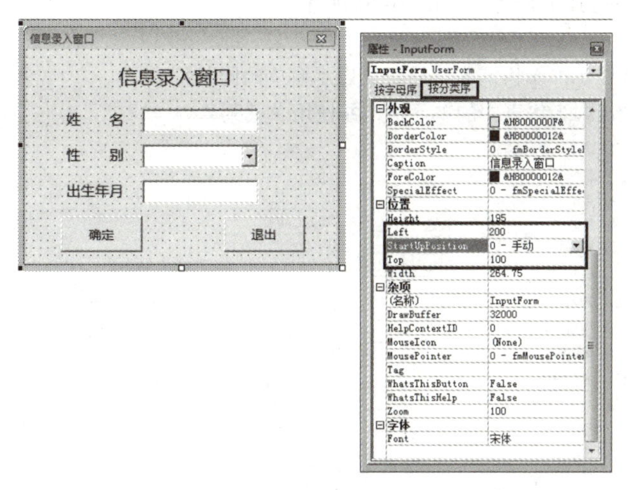

图6-53　在【属性窗口】中设置窗体的显示位置

6.4.3　将窗体显示为无模式窗体

窗体的显示模式决定在显示窗体时，还能不能执行窗体之外的其他操作。可以将窗体显示为模式窗体或无模式窗体。

1. 模式窗体不能操作窗体之外的对象

将窗体显示为模式窗体后，程序将暂停执行“显示窗体”命令之后的代码，直到关闭或隐藏窗体，并且只有关闭或隐藏窗体后，才可以操作窗体外的其他对象。

如果要将名称为InputForm的窗体显示为模式窗体，可以使用代码：

```
InputForm.Show
```

或者

省略Show方法的参数，或将参数设置为vbModal，VBA都会将窗体显示为模式窗体。

```
InputForm.Show vbModal
```

通过菜单命令或直接调用窗体的Show方法显示的都是模式窗体，所以，如果想将一个窗体显示为模式窗体，直接用Show方法显示这个窗体就可以了，不用再作其他设置。

2. 无模式窗体允许进行窗体外的其他操作

要将窗体显示为无模式窗体，必须通过Show方法的参数指定，例如：

参数vbModaless告诉VBA，将名称为InputForm的窗体显示为无模式窗体。

```
InputForm.Show vbModeless
```

如果将窗体显示为无模式窗体，当窗体显示后，系统会继续执行程序中余下的代码，也允许我们操作窗体之外的其他对象，如图6-54所示。

将窗体显示为无模式窗体后，在显示窗体的同时，依然能选中工作表中的单元格，并使用右键菜单。

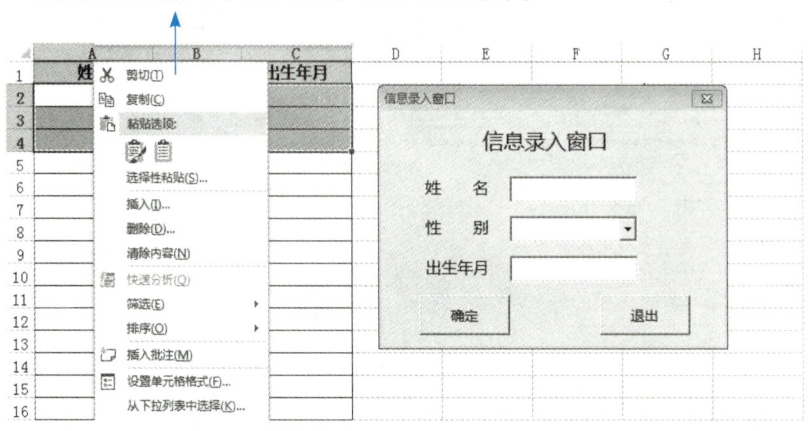

图6-54　显示无模式窗体时能操作窗体之外的其他对象

6.4.4　关闭或隐藏已显示的窗体

关闭窗体，最简单的办法就是单击窗体右上角的【关闭】按钮，如图6-55所示。

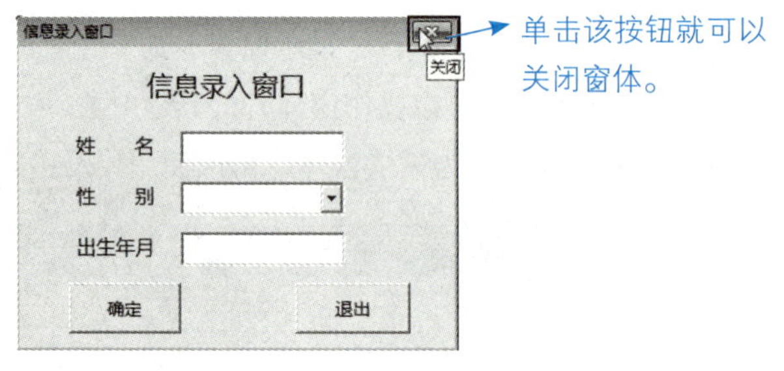

图6-55　窗体自带的【关闭】按钮

如果需要在程序中使用其他方式，如借助按钮来关闭或隐藏窗体，就需要用到VBA代码。

1. 用Unload命令关闭窗体

要关闭一个窗体，可以使用Unload命令，例如：

“InputForm”是要关闭的窗体名称，如果要关闭其他窗体，就将这里替换为其他对应的窗体名称。

```
Unload InputForm
```

如果要关闭的是代码所在的窗体，还可以使用语句：

关键字“Me”引用的是代码所在的窗体对象。

```
Unload Me
```

都是关闭窗体，使用窗体名称和使用关键字“Me”来关闭有什么区别?

使用“Unload 窗体名称”可以关闭任意的窗体，使用“Unload Me”只能关闭代码所在的窗体。如果是要关闭代码所在的窗体，使用“Unload Me”关闭窗体会更安全一些。

通过窗体名称来关闭窗体，当将窗体的名称从“InputFrom”更改为其他名称后，就需要重新修改代码中的窗体名称，但如果使用关键字“Me”引用要关闭的窗体，无论将窗体的名称更改为什么，都一定能将代码所在的窗体关闭。

2. 使用Hide方法隐藏窗体

如果只是想隐藏而不是关闭窗体，可以使用窗体对象的Hide方法，语句为：

```
窗体名称.Hide
```

例如：

```
InputForm.Hide
```

Hide 方法只是将窗体从屏幕上隐藏，窗体仍然加载在内存中。

如果是想隐藏代码所在的窗体，也可以使用关键字“Me”来引用窗体，将语句写为：

```
Me.Hide
```

3. 隐藏和关闭窗体的区别

使用Unload语句关闭窗体，或使用Hide方法隐藏窗体，都是让窗体从我们的眼睛里消失，一样的效果，难道它们之间还有区别吗?

从我们的感观上来看，隐藏和关闭窗体的结果的确是一样的，但在计算机眼中二者却有本质的区别。

用Unload语句关闭窗体，不但会将窗体从屏幕上删除，还会将其从内存中卸载。当将窗体从内存中卸载后，窗体及窗体中的控件都将还原成最初的值，代码将不能操作或访问窗体及其中的控件，也不能再访问保存在窗体中的变量。

如果使用Hide方法隐藏窗体，只会将窗体从屏幕上删除，但窗体依然被加载在内存中，此时，仍然可以访问窗体中控件的属性。

所以，当需要反复使用某个窗体时，建议大家使用Hide方法隐藏，而不用Unload语句卸载它，这样将会在再次显示窗体时，省去加载和初始化窗体的过程。

6.5 用户窗体的事件应用

作为一种对象，窗体也有自己的事件。

事实上，窗体主要是借助自身及窗体上的各种控件的事件进行工作的，下面就来看看怎样借助这些事件让前面设计的信息录入窗体工作起来。

6.5.1 借助Initialize事件初始化窗体

Initialize事件发生在显示窗体之前，当我们在程序中使用Load语句加载窗体，或使用Show方法显示窗体时，都会引发该事件。

正因为该事件在显示窗体之前发生，所以我们可以借助该事件对窗体进行初始化设置。

举一个例子。

还记得前面我们设置的信息录入窗口吗？当我们设计好这个窗口后，对其中用来录入性别的复合框控件未进行任何设置，无法借用它选择输入数据，如图6-56所示。

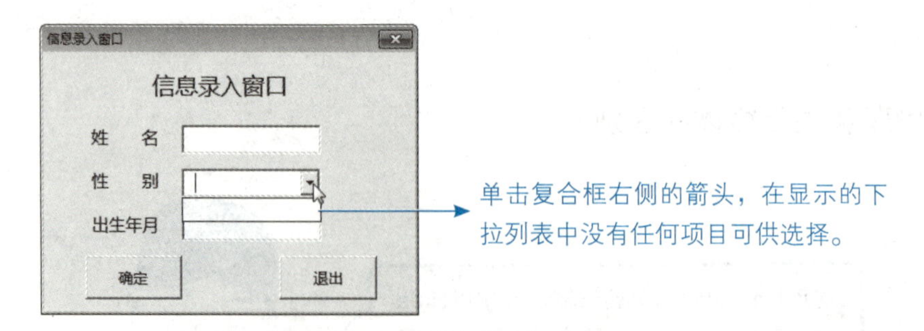

图6-56　窗口中不能使用的复合框控件

想在显示窗体后，能使用其中的复合框输入数据，就可以借助Initialize事件，在窗体显示前，设置好复合框中的可选项目。

步骤①：用鼠标右键单击窗体空白处，在右键菜单中选择【查看代码】命令，调出窗体对象的【代码窗口】，如图6-57所示。

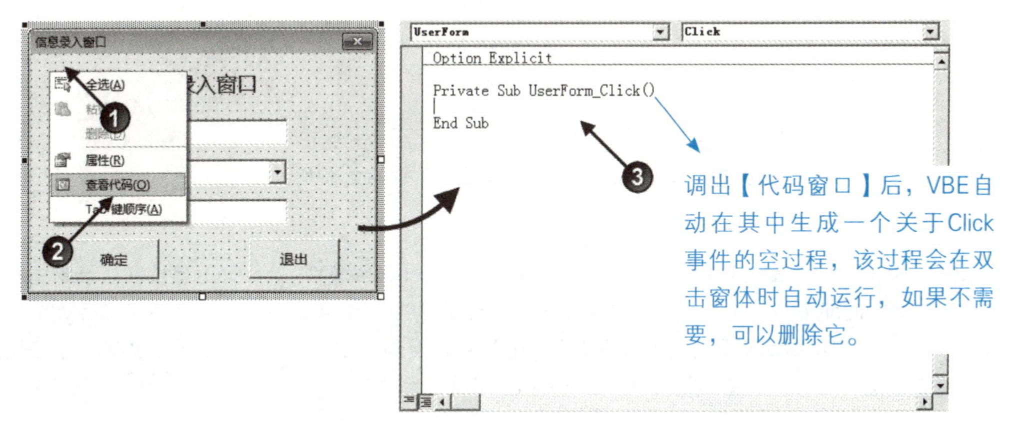

图6-57　调出窗体对象的【代码窗口】

步骤②：要使用Initialize事件，在确保【对象】列表框中的对象名称是UserForm的同时，在【事件】列表框中选择"Initialize"，这样，VBE就会自动在【代码窗口】中生成关于该事件的事件过程，如图6-58所示。

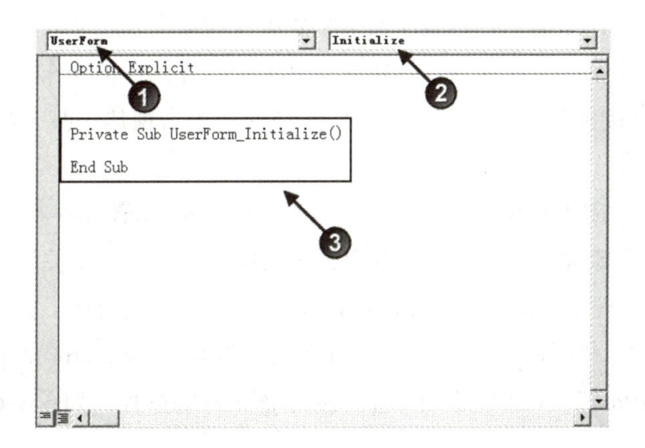

图6-58　【代码窗口】中的Initialize事件过程

步骤❸： 想在加载窗体时设置复合框中的可选项目，就将对应的代码写在事件过程中，例如：

```
Private Sub UserForm_Initialize()
    性别.List = Array("男", "女")
End Sub
```

“性别”是复合框的名称，设置复合框的 List 属性为 Array 函数返回的数组，那数组中的每个元素都是复合框中的可选项目。

设置完成后，再次显示窗体，就可以使用复合框了，如图6-59所示。

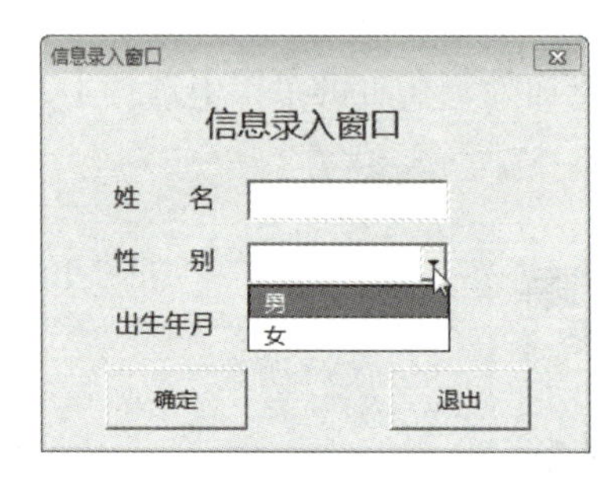

图 6-59　使用 Initialize 事件设置窗体中的复合框控件

提示： 还有一个功能与 Initialize 事件类似的事件——Activate 事件。Activate 事件在显示窗体的时候发生，而 Initialize 事件是在显示窗体之前发生。也就是说，Initialize 事件总是发生在 Activate 事件之前，只需加载窗体而不显示即可引发 Initialize 事件，但 Activate 事件必须在显示窗体时才会发生，如果想在窗体显示时对窗体初始化，也可以使用 Activate 事件来处理。

6.5.2　借助 QueryClose 事件让窗体自带的【关闭】按钮失效

在程序中设计了一个窗体，目的是希望在程序执行的过程中，能使用它来和程序互动，如输入一些程序运行需要的数据，告诉程序接下来要进行的操作或计算等。

但是，当窗体显示后，我们可以不对窗体及其中的控件做任何操作，就直接单击窗体右上角的【关闭】按钮直接关闭窗体。有时，我们希望通过单击窗体中某个特定的按钮来关闭窗体，而不是窗体右上角的【关闭】按钮。

让窗体自带的【关闭】按钮失效，可以借助窗体对象的 QueryClose 事件实现。

QueryClose 事件在卸载用户窗体之前发生，每次单击窗体中的【关闭】按钮，都会引发该事件，只要在事件中通过代码取消卸载窗体的操作，就不会关闭窗体了。

步骤❶： 调出窗体的【代码窗口】，在【对象】列表中选择“UserForm”，在【事件】列表中选择“QueryClose”，VBE 就会自动生成关于该事件的过程，如图6-60所示。

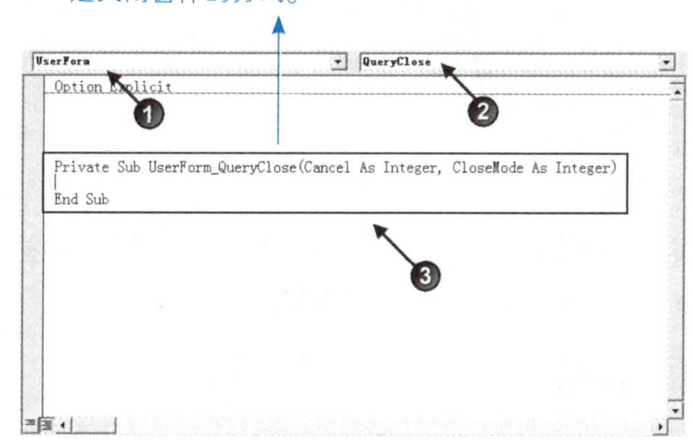

图 6-60　在【代码窗口】中插入QueryClose事件的过程

步骤❷：在事件过程中加入代码，禁止通过单击对话框中的【关闭】按钮来关闭窗体，例如：

```
Private Sub UserForm_QueryClose(Cancel As Integer, CloseMode As Integer)
    If CloseMode<> vbFormCode Then Cancel = True
End Sub
```

在窗体中加入这行代码后，再次显示窗体，就不能再使用窗体右上角的【关闭】按钮关闭窗体了。

QueryClose的事件过程是一个带两个参数的Sub过程，其中的Cancel参数确定是否响应我们关闭窗体的操作，当值为True时，程序将不响应我们关闭窗体的操作，如果Cancel的值为False，程序将关闭窗体。而其中的CloseMode参数是我们关闭窗体的方式，不同的关闭方式返回的值也不相同，详情如表6–10所示。

表 6–10　CloseMode参数的返回值说明

常数	值	说明
vbFormControlMenu	0	在窗体中单击【关闭】按钮关闭窗体
VbFormCode	1	通过Unload语句关闭窗体

续表

常数	值	说明
vbAppWindows	2	正在结束当前Windows操作环境的过程（仅用于VisualBasic5.0）
vbAppTaskManager	3	Windows的【任务管理器】正在关闭这个应用（仅用于VisualBasic5.0）

代码“If CloseMode <> vbFormCode Then Cancel = True”判断我们是否通过Unload语句来关闭窗体（CloseMode参数值为vbFormCode或数值1时就是使用Unload语句关闭窗体），如果不是使用Unload语句关闭窗体，则将Cancel参数的值设置为True，即不关闭窗体。

如果只想禁用窗体中的【关闭】按钮，也可以将代码写为：

```
If CloseMode = vbFormControlMenu Then Cancel = True
```

或者

```
If CloseMode = 0 Then Cancel = True
```

6.5.3 窗体对象的其他事件

窗体对象拥有20多个事件，在【代码窗口】的【对象】列表框中选中UserForm，在右侧的【事件】列表框中就可以看到这些事件，如图6-61所示。

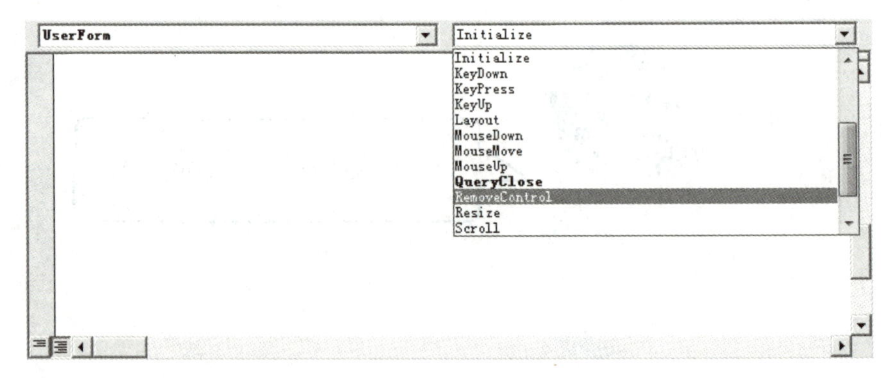

图6-61　在【代码窗口】中查看窗体对象的事件

大家可以根据自己的需求选择使用这些事件。

6.6 编写代码，为窗体中的控件设置功能

在窗体中添加的控件，在没有编写代码为其设置功能前，还不能使用它们执行任何操作或计算。

下面，让我们为前面设计的信息录入窗体编写代码，让它具有向单元格中输入数据的功

能，如图6-62所示。

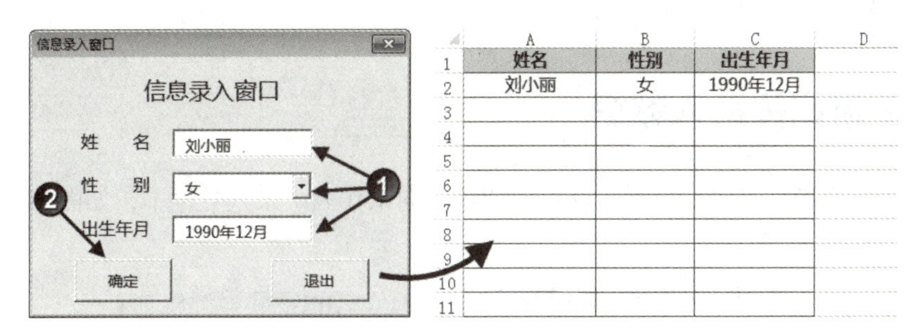

图6-62　利用窗体向工作表中录入数据

6.6.1　为【确定】按钮添加事件过程

窗体中的【确定】按钮被规划用于确认用户输入的功能——当在窗体中输入信息后，单击【确定】按钮即可将这些信息输入到工作表相应的区域中。要完成这个任务，需要用到按钮的Click事件。

步骤①：双击【确定】按钮，调出按钮所在窗体的【代码窗口】，在【对象】下拉列表中选择该按钮的名称“CmdOk”（【属性窗口】中设置的“名称”属性），在【事件】下拉列表中选择“Click”事件，如图6-63所示。

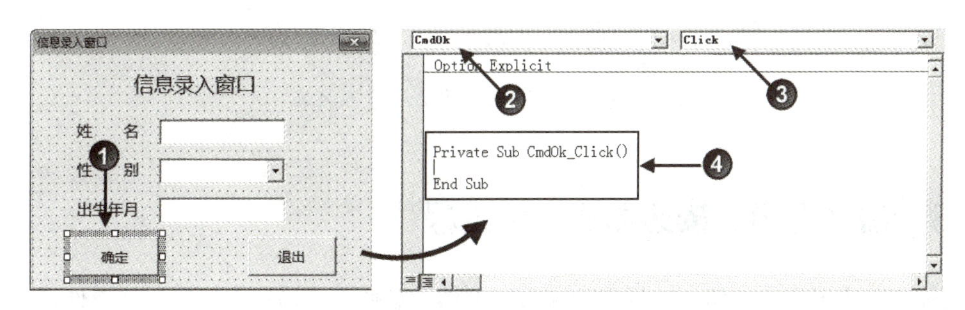

图6-63　调出按钮所在窗体的【代码窗口】

步骤②：在【代码窗口】中的Click事件过程中，加入单击【确定】按钮后要执行的代码，例如：

```
Private Sub CmdOk_Click()
    Dim xrow As Long          '定义变量xrow，用来保存要输入数据的工作表行号
    xrow = Range("A1").CurrentRegion.Rows.Count + 1    '求工作表中第1条空行的行号
    '将窗体中输入的姓名、性别和出生年月写入工作表中
    Cells(xrow, "A").Value = 姓名.Value
    Cells(xrow, "B").Value = 性别.Value
    Cells(xrow, "C").Value = 出生年月.Value
    '将窗体中输入的数据清除，等待下次输入
    姓名.Value = ""
    性别.Value = ""
```

```
    出生年月.Value = ""
End Sub
```

6.6.2 使用窗体录入数据

给窗体中各个控件设置功能后，就可以使用它向工作表中录入数据了，如图6-64所示。

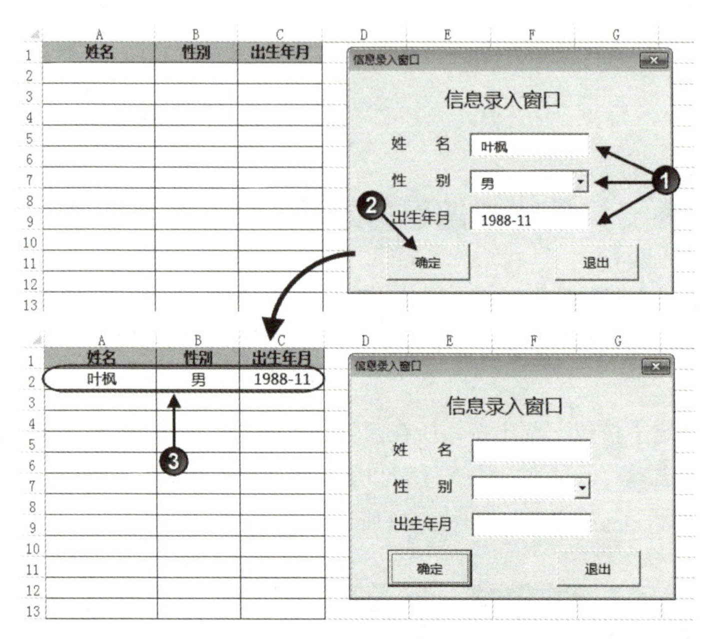

图 6-64 使用窗体在工作表中录入数据

6.6.3 给【退出】按钮添加事件过程

窗体中的【退出】按钮，被规划用来关闭窗体。参照为【确定】按钮添加事件过程的方法，为【退出】按钮添加事件过程：

```
Private Sub CmdCancel_Click()
    Unload Me          '卸载代码所在的窗体
End Sub
```

关键字“Me”代表代码所在的窗体——录入数据的窗体。

如果还有其他控件需要设置功能，可以参照该办法给它编写对应的事件过程。

6.6.4 给控件设置快捷键

给一个按钮设置快捷键后，在显示窗体时，当按下对应的快捷键，就等同于在窗体中用鼠标单击了该按钮。

可以通过设置控件的Accelerator属性来给控件设置快捷键——在窗体中选中【确定】按钮，即可在【属性窗口】中设置按钮的Accelerator属性，如图6-65所示。

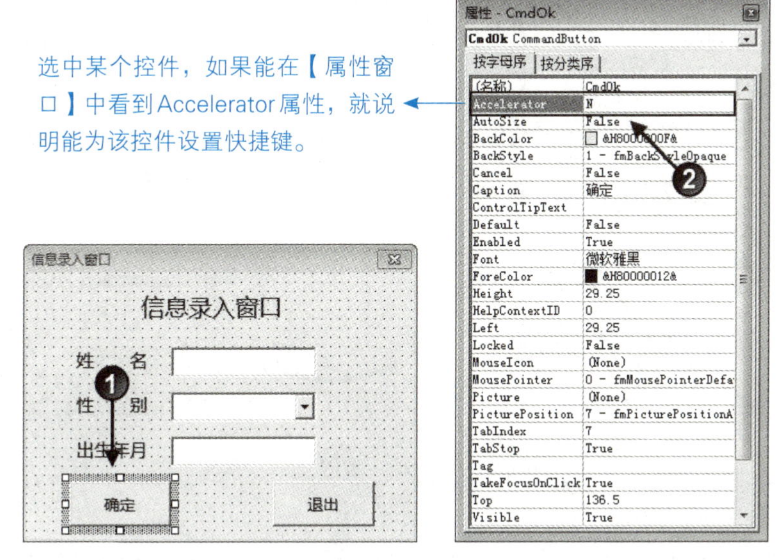

图6-65 给【确定】按钮设置快捷键

设置【确定】按钮的Accelerator属性为“N”，在显示该按钮所在的窗体时，按【Alt+N】组合键后，就等同于在窗体中用鼠标单击了【确定】按钮，VBA会自动执行该按钮的Click事件过程。

6.6.5 更改控件的Tab键顺序

只有对象被激活时，才能接收键盘输入。

控件的Tab键顺序决定用户按下【Tab】键或【Shift+Tab】组合键后控件激活的顺序。在设计窗体时，系统会按添加控件的先后顺序确定控件的Tab键顺序。

当然，这个顺序是可以更改的。

在VBE中选中窗体，依次执行【视图】→【Tab键顺序】命令，调出【Tab键顺序】对话框，即可在其中调整控件的Tab键顺序，如图6-66所示。

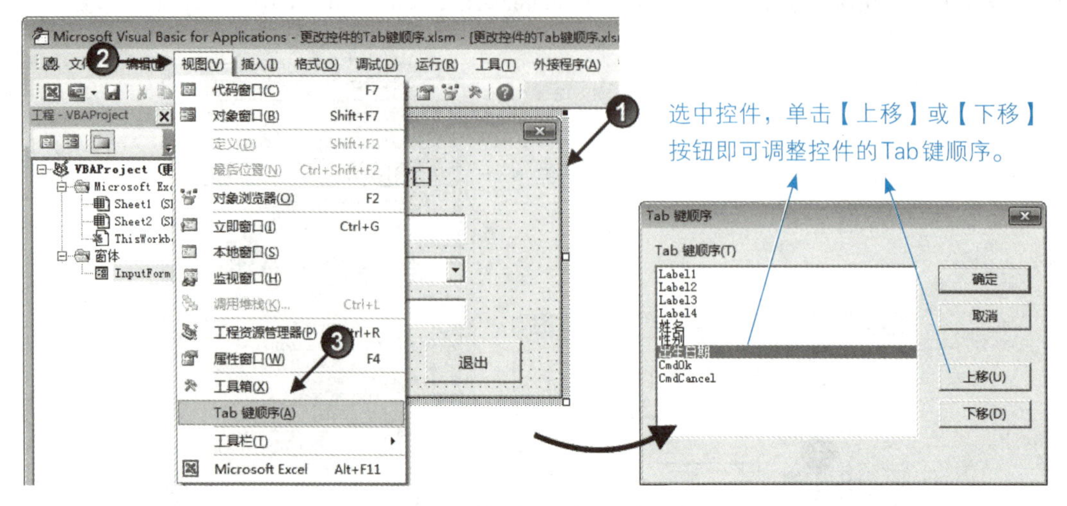

图6-66 更改控件的Tab键顺序

6.7 用窗体制作一个简易的登录窗体

登录窗体大家一定见过不少吧？

QQ、微信、微博，在使用前都需要先在登录窗体中输入用户名和密码，待验证成功后才能使用。

下面，就让我们来看看，怎样使用窗体制作类似图6-67所示的登录窗体。

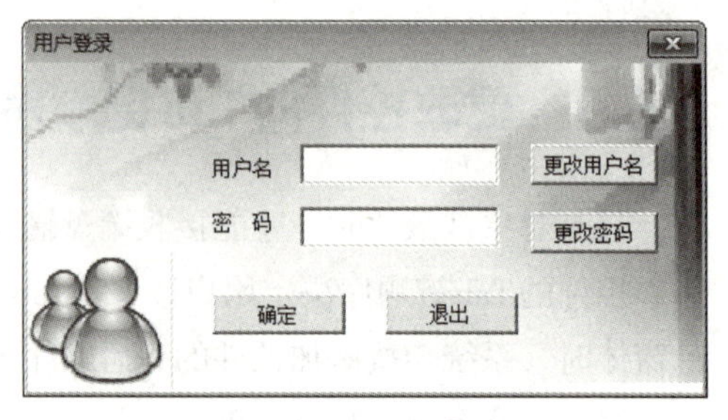

图6-67 登录窗体

6.7.1　设计登录窗体的界面

步骤❶：新插入一个窗体，用鼠标调整其大小，直到满意为止。当然，我们也可以在之后随时调整它的大小，如图6–68所示。

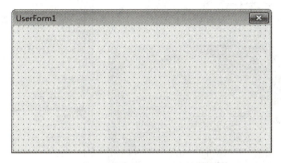

图 6-68　新插入的窗体

步骤❷：根据需求，在窗体上添加所需要的控件，如图6–69所示。

将输入用户名的文本框名称设置为User。

将输入密码的文本框名称设置为Password。

UserForm1

用户名

密　码

更改用户名

更改密码

确定

退出

将【更改用户名】和【更改密码】按钮的名称分别设置为UserSet和PasswordSet。

将【确定】和【退出】按钮的名称分别设置为CmdOk和CmdCancel。

图 6-69　添加在窗体中的控件及控件的名称

步骤❸：更改窗体的名称为“denglu”，标题栏中的名称为“用户登录”，并对窗体作适当装饰，如图6–70所示。

步骤❹：设置用于输入用户名和密码的文本框的属性（如字体），特别要设置输入密码的文本框的PasswordChar属性为“*”，让输入其中的内容始终显示为“*”，如图6–71所示。

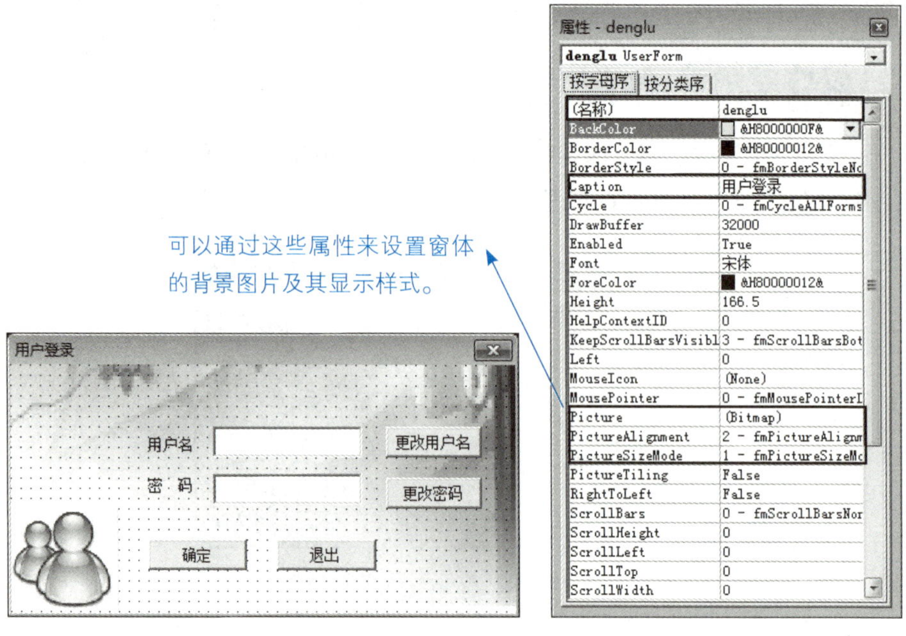

图 6-70　设置窗体的外观样式

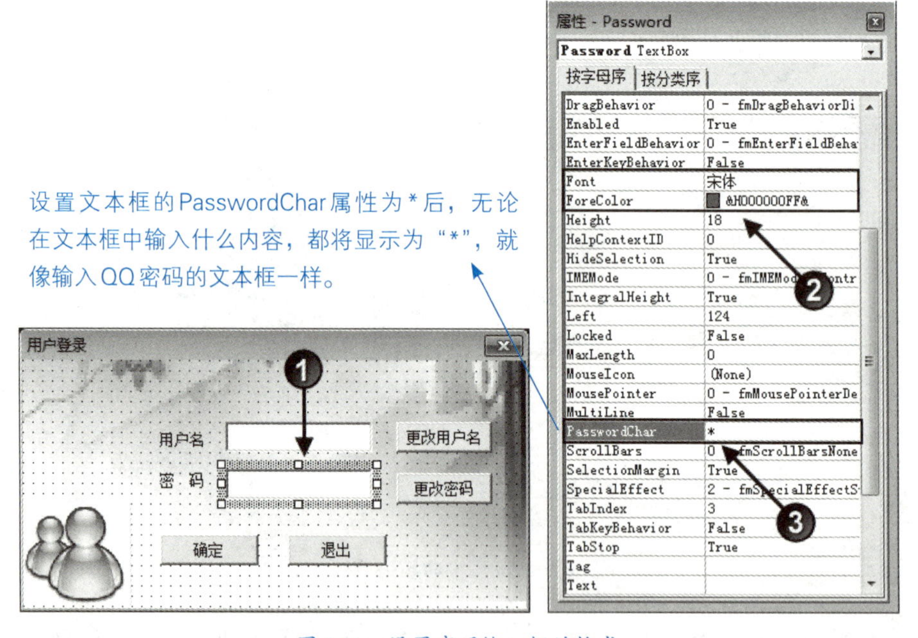

图 6-71　设置密码输入框的格式

6.7.2　设置初始用户名和密码

我们得找一个地方来保存登录的用户名和密码，如单元格、名称都可以。这里，我们新建两个名称，使用不同的名称来保存用户名和密码。

返回到Excel窗口，依次单击【功能区】中的【公式】→【定义名称】按钮，调出【新建名称】对话框，在其中新建一个名为“UserName”的名称，用来保存登录用户名“User”（登录用户名后期可以随时更改），如图6–72所示。

图 6-72　新建名称保存用户名

再新建一个名为UserWord的名称来保存登录密码“1234”，如图6–73所示。

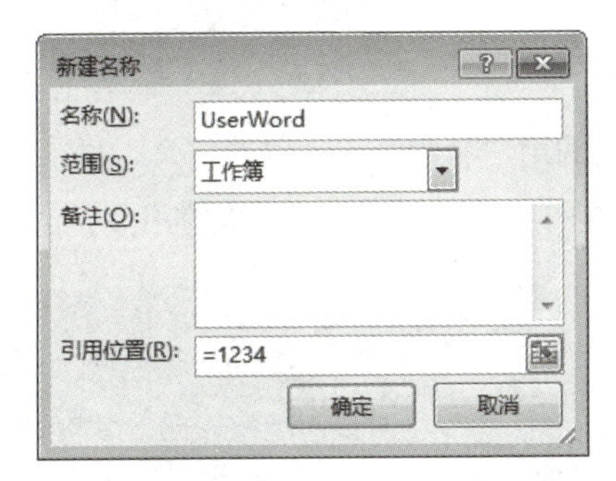

图 6-73　新建名称保存用户密码

考考你

为了不让别人在【名称管理器】中看到保存用户名和密码的名称，可以将名称隐藏。怎样隐藏名称，应该设置它的什么属性?

试一试，看自己能不能用VBA代码完成这个任务。

手机扫描二维码，可以看到我们准备的参考答案。

6.7.3　添加代码，为控件指定功能

1. 设置打开工作簿时只显示登录窗体

因为只有当用户名和密码都输入正确后，才能进入Excel的编辑界面。所以，在打开工作簿时，应先将Excel的界面隐藏起来，只显示登录窗体，这就需要用到Workbook对象的Open事件。

在ThisWorkbook模块中写入程序，让打开工作簿时隐藏Excel的程序界面，只显示登录窗体：

```
Private Sub Workbook_Open()
```

```
    Application.Visible = False                 '隐藏Excel程序界面
    denglu.Show                                 '显示登录窗体界面
End Sub
```

2. 为【确定】按钮添加代码

【确定】按钮是窗体中功能最复杂的一个按钮。

要为【确定】按钮添加代码，让我们先想想单击【确定】按钮后，希望完成什么操作和计算。

【确定】按钮用来核对输入的用户名和密码，以确定是否显示Excel界面。在窗体中双击【确定】按钮，调出按钮所在窗体的【代码窗口】，在其中使用按钮的Click事件编写过程，例如：

```
Private Sub CmdOk_Click()                        '单击【确定】按钮的时候执行过程
  Application.ScreenUpdating = False             '关闭屏幕更新
   Static i As Integer                   '声明一个静态变量，用来记录用户名或密码的输错次数
  '判断用户名和密码是否输入正确
   If CStr(User.Value) = Right(Names("UserName").RefersTo, _
             Len(Names("UserName").RefersTo) - 1) _
           And CStr(Password.Value) = Right(Names("UserWord").RefersTo, _
           Len(Names("UserWord").RefersTo) - 1) Then
      Unload Me                                  '如果输入正确，关闭登录窗体
      Application.Visible = True                 '显示Excel界面
   Else
      i = i + 1                       '用变量i记录密码或用户名输入错误的次数
      If i = 3 Then                   '如果用户名或密码输错3次则执行下面的语句
         MsgBox "对不起，你无权打开工作簿！", vbInformation, "提示"
         ThisWorkbook.Close savechanges:=False      '关闭当前工作簿，不保存更改
      Else                            '如果用户名或密码输错不满3次，执行下面的语句
        MsgBox "输入错误，你还有" & (3 - i) & "次输入机会。", vbExclamation, "提示"
        User.Value = ""                          '清除文字框中的用户名，等待重新输入
        Password.Value = ""                      '清除文字框中的密码，等待重新输入
      End If
   End If
   Application.ScreenUpdating = True             '开启屏幕更新
End Sub
```

3. 为【退出】按钮添加代码

【退出】按钮要完成的操作很简单：单击【退出】按钮，即取消登录，放弃打开工作簿。它要完成的任务有两个：一是关闭登录窗体，二是关闭打开的工作簿。用下面的过程就能解决：

```
Private Sub CmdCancel_Click()                '单击【退出】按钮时执行过程
   Unload Me                                 '关闭登录窗体
   ThisWorkbook.Close savechanges:=False     '关闭当前工作簿，不保存修改
End Sub
```

4. 为【更改用户名】按钮添加代码

更改用户名，实际就是更改名称“UserName”中保存的数据，双击【更改用户名】按钮，在调出的【代码窗口】中输入程序，为该按钮添加代码：

```
Private Sub UserSet_Click()              '单击【更改用户名】按钮时运行过程
   Dim old As String, new1 As String, new2 As String
   old = InputBox("请输入原用户名：", "提示")
   '判断原用户名是否输入正确
   If old <> Right(Names("UserName").RefersTo, _
       Len(Names("UserName").RefersTo) - 1) Then
       MsgBox "原用户名输入错误，不能修改！", vbCritical, "错误"
       Exit Sub
   End If
   new1 = InputBox("请输入新用户名：", "提示")
   '判断输入的新用户名是否为空
   If new1 = "" Then
      MsgBox "新用户名不能为空，修改没有完成", vbCritical, "错误"
      Exit Sub
   End If
   new2 = InputBox("请再次输入新用户名：", "提示")
   '判断两次输入的用户名是否相同
   If new1 = new2 Then
      Names("UserName").RefersTo = "=" & new1          '将新用户名保存到名称中
      ThisWorkbook.Save                                '保存对工作簿的修改
      MsgBox "用户名修改完成，下次登录请使用新用户名！", vbInformation, "提示"
   Else
      MsgBox "两次输入的新用户名不一致，修改没有完成！", vbCritical, "错误"
   End If
End Sub
```

5. 为【更改密码】按钮添加代码

【更改密码】按钮要完成的操作与【更改用户名】按钮要完成的操作类似，双击【更改密码】按钮，在调出的【代码窗口】中输入程序：

```
Private Sub PasswordSet_Click()      '当单击【更改密码】按钮时运行过程
    Dim old As String, new1 As String, new2 As String
    old = InputBox("请输入原密码：", "提示")
    '判断原密码是否输入正确
    If old <> Right(Names("UserWord").RefersTo, _
        Len(Names("UserWord").RefersTo) - 1) Then
        MsgBox "原密码输入错误，不能修改！", vbCritical, "错误"
        Exit Sub
    End If
    new1 = InputBox("请输入新密码：", "提示")
    '判断新密码是否为空
    If new1 = "" Then
        MsgBox "新密码不能为空，修改没有完成", vbCritical, "错误"
        Exit Sub
    End If
    new2 = InputBox("请再次输入新密码：", "提示")
    '判断两次输入的新密码是否相同
    If new1 = new2 Then
        Names("UserWord").RefersTo = "=" & new1         '将新密码保存到名称中
        ThisWorkbook.Save                               '保存对工作簿的更改
        MsgBox "密码修改完成，下次登录请使用新密码！", vbInformation, "提示"
    Else
        MsgBox "两次输入的密码不一致，修改没有完成！", vbCritical, "错误"
    End If
End Sub
```

6. 设置不能单击窗体中的【关闭】按钮关闭登录窗体

打开工作簿后，我们看到的只有登录窗体，但这并不代表工作簿文件没有打开。

事实上，窗体所在的工作簿已经打开了，只是它的界面被隐藏了，让我们看不到它而已。如果直接单击登录窗体中【关闭】按钮来关闭登录窗体，Excel 只会执行关闭窗体的命令，并不会关闭被隐藏的工作簿。为了杜绝因直接关闭窗体带来的麻烦，应该禁止用户通过单击窗体中的【关闭】按钮来关闭登录窗体。

禁用窗体中的【关闭】按钮，还记得怎样设置吗？自己试试。

提示：如果忘记怎样禁用窗体中的【关闭】按钮，可以在6.5.2小节中找到答案。

设置完成后，保存并关闭工作簿。重新打开它，就可以使用登录窗体了。

第7章 调试与优化编写的代码

在Word中写一篇讲话稿，无论多么认真仔细，都难免会出现错误。例如，不小心输入了错别字、写下几个病句等，要想一次性完成一篇优秀的文章而不出现任何问题是极少见的。

VBA编程也是如此，在编写代码的过程中，总会出现一些由于自己的粗心而出现的错误。

文章需要修改，代码也需要调试。

7.1 VBA中可能会发生的错误

要修正程序中存在的错误，首先得知道代码错在哪里，为什么会出错。所以，让我们先来看看VBA中可能会发生哪些错误。

7.1.1 编译错误

如果编写VBA代码时没有遵循VBA的语法规则，如关键字拼写错误、编写的语句不配对（如有If没有End If，有For没有Next）等都会引起编译错误，例如：

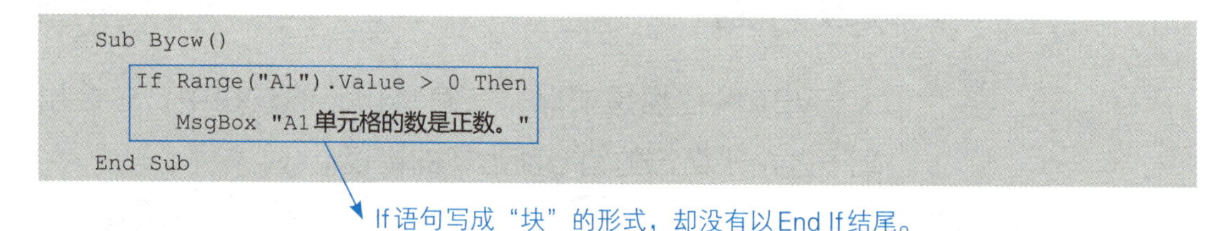

```
Sub Bycw()
    If Range("A1").Value > 0 Then
        MsgBox "A1单元格的数是正数。"
End Sub
```

If语句写成“块”的形式，却没有以End If结尾。

VBA会拒绝运行存在编译错误的程序，并通过图7-1所示的对话框提示我们原因。

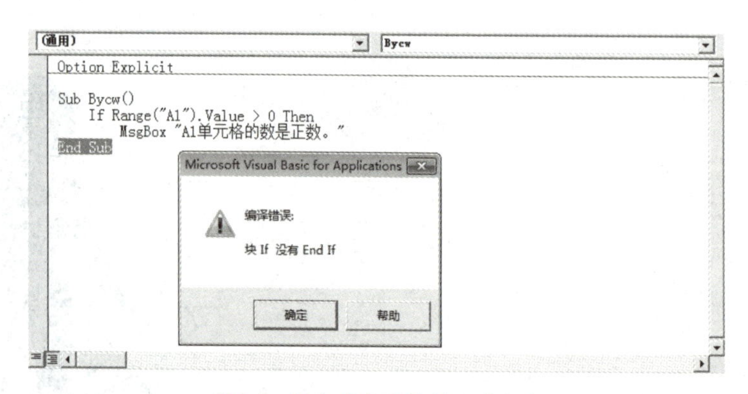

图 7-1　运行存在编译错误的程序

7.1.2 运行时错误

如果程序在运行过程中试图完成一个不可能完成的操作或计算，如除以0、打开一个不存在的文件、删除正在打开的文件等都会发生运行时错误。

代码所在的工作簿是一个打开的工作簿文件，删除正在打开的文件，这个操作是不可能完成的。

```
Sub Yxscw()
    Kill ThisWorkbook.FullName              '删除代码所在的工作簿文件
End Sub
```

VBA不会执行存在运行时错误的过程，并会弹出一个警告提示对话框告知我们错误原因，如图7-2所示。

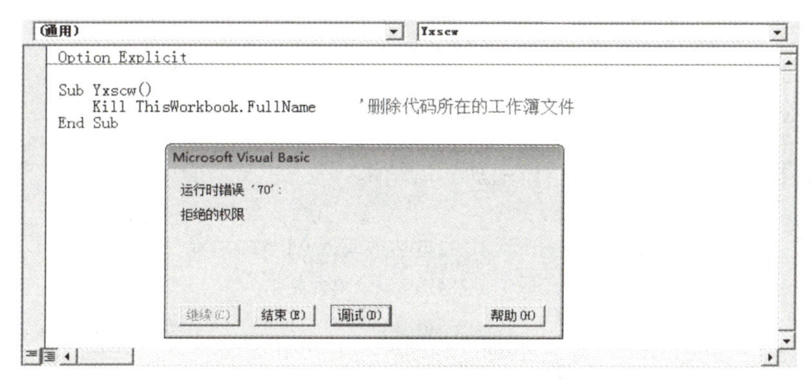

图7-2　执行存在运行时错误的过程

7.1.3　逻辑错误

如果程序中的代码没有任何语法问题，执行程序后，也没有不能完成的操作，但程序运行后，却没有得到预期的结果，这样的错误称为逻辑错误。

要把1到10的自然数逐个写入A1:A10的各个单元格中，如果将程序写成这样：

Cells(1,1)引用的是A1单元格，虽然这行代码被执行10次，但每次都是在向A1单元格中输入数据。

```
Sub Ljcy()
    Dim i As Integer
    For i = 1 To 10                     '循环执行循环体的代码10次
        Cells(1, 1).Value = i           '将变量i中保存的数据写入单元格中
    Next
End Sub
```

这个过程中的每行代码都没有语法错误，也没有不可完成的操作，但运行程序后，却得不到期望的结果，如图7-3所示。

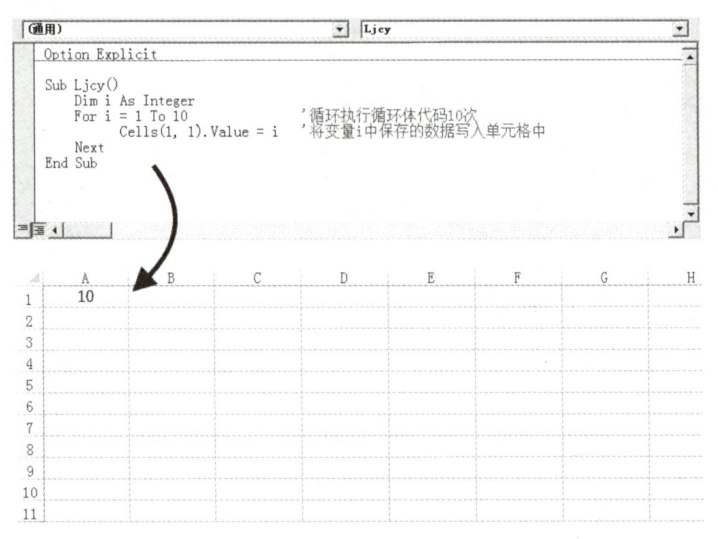

图 7-3　执行存在逻辑错误的代码

事实上，我们希望得到的是如图 7–4 所示的结果。

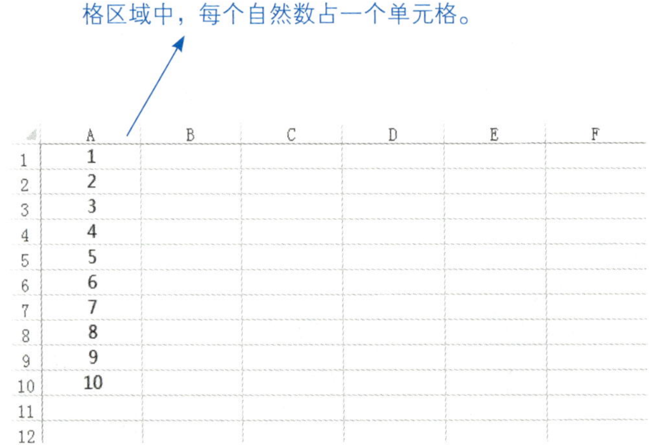

图 7-4　将 1 到 10 的自然数写入 A1:A10 中

执行过程没有得到期望的结果，是因为循环体中的代码 Cells(1, 1).Value = i 存在问题。过程中的代码虽然将 1 到 10 的自然数都写入了单元格中，但每次写入数据的都是 A1 单元格，所以我们只看到最后一次写入的 10。

很多原因都可能导致程序出现逻辑错误，如循环变量的初值和终值设置错误、变量类型不正确等。与编译错误和运行时错误不同，如果程序存在逻辑错误，运行后 Excel 并不会给出任何提示。所以，逻辑错误不容易被发现，但是在所有错误类型中占的比例却最大。

所以，调试代码时，很多时候都是在处理程序中存在的逻辑错误。

7.2　VBA 程序的 3 种状态

想知道应该在什么时候调试和修改 VBA 代码？那让我们先看看 VBA 程序有哪些状态，各有什么特点。

7.2.1　设计模式

设计模式就是设计和编写 VBA 程序时的模式。当程序处于设计模式时，我们可以对程序中的代码进行任意修改。

7.2.2　运行模式

程序正在运行时的模式称为运行模式。在运行模式下，用户可以通过输入、输出对话框与程序“对话”，也可以查看程序的代码，但不能修改程序。

7.2.3　中断模式

中断模式是程序被临时中断执行（暂停执行）时所处的模式。在中断模式下，用户可以检查程序中存在的错误或修改程序的代码，可以单步执行程序，一边发现错误，一边更正错误。

7.3　Excel 已经准备好的调试工具

对于不太复杂的程序，寻找错误并不太难。但是，当程序中的代码过多，从满堆的代码中查找错误就要麻烦一些了。

幸运的是，Excel已经准备好了一套方便有效的代码调试工具，善用它们，可以让调试代码的工作变得更简单、快捷。

下面，就让我们一起来看看怎样使用这些工具吧。

7.3.1 让程序进入中断模式

正因为在中断模式下可以一边运行代码，一边查找并更正代码中存在的错误，所以，调试代码很多时候都会选择在中断模式下进行。

1. 当程序出现编译错误时

如果一个程序存在编译错误，运行时Excel会给出图7–1所示的提示对话框。对话框中有两个按钮，单击其中的【帮助】按钮可以调出关于该错误的帮助信息，单击【确定】按钮即可让程序进入中断模式，如图7–5所示。

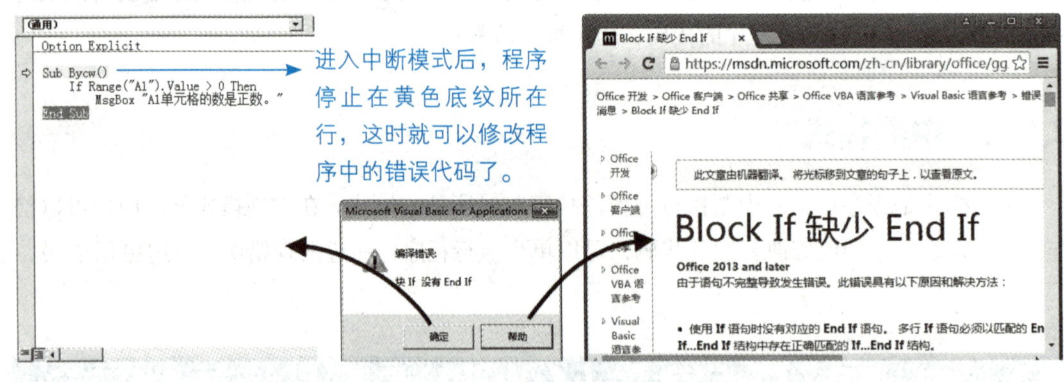

图 7-5　提示“编译错误”时对话框中的按钮

2. 当程序出现运行时错误时

如果程序存在运行时错误，VBA会停止在错误代码所在行，不再继续执行程序，并弹出如图7–2所示的对话框告诉我们错误的原因。这时，可以单击对话框中的【调试】按钮让程序进入中断模式，如图7–6所示。

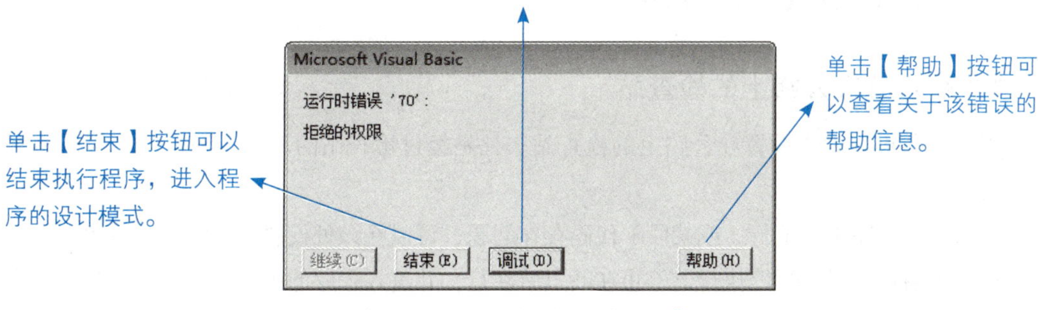

图 7-6　提示“运行时错误”时对话框中的按钮

3. 中断一个正在执行的程序

如果程序中没有出现编译错误和运行时错误，程序会一直执行，直到结束，即使出现死循环，也会一直执行下去，例如：

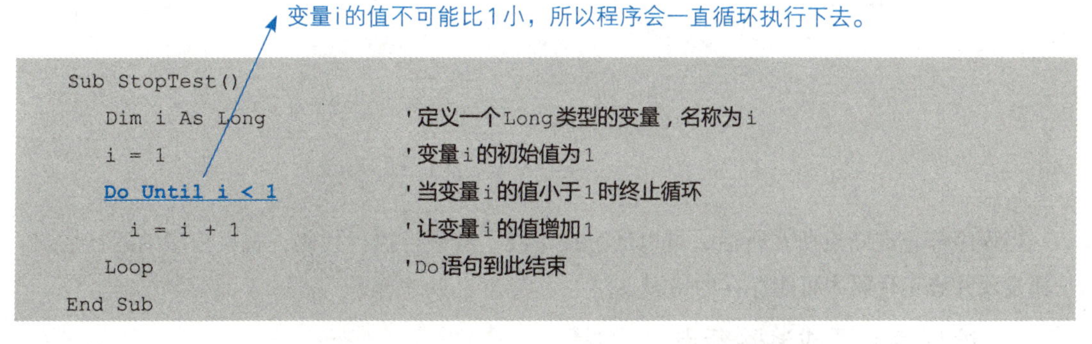


```
Sub StopTest()
    Dim i As Long              '定义一个Long类型的变量，名称为i
    i = 1                      '变量i的初始值为1
    Do Until i < 1             '当变量i的值小于1时终止循环
      i = i + 1                '让变量i的值增加1
    Loop                       'Do语句到此结束
End Sub
```

可以按【Esc】键或【Ctrl+Break】组合键中止一个正在运行的程序。

当按【Esc】键或【Ctrl+Break】组合键后，VBA将中止执行程序，并弹出图7-7所示的对话框，单击对话框中的【调试】按钮即可进入程序的中断模式。

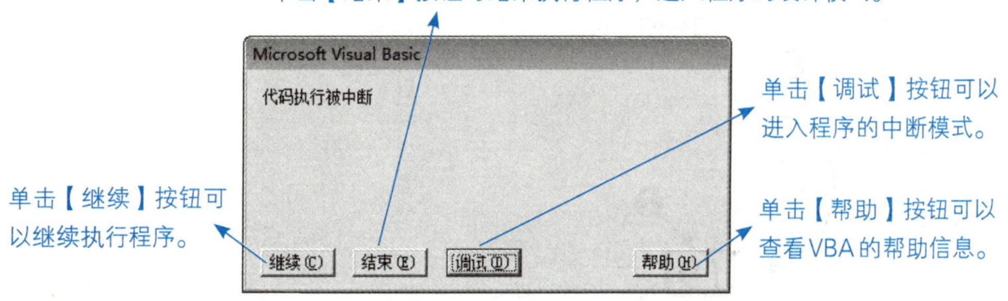

图 7-7　提示“代码执行被中断”时对话框中的各个按钮

7.3.2 设置断点，让程序暂停执行

1. 断点就像公路上的检查站

程序的断点，就像设置在公路上的检查站，凡是经过检查站的车辆，都得停车接受检查，暂停行驶。

如果怀疑程序中的某行（或某段）代码存在问题，可以在该处设置一个断点。设置断点后，程序运行到断点处时会暂停执行，停止在断点所在行，并进入程序的中断模式，如图 7-8 所示。

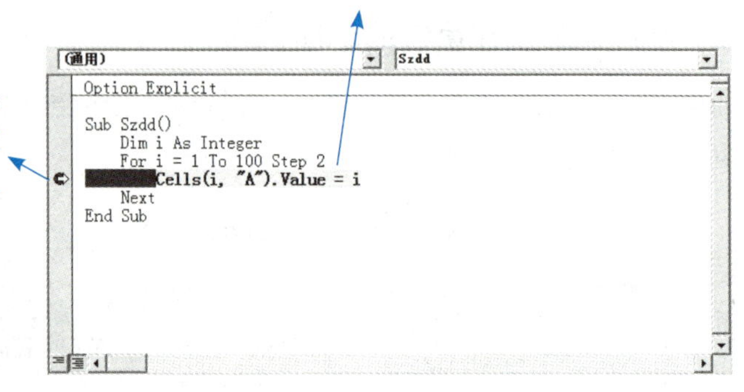

图 7-8 执行设置了断点的程序

当程序停止在断点所在行后，可以通过按【F8】键逐行执行代码，观察程序的运行情况，从而发现并修正代码中可能存在的错误。

2. 给程序设置或清除断点

方法一：按【F9】键设置断点。

将光标定位到要设置断点的代码所在行，再按【F9】键即可给程序在该行设置一个断点，如图 7-9 所示。

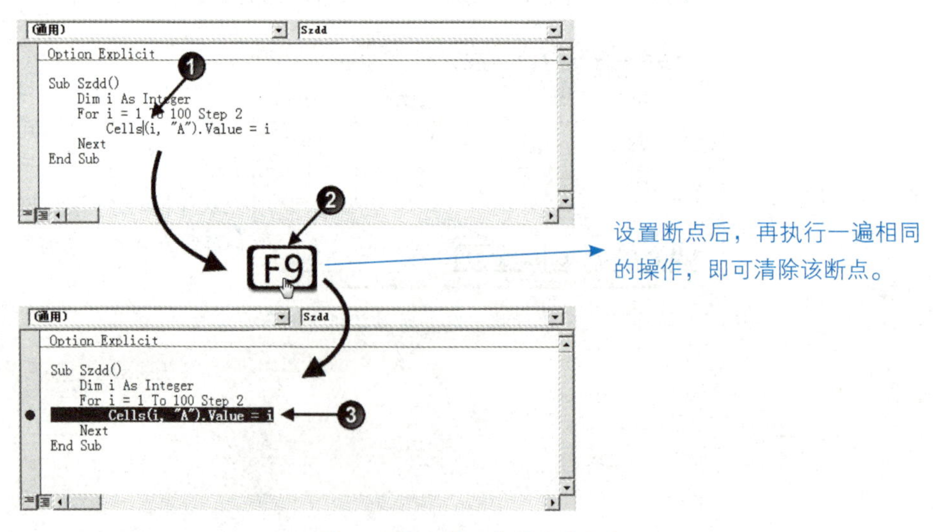

图 7-9 利用【F9】键设置断点

方法二： 利用菜单命令设置断点。

将光标定位到代码中间，依次执行【调试】→【切换断点】命令，即可在光标所在行设置或清除一个断点，如图 7–10 所示。

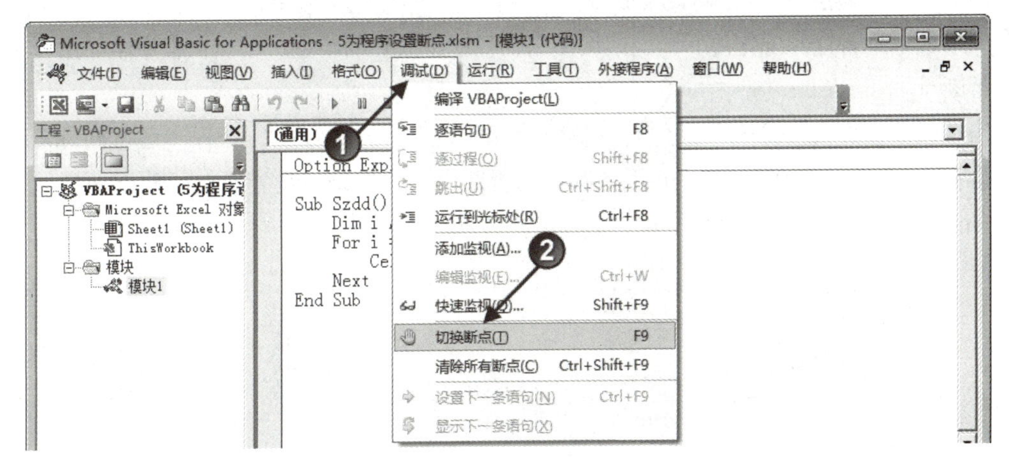

图 7-10　利用菜单命令设置或清除断点

方法三： 直接单击代码所在行的【边界条】设置断点。

直接单击代码所在行的【边界条】，在该行代码处添加或清除一个断点，这是更为简单的办法，如图 7–11 所示。

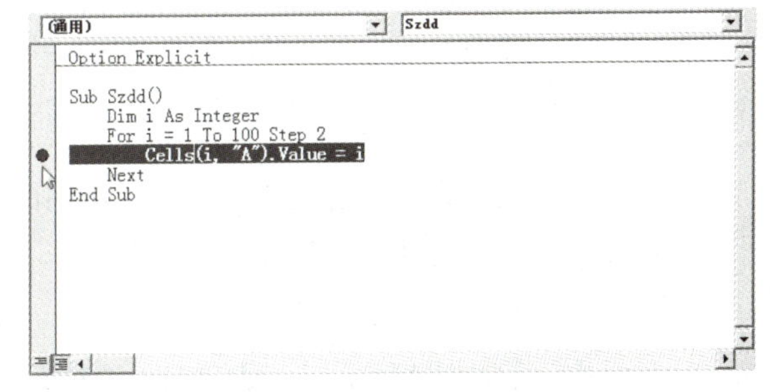

图 7-11　单击【边界条】设置或清除断点

3. 清除程序中的所有断点

如果要清除程序中已设置的所有断点，可以依次执行【调试】→【清除所有断点】命令（或按【Ctrl+Shift+F9】组合键），如图 7–12 所示。

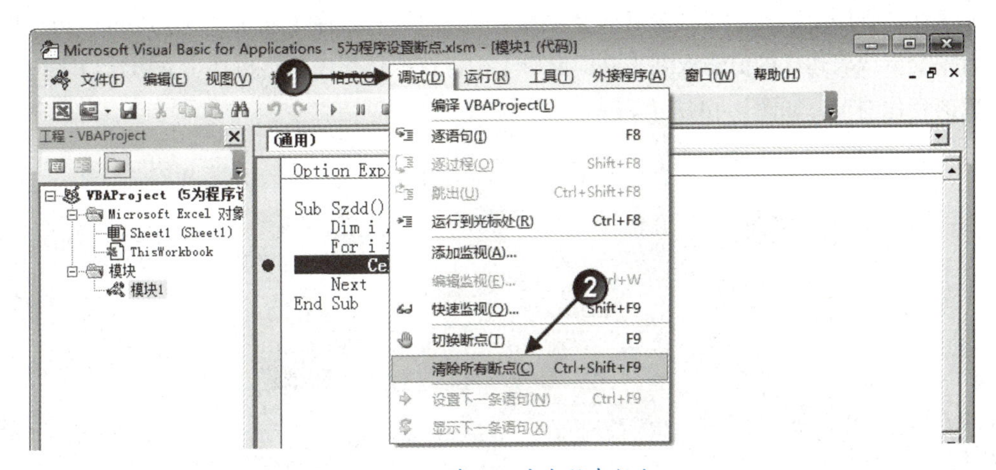

图 7-12　清除程序中所有断点

7.3.3 使用Stop语句让程序暂停执行

通过设置断点暂停程序执行很方便，但设置的断点会在关闭工作簿文件的同时自动取消，第2次打开工作簿后，需要重新设置断点。

如果希望重新打开工作簿后，能继续使用在程序中设置的断点，可以在程序中使用Stop语句代替断点。

当在程序中添加一个Stop语句后，就像给程序设置了一个断点，当程序运行到Stop语句时，会停止在Stop语句所在行，并进入程序的中断模式，效果与设置断点的效果一样，如图7-13所示。

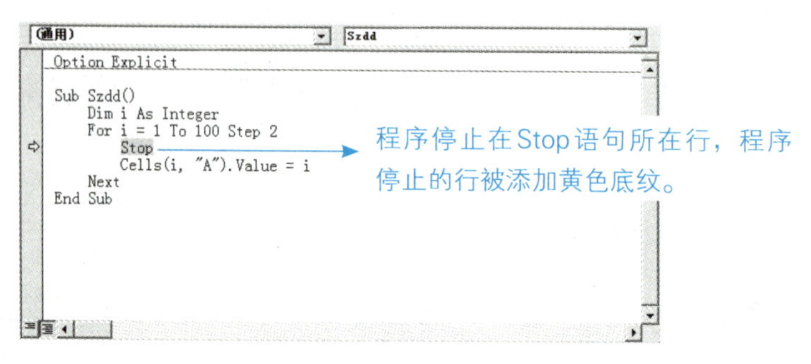

图 7-13 使用Stop语句中断程序执行

使用Stop语句与设置断点的作用类似，不同的是，Stop语句在重新打开文件后依然存在，当不再需要Stop语句的时候，需要手动清除它们。

7.3.4 在【立即窗口】中查看变量值的变化情况

对存在逻辑错误的程序，很多都是因为程序中的变量或其他表达式设置错误。所以，在调试程序时，通常应先检查程序中设置的变量或表达式是否存在问题。

如果怀疑程序出错的原因是变量的值设置错误，可以在程序中使用Debug.Print语句，将程序运行中变量或表达式的值输入到【立即窗口】中，待执行程序后，再在【立即窗口】中查看变量值的变化情况，如图7-14所示。

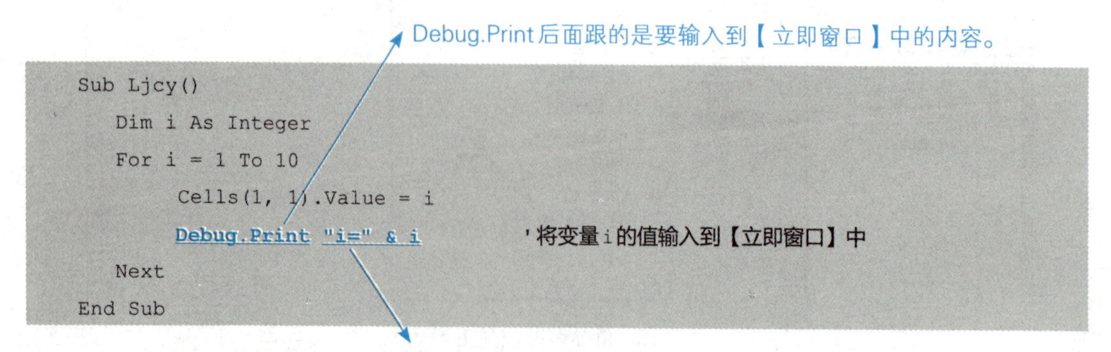

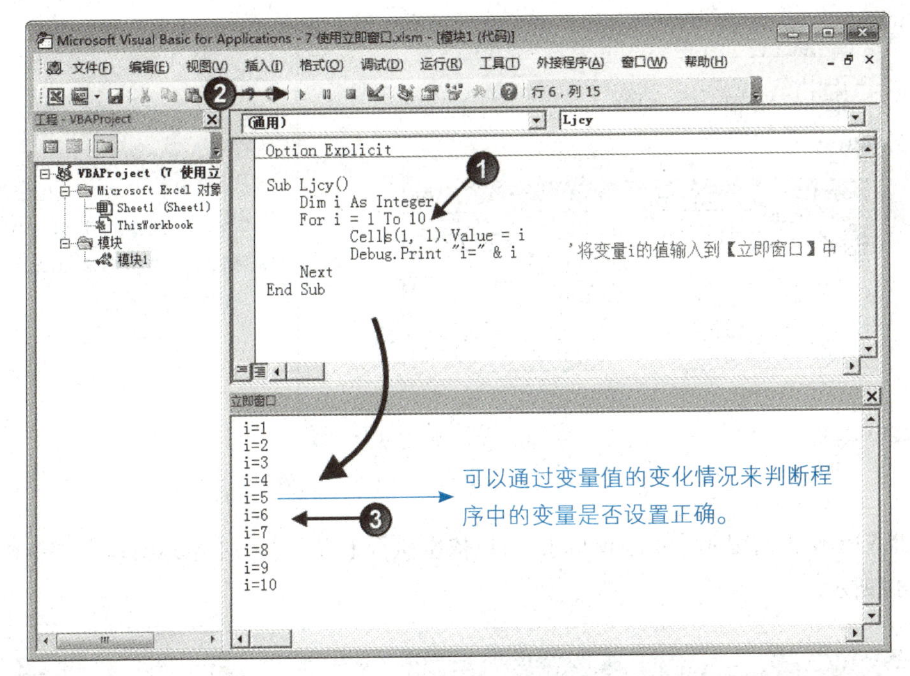

图 7-14　使用【立即窗口】查看变量的值

如果程序处于中断模式下，还可以将光标移到变量名称上，VBE会直接显示此时该变量的值，如图7–15所示。

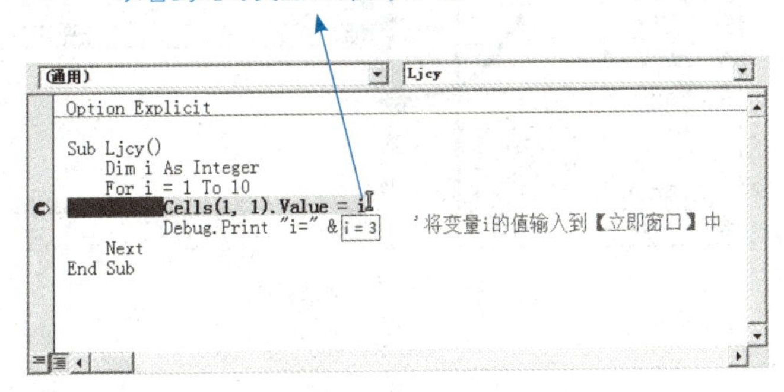

图 7-15　在中断模式下查看变量的值

7.3.5　在【本地窗口】中查看变量的值及类型

如果程序处于中断模式下，还可以在【本地窗口】中查看程序中变量的类型和当前值，如图7–16所示。

按【F8】键逐行执行程序中的代码，就可以看到【本地窗口】中各变量值的变化情况了。

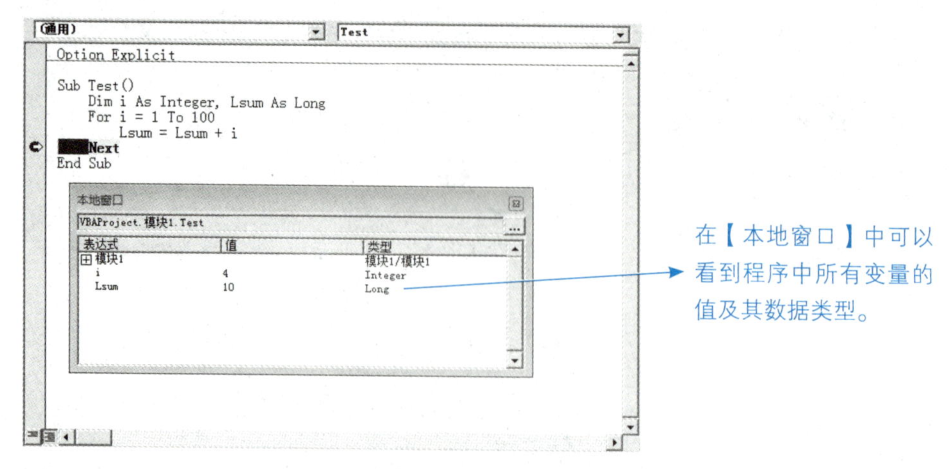

图 7-16　在【本地窗口】中查看程序中变量的值及类型

如果VBE中没有显示【本地窗口】，可以依次执行【视图】→【本地窗口】命令调出它，如图7–17所示。

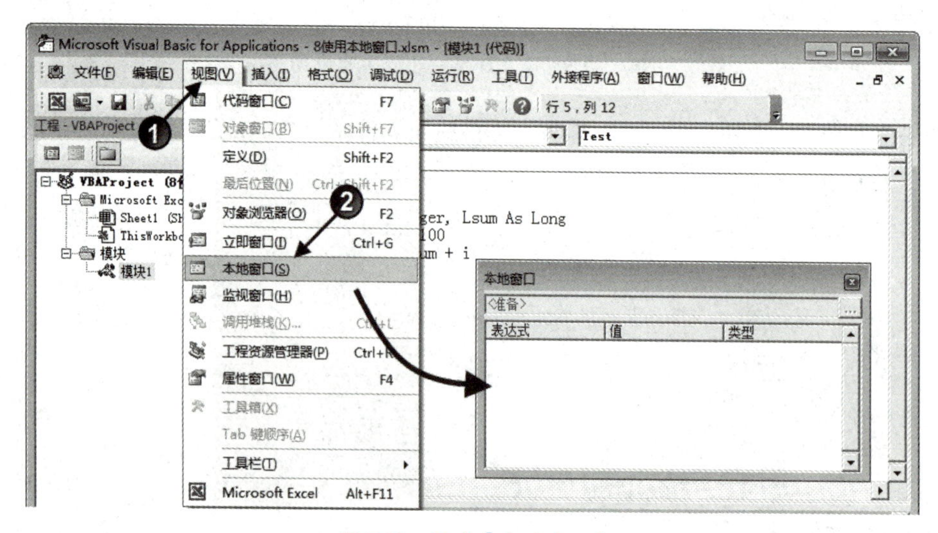

图 7-17　调出【本地窗口】

7.3.6　使用【监视窗口】监视程序中的变量

如果程序处于中断模式下，还可以使用【监视窗口】来观察程序中变量或表达式的值。

使用【监视窗口】来监视变量或表达式时，必须先指定监视的变量或表达式。监视表达式可以在设计模式或中断模式下定义。

1. 使用快速监视

在【代码窗口】中选中需要监视的变量或表达式，依次执行【调试】→【快速监视】命令（或按【Shift+F9】组合键），调出【快速监视】对话框，即可在其中添加要监视的变量或表达式，如图 7–18 所示。

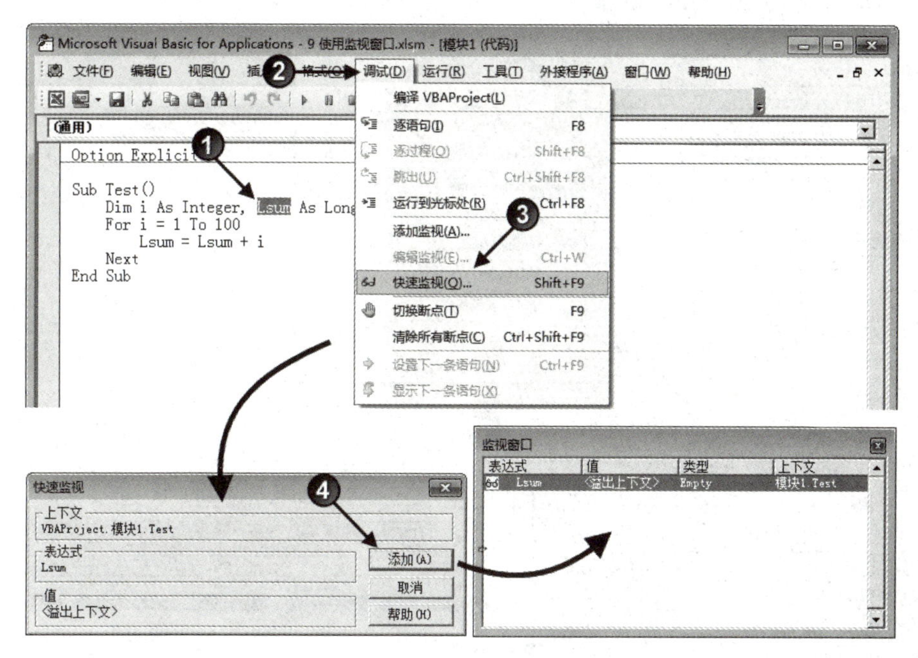

图 7-18　使用快速监视

设置完成后，让程序进入中断模式，就可以在【监视窗口】中看到监视的变量或表达式的详细信息了，如图 7–19 所示。

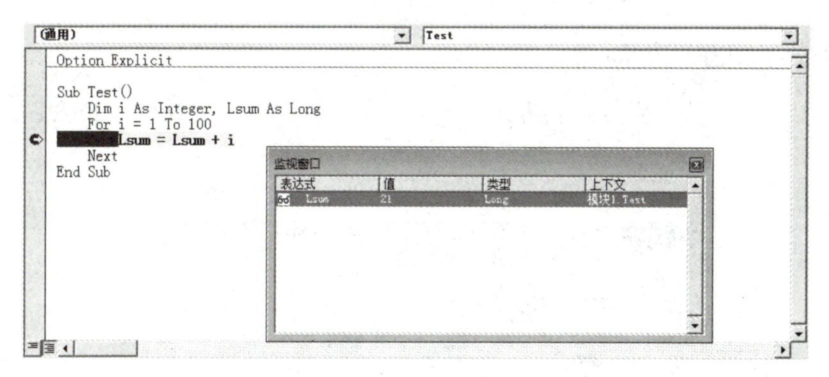

图 7-19　【监视窗口】中的信息

2. 手动添加监视

如果想手动添加要监视的变量或表达式，可以依次执行【调试】→【添加监视】命令，在调出的【添加监视】对话框中进行设置，如图 7–20 所示。

注意：因为只有当程序处于中断模式时才能使用【监视窗口】，所以，无论是用哪种方法添加监视，只有将程序切换到中断模式下，才能在【监视窗口】中查看监视对象的信息。

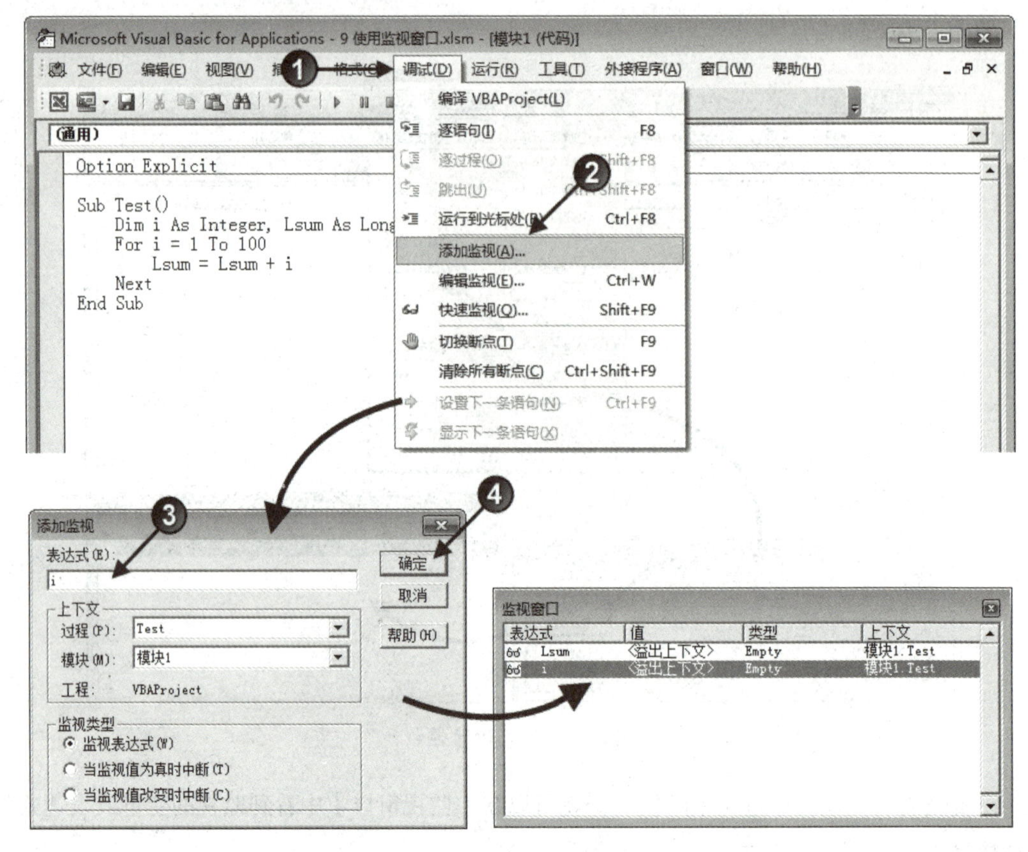

图 7-20　手动添加监视

3. 编辑或删除监视对象

对已经设置好的监视变量或表达式，可以在【监视窗口】中编辑或删除它，如图7-21所示。

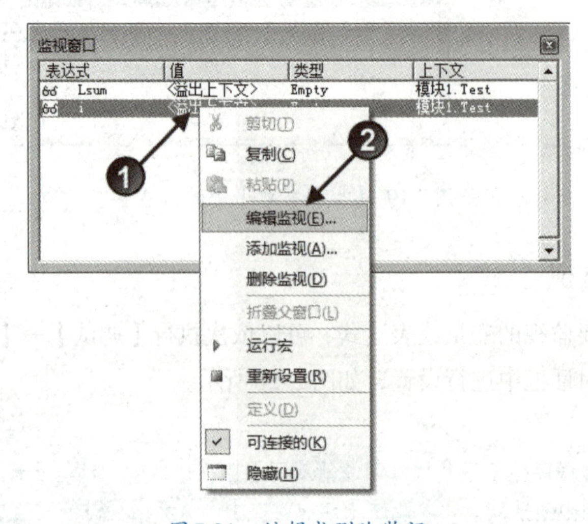

图 7-21　编辑或删除监视

7.4 处理运行时错误，可能会用到这些语句

因为总是会有许多意想不到的错误发生，如激活一个根本不存在的工作表，删除一个已经打开的文件，所以无论多么认真仔细，都不能避免程序在运行时发生错误。然而，有些错误是可以预先知道的，对这种预先知道可能发生的错误，可以在程序中加入一些处理错误的代码，保证程序正常运行。

VBA通过On Error语句来捕捉运行时错误，该语句告诉VBA如果运行程序时发生了错误应该怎么做。
On Error语句有3种形式。

下面，就让我们一起来看看这3种语句形式分别用在什么时候，有什么用吧。

7.4.1 On Error GoTo 标签

还记得3.10.7小节中学习过的GoTo语句吧？

“On Error GoTo标签”实际就是在“On Error”的后面加了一个GoTo语句。其中的“标签”就是替GoTo语句设置的标签，是一个数字或带冒号的文本。

标签告诉VBA，当程序运行过程中遇到运行时错误时，跳转到标签所在行的代码继续执行程序。实际上就是让程序跳过出错的代码，从另一个地方开始执行程序。例如：

如果工作簿中没有名称为“abc”工作表，选择“abc”工作表的操作将不能完成，程序会出现运行时错误。如果程序出错，则跳到标签a所在行的代码继续执行程序。

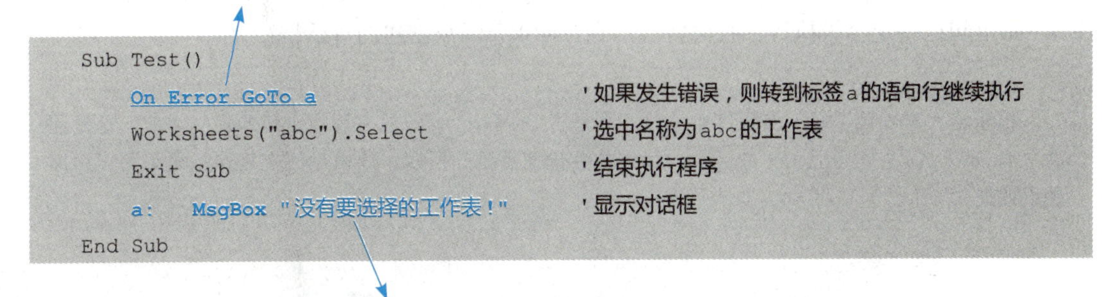

```
Sub Test()
    On Error GoTo a                    '如果发生错误，则转到标签a的语句行继续执行
    Worksheets("abc").Select           '选中名称为abc的工作表
    Exit Sub                           '结束执行程序
    a:    MsgBox "没有要选择的工作表！"    '显示对话框
End Sub
```

如果程序不出错，当执行上一行的Exit Sub后就结束运行程序了，这一行的代码不会得到执行的机会。

执行这个程序后的效果如图7-22所示。

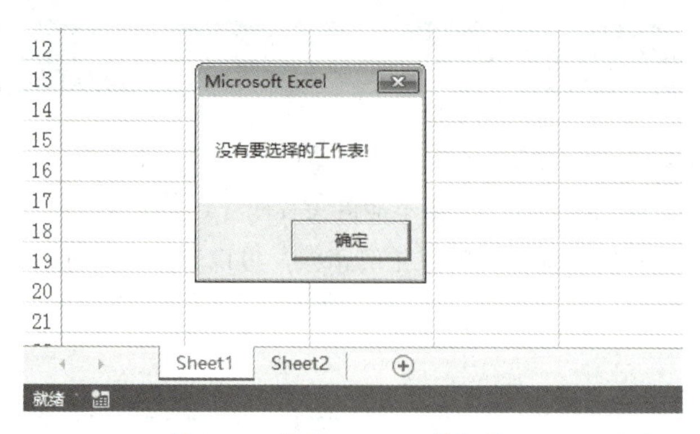

图 7-22　使用 On Error 捕捉错误

7.4.2　On Error Resume Next

Resume Next 告诉 VBA，如果程序发生错误，则忽略存在错误的代码，接着执行错误行之后的代码。如果在程序一开始加入 On Error Resume Next 语句，运行程序时，即使程序中存在运行时错误，VBA 也不会中断程序，而是忽略所有存在错误的语句，继续执行出错语句后的代码。

例如：

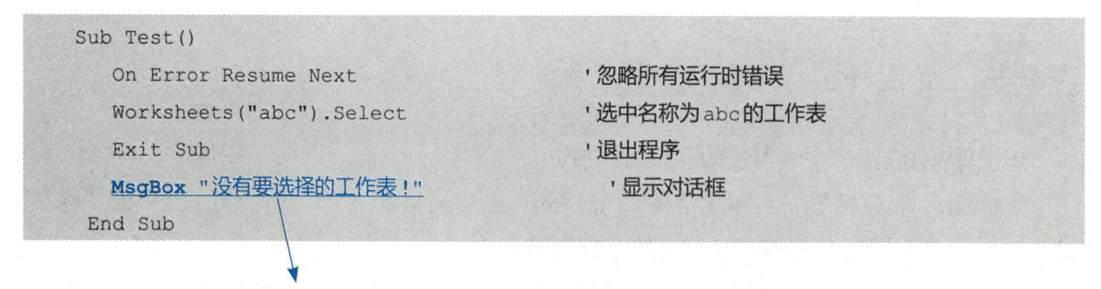

```
Sub Test()
    On Error Resume Next                    '忽略所有运行时错误
    Worksheets("abc").Select                '选中名称为abc的工作表
    Exit Sub                                '退出程序
    MsgBox "没有要选择的工作表！"              '显示对话框
End Sub
```

无论工作簿中是否存在名称为“abc”的工作表，这行代码都不会得到执行的机会。

因为 VBA 会忽略程序中可能存在的运行时错误，所以运行这个程序后，无论工作簿中是否存在名称为“abc”的工作表，VBA 都不会为是否能执行选中工作表的代码而提示错误信息，Exit Sub 语句也一定会被执行，我们将看不到 MsgBbox 函数创建的对话框。

提示： 大家发现了吗？在程序中，我们总是把 On Error 语句放在可能出错的代码之前。这是因为只有 On Error 语句之后发生的运行时错误才会被捕捉到，所以，通常把捕捉错误的语句写在程序的开始处。

7.4.3　On Error GoTo 0

使用 On Error GoTo 0 语句后，将关闭对程序中运行时错误的捕捉。如果程序在 On Error

GoTo 0语句后出现运行时错误，将不会再被捕捉到。

例如：

在程序开始时设置忽略该行代码之后的所有运行时错误。

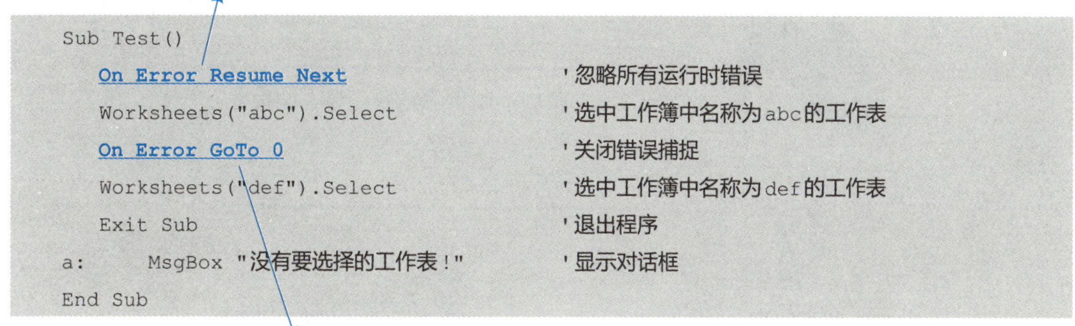

```
Sub Test()
    On Error Resume Next                   '忽略所有运行时错误
    Worksheets("abc").Select               '选中工作簿中名称为abc的工作表
    On Error GoTo 0                        '关闭错误捕捉
    Worksheets("def").Select               '选中工作簿中名称为def的工作表
    Exit Sub                               '退出程序
a:      MsgBox "没有要选择的工作表！"          '显示对话框
End Sub
```

尽管程序开始时已经设置忽略程序中的运行时错误，但因为关闭了错误捕捉，所以该行代码之后发生的运行时错误将不会被忽略。

执行这个程序后的效果如图 7-23 所示。

因为关闭了错误捕捉，所以选中工作表“def”的代码出错时，并不会被忽略，程序在这一行中断执行。

尽管工作簿中没有名为“abc”的工作表，但程序开始设置了忽略错误，所以程序没有停止在选中工作表“abc”的代码行。

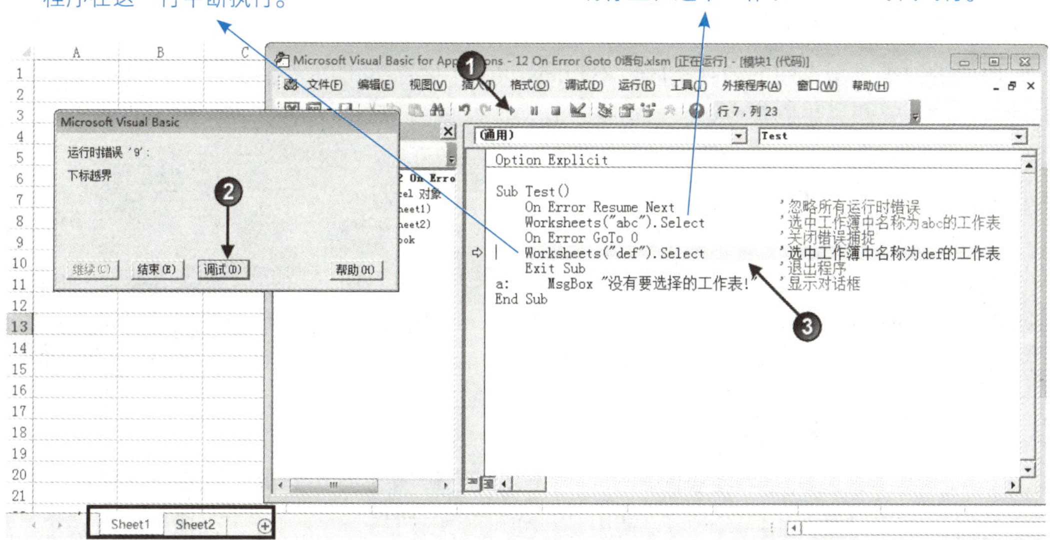

图 7-23　关闭错误捕捉

7.5　养成好习惯，让代码跑得更快一些

解决同一个问题，可能有多种方法。

就像每天上班，可以骑自行车、搭公交车、坐地铁……可以选择的交通工具很多，但每种

交通工具的耗时并不相同。

在 VBA 中也是如此，要解决一个问题，可以使用的代码可能有多种。但不同的代码执行时所需的时间也不完全相同。

要想让自己编写的程序跑得更快一些，需要养成一些编程的好习惯。下面就让我们来看看怎样让程序执行的时间短一点。

7.5.1 在程序中合理使用变量

1. 声明变量为合适的数据类型

不同的数据类型占用的内存空间也不相同，可用内存空间的大小直接影响计算机处理数据的速度。因此，为了提高程序的执行效率，在声明变量时，应该尽量选择占用字节少且又满足需求的数据类型。

2. 尽量避免使用 Variant 类型的变量

Variant 是 VBA 中一种特殊的数据类型，所有没有声明数据类型的变量默认都是 Variant 类型。但是，Variant 类型需要的存储空间远远大于 Byte、Integer 等其他数据类型，所以，除非必须需要，否则应避免声明变量为 Variant 类型。

3. 不要让变量一直呆在内存中

如果一个变量只在一个过程中使用，请不要将它声明为公共变量，尽量减少变量的作用域，这是一个好习惯。如果不再需要使用某个变量（尤其是对象变量）了，请记得释放它，不要让它一直呆在内存中。例如：

```
Sub Test()
    Dim rng As Range                                '定义一个Range类型的变量
    Set rng = Worksheets(1).Range("A1:D100")        '为变量赋值
    rng = 200                                       '使用变量操作对象
    Set rng = Nothing                               '设置变量rng不保存任何对象或值
End Sub
```

将 Nothing 赋值给一个对象变量后，该变量不再引用任何对象。语句为：Set 对象变量名称 = Nothing。

7.5.2　不要用长代码多次重复引用相同的对象

我们知道，VBA通过操作不同的对象来控制Excel，在操作对象前，需要先准确地引用对象。例如：

```
Workbooks("工资表").Worksheets(1).Range("A1").Delete    '删除指定的单元格
```

无论是引用对象，还是调用对象的方法或属性，都会用到点（.）运算符，每次运行这些代码，计算机都会对代码中的每个点运算符进行解析。例如：

```
Sub Test()
    ThisWorkbook.Worksheets(1).Range("A1").Clear
    ThisWorkbook.Worksheets(1).Range("A1").Value = "Excel Home"
    ThisWorkbook.Worksheets(1).Range("A1").Font.Name = "宋体"
    ThisWorkbook.Worksheets(1).Range("A1").Font.Size = 16
    ThisWorkbook.Worksheets(1).Range("A1").Font.Bold = True
    ThisWorkbook.Worksheets(1).Range("A1").Font.ColorIndex = 3
End Sub
```

在这个程序中，`ThisWorkbook.Worksheets(1).Range("A1")`是每行代码都在反复引用的对象。出于需要，我们需要在程序中多次反复引用对象，这就不得不多次用到点运算符。

要引用对象，就一定要使用点运算符，可减少了点运算符，就不能准确地引用到对象了啊。

有什么办法既能减少代码中的点运算符，又能准确地引用到对象呢?

下面就让我们来看看，在不改变程序功能的前提下，可以用什么方法来减少代码中的点运算符。

1. 使用With语句简化引用对象

当多次重复引用一个相同的对象时，可以使用With语句来简化程序，With语句我们已经学习过了，大家还记得吧？

如前面的程序可以改写为：

With 语句告诉VBA，With和End With语句间的所有操作都是在ThisWorkbook.Worksheets(1).Range("A1")这个对象上进行。

```
Sub WithTest()
    With ThisWorkbook.Worksheets(1).Range("A1")
      .Clear
      .Value = "Excel Home"
      .Font.Name = "宋体"
      .Font.Size = 16
      .Font.Bold = True
      .Font.ColorIndex = 3
    End With
End Sub
```

甚至还可以使用嵌套的With语句进一步简化程序：

```
Sub WithTest()
    With ThisWorkbook.Worksheets(1).Range("A1")
      .Clear
      .Value = "Excel Home"
      With .Font
          .Name = "宋体"
          .Size = 16
          .Bold = True
          .ColorIndex = 3
      End With
    End With
End Sub
```

提示： 想了解With语句的用法及用途，可以阅读3.10.8小节中的内容。

2. 借助变量在程序中引用对象

除了With语句，还可以使用变量来简化对相同对象的引用。例如：

```
Sub ObjectTest ()
    Dim rng As Range
```

```
    Set rng = ThisWorkbook.Worksheets(1).Range("A1")
    rng.Clear
    rng.Value = "Excel Home"
    rng.Font.Name = "宋体"
    rng.Font.Size = 16
    rng.Font.Bold = True
    rng.Font.ColorIndex = 3
End Sub
```

也可以让变量和With语句搭配使用，将程序写为：

```
Sub ObjectTest()
    Dim rng As Range
    Set rng = ThisWorkbook.Worksheets(1).Range("A1")
    With rng
        .Clear
        .Value = "Excel Home"
        .Font.Name = "宋体"
        .Font.Size = 16
        .Font.Bold = True
        .Font.ColorIndex = 3
    End With
End Sub
```

7.5.3 尽量使用函数完成计算

尽管完成很多计算的代码都很简单，要手动编写也不存在多大困难。但如果针对该计算，Excel或VBA已经准备好了现成的函数，就尽量使用函数来解决。使用函数解决，绝大多数都会比自己编写程序来解决效率要高。

7.5.4 不要让代码执行多余的操作

如果你的程序是通过录制宏得到的，那里面可能包含一些多余操作对应的代码。例如：

```
Sub 宏1()
    Range("A1").Select
    Selection.Copy
    Sheets("Sheet2").Select
    Range("B1").Select
    ActiveSheet.Paste
    Sheets("Sheet1").Select
End Sub
```

这是一个复制单元格的宏，其中的代码调用了4次Range对象的Select方法。事实上，并不需要激活工作表、选中单元格后才能执行复制、粘贴的操作，所以这些选中工作表和单元格的操作都是多余的，这个程序可以简化为：

```
Sub 宏1()
    Range("A1").Copy Sheets("Sheet2").Range("B1")
End Sub
```

去掉多余的操作或计算，不仅可以让程序更简洁，而且程序要执行的操作减少了，运行的时间也就缩短了。

7.5.5　合理使用数组

下面是一个把1到100000的自然数逐个写入活动工作表A1:A100000单元格区域中的程序。

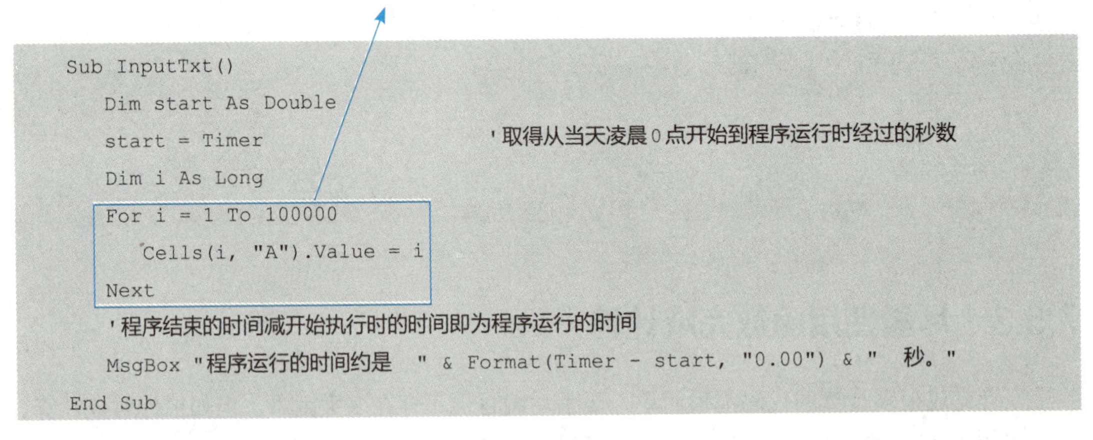

程序借助循环语句，通过逐个写入的方法将数据写入A列的各个单元格中。

```
Sub InputTxt()
    Dim start As Double
    start = Timer                    '取得从当天凌晨0点开始到程序运行时经过的秒数
    Dim i As Long
    For i = 1 To 100000
        Cells(i, "A").Value = i
    Next
    '程序结束的时间减开始执行时的时间即为程序运行的时间
    MsgBox "程序运行的时间约是 " & Format(Timer - start, "0.00") & " 秒。"
End Sub
```

这个程序将在工作表中写入10万个数据，让我们执行它，看看会花多少时间，如图7-24所示。

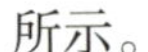

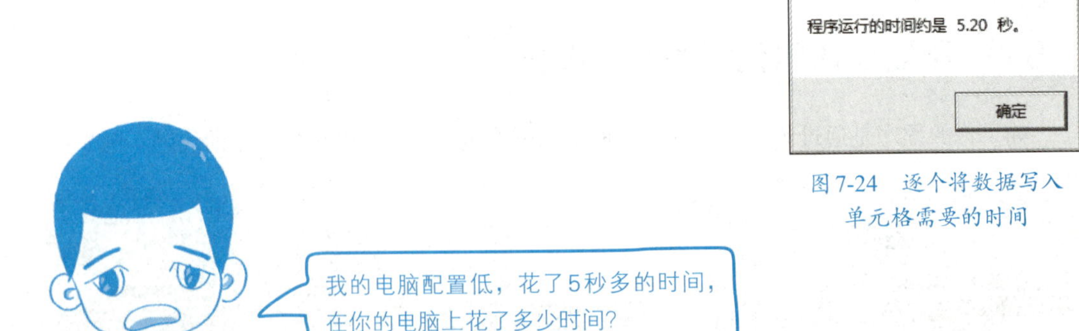

图7-24　逐个将数据写入单元格需要的时间

很明显，这样的处理方式是比较费时的，让我们换一种方式，先将这10万个数据保存在数组中，再通过数组一次性写入试试，例如：

```
Sub InputArr()
    Dim start As Double
    start = Timer                    '取得从当天凌晨0点开始到程序运行时经过的秒数
    Dim i As Long, arr(1 To 100000) As Long
    For i = 1 To 100000              '利用循环语句，将1到100000的自然数数据保存在数组arr中
        arr(i) = i
    Next
    Range("A1:A100000").Value = Application.WorksheetFunction.Transpose(arr)
    MsgBox "程序运行的时间约是 "&Format(Timer - start, "0.00")&" 秒。"
End Sub
```

将一维数组写入一列单元格时，应先将一维数组从行转置为列。工作表中的Transpose函数就是一个可以进行行列转换的函数。

让我们再执行这个程序，看看所需时间有什么变化，如图7-25所示。

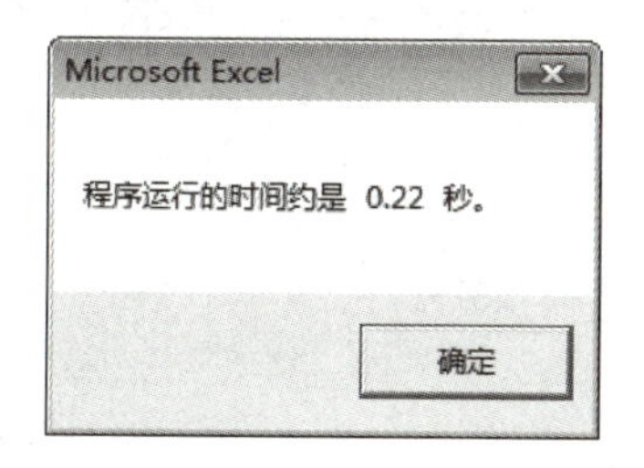

图 7-25　利用数组将数据写入单元格所需的时间

天哪，只是写入10万个数据，两种处理方式的时间就相差20倍以上，谁优谁劣，太明显了。

考考你

一维数组类似工作表中的一行数据，所以要将一维数组写入一列单元格前，应先使用Transpose函数对数组进行转置。在本例的程序中，如果想省去转置的计算步骤，可以直接将数组定义为一个多行一列的二维数组，你知道怎样借助二维数组将这10万个数据写入A1:A100000单元格区域中吗？试试看，能否写出这样的程序。

手机扫描二维码，可以查看我们准备的参考答案。

7.5.6 如果不需要和程序互动，就关闭屏幕更新

在程序运行的过程中，如果我们不需要和程序互动，只想让程序执行到底，直接输出最后的结果，可以关闭屏幕更新。

关闭屏幕更新，就是设置Application对象的ScreenUpdating属性为False，让程序在运行过程中不将中间的计算步骤输出到屏幕上，这可以在一定程度上缩短程序运行的时间。

提示： 想了解Application对象的ScreenUpdating属性的更多用途及用法，可以阅读4.2.1小节中的内容。

千万不要觉得1秒和0.1秒的差距不大。

如果你的程序很短，需要执行的操作或计算不多，那代码是否优化，也许差别不大。但如果要处理的数据很多，进行的操作很复杂，哪怕一小串操作只能节约0.1秒，在一个执行大批量操作和计算的程序中，千万个0.1秒累积起来的时间也是非常明显的。

无论大家现在是否接触到这些复杂的问题，但请相信我，从一开始就养成良好的编程习惯，一定会给你学习和使用VBA，并最终成为一个VBA高手带来很大的帮助。